Der Freiheitskampf der indischen Nationalisten

Die Arbeit eines Jahrzehnts

1906—1917

Aus britischen Quellen zusammengestellt und herausgegeben vom

Europäischen Zentralkomitee der indischen Nationalisten

Berlin 1918

Verlag von Georg Reimer

Druck von Gerhard Stalling, Oldenburg i. Gr.

Vorwort.

Die Blätter, die hiermit der Öffentlichkeit unterbreitet werden, enthalten aus englischen Zeitungen entnommene Berichte über revolutionäre Betätigungen in Indien während der letzten zehn Jahre. Der Weltkrieg hat überall lebhaftes Interesse für Indien hervorgerufen, und sicher gibt es viele, die sich über die politischen Zustände Indiens Klarheit verschaffen möchten. Denn Mitteilungen über die wahre Lage jenes Landes werden von den Engländern entweder völlig unterdrückt oder aber vor Veröffentlichung zehnfach gesiebt, gesichtet und zurechtgestutzt. Zum Beweise dessen, daß die „Indischen Unruhen" kein bloßer Mythus sind, sind die Berichte über dieselben — soweit erhältlich — gesammelt und veröffentlicht worden.

Daß die Inder mit der britischen Herrschaft unzufrieden sind und nach Wiedererlangung ihrer Freiheit streben, darf als bekannt vorausgesetzt werden. Dieses Streben nach Befreiung bekundet sich in zweierlei Richtungen: Die erste wird von der Partei der Gemäßigten vertreten, die lange Zeit hindurch durch Überreichung von Petitionen und Denkschriften Zugeständnisse zu erlangen suchte und sich jetzt durch das Vorgehen der Revolutionäre dazu ermutigt fühlt, ihre Stimme für die Forderung nach Selbstregierung und Gleichstellung mit anderen Kolonien, wie z. B. Australien, zu erheben. Da diese Partei keine völlige Trennung von England wünscht, läßt sich von ihr eigentlich nicht sagen, daß sie auf die Freiheit Indiens hinarbeitet. Die zweite Richtung wird von den „Extremisten" verfolgt, deren Propaganda auf völlig radikalen Grundsätzen aufgebaut ist und die nicht daran glauben, daß die Engländer jemals ohne Zwang Indien die Freiheit wiedergeben oder ein nennenswertes Maß von Selbstbestimmungsrecht gewähren werden. Sie sind deshalb Gegner der sogenannten „konstitutionellen" Agitation und halten dafür, daß die Erlangung der Freiheit nur durch tatsächliche Empörung möglich ist. Sie glauben, daß sie trotz der augenblicklichen Unmöglichkeit einer nationalen Erhebung der Regierung doch durch terroristisches Vorgehen Schwierigkeiten schaffen können. Ihre Partei umfaßt Männer verschiedenster Gesinnungsart. Sie alle, ob sie passiven Widerstand leisten oder sich terroristisch betätigen, sind die „Extremisten" unter den indischen Politikern; aber nur die Terroristen werden als „Revolutionäre" bezeichnet, während alle diejenigen, die die Forderung „Indien für die Inder" erheben, „Nationalisten" genannt werden.

Wie bereits erwähnt, stellen die Gemäßigten das Geschick Indiens der Gnade des englischen Volkes und der englischen Regierung anheim und hoffen dadurch bessere Zustände zu erlangen, während die Revolutionäre verkünden, daß das Heil des Landes in Indiens eigenen Händen ruhe, daß fremde Gnade oder Zugeständnisse ihm die Freiheit nicht verschaffen werden, sondern daß es sie sich kämpfend erringen muß. Sie treten für bewaffneten Widerstand ein, unbekümmert um die ihnen dadurch entstehenden schweren Opfer und Verluste, machen sich die Taktik des Guerillakrieges zu eigen und führen einen Terroristenfeldzug gegen die Regierung. Diese Methode ist gewiß nicht wünschenswert, ja, oftmals beklagenswert; sie ist aber, wie Mazzini sagt, „die einzige Wehr eines entwaffneten Patriotismus". Britischem Terrorismus muß nach Ansicht dieser Patrioten mit Terrorismus begegnet werden.

Wegen dieses ihres Grundsatzes werden die indischen Revolutionäre als Anarchisten verschrien, was ja auch völlig im Einklange mit dem angeborenen „Gerechtigkeitssinn" der Angelsachsen steht! So wird der indische Freiheitskrieg von 1857 als „Militärmeuterei" bezeichnet, die nationale Erhebung der Birmesen und ihr von 1885 bis 1891 dauernder Widerstand gegen die englische Invasion mit dem Namen „Dakoities" (Raubzüge) belegt und der Aufstand der Afridis an der Nordwestgrenze Indiens als „Ruhestörungen sinnloser Fanatiker" abgetan. Was Wunder also, daß indische Patrioten den Namen „Anarchisten" erhalten!

Die indischen Revolutionäre haben übrigens nicht Methoden gewählt, die als bisher unerhört bezeichnet werden können. Es ist den Indern stets empfohlen worden, sich Europa zum Muster zu nehmen; das Heil Indiens, hieß es, liege in der Nachahmung Europas! Weshalb werden also die indischen Revolutionäre getadelt, die den Rat befolgen und zur Bekämpfung eines modernen Feindes zu modernen Waffen greifen? Die unter dem Einfluß des englischen Liberalismus des achtzehnten Jahrhunderts stehende vorige Generation konnte durch ihre Bitten, Denkschriften und endlose friedliche Vorstellungen nicht nur nichts erreichen, sondern hat durch ihre Methoden sogar zu falschen politischen Begriffen verleitet. Ist es erstaunlich, daß die Lehre vom tätlichen Widerstande, dem Grundsatz von der Selbsthilfe, im Lande Wurzel fassen?

Die Partei, die sich als „Gemäßigte" bezeichnet, hat in Wahrheit keinen politischen Glauben, kein Ideal, kein konstruktives Programm. Alles, was sie zu erreichen wünscht, ist die Erlangung einer gleichwie gearteten Regierung, die sich England zum Vorbild nimmt. Diese Leute haben keinen geschichtlichen Sinn. Denn Indien kann nicht in England umgewandelt werden und englische Einrichtungen können bei den Indern nicht gedeihen. Die ganze politische Struktur dieser Partei ist auf eine falsche Basis aufgebaut, nämlich darauf, Indien für immer zum Vasallen Englands zu machen. Die indischen Gemäßigten glauben weder an die Kraft des Volkes noch an seine Fähigkeiten, haben auch keine Grundsätze, durch die das Volk begeistert werden könnte und können infolgedessen nicht als Freiheitspartei bezeichnet werden.

Die Partei der Revolutionäre (Nationalisten) stellt genau das Gegenteil dar. Sie ist weder ein importiertes Gewächs, noch ist sie unzeitig zur Reife gekommen, sondern ist die Frucht der Saat, die zuerst von jenem Propheten des Neuen Indien, Radscha Ram Mohan Roy, durch die Lehre von der Gedankenfreiheit ausgestreut wurde. Er war ein Jünger der französischen Enzyklopädisten, ein Bewunderer der französischen Revolution und führte die erste Revolte gegen die religiösen und sozialen Autokratien. Die von ihm verkündeten Lehren schlugen Wurzeln und bald hatte er ein Gefolge von Geistesgenossen, wie z. B. Svami Dayanand, Keshab Chandra Sen, Sir Sayyed Ahmed, R. G. Ranade. Die neue Strömung machte sich endlich auch in der Politik bemerkbar, und zwar bei der Bildung der neuen oder extremen Partei, deren Vertreter die Unfehlbarkeit der politischen Führer bestritten, die, geleitet von englischem Einflusse, das Volk in eine falsche Richtung führten. Der revolutionäre Teil der Partei entwickelt sich nach Richtlinien, die denen der „Carbonari" oder des „Jungen Italien" ähnlich sind, und hat Grundsatz und Programm. Das Programm ist die Befreiung Indiens und der Grundsatz die Selbsthilfe.

Als eine Folge dieser Bewegung erschien die Bombe auf dem Plan. Die Briten bezeichnen diese Waffe als „unindisch", und die Anwendung russischer revolutionärer Methoden in Indien erschreckte das ganze Land. Die Zeitung „Indian World" aber schrieb damals, die Bombe käme durchaus nicht überraschend, sondern wäre als eine Folge des Entwicklungsganges zu erwarten gewesen.

Wenn also auch ein weiter Schritt ist vom ersten Auftreten gegen die Vergewaltiger der Religion und der Gesellschaft bis zum tätlichen Widerstand gegen die britische Regierung, so ist das Letztere doch das Ergebnis des Ersteren. Auch der Widerstand gegen die Regierung ist ein Teil des Prozesses, der darauf hinzielt, den indischen Geist mit modernen Ideen zu durchsetzen, — ihn dazu zu befähigen, selbständig zu denken und die Berechtigung tyrannischer Herrschaft zu bestreiten. Die indische revolutionäre Bewegung — so beklagenswert Ausschreitungen, die bei ihr vorkamen, auch sein mögen — ist ein Glied in der Kette der Entwicklung des modernen Indiens, ist eine Epoche der indischen Geschichte. Sie ist weder anarchistisch noch fremden Ursprungs.

Es zeigt sich somit, daß Indien in eine neue Lebensphase eingetreten ist. Es hat sich vom Feudalwesen der alten Zeit freigemacht, den Geist moderner Zivilisation begriffen und will mit den anderen fortgeschrittenen Ländern auf gleicher Stufe stehen.

Durch Liebkosung seiner Ketten oder durch die Forderung innerer Selbstverwaltung aber kann Indien die Freiheit nicht erlangen. Die stumpfen und schwerfälligen Massen, die so lange gefesselt waren, daß sie das Bewußtsein ihrer Bewegungsfähigkeit verloren haben, brauchen Überzeugungskraft und lebendige Beispiele, und die sogenannten „revolutionären“ Betätigungen sind daher unvermeidlich und unumgänglich notwendig. Diejenigen, die dem Volke sagen, daß Geduld das einzige Hilfsmittel sei gegen die Nöte, unter denen es leidet, oder die es über den Druck der Ketten durch deren Vergoldung hinwegtäuschen wollen, sind Personen, die sich weder über die Erfordernisse der gegenwärtigen Epoche noch über den Zeitgeist klar sind oder die selbstsüchtige Ziele verfolgen.

Was Indien braucht, ist eine moderne Zusammenfassung aller Elemente durch ein konstruktives Programm und eine Losung, um die sich das Volk scharen kann. Die Inder müssen sich selber helfen. „Die Qualen der Sklaverei sind für das Volk der Beginn der Freiheitsliebe,“ sagt Mazzini. Die Unterjochung eines 315 Millionen starken Volkes, das in alter Zeit für die Zivilisation der Welt so bedeutendes leistete, ist eine Schmach, und zugleich ein Verlust für die Zivilisation der Gegenwart. Die heutigen Leiden, verbunden mit dem Bewußtsein der Größe der nationalen Vergangenheit und der Hoffnung auf die Möglichkeiten der Zukunft, haben in den Indern das Nationalbewußtsein erweckt. Sie sind sich darüber klar, daß einzig der Besitz der Freiheit ihnen zur Hebung ihrer Lage verhelfen kann — und Freiheit ist deshalb ihre Losung und ihre Forderung!

Die Schaffung des Nationalbewußtseins ist die Hauptaufgabe der geeinten Elemente und Kräfte Indiens. Dieser Aufgabe aber steht die Fremdherrschaft hindernd und zersetzend im Wege. *Das Streben der Inder, ihr Volk zu einer Nation zu machen, wird als „Revolution“ bezeichnet.* Die Inder wünschen durchaus nicht irgendwie chimärische Zustände herbeizuführen, auch schreien sie nicht nach „Anarchismus“; sie wollen nur Herren im eigenen Hause und Lenker ihres Geschickes sein. Wenn dieser Wunsch mit unfreundlichen Namen belegt wird, so tragen nicht die Inder die Schuld daran. Ein bekannter Sohn Indiens, einer der hervorragendsten Parteiführer der Gemäßigten, Surendranath Banerjea, tat einmal den Ausspruch: „Wir verlangen Selbstregierung für die sittliche und geistige Hebung unseres Volkes . . . Wir verlangen Selbstregierung nicht nur in unserm eigenen Interesse, sondern auch um der Allgemeinheit willen.“

Es ist nicht möglich, daß ein Volk von 315 Millionen, das einige der tapfersten und ausgezeichnetsten Geister zu den Seinen zählt und eine so überaus ruhmreiche Vergangenheit besitzt, in ewiger Knechtschaft verbleiben kann — der Traum von heute kann morgen Wirklichkeit sein. Schon die Tatsache, daß es als eins der ältesten Völker der Erde noch heute unversehrt ist und Menschen von großer Begabung hervorbringt, ist ein Zeicher seiner Lebenskraft und Unverwüstlichkeit.

Die heutige Knechtschaft Indiens hat ihre Ursachen in tiefliegenden soziologischen und wirtschaftlichen Faktoren. Indien bedurfte eines Wechsels der Weltanschauung — einer Änderung seiner Stellung zur Allgemeinheit, eines neuen Ideals. Dieses Ideal ist gefunden worden. Die Nationalisten haben dem Lande eine Losung gegeben, für die es kämpfen kann. „Der Spitze jedes Bajonettes muß ein Ideal voranschweben," sagt Mazzini, der Prophet der Revolution. Der Kampf um das von ihnen erkannte Ideal hat von den Indern bereits schwere Opfer gefordert.

Die revolutionäre Bewegung ist ihrem Charakter nach demokratisch; sie beschränkte sich bisher auf die bürgerlichen Klassen, doch hat sie, zum mindesten in einigen Teilen, jetzt auch auf die Landbevölkerung übergegriffen. Das Problem der Klassenkämpfe ist bis jetzt in Indien noch nicht in Erscheinung getreten. Es handelt sich einzig und allein um Kämpfe gegen den fremden Unterdrücker.

In der Geschichte Indiens hat ein neues Kapitel begonnen, dessen Grundlage der Kampf um die politische Freiheit bildet. Und dieser Kampf wird nicht enden, ehe der Sieg errungen ist.

„Bande Mataram"
Das indische Nationallied.

Ich grüße die Mutter,
Die wasserdurchfunkelte,
Reich mit köstlichen Früchten begabte
Und von Malayawinden gelabte,
Lieblich vom Grase umdunkelte.
Dich, deren Nächte im Mondenschein glänzen,
Dich, die der Bäume Blätter bekränzen,
Dich, deren Sprache so süß erklingt,
Lächelnde, die uns den Segen bringt,
Freundlich erhörende, Wünsche gewährende,
Mutter ich grüße dich!

300 Millionen Kehlen, Mutter, deine Lieder singen,
Zweimal 300 Millionen Arme deine Schwerter schwingen,
Sprich, wie konntest du, — ein Weib nur — Mutter, solche Macht erringen?
Ich verehre dich, die starke, die die Kraft im Arme trägt,
Die uns wird Erlösung bringen und der Feinde Macht zerschlägt.

Du bist das Wissen, das Recht und die Pflicht,
Du bist das Herz und der Kern und das Licht,
Du bist der Atem, der Körper belebt,
Du bist die Kraft, die die Arme hebt,
Von dir wird der Glaube im Herzen getragen,
Dein Bild soll von Tempel zu Tempel ragen.

Vom Wasser beglänzte,
Von Früchten umkränzte,
Ich grüße die Mutter,
Die dunkle, die ragende,
Lächelnde, tragende, Alles erhaltende, waltende Mutter!

Bankim Chandra Chattopadhyaya.

„Mein Hindusthan.“

Indien ist das Land der Länder, ist das schönste Land von allen,
Es ist unser Rosengarten, wir sind drin die Nachtigallen.
Unser Herz bleibt in der Heimat, ob wir auch daraus vertrieben.
Ihr sollt wissen, daß wir weilen dort, wo unser Herz geblieben.
O du heil'ger Strom der Ganga, magst du noch des Tags gedenken,
Als mein Volk zu dir herabstieg, sich an deiner Flut zu tränken?
Seht den Berg, den Himmelsnachbar, größten aller Bergesriesen;
Unser Schild und unsere Wache, unser Hüter sei gepriesen.
Berg, in dessen grünem Schoße spielen Tausende von Flüssen,
Berg, um dessen Schönheit alle Völker uns beneiden müssen.
Griechen, Römer und Ägypter schwanden hin und mußten weichen,
Unser Name ist geblieben, unseres Stammes Mal und Zeichen.
Will Gott, daß wir uns befehden, die wir eines Landes Kinder?
Indien ist meine Heimat und wir alle, wir sind Inder!
Ist es nicht ein Wunder, daß wir heut' noch leben, muß ich fragen,
Da der Himmel uns so feindlich schon seit altersgrauen Tagen?
Ach, wir haben keinen Freund auf Erden weit und breit;
Einsam tragen wir im Innern unser tiefes Herzeleid.

Mohammed Ikbal.

Erklärung indischer Bezeichnungen.

Akka Khels	Volksstamm an der afghanisch-indischen Grenze.
Anushilan Samiti	Fortschrittliche Vereinigung (Samiti = eigentlich Versammlung, Anushilan in engem Sinne: Bildung, Kultur).
Arya-Samadsch	Religiös-soziale Gemeinschaft.
Babu	Anrede (Herr).
Bhadralog	Mittelstand.
Brahmane	Mitglied der höchsten Kaste (auch Priester).
Dakoity	Raubüberfall. (Es handelt sich hier nur um solche Fälle, denen politische Motive zugrunde liegen.)
Durbar	Krönungsfeierlichkeit (eigentlich „König mit Hofstaat").
Ghaddar (Ghadr)	Empörung, Revolution, Name einer Zeitung.
Havildar	Unteroffizier.
Komagata Maru	Name eines japanischen Schiffes, mit dem indische Auswanderer 1914 nach Kanada und, weil ihnen die Landung dort verboten wurde, wieder zurück nach Indien fuhren.
Kali Puja	Der Göttin Kali geweihtes Opfer.
Mahratten	Volksstamm in Südwestindien.
Maulvi	Mohammedanischer Priester.
Pandit	Sprachlehrer, Gelehrter.
Parsi	Volksstamm, Religionsgemeinschaft.
Saildar	Kleiner Beamter.
Sepoy	Indischer Soldat.
Sikhs	Religionsgemeinschaft.
Shudra	Angehöriger der niedrigsten Kaste.
Subadar	Feldwebel.
Swadeshi	Autonomie, Selbständigkeit.
Ulema	Mohammedanischer Rechtsgelehrter.
Urdu	Sprache der Inder im oberen Gangestal.
Yoga	Philosophisches System.
Zakka Khels	Volksstamm an der afghanisch-indischen Grenze.
Zemindar (Semindar)	Großgrundbesitzer.

Die Entstehung der indischen Nationalbewegung.

Ganz Indien ist eins. Es beherbergt in seinem Schoße ein Volk, das eine gemeinsame Zivilisation und eine nur ihm eigentümliche Entwicklung besitzt und einst, zur Zeit der mächtigen Kaisereiche, eins war in Sprache, Religion, Geist und Gesinnung. Die verschiedenen Wander- und Eroberer-Stämme, die aus Mittelasien in die indische Tiefebene fluteten und sich dort niederließen, assimilierten sich der indischen Bevölkerung und trugen ihr Teil bei zum Aufbau der indischen Zivilisation. Im Laufe des dreizehnten Jahrhunderts brach über den Kaibarpaß eine neue Schar von Eroberern herein, die sich nach und nach einen großen Teil des Landes untertan machten. Sie brachten eine neue Religion und eine neue Sozialpolitik mit, wodurch die Vermischung mit der bodenständigen Bevölkerung unmöglich gemacht und die Einheit Indiens gestört wurde. Die von den Fremden eingeführten neuen Anschauungen und Regierungsformen verdrängten in vielen Fällen die alten, heimischen Systeme.

Der Hindunationalismus.

Aus den sich hieraus ergebenden Gegensätzen wurde der Hindunationalismus geboren. Die Hindus, als Vertreter der indo-arischen Kultur, verteidigten sich mit friedlichen und kriegerischen Mitteln gegen durch die Eroberer eingeführte islamische Kultur. In vielen Fällen nahmen die Kämpfe sozial-religiösen Charakter an, und wo Religion und Politik sich vereinten, wurde die Opposition machtvoll und unwiderstehlich, wie in „Maharastra Dharma" von Ram Das und in „Singha Dharma" von Guru Govind (beide aus dem 17. Jahrhundert) bezeugt wird. Die Berichte jener Gegensätze und Fehden gehören der Geschichte des modernen Indien an, ebenso aber auch viele Beispiele von Versuchen der Anhänger beider Glaubensrichtungen, Harmonie und Eintracht zu schaffen. Tatsächlich haben denn auch die Bekenner beider Religionen größtenteils friedlich beisammen gewohnt. Aber alle jene Kämpfe der Vergangenheit sind ein Beweis dafür, daß das arische Indien sich gegen fremde Einflüsse wehrte. Die Hindus, Erben der im Lande erwachsenen arischen Zivilisation und Kultur, lehnten sich gegen jede fremde Kultur und Einmischung auf.

Im Laufe der Zeit übten indessen beide Gemeinschaften wechselseitigen Einfluß auf einander aus, und die eine nahm manches von den Gebräuchen und Anschauungen der anderen an. Unter Anlehung an den Geist des Islams entstand eine Reihe neuer Hindu-Religionsgemeinschaften, und die Berührung des Schiitentums mit dem Vedantismus gab Anlaß zu der Sufibewegung. Andererseits behielten zum Islam übergetretene Inder zum Teil ihre frühere Religion und Sitte bei, wie denn auch „von Anfang an die muslimischen Eroberer massenhaft die Gebräuche der Hindus annahmen", und, „wenn diese ihren religiösen Anschauungen völlig entgegenstanden, sie so umformten, daß sie wenigstens einen Schein von Ähnlichkeit erhielten". (Statesman v. 17. 11. 1910. Besprechung eines Aufsatzes des bekannten muslimischen Volksführers Mazhar-ul-Haqe, erschienen in der Zeitschrift Modern Behar.)

Kaiser Akbar — ein indischer Nationalist.

So lagen im allgemeinen die Dinge in Indien bis zur Zeit des Regierungsantrittes des großen Akbar. Hervorgerufen durch des Kaisers ernstes Bestreben, die beiden großen Volksteile zu einer gemeinsamen Nation zu verschmelzen, trat bald danach ein neuer Wandel ein. Er, von Natur ein Eklektiker, war der erste, der den Gedanken einer einigen indischen Nation, unabhängig von religiösem Partikularismus, vertrat. Er sammelte die führenden Männer beider Parteien um sich und verband sich den Hindufürsten durch Heirat mit einer Hinduprinzessin. Wenngleich Akbars Reich als das „Mogulreich" bezeichnet wird, so war es doch auf dem Wege, ein Nationalstaat zu werden, und die Grundlage der damaligen nationalen Gesinnung war Treue gegen den Thron und den Staat. Die Wahl der Mitglieder politischer Körperschaften erfolgte völlig unabhängig von Rasse- oder Glaubenszugehörigkeit. In seinem Eifer, die einzelnen Volksbestandteile seines Reiches zu vereinigen, ging Kaiser Akbar sogar so weit, eine allgemeine, einheitliche Religion zu verkünden. Im Vorhofe einer großen Moschee hielt er eine Ansprache an das Volk. „Als Akbar begann, die von seinem Freunde Faizi für diesen Zweck gedichtete Hymne vorzutragen, wurde er von seiner Bewegung übermannt. Vor seinem geistigen Auge erschien ein geeinigtes Indien, ein Volk, das durch keine religiösen Gegensätze oder Rassefeindschaften zerrissen war. „Eine Herde und ein Hirte!"" Es war zu viel. Er zögerte, schwieg, brach völlig zusammen und verließ jäh die Tribüne. (Indische geschichtliche Studien von H. G. Rawlinson, S. 113—114.) Der von Akbar mit so großer Hingabe gepflegte nationale Geist prägte sich den Massen tief ein; der Kaiser von Delhi wurde gewissermaßen zur Verkörperung eines zentralisierten indischen Nationalstaates. Und so nachhaltig und unauslöschlich war dieser Eindruck, daß bei der großen Empörung von 1857 das Volk, Hindus und Mohammedaner, den damaligen Titularkaiser von Delhi, einen Nachkommen Akbars, zu seinem Herrscher ausrief.

In späterer Zeit, als ein Parteigeist am Hofe eines der Nachfolger Akbars die Oberhand gewann, wurde der nationale Gedanke unterdrückt. Die Folge war, daß der Hindunationalismus zu neuem Leben erblühte. Religion vermischt mit Politik brachte neue Konfessionen, die der Mahratten und der Sikhs, hervor, aus denen später das Mahrattenreich im Süden und das Reich der Sikhs im Norden entstand.

Nationalismus im achtzehnten Jahrhundert.

Die am Hofe zu Delhi die Oberhand gewinnende religiöse Unduldsamkeit und Rassenfeindschaft verursachten eine nationale Erhebung gegen die Koterie der Hofmänner, die sich die „herrschenden Moghulen" nannten. Die Hindus, die in jenen Tagen den überwiegenden Bestandteil der indischen Bevölkerung bildeten, wurden durch Religionsverfolgungen zur Empörung getrieben. Die Mahratten legten zu der Zeit den Grundstein ihres künftigen Reiches im Süden; Radschputana revoltierte und erklärte sich selbständig; die Dschats erhoben sich und gründeten eigene Staaten und auch die Sikhs standen auf und errichteten bald darauf eigene unabhängige Königreiche.

So wurde das von dem weitblickenden Akbar gegründete Reich, das bereits zum Mittel- und Sammelpunkte der Inder geworden und auf dem besten Wege war, ein Nationalstaat zu werden, bis in seine Grundfesten hinein erschüttert. Im Jahre 1711 wurde ein neuer und letzter Versuch gemacht, den Staat auf eine nationale Basis zu bringen, und zwar von zwei Brüdern aus Barha, den Sejjids Abdulla Khan und Hussein Ali, denen die Geschichte den Beinamen die „Königsmacher" gegeben hat. Obgleich diese beiden, wie der Geschichtsschreiber Owen sagt, „fremder Herkunft waren, waren sie doch schon seit langem in Indien ansässig und rühmten sich, Hindustaner zu sein . . . . . . Ihre Sympathien standen dabei natürlich auf Seiten der Hindus und sie versuchten, das Nationalempfinden unter dem Banner der von Kaiser Akbar geübten Duldsamkeit und politischen Gleichberechtigung auf ihrer Seite zu sammeln" (Owen, Der Zusammenbruch des Moghulreiches, S. 135 u. 182). Wenngleich ihrer Religion nach Mohammedaner, „waren die beiden Sejjids jedoch nicht nur Hindustaner, sondern rühmten sich dessen sogar voller Stolz und waren weniger dazu geneigt, der Ansicht zuzustimmen, daß ein von Akbar mit Hilfe indischer V e r b ü n d e t e n errichtetes Reich die Nachkommen der alten Eroberer aus Babers Zeit oder die eingewanderten Sunniten aus Nordasien dazu berechtigte, die Inder als unterworfenes, minderwertiges und rechtloses Volk zu behandeln." Als indische Nationalisten gingen sie Bündnisse ein mit dem Herrscher des neu errichteten Mahrattenreiches, Radscha Schahu, ebenso mit Adschit Singh von Dscheypur und sammelten auch die Pathanen und andere indische Muslime um sich. Dank dieser gewaltigen Vereinigung brachten sie den Kaiser unter ihren Einfluß und boten den fremden Elementen aus Persien und Zentralasien, die im Staate die Oberhand hatten, kühn die Stirn. Durch dieses Auftreten entspannen sich Kämpfe zwischen den das nationale Element verkörpernden Indern und den als „Moghulen" bezeichneten Fremden, in denen die Nationalistenpartei eine Zeit lang die Oberhand hatte. Über, oder vielmehr gegen diese Bewegung sagt der Geschichtsschreiber Khafi Khan: „Die beiden Sejjids, die jetzt die wahren Herrscher waren, glaubten sich Meister der Feder und Meister des Schwertes Hindustans, und, auf die Unfehlbarkeit ihrer Ansichten und die Macht ihrer Schwerter pochend, erachteten sie die Mogulen von Iran und Turan als reines Nichts. Sie hatten vergessen, daß diese Mogulen hunderte und tausende von Meilen aus ihren fernen Heimatländern gekommen waren . . . . . Zwei Jahrhunderte hindurch hatte ihr Geschlecht sich der Gunst des Hauses Timur erfreut . . . . Stolz, Ehrgefühl und Kampfeslust spornten den löwenherzigen Edelmann (Haider Kuli Khan, einen der Ersten unter den Mogulen) an, diesem Stande der Dinge ein Ende zu bereiten und Rache zu nehmen." (Angeführt in Owen, „Der Zusammenbruch des Mogulreiches".)

Die Hofpartei begann also dem steigenden indischen Einfluß Widerstand entgegenzusetzen; ihr Führer war Chin Kilich Khan, der Vizekönig des Dekkans. Obgleich in Indien geboren, war er Mogul bis zum innersten Kern seines Wesens, ein unversöhnlicher Gegner indischer Vorherrschaft im Staate. Er bereitete sich zum Schlage vor und setzte, sobald er seine Zeit gekommen sah, die Gegenrevolution ins Werk, die die Hofpartei wieder zur Macht bringen sollte. Die Kämpfe wogten lange hin und her, bis die beiden Brüder endlich vernichtend geschlagen wurden; ihr Sturz und Tod bedeutete für das Reich den Verlust seiner beiden letzten nationalen Säulen. „Die weitreichenden Folgen", sagt Owen in seinem bereits mehrfach angeführten Werke „der Zusammenbruch des Mogulreiches", „die die Gegenrevolution für die künftigen Geschicke Indiens zeitigte, können schlechterdings nicht übertrieben werden. Wäre nicht der starke Knoten durch die Ermordung Husseins durchschlagen worden, so hätten die Sejjids vielleicht das Übergewicht erlangt. Wahrscheinlich würden sie dann eine starke Regierung eingesetzt und durchgeführt haben, gegründet auf gegenseitige Duldsamkeit und unterstützt sowohl von den indischen Muselmanen als auch von den Hindufürsten." Die Gegenrevolution brach also den letzten Versuch, das sogenannte Mogulreich zu nationalisieren und zu verjüngen; das von Akbar gegründete Reich löste sich in schneller Folge auf und zerfiel.

Nach diesem Fehlschlage fand der Nationalismus seinen Mittelpunkt bei den Mahratten, die ganz Indien überrannten und sich zur Vormacht des Landes machten. Die indischen Pathanen nahmen Dienste unter ihnen und sämtliche anderen indischen Staaten erkannten ihre Oberherrschaft an und zahlten ihnen Tribute (den vierten Teil ihrer Jahreseinkünfte). In ihrem unermüdlichen Streben, sich zu Herren des ganzen Landes zu machen und Indien unter einer — ihrer — Hand zu vereinigen, gelangten die Mahratten nahezu ans Ziel.

Etwas später, während der Regierungszeit Madhodschi Scindhias, sollte ein Reich der „Vereinigten Staaten von Indien" gegründet werden; da aber erschienen die Engländer auf dem Plane und machten den Mahratten die Vormacht streitig. (Muir, „The Making of British India", S. 202.)

Der Aufstieg der Engländer.

Als die ersten Engländer in Indien auftauchten, war das alte Mogulreich zerfallen und das neue Mahrattenreich hatte noch nicht Zeit gehabt sich zu konsolidieren; das durch den Zerfall frei gewordene Spiel widerstreitender Kräfte war noch ungebändigt und alles harrte der Vereinigung unter einer stärkeren Hand. Als die Briten allmählich festen Fuß zu fassen begannen, fehlten auch die Stimmen der Warner nicht. Die erste war die des Maharadscha Nand Kumar, eines Edelmannes aus Bengalen, der von den Briten schleunigst verhaftet und hingerichtet wurde. Im Jahre 1781 schickte der erbitterte Feind der Engländer, Sultan Haider Ali von Maisur, ein Warnschreiben an alle indischen Fürsten, in dem er sie auf die von den Briten drohende Gefahr hinwies und sie aufforderte, bei der Vertreibung des gemeinsamen Feindes Hilfe zu leisten. Leider aber hatte er, wenn auch sein im nächsten Jahre, 1782, gegen die Engländer geführte Feldzug siegreich war, kein Glück mit dem Versuche, die übrigen Fürsten des Landes um sich zu scharen.

Etwas später faßte auch Madhodschi Scindhia, der faktische Herrscher des Marhattenreiches, der gleichzeitig auch im Norden als Regent für den erblindeten Kaiser Schah Alum über die letzten Trümmer des alten Kaiserreiches regierte, den kühnen Plan, ganz Indien gegen die Engländer zu vereinigen. Zum Unglück aber verstarb er bereits im Jahre 1794, ehe noch seine Pläne völlig gereift waren. Doch darf, wie der Geschichtsschreiber Malleson sagt, „nicht vergessen werden, daß es der große Lebenstraum Mahodschi Scindhias war, alle einheimischen Mächte zu einer gewaltigen Konföderation gegen die Engländer zusammenzubringen. In dieser Hinsicht war er der weitestblickende Staatsmann, den Indien je hervorgebracht hat . . . . . Es war ein großartiger Gedanke, dessen Durchführung durch Madhodschi, aber auch nur durch ihn allein, hätte gelingen können, und die ihm auch gelungen wäre, wenn ihn der Tod nicht daran gehindert hätte[1])". Noch einmal, um 1820 herum, erging eine schriftliche Aufforderung, diesmal vom Maharadscha von Mewar, an die indischen Fürsten, sich zum Kampfe gegen die Engländer zu verbünden; der Versuch schlug jedoch aus verschiedenen Gründen fehl.

Britische Vertragsverletzungen.

Nach Beendigung des zweiten Krieges mit dem Pandschab, 1849, war kein einziger selbständiger Staat mehr vorhanden, der sich gegen die Briten

---

[1]) Malleson, „Die letzten französischen Kämpfe in Indien."

hätte zur Wehr setzen können. Ganz Indien schien unrettbar unter das Joch britischer Herrschaft gelangt zu sein. Ein Staat nach dem anderen wurde annektiert, ein Vertrag nach dem anderen gebrochen oder verletzt, Gelöbnis nach Gelöbnis gebrochen, bis um die Mitte des neunzehnten Jahrhunderts herum der Höhepunkt durch die ungerechte Regierungsführung Dalhousies erreicht wurde. Unter dem Deckmantel des „rechtlichen Verfalls" oder des „Heimfalls an die Vormacht mangels Erben" annektierte er eine ganze Reihe von Staaten und setzte Herrschergeschlechter ab, deren Rechte durch gültige Verträge verbürgt waren. So wurde 1848, entgegen dem Vertrage von 1819, Satara annektiert; 1849 die Dynastie des „Großmonguls" im Widerspruch zum Vertrage von 1802 abgesetzt; ebenso 1853 Dschansi annektiert und der Nisam Berars beraubt; 1854, unter Verletzung des Vertrages von 1828, Nagpur annektiert, ferner, unter Verstoß gegen die Verträge von 1799 und 1802, das Herrschergeschlecht von Karnatik und Tandschor abgesetzt, und, ungeachtet des Vertrages von 1802, im Jahre 1856 das Königreich Audh annektiert. Diese schamlosen Räubereien und Vertragsbrüche erschütterten das Vertrauen der Inder auf ein feierlich gegebenes britisches Versprechen aufs tiefste.

Es herrschte zunächst im politischen Leben Indiens vorübergehend Ruhe; aber das ganze Land lauschte atemlos auf die Todeskämpfe der annektierten Staaten. Es war lediglich die Stille vor dem Sturm, der 1857 mit ungeheurer Kraft losbrach. In jenem ewig denkwürdigen Jahre wurde das nationale Banner des indischen Freiheitskampfes erhoben.

Der erste Befreiungskrieg.

Von englischen Schriftstellern ist die Revolution von 1857—1859 in böswilliger Fälschung als die „Sepoy-Meuterei", also als eine Meuterei der indischen Söldnertruppen, bezeichnet worden. Der vorurteilsfreie Historiker aber weiß, daß es sich um einen Volks- und Freiheits-Krieg handelte. Männer und Frauen, Fürsten und Bauern, Hindus und Muselmanen reichten sich die Hände und brachten sich selbst auf dem Altare der Freiheit dar. In seinem glühenden Verlangen nach Freiheit und Erlösung aus britischer Tyrannei, deren drückende Hand auf allen und allem lastete, vergaß das Volk seine kleinlichen Zwiste und vereinigte sich auf der Grundlage eines unzersplitterten, alle Religionen und Kasten umfassenden Nationalismus, um Wohl und Wehe des Landes gemeinsam zu tragen. Alle Unterschiede waren hinweggefegt. Das ganze Volk hatte ein gemeinsames Ideal, „die Freiheit Indiens und eine nationale Regierung". Daß die Freiheitskämpfe von 1857 darauf hinzielten, die nationale Freiheit und Einigkeit Indiens zu erringen, wird auch von englischen Geschichtsschreibern wie z. B. G. W. Forrest, nicht geleugnet, der in seiner Einladung zu den „State Papers“ sagt: „Unter den vielen Lehren, die die indische „Meuterei„ für den Historiker birgt, ist keine von größerer Wichtigkeit als die, daß eine Revolution möglich ist, in der Brahmanen und Sutras, Hindus und Mohammedaner sich gegen uns vereinigen. Trügerisch erscheint die Annahme, der Friede und die Sicherheit unserer Besitzungen beruhe in irgendwie beträchtlichem Maße darauf, daß das Land von Bekennern verschiedener Religionssysteme bewohnt wird, denn diese verstehen und achten einander; ja, der eine nimmt teil an den Sitten und Gebräuchen, dem ganzen Tun und Lassen des andern.“

Unaufrichtige britische Historiker haben den Freiheitskrieg von 1857 als vereinzelten Fall einer Militärrevolte bezeichnet, verursacht durch die Einführung eingefetteter Patronen. Wie aber keine Erscheinung ohne tiefere Gründe ist, so auch die indische Revolution. Sie war der entschlossene Versuch des g e e i n t e n indischen Volkes, das fremde Joch abzuschütteln und eine auf den Volkswillen gegründete nationale Regierung zu errichten. Die Fabel, die Einführung eingefetteter Patronen habe die religiöse Empfindlichkeit der indischen Soldaten verletzt und dadurch den Aufstand verursacht, ist von ernsten englischen Geschichtsschreibern immer als kindisch bezeichnet worden. Malleson sagt in seinem Buche „Die indische Meuterei“: „Sie (die Soldaten) waren von den Verschwörern benutzte Werkzeuge,“ und bei Medley („Ein Jahr Feldzugsleben in Indien vom März 1857 bis März 1858“) heißt es: „Die eingefetteten Patronen waren sozusagen der Funke, der die aus vielen Gründen lange gelegte Mine zur Explosion brachte.“ Disraeli („Indische Meuterei“ von Ch. Ball, Bd. I, S. 629) tat die Sache mit dem Bemerken ab, „niemand glaube daran, daß die Patronengeschichte die wahre Ursache des Aufstandes gewesen sei“. Ein anderer ging sogar noch weiter und sagte: „Daß die Furcht vor dem Gebrauch der Patronen für viele Leute nur ein leerer Vorwand war, ist über jeden Zweifel hinaus erwiesen. Sie (die indischen Soldaten) haben nicht gezögert, im Kampf gegen uns dieselben Patronen zu verwenden, deren Berührung nach ihrer Erklärung den Verlust der Kaste verursacht haben würde.“ Die Revolution war das Ergebnis eines vorbedachten, sorgfältig angelegten Planes, an dessen Zustandekommen alle Teile des Volkes seit langem gearbeitet hatten. In dem Buche „Die indische Meuterei“ von Kaye heißt es auf Seite 24—25: „Seit Monaten, ja sogar Jahren war ein wahres Netz von Intrigen über das ganze Land gespannt worden. Von einem Hofe zum anderen, von der einen äußersten Grenzmark des großen indischen Kontinents zur anderen waren die Agenten Nana Sahibs geeilt, um heimlich, ja manchmal geheimnisvoll, den Fürsten und Führern der verschiedenen Religionen und Völker Vorschläge und Einladungen zu überbringen, — niemandem hoffnungsvoller als den Marhatten“. Dasselbe bezeugt ein anderer britischer Schriftsteller, G. Le Grand Jacob („Western India“) mit den Worten: „Es ist indessen schwer, die bewundernswerte Verschwiegenheit zu beschreiben, mit der die Verschwörung durchgeführt und die Pläne entworfen wurden; ebenso auch die Vorsicht, mit der jede Gruppe der Verschwörer einzeln vorging, die verbindenden Glieder verbarg und ihnen Weisungen gab, die nur gerade soviel Aufschluß brachten, wie zur Erreichung des nächsten Zweckes nötig war. All diesem kam nur die Treue gleich, mit der sie fest zusammenstanden."

Drei Jahre lang währten die Kämpfe der Revolution mit wechselndem Glück, bis alle Hoffnung auf Wiedergewinn der nationalen Freiheit dahin war, und das Volk nach langem Ringen sich in die Niederlage fügte. Aber war auch der Krieg verloren, so bereute das Volk ihn doch nicht, denn er war im Namen der Freiheit geführt worden, wie der Brief des berühmten Nana Sahib an Jung Bahadur, dem Diktator von Neapel, bezeugt: „Völlig überflüssig ist es, hier die wohlbekannte Geschichte der Ungerechtigkeiten zu wiederholen, unter denen Hindustan ächzt; wie das britische Volk Verträge gebrochen, seine Versprechen mit Füßen getreten und den indischen Radschas ihre Kronen entrissen hat. Ebenso unnötig ist es zu beschreiben, wie selbst die Religion des Landes bedroht ist, sobald seine Königreiche vernichtet sind. All dies ist nur zu wohl bekannt. Es sind die Gründe, weswegen wir den Krieg auf uns nahmen."

Wenn auch das Volk schließlich die Waffen niederlegen mußte, — das Verlangen nach Freiheit verlor es doch niemals mehr aus seinem Herzen. Es begann, den Nationalismus wie eine heilige Sache der Religion zu verehren, denn in diesem Geiste lag der Keim aller Hoffnungen auf die Zukunft. Und die Zukunft des indischen Nationalismus lag in der Hingabe seiner Vertreter, wie von Kaiser Bahadur Schah am Vorabend seiner Gefangennahme durch die Briten während der Revolution prophezeit wurde:

„Ghasionmen bu rahegi jabtalak imanki, Sabtak Londontak Chalegi tegh Hindustan ki." („Solange auch nur ein schwacher Funke von Glauben und Treue in den Herzen unserer Helden glüht, — so lange wird das Schwert Hindustans scharf bleiben und einstmals sogar vor den Toren Londons funkeln.")

Reformbewegungen.

Das Jahr 1859 brachte das Erlöschen des letzten Flackerns der Revolution und die allgemeine Amnestie der Königin Viktoria. Das Volk war überwältigt worden und schien nach außen hin sich mit der britischen Herrschaft, zumal sie in jener Zeit eine neue Regierungsform einführte, abgefunden zu haben. Es folgte eine neue Phase im sozialen Leben Indiens, die Zeit der Reformationen setzte ein. Inzwischen wuchs eine neue Generation heran, die europäische Bildung besaß und die nationalistische Sache von einem neuen Gesichtspunkte aus betrachtete. In ihrer Kindheit hatte sie den furchtbaren Aufstand in allen seinen

Phasen miterlebt und hielt es für nutzlos, gegen die Briten anzukämpfen, die das Volk durch die Überlegenheit brutaler Gewalt niederhielten. Man schlug also zur Erreichung des Zieles — der nationalen Wiedergeburt — neue Wege ein. Diesen Männern erschien Indien niedergebrochen, unfähig, sich gegen europäische Angriffslust zu wehren, zu schwach, europäischem Ansturm standzuhalten. Nach ihrer Meinung lagen die Ursachen dieser nationalen Schwäche in Mängeln der religiösen und sozialen Einrichtungen des Landes. Diese Ansicht wurde ihnen suggeriert durch die heftigen Angriffe, welche die christlichen Missionare gegen diese Einrichtungen richteten. „Nieder mit den alten Gebräuchen!" lautete die Losung der neuerstandenen Reformatoren. „Will der Orient nicht untergehen, so muß er okzidentalisiert werden!" „Religion und Gesellschaft müssen reformiert werden, wie Wahrheit und Vernunft es erfordern!" Dies waren die Schlagworte der neuen Partei, diese Ideen fanden in allen Abstufungen ihre Vertreter, von den begeisterten Schwärmern für Europäisierung angefangen bis zu den Reformatoren mit maßvollem Programm. Einzig und allein durch Reformen glaubten sie Indien zu neuem Leben erwecken zu können und es zu befähigen, sich europäischem Angriff zu widersetzen. Eine Reihe von Reformgesellschaften wurde gegründet, die auf dem Gebiete der Religion, des Sozial- und Bildungs-Wesens eifrig tätig waren und danach strebten, Indien den modernen Anforderungen anzupassen. So entstanden z. B. die Vereinigungen „Brahma Samadsch", „Prarthana Samadsch", „Arya Samadsch" und die Hochschule von Aligarh. In dieser Weise reagierte Indien auf die moderne Zivilisation, mit der es damals in Berührung kam. Die geistige Energie der Inder wurde also für einige Zeit in einen indirekten Kanal geleitet, wenn auch das endgültige Ziel des Nationalismus — die nationale Freiheit — niemals in Vergessenheit geriet. Man hielt die Reformbestrebungen für Mittel, die gleichfalls doch nur der Erreichung des gewünschten Zweckes dienen sollten.

Wenn also die so entstandenen Reformbestrebungen nicht unmittelbar zur Förderung der Sache beitrugen, so brachten sie doch Indien zu neuem Bewußtsein seiner selbst, bahnten die moderne Entwicklung an, schufen neues Leben im Lande und leisteten Hilfe bei dem Aufbau der Nation.

Die Geheimgesellschaften.

Aber während dieser ganzen Zeit, abgesondert von den glühenden Radikalen und ihrer Begeisterung für europäische Bildung, ganz unberührt von dem Strudel der verschiedenen Bewegungen, waren die Revolutionäre, die Hinterbliebenen der Revolution und Nachfolger der Freiheitskämpfer am Werk. Diese direkten Erben der Revolution, deren Vorfahren den Freiheitskrieg organisiert hatten, waren still und unaufhörlich am Werke, die allmählich schwindende Hingabe an die nationale Sache neu zu beleben. Sie traten niemals an die

Öffentlichkeit, nahmen nie teil an den Ereignissen des öffentlichen Lebens und blieben der Welt völlig unbekannt. Ihr Leben bedeutete Entsagung, ihr Werk war mühsam und arm an Hoffnung. Als unter den Schrecken der britischen Macht das ganze Volk gelähmt und kraftlos lag, die Reformatoren seinen Sinn auf allerlei Torheiten lenkten und die Herzen der Patrioten von Verzweiflung erfüllt waren, arbeiteten jene schweigsamen Männer daran, den sinkenden Mut des Volkes zu heben und das Verlangen nach Freiheit lebendig zu halten. Zum großen Teil blieb ihre Tätigkeit der Öffentlichkeit verborgen, nur hin und wieder einmal machte sich deren Wirkung nach außen hin geltend, so in der großen Wahabiverschwörung von Patna, der umfangreichen mohammedanischen Verschwörung von Dschessor, der Kukabewegung in Pandschab, den Taten von Tantia Bhil und in verschiedenen anderen Bewegungen.

Die öffentliche Tätigkeit der Nationalisten.

Während diese Gruppe in der Stille tätig war, begannen andere tatkräftig das Volksbewußtsein bei den Indern zu wecken und eine starke nationalistische, nach Freiheit dürstende Partei heranzubilden. Es handelte sich hier um eine Reihe von Intellektuellen, die ihr Ziel durch das gedruckte Wort und halb geheime patriotische Verbindungen zu erreichen versuchten und sich ebenso der Presse und des Theaters wie geheimer Mittel bedienten. Einer der ersten dieser Nationalisten war der inzwischen verstorbene Rajnarain Bose, Gründer der „Hindu Mahamela Gesellschaft", der Zeitung „Der Nationale Reformator" und ebenso der „Geheimen revolutionären Vereinigung". Darauf folgte das „Nationaltheater" mit einer Reihe politischer Dramen. Etwas später erschienen die Schriften des unsterblichen Bankim Chandra Chattopadhyaya, von denen vor allem die romantisch-politische Novelle „Ananada Nath" und die Nationalhymne „Bande Mataram" zu nennen sind. (Siehe Seite III). Gleichzeitig erfolgte auch die Veröffentlichung der Werke von Rhudev Chandra Mukhopadhyaya, darunter „History of India gained in a Dream". (Geschichte Indiens im Traume gewonnen). Als nächster trat Jogendra Nath Bidyabhusan auf, der außer anderen Büchern die Biographien Mazzinis und Garibaldis herausgab. Und dann, als Krone von allem, kam das herzergreifende Gedicht „Gharat Sangit" von Hem Chandra Bandopadhyaya, in dem er seinem Volke den Vorwurf macht, es habe sich durch die Äußerlichkeiten britischer Macht blenden und verwirren lassen. Außerdem gab es noch eine Menge anderer revolutionär gesinnter Schriftsteller, die ihre Federn in den Dienst der großen Sache stellten und Befreiung vom fremden Joch predigte. Aber alle diese Stimmen wurden übertönt von dem so viel leichter eingehenden Rufe nach Reformationen, der zu jener Zeit triumphierte. Das in einem furchtbaren Kriege geschlagene Volk scheute vor aggressiven Methoden zurück und suchte sein Heil auf leichterem Wege zu erreichen.

Hatten also die Revolutionäre nicht den vollen gewünschten Erfolg, so waren ihre Lehren doch nicht ganz wirkungslos geblieben, selbst solange noch die Reformbewegung in höchster Blüte stand. Es traten einige radikal gesinnte begeisterte junge Männer auf, die den Geist beider Richtungen zu vereinigen suchten. „Indien für die Inder" wurde der Feldruf dieser Gruppe, zu deren hervorragendsten Vertretern Ananada Mohan Bose und Surendra Nath Bandopadhyaya gehörten. Sie gründeten die „Studentenvereinigung" zu Kalkutta und arbeiteten in der verschiedensten Weise an der Erweckung des Volkes. Groß war die Begeisterung, die sie unter den jungen Leuten entfachten, und neuer Eifer machte sich im politischen Leben bemerkbar. Nach einiger Zeit aber geriet diese Bewegung in europäisches Fahrwasser, wodurch zwischen den alten Nationalisten und der jungen Partei eine breite Kluft gerissen wurde. Die Mitglieder der neuen Partei waren in Europa erzogen worden und hielten sich in ihrer politischen Tätigkeit lieber an die europäischen Methoden der sogenannten verfassungsmäßigen Richtung. Gleichzeitig unter dem Einfluß der indischen Reformatoren und europäischer Bildung stehend, zogen sie die öffentliche Agitation, das Einreichen von Denkschriften an die Regierung, sowie die Verbreitung von Flugschriften, der unmittelbaren revolutionären Propaganda vor.

Der Indische Nationalkongreß.

Hiermit setzte eine neue Periode im politischen Leben Indiens ein, bedingt durch fremde Methoden. Die Reformbewegung erwies sich als wirksam, und das Volk fing an, der Politik Aufmerksamkeit zu schenken. Seit zwei Generationen mit moderner Bildung durchtränkt, begann es nach seinen „Rechten" zu fragen, und in der öffentlichen Ausübung der Politik drang die europäische Methode durch. Um die Rechte und Beschwerden zur Sprache zu bringen, wurde die „Indische Vereinigung" gegründet, die eine Reihe von Ortsgruppen und Zentralen besaß. Diese neue Bewegung erreichte ihren Höhepunkt im Jahre 1883, als veranlaßt durch den Rat des damaligen Vizekönigs Lord Dufferin (eines Iren) doch die irische Methode der „konstitutionellen Agitation" einzuführen, im Hause eines sozialen Reformators zu Bombay, Bahramji M. Malabari, zum ersten Male der Gedanke ausgesprochen wurde, alljährlich eine repräsentative Nationalversammlung abzuhalten, und bereits im Dezember desselben Jahres der erste „Indische Nationalkongreß" zusammentrat.

Dieser neuen Bewegung traten viele der gemäßigten Reformatoren bei, während die radikalen Mitglieder der Reformpartei behaupteten, diese Methode hieße „den Wagen vor das Pferd spannen." Nach ihrer Meinung sollte die politische Reform der sozialen voraufgehen. Auch die Nationalisten, welche die vollkommene Befreiung Indiens vom fremden Joche anstrebten, hielten die Methode für falsch; einige Mietlinge im Dienste der Briten bezeichneten sie als

„aufrührerisch", eine Ansicht, die sich auch die britische Regierung zu eigen machte, nachdem die Bewegung in Fluß gekommen war.

Revolutionsbewegung gegen Kongreßbewegung.

Trotz aller Kritik und trotz allen Widerstandes seitens des Volkes und der Regierung gedieh die Kongreßbewegung. Sie war auf streng nationalem Fundament gegründet und blieb ein Jahrzehnt hindurch der Brennpunkt aller politischen Bestrebungen des ganzen Landes, denn das Sektenwesen hatte seit dem Freiheitskriege für das politische Leben seine Bedeutung verloren. Das Volk erwartete Gutes von der konstitutionellen Agitation, obwohl deren Forderungen anfänglich sehr bescheiden waren und sie lediglich durch Einreichen von Bittschriften an die Regierung einige Privilegien zu erlangen strebte.

Ist auch der Indische Kongreß national in dem Sinne, daß er Anhänger aus allen Religionen und Konfessionen und aus allen Teilen des Landes besitzt, die zusammenkommen und auf gemeinsamer politischer Basis arbeiten, so kann man ihn doch nicht als nationalistisches Organ des indischen Volkes bezeichnen. Seinem Ursprunge nach ist er, wie vorher ausgeführt, eine ausländische Einrichtung, welche die Methoden und Ziele der irischen Palamentsagitatoren nachahmt. Er ist vom englischen Liberalismus inspiriert und sucht politische Konzessionen dadurch zu erhalten, daß er sich mit einer bestimmten englischen Partei identifiziert. Zur Zeit seiner Gründung war seine Losung nicht „Indien für die Inder", sondern „Kleine konstitutionelle Privilegien". Um seine Ziele zu erreichen agitierte er in Indien und England, bettelte um Gunst und verabscheute jeden Gedanken an Gewalttätigkeiten und Ruhestörungen. Den Nationalisten erschienen diese Methoden verächtlich, und sie hielten sich von Anbeginn der Kongreßbewegung fern. Seine Sprache war ihnen zu bescheiden, seine Ideale zu niedrig, seine Methoden zu furchtsam.

Zwischen den Idealen und Methoden der Nationalisten und denjenigen der Kongreßpartei besteht also eine tiefe Kluft. Die Konstitutionalen werden als „Bettelpartei" bezeichnet, da sie Privilegien im Namen einer Verfassung erbitten, die in Britisch-Indien überhaupt nicht existiert! Ihre Forderungen gründen sie auf die 1859 von der Königin Viktoria erlassene Proklamation, die sie als die „Magna Carta" bezeichnen, während sie von britischen Staatsmännern ein Stück poitischer Heuchelei genannt wird.

Sie vergessen, daß ein unterworfenes Volk keine Politik treiben und keine Privilegien im Namen der Gerechtigkeit verlangen darf, sondern daß ihm solche nur aus Gunst oder Mitleid gewährt werden, und daß nie eine Forderung erfüllt wird, hinter der nicht die Macht steht. Sie erkennen auch nicht, daß keine Nation ins Leben gerufen werden kann durch bloßes Umschmeicheln einer fremden Regierung. Die Furcht vor den Briten hat sie so demoralisiert, daß sie sich eine von ihnen getrennte Existenz überhaupt nicht vorstellen können! In letzter Zeit aber haben sie sich doch soweit bekehrt, daß ihre Losung ebenfalls lautet „Indien für die Inder".

Das Ideal der Indischen Nationalpartei ist hiervon gänzlich verschieden. Indien soll von dem Joch der Fremden ganz befreit werden und seinen ihm gebührenden Platz unter den Völkern der Erde einnehmen. Nach Ansicht der Nationalisten ist dies ohne schwere Kämpfe und Leiden nicht zu erreichen, und sie glauben, daß die Befreiung mit Gewalt erzwungen werden muß. Von Kompromissen wollen sie nichts hören; ihre Auffassung von Nationalismus schließt jede fremde Vorherrschaft aus.

Aus diesen Verschiedenheiten ergibt sich der Gegensatz, in dem beide Parteien zueinander stehen. Die furchtsame Konstitualistenpartei bleibt jedoch von dem energischen Vorgehen der Nationalisten nicht unberührt, und je größer die Kraft der letzteren ist, um so kühner werden die Forderungen der ersteren. Während die Nationalisten sich auf eine letzte Abrechnung mit den Briten vorbereiten und ganz offen den Kampf verkünden, erhebt die dadurch ermutigte Kongreßpartei den Ruf nach „Selbstregierung"! Die Nationalisten lehren, daß es ganz unnütz ist, von der Gewährung der Selbstbefreiung für Indien auch nur zu träumen, die, wie britische Staatsmänner wiederholt versichert haben, völlig aussichtslos und, wie die Dinge liegen, schon ihrer Natur nach unmöglich ist. Sie fordern das Volk auf, sich wieder zu seinen alten Traditionen zu bekennen und an seine eigenen Fähigkeiten zu glauben; es soll von den Narreteien und leeren Schemen einer in einem despotisch regierten Lande mit konstitutionellen Mitteln arbeitenden Agitation loskommen, um zu den Realitäten der tatsächlichen Lage zu gelangen und den in der Zukunft liegenden Möglichkeiten vertrauen.

Die Kongreßpartei, welche die nationale Entwicklung dadurch um dreißig Jahre zurückstellte, daß sie das Volk Phantomen und Phantastereien nachzujagen lehrte und seine Selbstachtung untergrub, verliert jetzt, da das Vertrauen des Volkes auf den Erfolg der konstitutionellen Methoden schwindet, immer mehr an Boden. In rascher Steigerung wächst dagegen die Nationalpartei, denn die Richtigkeit der von ihr vertretenen Ansicht, daß zur Erlangung der Freiheit Gewalt und Kampf notwendig sind, gewinnt immer größere Anerkennung.

Dies ist im allgemeinen die politische Lage in Indien und die Geschichte der Entstehung und der Unterschied der beiden politischen Parteien. Was aber immer die Mängel der Kongreßpartei auch sein mögen, so hat sie doch dazu beigetragen, die Inder zu sammeln und in ihnen das Bewußtsein zu stärken, samt und sonders der gleichen Nation anzugehören und gemeinsame Interessen zu haben. So hat auch sie am Aufbau der indischen Nation in nennenswertem Maße beigetragen.

Nationalistisches Wirken.

Während also die konstitutionelle Partei dem Volke ein falsches Ideal aufstellte, suchten die Nationalisten es dahin zu erziehen, aus sich selbst heraus den Weg zur Nation zu finden. Daß dies bei einer nur lose zusammenhängenden Menge, die in jeder Weise von den fremden Eroberern beherrscht wird, nicht durch Agitation in der Presse und von der Tribüne herab zu erreichen war, darüber waren die Nationalisten sich von Anbeginn klar. Sie sahen die Kluft, die zwischen den Anschauungen des einstigen feudalen Indiens und denen des demokratischen Englands gähnte und für die sich kein Ausgleich und keine Überbrückung finden ließ; sie täuschten sich auch durchaus nicht darüber, daß Irland trotz aller Entnationalisierung, Anglisierung und parlamentarischer Politiken der Selbstregierung noch um nichts näher gekommen war.

Um im Volke die Erinnerung an die Größe seiner Vergangenheit und die alten Traditionen wieder zu wecken und sein Selbstbewußtsein und Selbstvertrauen zu stärken, wurde u. a. die Feier der alten patriotischen Festtage, wie z. B. die Schivadschis, des Nationalhelden Maharastras, die Ganapatifeier usw. wieder eingeführt, Vereine für Körperkultur gegründet und im Dekkan die einheimische Industrie unterstützt und gefördert. Jede Verbindung mit der britischen Regierung sollte boykottiert werden, wie das in der „Steuerverweigerung" von 1896 zum Ausdruck kam, die der vor zwei Jahrzehnten während der Indigo-Unruhen in Bengalen, als der Dekkan von Hungersnot bedroht war, durchgeführten passiven Resistenz vergleichbar war. Die Lehren der Nationalisten hatten derart nachhaltigen Einfluß gewonnen, daß sich ein begeisterter Anhänger jener Lehren, namens Damodar Chapekar während Puna beim Wüten der Pest im Jahre 1897 von zwei britischen Beamten terrorisiert wurde, erbot, sich dem Volkswohle zu opfern und die beiden Männer zu erschießen.

Aber nun setzten auch die polizeilichen Verfolgungen der nationalistischen Zeitungen und Volksführer ein. Der bekannte Bal Gangadhar Tilak, Redakteur der Zeitung „Kesari", wurde gefangengesetzt, weil er in einer Rede die Wendung gebraucht hatte: „Gott hat den „Mlekhas" (barbarischen Fremden) kein auf unvergängliches Erz geschriebenes Recht auf Hindustan gegeben." Trotz aller Verfolgungen aber entwickelte sich die nationale Bewegung weiter. So wurde 1902 in Kalkutta das Schivadschifest gefeiert und in ganz Bengalen entstanden neue Athletenvereine. In vielen kleinen Zentren wurde das Feuer geschürt, bis im Jahre 1905 durch die von dem Autokraten Lord Curzon vorgenommene Teilung dieses Landes ganz Bengalen plötzlich in Flammen stand.

Die Swadeschibewegung — das indische Sinn Fein.

Die Teilung Bengalens kam wie ein Blitz aus heiterm Himmel, und kein Flehen und Wehklagen der Kongreßpartei konnte das Unglück abwenden, das dem Vertrauen auf die Wirksamkeit der konstitutionellen Agitation schweren Abbruch tat. Es erhob sich jetzt der Schrei nach völligem wirtschaftlichen Boykott der Briten, der denn auch bald in ganz Bengalen gegen die Engländer und alle europäischen Waren einsetzte, an deren Stelle die einheimischen Erzeugnisse selbst zu höheren Preisen gekauft wurden. Auch jede Berührung mit den britischen Behörden sollte vermieden werden, und der Dichter Rabindranath Thakur (Tagore) trat in seiner „Swadeschi-Samadsch" für die Anwendung der Sinn Fein-Politik ein, die wenigstens im Bezirke Barisal der große Volksführer Aswini Kumar Datta auch tatsächlich durchzuführen versuchte.

Dieses starke Streben, alles Indische zu stärken und alles Fremde zurückzuweisen, wird die „Swadeschi"- (National-) Bewegung genannt. Die Anhänger aller politischen Richtungen traten dieser Bewegung bei, die sich die ganze Provinz im Sturm eroberte und mit großer Schnelligkeit über das Land ausbreitete. Der Boykott sollte auch auf die Gerichte, die Schulen und Hochschulen, sowie überhaupt auf alle englischen Einrichtungen und auf sämtliche europäische Waren ausgedehnt werden, und die volkstümlichen Parteiführer Bengalens begannen, passive Resistenz gegen die Regierung zu predigen. Der Streik der Mühlenarbeiter, der Angestellten der staatlichen Druckereien und der Eisenbahner war die Losung des Tages. Am 8. Agust stifteten die Führer dem Volke eine dreifarbige Fahne als Nationalflagge, die seither bei den Revolutionären als die Flagge der Revolution gilt. So wurde im Lande ein Gefühl der Unruhe geschaffen. Aber auch die Revolutionäre, die von Anbeginn hinter den Kulissen tätig und der stärkste Pfeiler auch der Swadschibewegung gewesen waren, ohne die sowohl Swadeschi als auch der Boykott nie zustande gekommen wären, konnten bald auf die Nutzlosigkeit der passiven Resistenz verweisen, denn die Erfahrung gab ihnen vollkommen recht, wenn sie behaupteten, daß in einem wirtschaftlich abhängigen und verarmten Lande Boykotts, Streiks und Sabotagen gegen einen starken Feind nicht lange aufrecht erhalten werden könnten, und der tätliche Widerstand das einzig Wirksame sei. Das Versagen der passiven Resistenz während der russischen Revolution von 1907 bestätigte die Richtigkeit ihrer Auffassung.

Die Tätigkeit der Revolutionäre.

Während sich das Land so in Gährung befand, gründete die Partei der Revolutionäre, um mit dem Volke in nähere Beziehung zu kommen und ihre revolutionären Ideen zu verbreiten, Ende 1907 die Wochenschrift „Jugantar". Das Blatt hatte ein äußerst wechselvolles Geschick. Ein Redakteur nach dem anderen wurde vor Gericht zitiert und verurteilt. Der einzige Erfolg der Bestrafung aber war, daß sich immer neue Männer dazu drängten, an ihre Stelle zu treten. Der „Jugantar" (Übergang) lehrte, die Revolution sei für die jungen Männer religiöse Pflicht. Seine packenden und feierlichen Artikel ergriffen das Volk aufs tiefste. Der amtliche Übersetzer gestand vor dem Obersten Gericht, daß er noch niemals eine so erhabene, pathetische und ergreifende Ausdrucksweise in Bengali gehört habe und daß es ganz unmöglich sei, sie in Englisch wiederzugeben. Die Wirkung des Blattes war so gewaltig, daß die Regierung sich genötigt sah, 1908 ein Sondergesetz, das „Indische Pressegesetz" (Aufreizung zur Begehung von Verbrechen) zu seiner Unterdrückung zu erlassen. Inzwischen aber hatte es „in der Geschichte Indiens unverwischbare Spuren hinterlassen", es hatte das Volk offen zu den Waffen gerufen und eine Ära tätlichen Widerstandes gegen die britische Regierung eingeleitet.

Es begann nun in ganz Indien eine polizeiliche Hetze zur Unterdrückung der Bewegung. Im Pandschab wurden alle bedeutenderen nationalistischen Vorkämpfer zu Gefängnisstrafen verurteilt. Das Land geriet in die höchste Erregung. Ein Aufstand in Rawalpindi konnte nur dadurch unterdrückt werden, daß die Polizei auf die Bevölkerung schoß. Eine Reihe beliebter Volksführer wurden verbannt. In Bengalen, Maharastra, Madras, wie überhaupt überall waren Verfolgungen, Verbannungen und Pogrome die Losung des Tages. In Madras wurden Chidambaram Pillai und sein Kollege Shiv Subrahmanya auf falsche Anklage hin verurteilt. Pillais Vergehen hatten darin bestanden, daß er der Organisator und Direktor der „Swadeschi-Dampfschiffahrts-Gesellschaft" war, durch deren Konkurrenz der „Britisch Indischen Dampfschiffahrts-Gesellschaft" ein Verlust von mehreren hundert Rupies entstand, ferner, daß er die Spinnereiarbeiter organisierte, die späterhin, im Jahre 1908, wegen Lohnstreitigkeiten in einen Generalstreik traten und endlich darin, daß er 1908 für die Bergbevölkerung Indiens Unterrichtsanstalten eingerichtet hatte.

Zu gleicher Zeit, da die Regierung durch strenge Maßregeln und Organisation von Pogromen gegen die Hindus in Ostbengalen sich auf das äußerste anstrengte, die nationale Bewegung auszurotten, wurde gegen einen britischen Beamten in Mosufferpur ein allerdings erfolgloses Bombenattentat verübt, und 1908 wurde eine von den Kreisen des „Yugantar" organisierte Verschwörung zur Leistung tätlichen Widerstandes, sowie die dafür angelegte Bombenfabrik in Manicktola bei Kalkutta entdeckt. Es war dies das erste Mal, daß in Indien die Bombe eine Rolle spielte, und fortan begann ein neues Kapitel in der Geschichte der indischen nationalistischen Bewegung. Trotz zahlreicher Todes- und Verbannungsurteile waren die revolutionären Handlungen nicht mehr zu unterdrücken, und obgleich seither Verschwörung nach Verschwörung entdeckt und niedergeschlagen worden ist, hat die revolutionäre Bewegung dennoch stetig an Kraft und Ausdehnung gewonnen, bis sich eine geradezu lückenlose Organisation von den Intellektuellen zu den

Studenten und Arbeitern erstreckte, die alle bereit waren, für die Freiheit des Vaterlandes die Waffen zu erheben. Unablässig sind ihre Anhänger von der Rachsucht der englischen Regierung verfolgt worden, zahllos waren die Leiden, die sie zu erdulden hatten. Aber das Blut der Märtyrer hat den Nationalismus nur fruchtbarer, Verfolgungen haben ihn nur stärker gemacht. Die heutige revolutionäre Bewegung ist die direkte geistige Hinterlassenschaft der Helden des ersten Freiheitskrieges. Das Werk der Befreiung hat von 1857 bis zum heutigen Tage seinen Fortgang genommen und wird nicht enden, ehe Indien nicht vom Himalaya bis zum Kap Komorin frei ist.

Mitwirkung anderer Richtungen.

Wie das nationale Leben die Gesamtsumme aller Betätigungen eines Volkes ist, so ist der indische Nationalismus das Ergebnis aller Bestrebungen, die, mittelbar oder unmittelbar, darauf hinausliefen, Indien zu einer Nation zu machen. Sie alle, so verschiedenartig ihre Betätigungsgebiete oder die von ihnen angewandten Mittel auch waren, hatten ein gemeinsames Ziel und ein gemeinsames Ideal: Die Wiedergeburt Indiens. Sie alle predigten die nationale Einheit und haben dadurch den indischen Nationalismus, dessen allumfassende Losung „Indien für die Inder" lautet, gefördert.

Nationalistische Betätigungen im Auslande.

Die Wirkungen des erwachten Nationalbewußtseins dehnten sich nun überall hin aus, wo Inder wohnten, auch auf die in fremden Ländern lebenden, die dauernd durch die von der britischen Regierung verfolgten Nationalisten, die ins Ausland flüchten mußten, Zuzug bekamen. Das Ergebnis dieser im Auslande betriebenen Propaganda war die Erschießung Curzon Wyllies in London im Jahre 1910, die Deportation Savarkars aus England und seine Verurteilung zu lebenslänglicher Verbannung nach den Andamanen, die groß angelegte und geschlossen durchgeführte passive Resistenz gegen die Regierung der Südafrikanischen Union, bei der sich Hindus, Muslimen und Parsen, Männer und Frauen gemeinsam gegen die ihnen auferlegten bedrückenden und ihr Nationalempfinden beleidigenden Maßregeln auflehnten. In ähnlicher Weise haben die Nationalisten auch in anderen Ländern schweigend gearbeitet und schweigend gelitten.

Was ist indischer Nationalismus?

Bisher ist nur die Geschichte des indischen Nationalismus dargestellt worden, die Frage aber, was darunter zu verstehen ist, bleibt noch zu beantworten. Für viele ist er ein unbestimmter, ganz verschwommener Begriff, und seine Gegner entstellen ihn, wo und wie sie nur können. Er ist zu einer Art Sammelbegriff geworden, der alles umfaßt, dessen Ziel die Einheit Indiens bildet. Durch viele Entwicklungsphasen ist er gegangen und noch immer formt er sich neu, erstarkt und erweitert sich. Seine Grundlage bildet die Forderung „Ein freies Indien für die Inder", und sein Ideal besteht darin, Indien aus den Fesseln der Fremdherrschaft frei und auf den ihm gebührenden Platz gestellt zu sehen. Um dies zu erreichen, wendet sich der indische Nationalismus der alten Geschichte des Landes wieder zu, schärft das historische Gewissen und offenbart, daß keinerlei ausländische Einrichtungen es wieder auf seine frühere Höhe zurückführen können. Es erschafft gewissermaßen ein neues Indien. Gesang und Gottesdienst, Literatur und Dichtung, Geschichtsschreibung und Wissenschaften, sie alle sind zu seinem Ausdrucksmittel geworden, indem sie eine nationale Grundlage erhalten haben. Der geschichtliche Zusammenhang ist wiederhergestellt. So begreift man, daß der indische Nationalismus die verschiedensten Schattierungen und Abstufungen umfaßt.

Der indische Nationalismus hat kein anerkanntes Oberhaupt, auch keine starren Glaubensformeln; demokratisch in jeder Beziehung, bietet er dem menschlichen Denken den weitesten Spielraum. Von dem begeisterten Erneuerer der nationalen Kunst an, über den passiven Resistenten bis hinab zum Bombenwerfer, sind alle Förderer des Nationalismus. Jeder von ihnen will ein nationales Indien, und wenn die Bahnen, die sie zur Erreichung des erstrebten Zieles verfolgen, auch weit voneinander abweichen, so führen sie doch alle schließlich zu dem einen gemeinsamen großen Ziel.

Wie bereits gesagt, besitzt die nationalistische Bewegung kein Oberhaupt und trägt daher nicht die Prägung bestimmter Persönlichkeiten. Die Bewegung ist es, die große Männer geschaffen und geformt hat, nicht umgekehrt; sie ist aus Ideen hervorgegangen, nicht von Persönlichkeiten ins Leben gerufen. Wohl ist es wahr, daß einzelne Provinzen ihr den Charakter der eigenen Besonderheit verliehen haben, doch hat dies lediglich zu ihrer Bereicherung beigetragen, wie die Eigenart jedes einzelnen Gebietes teil hat an der Schaffung des gemeinsamen nationalen Ideals.

Nationalismus ist nicht Partikularismus.

Die Feinde Indiens suchen der Nationalbewegung dadurch zu schaden, daß sie sie als Partikularismus, als Wiederbelebung des Hinduismus, bezeichnen. Die aber, die mit den Tatsachen vertraut sind, wissen, daß dies unwahr ist. Der indische Nationalismus ist völlig frei von Partikularismus jeder Art und nimmt alle ohne Rücksicht auf ihr Glaubensbekenntnis an. Anhänger aller Religionen sind um seinetwillen verfolgt worden und haben an seinem Fortschritt teilgenommen. Wenn Hindus die ersten waren, die die

Bewegung in Fluß brachten, so haben Muslime, wie z. B. Hazrat Mohani und Maulvi Liakat Hussein, um ihretwillen Schmach erlitten; und wenn ein Hindudichter, Bankim Chandra Chattopadhyaya, das berühmte Nationallied „Bande Mataram" verfaßt hat, so ist der Mohammedaner Iqbal der Verfasser des begeisternden Liedes „Hindustan Hamara" (Mein Hindustan), und auch der Dichter Akbar hat nationale Gesänge geschrieben. „Ein freies und einiges Indien" ist das Losungswort des Nationalismus, und nie und nimmer läßt sich gegen ihn die Anklage des Partikularismus erheben.

Die fundamentale Einheit Indiens.

Ganz Indien ist eins. Keine Sophisterei und keine politische Heuchelei kann diese Tatsache leugnen. Vom Hindukusch bis zur Südgrenze finden wir Verwandschaft der Sprachen, Völker und Gebräuche. Selbst diejenigen Imperialisten, deren politische Gesinnung dazu neigen läßt, nur die scheinbare Ungleichheit der Inder zu sehen, können nicht die trotzdem vorhandene Einheit leugnen. Sir Herbert Risley sagt: „Unter den mannigfachen, dem Beobachter in Indien auffallenden Verschiedenheiten des physischen und sozialen Typus, der Sprache, Sitten und Religion kann, wie Yusuf Ali dargelegt hat, eine gewisse Gleichheit des Lebens wahrgenommen werden, die sich vom Himalaya bis zum Kap Komorin erstreckt." Viele wiederum berufen sich mit Vorliebe darauf, daß die Inder, oder zum mindesten die Hindus, in verschiedene Rassen und Kasten zerfallen und verschiedene Sprachen reden. Sie vergessen jedoch, daß, wie Monier William in seinem Buche „Hinduismus" (S. 13) treffend bemerkte, Hindu-Indien nur eine Religionssprache kennt (die, nebenbei bemerkt, die Grundlage aller indischen Sprachen ist), nur eine gemeinsame Heilige Literatur, eine Religion und eine gesellschaftliche Tradition besitzt, die da lehrt, daß alle Mitglieder einer Kaste, ob sie nun vom Norden oder Süden, vom Osten oder Westen kommen, derselben Abstammung sind. Niemand in Indien oder im übrigen Morgenlande hat sich je um die Besonderheiten der menschlichen Schädeldecke oder der Nasenform gekümmert; die Frage der „Nationalität" ist ja auch nicht von ihnen abhängig. Es darf hierbei nicht außer Acht gelassen werden, daß die indische Rassenfrage bisher noch von keinem wahren Wissenschaftler (der selbstverständlich sowohl vom politischen als auch vom Rassen-Standpunkt aus völlig vorurteilsfrei sein muß) untersucht worden ist, auch gibt es keine irgendwie verläßlichen Unterlagen für die Beurteilung der Anthropologie Indiens. Indien ist das Land der Arier, und arisch ist die Gesinnung und die Sprache, das Empfinden und die Überlieferung der Inder, die sich in ihrer Gesamtheit von allen übrigen Völkern unterscheiden. Zu diesem Schlusse, daß nämlich die Inder eine Rasse für sich bilden, ist auch der Chef der letzten englischen Volkszählung, E. A. Gait, gelangt. „Die Bevölkerung Indiens als Ganzes," sagt er, „kann von derjenigen Europas durch gewisse klare Merkmale unterschieden werden". Ein wenn auch nur scheinbarer Unterschied hinsichtlich der Rasse ist in Indien zweifellos vorhanden, aber sie ist auf die ausgedehnte Größe und das hohe Alter des Landes zurückzuführen. Der politischen Auflösung pflegte stets eine soziale Dezentralisation zu folgen, die durch die ungeheuere Ausdehnung des Landes und den Mangel an Verkehrsmöglichkeiten bedingt wurde. Ganz naturgemäß wird in einem großen Lande, das unter verschiedene politische Oberhäupter verteilt ist, auch die soziale Einheit sich auflösen; es werden sich verschiedene Mittelpunkte bilden, von denen sich das soziale Leben selbständig und von den anderen Zentren unabhängig weiter entwickelt. Aber trotz dieser Abweichungen sind die Bewohner Indiens ein einheitliches Volk mit gemeinsamer Kultur und gemeinsamem Leben. Vincent A. Smith, der viele Jahre in Indien zugebracht hat, sagt von der Zivilisation Indiens, sie habe „viele Züge, die sie von der aller anderen Regionen der Welt unterscheide, die jedoch dem ganzen Lande, oder besser gesagt, dem ganzen Kontinente in einem Grade gemeinsam eigen sind, daß es gerechtfertigt ist, die Inder in der Geschichte der sozialen und intellektuellen Entwicklung der Menschheit als eine Familie zu behandeln." Gerade die Mannigfaltigkeit des indischen Lebens ist daher eine Quelle starker und reicher Kräfte für den Aufbau der indischen Nationalität.

Es ist behauptet worden, daß von Alters her die Inder niemals das Bewußtsein der Einheit Indiens gehabt hätten, sondern daß vielmehr die Pax Britannica es erst in ihnen geweckt habe! Diese Behauptung ist nichts weiter als eine der vielen über Indien verbreiteten Lügen. Der Gedanke der Einheit Indiens ist so alt wie die Veden. Der klassische Name für den indischen Kontinent ist B h a r a t a v a r s a, ein Name, der nicht nur einen bloßen geographischen Begriff ausdrückt, sondern „eine tiefe historische Bedeutung hat und eine fundamentale Einheit symbolisiert, die von denjenigen, die den Namen erfanden, sehr wohl begriffen und verstanden wurden". Das Wort „Bharatavarsa" ist hergeleitet von dem Namen des sagenhaften Kaisers Bharata, „der vor der Vielheit der Völker stand, die das Land bewohnten, das nach ihm benannt wurde als der Verkörperung und dem Repräsentanten der dominierenden arischen Macht, die mit großer Schnelligkeit ihr Werk vollendete, das gesamte Land zu kolonisieren und alle seine verschiedenen Teile unter die einigende Zucht einer gemeinsamen Kultur und Zivilisation zu bringen. Bharatavarsa ist daher nur ein weiterer Name für das arianisierte Indien." (Radhakumud Mukhopadhyaya: „The Fundamental Unity of India," Die fundamentale Einheit Indiens, S. 17—18.)

Abgesehen von dem Beweise, daß die alten Bewohner Indiens einen gemeinsamen Namen für ihr Vaterland hatten, ist noch weiteres Material vorhanden, aus dem hervorgeht, daß sie sich der Einheit Indiens bewußt waren. Die Rigveden bezeugten hierzu, daß die Rishies „die Einheit ihres

Vaterlandes sich sinnlich vergegenwärtigten, ja, als eine lebende Gottheit empfanden und den andächtigen Herzen der Beter einzuprägen suchten", wenn sie beim Gottesdienste die folgenden Worte an die Ströme des Landes richteten: „O Ganges, Jamuna, Sarasvati Satadru (Sutledsch) und Parusni (Ravi), höret meine Gebete! O Mgrutbridha (das sind die vereinigten Flüsse Akesines und Hydaspes, die durch den Asikni Viats mit dem Dschhilum verbunden sind) und Ardschikiya (Besas), die du dem Susoma (Indus) zufließest, höret meine Gebete!" (Rv. X, 75.)

Diese Hymne nennt die Ströme des oberen Teiles von Nordindien und umgrenzt dadurch das Gebiet, das in den Tagen der Veden dem Volke bekannt war. Dies von gewaltigen Strömen umgrenzte Land war sein Bharatavarsa, das es als sein heiliges Vaterland pries. Auch Spatasindhu wurde es genannt: Land der sieben Ströme, wie es im Rigveda VIII 24, 27 heißt. Alle diese Zeugnisse beweisen, daß die damaligen Inder sich der geographischen und sozialen Einheit des von den Ariern kolonisierten Landes durchaus bewußt waren.

Im Laufe der Zeit wurden dann weitere Gebiete kolonisiert und dem Lande Bharatavarsa angegliedert, bis sich das Reich im Norden bis zum schneebedeckten Himalaya, im Westen zum Suleiman-Gebirge, im Süden zur Vindhya-Gebirgskette und im Osten bis zum Tale des Ganges erstreckte. Das zwischen dem Himalaya und dem Vindhyagebirge liegende Gebiet war für Manu im „Manavana Dharma Sutra" (Manus Gesetze) und ebenso für Vasustha in seinem Werke „Dharma Sutra" Ariavarta (Land der Arier). Später wurden diese Gebirge auch von dem großen buddhistischen Lexikographen Amarakosha als die Grenzen Indiens angegeben. Er sagt: „Ariavarta ist jenes gesegnete Land, das zwischen dem Vindhya und dem Himalaya liegt." (Die Fudamentale Einheit Indiens, S. 23). Gleichsam die kulturelle Bezeichnung des Landes war also Ariavarta, sein politischer Name Bharatavarsa. Schließlich hatte es noch die von vedischen wie budhistischen Gelehrten gebrauchte Benennung Jambudripa. Dies war das Land, von dem die alten Sanskritdichter sangen: „Unsere Heimat ist unsere Mutter und herrlicher als das Himmelreich."

Die Arisierung Indiens machte immer weitere Fortschritte, gelangte über das Vindhyagebirge hinaus, und bald war auch Dakhinapath (der Dekkan), der den Indern so lange als ein unbekanntes, von Urwald bedecktes und von fremdartigen Geschöpfen bewohntes Gebiet gegolten hatte, dem sozialen und politischen Organismus der Arier angeschlossen. Die neuen Bedingungen und erweiterten Grenzen des Landes fanden sehr bald auch Ausdruck in den religiösen Gesängen, und die alte Fluß-Hymne der Veden wurde so geändert, daß sie die Grenzen des gesamten neuen Indiens umfaßte: „O Ganga, Jamuna, Godavari, Sarsvati, Narmada, Sindhu und Cauvery, kommet, vereiniget euch mit dem Strome meiner Gebete!" Man sieht, daß in diesem Gebet der südlichste Fluß, Cauvery, als Grenze Indiens genannt wird. Ganz Indien war jetzt zum Lande der Arier geworden, zum Lande, das „herrlicher ist als das Himmelreich". Bedarf es wohl eines weiteren Beweises des Bewußtseins der Einheit des Landes als dessen tägliche Erwähnung in den Gebeten der vielen Millionen seiner Bewohner? Die Gebete waren in Wahrheit ja nicht an die Ströme als solche, sondern an das Heimatland gerichtet, dessen Gesamtheit sich besser vergegenwärtigen ließ durch die Nennung der seine Grenzen bildenden Flüsse. Religion und Liebe zum Heimatlande verschmolzen bei den Indern zu einem einzigen, großen, hinreißenden Gefühl. In noch späterer Zeit trugen noch andere Bande dazu bei, das Gemeinschaftsgefühl der Landesbewohner zu festigen und zu stärken: Es waren die über das ganze Land verstreuten heiligen Pilgerstätten, die jeder Inder besuchen muß. Dem nach dem Grabe seines geliebten Lehreres Buddha pilgernden Buddhisten auf Ceylon oder Kandahar prägte sich die Größe und Einheit seines Vaterlandes tief ein, ebenso dem Pauranik-Hindu, dessen Stätten des Heils sich zu Ayodha (Audh), Mathura, Maya (Hardwar), Kasi (Benares), Kanchi (Kondschiveram), Avanti (Udschaini), Puri und Dawaraka befanden. Zur Zeit der Wiederbelebung der Vedanta unter dem großen Sankara wurden in den vier äußersten Grenzmarken Indiens Klöster errichtet: Jyosi-math auf dem Himalaya, Saroda-math in Guserat, Sringeri-math auf Kap Komorin und Govardhan-math in Puri. Der Besuch dieser Klöster war jedem Vedantapilger vorgeschrieben, und zur Erfüllung des Gebots mußte er das ganze Indien der Länge und Breite nach durchkreuzen. Auch Hindupilgerstätten waren im ganzen Lande zerstreut, und es war die Pflicht eines jeden frommen Hindus, dorthin zu wallfahrten und so seine Heimat kennen zu lernen. Besät und umgürtet war das Land mit Wallfahrtsorten, die geschaffen worden waren, um dem Volke die geographische Einheit des Arierreiches vor Augen zu führen und ihm Liebe zur Heimat einzuprägen. So sehr liebten und idealisierten die alten Inder ihr Vaterland, daß, wo immer ihre Nachkommen fremde Länder kolonisierten, sie den neugegründeten Städten und Staaten indische Namen gaben, wie z. B. Authia (Ayodha) in Siam, Kambodia (Kambodge) in Indo-China und Madura (Mathura) in Ostindien. Auch fremde Flüsse benannten sie mit Vorliebe nach heimatlichen Strömen, und zwar gaben sie ihnen, wie z. B. in Ceylon, vorzugsweise den Namen Ganges. Selbst heute geschieht dies noch von indischen Kolonisten in Südamerika! So äußert und erhält sich die durch religiös-patriotische Lehre in die Herzen der Inder gepflanzte Liebe zum Vaterlande.

Wir kommen jetzt zur Frage der sozialen Einheit Indiens. Die Behauptung, Indien zerfalle in eine Reihe „verschiedener Rassen und Stämme und könne niemals einen einheitlichen Staat bilden," ist unwahr. Auch sie wird durch die Geschichte Indiens widerlegt. Der Gedanke, die Zugehörigkeit zu einer „Rasse“ würde durch die Länge und Breite der Schädelform bedingt, ist vor dem neunzehnten Jahrhundert niemandem in den Sinn gekommen. Den alten Sanskrit-Schriftstellern war die „Tatsache“, daß die Inder in verschiedene Rassen zerfielen, völlig unbekannt. Ihnen galt das ganze Land von Bahlika (das heutige Balkh in Turkestan) bis nach Pragdschiotispur (Assam) und südlich bis nach Kondschivaram (Kanchi) als zu einem sozialen Organismus gehörig. Unter Rasse verstanden sie die Mitglieder eines politischen Gemeinwesens. Manu sagt, die gesamte Menschheit bestände aus einer Rasse und unterscheide sich nur durch den Grad ihrer Kultur. Als „Arier“ galt ihm der kultivierte Mensch, der die Bestimmungen der Veden achtete, während für ihn ein „Dashya“ der war, der die arischen Gesetze nicht befolgte und dadurch außerhalb der arischen Gemeinschaft blieb. Mit der Ausbreitung der arischen Kultur wurden alle arisierten Völker in die vedische Gemeinde aufgenommen, bis von Balkh bis zum Süden Indiens das Volk eins war in Geist und Gesinnung, Religion und Sprache, vereint durch starke soziale Bande. Das epische Gedicht Mahabharata ist die beste Illustration dieser sozialen Einheit. Es wird darin erzählt, daß während der Krönungsfeierlichkeiten am Kaiserlichen Hofe zu Hastinapur (dem heutigen Delhi) die Fürsten von Balkh, Gondar (Kandahar) Assam, Mittel- und Süd-Indien und sogar vom fernen Ceylon Yudhistra als ihrem Oberherrn huldigten. Die Krönungsfeierlichkeit dokumentierte stets die politische Einheit Indiens unter einem gemeinsamen Oberhaupte. Diese bringt uns zu der Frage der politischen Einheit der Inder in der vorbritischen Periode.

Der Gedanke, Indien unter einem Szepter oder Oberherrn — Rajakravarty — politisch zu vereinigen, ist sehr alt. Er begegnet uns in den Veden, wird von den Buddhisten gelehrt, die in Buddha den einzigen geistigen Herrscher ganz Indiens sahen und verwirklichte sich in Asoka dem Großen. Nach ihm gab es andere zahlreiche Geschlechter, z. B. das der Guptas und der Harsawardhans, unter denen die Inder sich zusammenschlossen und einen Staatenbund bildeten, der sich vom Oxus bis nach Ceylon erstreckte. In neuerer Zeit wiederholte sich der Zusammenschluß unter Kaiser Akbar, in dessen Familie sich das Blut der Hindus mit dem der Muslime mischte und der durch die Einigung des verschiedenen Religionen angehörenden Volkes mittels politischer, sozialer und kultureller Bande wieder ein indisches Reich errichtete. Akbar erfüllte alle Bedingungen des alten Hindu- und Buddhisten-Begriffes eines Oberherrn, „eines Königs der Könige, eines rechtschaffenen Mannes, der in Gerechtigkeit regiert, Herr der vier Teile der Erde ist, unüberwindlich, Hort seines Volkes, Besitzer der sieben königlichen Schätze,“ (Maha-Sudassana-Sutta in S. B. E. Bd. XI, S. 248), und die dankbaren Brahmanen bezeichneten ihn als „den Herrn von Delhi, so groß wie Gott.“

So sind in der Vergangenheit die Inder auf mancherlei Weise zum Bewußtsein der geographischen, sozialen und politischen Einheit ihres Landes gebracht worden. Wenn sich dieses Bewußtsein innerhalb der letzten drei Jahrzehnte durch Einführung von Eisenbahnen und Telegraphen auch verstärkt und vertieft hat, so hat Bharatavarsa doch von jeher als eine Einheit gegolten.

Bisher haben wir uns nur mit der historischen Seite der Frage befaßt; jetzt wenden wir uns der soziologischen Seite zu: Ist es möglich, eine indische Nationalität zu bilden? Die Bildung einer Nationalität erfordert die Erfüllung zweier Vorbedingungen: erstens geographische Einheit und zweitens eine aus geschichtlicher Entwicklung hervorgegangene gemeinsame Kultur. Beide Bedingungen sind in Indien in vollem Maße erfüllt. Die geographische Einheit ist für jedermann offensichtlich und kann nicht bestritten werden. Die gemeinsame Kultur wird dokumentiert durch die in ganz Indien vorhandene, wenn auch nicht ohne weiteres zu Tage tretende Gleichheit des indischen Lebens, die sich in der Einheitlichkeit des Denkens, der Gemeinsamkeit von Tradition und Geschichte, Kunst, Musik und Sitten, der Ähnlichkeit des Familienlebens, der Nahrung und Kleidung und in dem gemeinsamen Ursprung der Dialekte äußert.

Das durch natürliche Grenzen ringsumher abgeschlossene Indien beherbergt ein Volk, das sich von den angrenzenden Nachbarvölkern, nämlich den Mongolen, Iraniern und Semiten, ebenso scharf unterscheidet, wie es von andern Ländern geographisch abgesondert ist. „In diesem Lande", sagt Schwester Nivedita („The underlying Unity of Indian Life," Hindustan Review, Januar 1910) „ist alles den arischen Idealen und Begriffen untergeordnet. Es ist eine Organisation des Denkens vorhanden, die jede äußere Organisation übertrifft, und die Summe der in gleicher Richtung liegenden Eigenheiten, die hierdurch hervorgebracht wird, ist das, was wir unter Rassemerkmalen verstehen. Der Indien eigentümliche Gedankenreichtum ist durch die uralte Beschäftigung der Inder mit den großen Wahrheiten entstanden. Weder der Anhänger des Jainismus noch der Muslime erkennt die Autorität der Veden oder der Upanischaden an, beide aber sind von der daraus entsprossenen Kultur beeinflußt. Beide zeichnen sich, ebenso wie der Hindu, durch ein besonders betontes und glückliches Familienleben, durch Zartgefühl bei der Beobachtung gesellschaftlicher Gebräuche und in der Kritik, sowie durch das bewußte Eingeständnis aus, daß das ganze Leben dem ethischen Kampfe zwischen Neigung und Gewissen untergeordnet ist . . . . Eine unendliche Tiefe und Reinheit des Gefühlslebens ist der markanteste Zug der indischen Persönlichkeit, ganz unabhängig von Rasse, Glaubensbekenntnis oder gesellschaftlicher Stellung."

Indien — das Land der Synthese.

Indien war der Schmelztigel der alten Zeit. Allen, die sich in seinem Schoße niederließen, hat es seine Eigenarten und Merkmale aufgeprägt und hat sie andererseits aufgesogen und sich zu eigen gemacht. Die Zivilisation Indiens ist das Ergebnis seines Klimas und seiner Lebensbedingungen, und welche Neuerungen auch immer geschaffen werden mögen — das „Urindische" überdauert alle, und alles kehrt am Ende wieder zum indischen Ursprungstypus zurück. Ein leuchtendes Beispiel hierfür ist die Geschichte des Islams in Indien. Der indische Islam unterscheidet sich wesentlich von der Religion der westislamischen Schule; in der Praxis ist er größtenteils indisch und in der Kunst gehört er, wie E. B. Havell sagt, „fast ganz und gar zum Hindutum". Dasselbe läßt sich vom Parsentum wie vom Judentum sagen, deren Anhänger durch und durch Inder sind. All die einzelnen Gemeinschaften haben sich aufeinander eingestellt und sich einander angepaßt; alle Individualitäten verschmelzen zu einer großen Einheit: Indien. Die sozialen Körperschaften bezeichnen sich als „Kasten" der Muttergemeinschaft „Indien". Diese Einheit gibt trotz der Mannigfaltigkeit der indischen Geschichte die ihr eigentümliche Färbung in der Synthese. Zu keiner Zeit haben Indien die wesentlichen Bestandteile einer organischen Zusammensetzung gemangelt. Kein Teil des Landes hat sich unabhängig von den übrigen entwickelt; dieselben Empfindungen haben das Land von Grenze zu Grenze durchbebt; dieselben Anschauungen verwebten die einzelnen Provinzen miteinander, sei es nun in Religion, Kunst, Kultur oder Politik. Um die Geschichte einer seiner Provinzen zu beschreiben, ist die des gesamten Landes nötig. Somit stellt Indien in sich selbst eine Einheit dar und ist sich des Besitzes gemeinsamer Hoffnungen und gemeinsamer Bindeglieder bewußt.

Die Hindu-Islamische Frage.

Es ist stets behauptet worden, daß die Inder, die sich in der Mehrzahl aus Hindus und Muslimen zusammensetzen, ständig miteinander im Streite lägen und niemals friedlich zusammen leben könnten. Diese vielerwähnten Mißhelligkeiten sind von den Briten, die ja überall den Grundsatz „Teile und herrsche" befolgen, in höchstem Maße ausgebeutet und als unumstößlich wahre Tatsachen hingestellt worden. Der Geschichtsforscher aber wird sich fragen: Kann das wahr sein? Die indische Geschichte bezeugt, daß in Indien die Völker jahrhundertelang in Frieden nebeneinander lebten, daß ihre Blätter unbefleckt sind von den Vorgängen wie die Sizilianische Vesper, der Dreißigjährige Religionskrieg, die Bartholomäusnacht, Widerrufung des Ediktes von Nantes, die Verfolgung der Protestanten durch Katholiken und umgekehrt, und die Pogrome der heutigen Zeit. In Indien wandten sich, wie Havell sagt, „nachdem die Kriegsleidenschaft vergangen war und der Religionshaß sich gelegt hatte, die Muselmanen dem Studium der Kunst, Literatur und Religionen Indiens zu und schafften so einen neutralen Boden, auf dem Hindus und Muselmanen sich brüderlich begegnen konnten." Als dann Indien durch die Hindus wieder zurückerobert war, bewiesen sie sich, die ja von Natur aus gegen die Bekenner anderer Religionen liberal sind, im höchsten Maße duldsam gegen ihre islamischen Untertanen. Jene außergewöhnlichen Ereignisse, bei denen die Religion den Deckmantel bilden mußte für Selbstsucht, Banditentum und Vergeltung früherer Fehden, dürfen nicht verallgemeinert und als für indische Verhältnisse charakteristisch hingestellt werden.

Die gegenwärtigen Beherrscher Indiens haben geflissentlich die indische Geschichte, und ganz besonders die der neueren Zeit, verzerrt und entstellt, um den Eindruck hervorzurufen, die Inder hätten sich, ganz entgegen jedem Gesetz der Menschlichkeit, ewig mit gezückten Dolchen gegenübergestanden, bis die „Pax Britannica" erschien und sie alle erlöste! Sehr treffend bemerkt dazu Sejjid Hussein, daß „alle unter englischer Leitung verfaßten Werke über die indische Geschichte, von denen einige als Lehrbücher bezeichnet werden, zum Mittelpunkt anscheinend das Märchen gewählt haben, daß Jahre und Jahre hindurch Hindus und Mohammedaner miteinander in Fehde gelegen hätten. Liest man einige dieser von einer falschen Auffassung der Bedürfnisse des Reiches inspirierten Werke, so muß man zu dem Schluß kommen, die ganze indische Geschichte wäre lediglich eine Art gegenseitigen Vernichtungsprozesses, der sich unaufhörlich zwischen Hindus und Mohammedanern abgespielt hätte. Das ist natürlich eine Verzerrung der historischen Perspektive, denn über die friedlichen, freundlichen und nachbarlichen Beziehungen, die zwischen den beiden Gemeinschaften durch Jahrhunderte geordneter und organisierter Regierung bestanden, wird kein Wort gesagt. Glücklicherweise .... ist es gelungen, überall in Indien über diese anmaßenden Darstellungen Licht zu verbreiten."

Bisher ist die indische Geschichte der neueren Zeit noch nie zutreffend dargestellt worden. Die Briten haben sie wie gesagt entstellt und uns nur halbe Wahrheiten zukommen lassen. Ferner hat noch kein Soziologe die sozialen und religiösen Ideen der mohammedanischen Inder, ferner den Einfluß der Hindu-Religion und Kultur auf die Mohammedaner einerseits und den Einfluß des Islams auf die Hindus andererseits erforscht. Niemand ist sich bis heute klar über alle Unterscheidungs- und Berührungs-Punkte beider Gemeinschaften, doch läßt sich ein flüchtiger Umriß etwa in folgender Art entwerfen:

Die Rassengleichheit beider Gemeinschaften.

Die Rassenfrage spielt in der menschlichen Geschichte eine wichtige Rolle. Ihr subtiler Einfluß kann nicht geleugnet werden, selbst nicht in so demokratischen Gemeinschaften wie die der Buddhisten und Muslime. Fremde, d. h. voneinander verschiedene Rassen, mögen sich zwar unter dem Einflusse gemeinsamer Religion zeitweilig verbinden und einigen, doch werden die in der Rasseneigentümlichkeit begründeten verschiedenen Temperamente schließlich ihre eigenen Wege gehen und wieder zur Auflösung der Verbindung führen. Das klarste Beispiel hierfür liefert uns die Schubbijja oder nationalistische Bewegung im alten arabischen Kalifenreiche, wo die Schützlinge der Araber, d. h. die neu bekehrten nichtarabischen Muhammedaner trotz des demokratischen Chrarakters des Islams mit den Arabern nicht dauernd einig blieben. Dieses Auseinanderstreben, durch die Unterschiede zwischen den einzelnen Rassen verursacht, führte zum Zusammenbruch des Ohnnayaden-Reiches und dem Aufstieg der Abbassiden. Den gleichen Vorgang sehen wir in Ostasien, wo es den Mongolen, Mandschus und Chinesen trotz des Buddhismus niemals dauernd möglich war, die verschiedenen Rassen unter einem Szepter zu vereinigen. Auch im Christentum zeigt sich dasselbe Bild: Es hat sich trotz der geistigen Macht der Römisch-Katholischen Kirche nie erreichen lassen, die gewaltigen, aus verschiedenen Rassen zusammengesetzten Massen unter einen Hut zu bringen. Im Kampfe zwischen dem Internationalismus der Kirche und dem Nationalismus der Völker ist dieser stets Sieger geblieben. Der politische Zusammenschluß verschiedener Rassen auf Grund einer gemeinsamen Religion hat sich also nicht als haltbar erwiesen, am wenigstens in modernen Ländern und bei fortschrittlichen Völkern, während der politische Zusammenschluß eines aus einer Rasse bestehenden Volkes trotz religiöser Unterschiede Bestand hat, und das ganz besonders bei zivilisierten Völkern. Nach dieser Feststellung gehen wir dazu über, die ethnologischen und soziologischen Zustände des aus Hindus und Mohammedanern bestehenden Volkes Indiens zu untersuchen.

Die anthropologische Forschung hat die Tatsache ergeben, daß die Mohammedaner Indiens dieselben anthropologischen Merkmale aufweisen wie die Hindus. Sie zeigen auch dieselben provinziellen und lokalen Eigentümlichkeiten wie die Hindus ihrer Nachbarschaft, von denen sie sich als Volk kaum unterscheiden. Hieraus geht hervor, daß sie zu derselben Rasse gehören wie die Hindus.

Außer den anthropologischen Messungen muß die Kasten- und Familien-Tradition und Geschichte in Betracht gezogen werden. Durch die Überlieferungen der einzelnen Gesellschaftsklassen wird die Tatsache erwiesen, daß die mohammedanischen Inder von Hindus abstammen. In seinen „Islamischen und Indischen Aufsätzen" sagt ein indischer Muslime, Khuda Bukshs: „Was immer auch gesagt werden möge, eine große, ja vielleicht die größte Anzahl der mohammedanischen Bevölkerung besteht aus zum Islam bekehrten Hindus." Es sei auch daran erinnert, daß die Pathanen oder Afghanen die Nachkommen eines indischen Stammes sind und ursprünglich Hindus und Buddhisten waren. Ferner nennen sich auch im indischen Tieflande die Konvertiten der höheren Kreise selbst Pathanen, wie Amir Ali („The Mohammedans of India") mit folgenden Worten bestätigt: „Die Konvertiten aus den höheren Hindukasten, wie z. B. die Radschputten, werden nach ihrem

Übertritt als Pathanen bezeichnet und auf Grund einer starken Ähnlichkeit gewisser Charakterzüge und ihrer gleichartigen Veranlagung in deren Brüderschaft aufgenommen." Sie vermischen sich dann durch Heirat mit der übrigen Bevölkerung.

Über diese Rasseneinheit der Bekenner der beiden Religionen weiß G. C. Withworth aus persönlichen Beobachtungen folgende Worte zu sagen: „Von einer großen Anzahl von Hindustämmen und -Kasten ist in alter Zeit ein Teil zum Islam übergetreten, während die übrigen Hindus blieben, und obgleich sie sich jetzt in Religion und mancherlei Gebräuchen voneinander unterscheiden, leben sie doch freundnachbarlich Seite an Seite. Dann wieder gibt es Kasten und Stämme, die in ihrer Gesamtheit den Islam angenommen haben, jedoch nicht die ganze Religion, sondern nur Teile daraus und bis zum heutigen Tage noch eine Mischreligion pflegen, die teils aus Hindu-, teils aus islamischen Elementen besteht." („Hindus and Mohammedans", Aufsatz in der Zeitschrift „Asiatic Review", Bd. VIII, 1916, S. 177.)

In gleichem Sinne äußert sich Holdich: „Die große Mehrzahl der Mohammedaner in Indien sind Nachkommen nur halbbekehrter Hindus, und sind tatsächlich noch heute ebensosehr Hindus, wie es ihre Vorfahren waren." (Colonel Sir Thomas Holdich „India", S. 211.)

Noch viele andere Autoren könnten angeführt werden, die bezeugen, daß die Bekenner beider Religionen in Indien eine einzige homogene Rasse bilden und eine Spaltung von diesem Gesichtspunkte aus völlig ungerechtfertigt ist.

Soziale Wechselwirkungen zwischen beiden Gemeinwesen.

In dem von der britischen Regierung herausgegebenen Werke „Imperial Gazetteer of India" ist in Band I, Jahrgang 1909 auf Seite 435 folgende bemerkenswerte Stelle enthalten: „In den Landbezirken ist der Islam in großem Maßstabe den Einflüssen seiner Umgebung unterworfen gewesen. Hat er einerseits einige Hindus bekehrt, so hat er andererseits von ihnen eine Reihe von Gebräuchen übernommen, durch die er sich von dem ursprünglichen Glauben Arabiens unterscheidet. Der glühende Glaubenseifer ehemaliger Eroberer hatte sich allmählich gelegt und die Bekenner beider Religionen lernten, friedlich nebeneinander zu leben. Der Islam übernahm von den Hindus viel von ihrer Dämonenlehre, den Glauben an Zauberkünste und die Verehrung verstorbener Heiliger. Auf dem Lande wendet sich noch heute der Muslime an den Hindu-Astrologen, um von ihm den glückbringenden Tag für eine Heirat zu erfahren; auch betet er zu dem Dorfgotte, er möge seinem Weibe einen Sohn bescheren."

Die Beobachtung ergibt also, daß auf dem Gebiete des täglichen Lebens die Gebräuche der beiden Religionsgemeinschaften nahezu identisch sind. Der bereits erwähnte Schriftsteller Khuda Bukſh sagt in seinen „Islam and Indian Essays": „Den unfehlbarsten Beweis finden wir in den Hochzeitszeremonien, die samt und sonders der Hindureligion entnommen sind, ferner in den Gepflogenheiten der Frauen, wie z. B. der Anbringung des Vermillonmales als Symbol und Abzeichen des Ehestandes, dann in den Beschränkungen an Nahrung und Kleidung, die den Witwen auferlegt werden, der Mißbilligung — oder vielmehr Verurteilung — der Witwenheiraten und in tausend anderen kleinen Sitten und Gebräuchen. All dieses beweist mehr als eine nur oberflächliche Verbindung zwischen den beiden Religionsgemeinschaften, denen hauptsächlich die Bevölkerung Indiens angehört. Doch deutlicher noch redet die Einheit der Sprache und die Ähnlichkeit der Kleidung." Diese Gleichheit der Sitten, Gebräuche und Denkart ist, wie Amir Ali sagt, auf die Tatsache zurückzuführen, daß die „meisten Hindukonvertiten ihre alten Verbindungen und ihre alte Denkweise beibehielten und ihren Nachkommen vererbten." („The Mohammedans of India", S. 12.)

Die gleiche Ansicht vertritt auch Mazhur-ul-Haque in den Zeitschriften „Modern Behar", Jahrgang 1910 und „Statesman" vom 17. November 1910: „Von der Wiege bis zur Bahre, in jedem Abschnitt seines Lebens, begeht der Mohammedaner Indiens Zeremonien rein hinduistischen Ursprungs. Bei seiner Geburt werden Lieder gesungen, die nicht islamischer Entstehung sind; häufig sind es solche, in denen Sri Krishnas Erwähnung getan wird. Die vielen Zeremonien, die während der Schwangerschaft einer Frau begangen werden, sind ebenfalls von den Hindus übernommen, und die Symbole der Hindureligion und Philosophie spielen eine wichtige Rolle. Noch deutlicher vielleicht verraten die Hochzeitszeremonien hinduistischen Charakter .... Der indische Muselman hat sich einer langen Reihe von Feierlichkeiten und Zeremonien zu unterziehen, die mit Haut und Haaren von den Hindus übernommen sind, während andere nur geringfügig geändert wurden, um ihnen wenigstens einen Schein von Mohammedanismus zu verleihen. Die bei den Hochzeitsfeierlichkeiten üblichen Gebräuche, auf die mohammedanische Frauen so großen Wert legen, sind reinster Hinduherkunft, dasselbe ist mit dem Vermillon-Stirnmal der Fall; die Hochzeitsgesänge sind allesamt hindi. Ebenso kann der Leichenbrauch leicht auf seinen Hinduursprung zurückgeführt werden; die Wiederverheiratung der Witwen, die der Islam nicht nur gestattet, sondern sogar befürwortet, wird in Indien ebenso bei den Muslimen wie bei den Hindus als Schande betrachtet."

Man sieht also, daß hinsichtlich der gesellschaftlichen Sitten und Gebräuche zwischen den Hindus und Mohammedanern wirklich keine tiefe Kluft besteht. Dasselbe trifft hinsichtlich anderer Religionsgemeinschaften zu. Bei allen finden wir eine Gleichheit der Sitten und Gebräuche, die vor allem als „indisch" charakterisiert.

Religiöse Wechselwirkungen.

Es ist bereits früher gesagt worden, daß sich durch die enge Nachbarschaft Wechselwirkungen zwischen beiden Gemeinschaften ergaben. Diesen Wechselwirkungen verdanken die Hindusekten Nanak und Dadu ihre Entstehung. Kabir, ein mohammedanischer Heiliger, gründete ebenfalls eine Hindusekte, während hingegen ein anderer Mohammedaner, Pathan Haridas, ein hervorragender Jünger Chaitanyas wurde und von den Vaishnavas als großer Heiliger verehrt wird. Hindutradition feiert einige heilige mohammedanische Männer wie z. B. Daraf Khan, Pir Ali und viele andere ebenso wie die großer Hinduheiliger. Und ein Jahrhundert ehe Kaiser Akbar seine neue Religion verkündete, die Hindus sowohl wie Mohammedaner umschließen sollte, hatte „Kaiser Hussein, Schah von Bengalen, entweder selbst befohlen oder wenigstens genehmigt, daß Satya Pir — ein Name, der sich aus einem Sanskrit- und einem arabischen Worte zusammensetzt — von den Bekennern beider Religionen als gemeinsamer Gott verehrt werden sollte.“ Durch die Berührung der Schiitenkonfession des Islams mit der Hinduphilosophie entstand der Sufismus, der sich in manchen Fällen der Vaishnaform des Hinduismus näherte. Der Schriftsteller Wheeler sagt, daß während dieser Periode der Hinduglaube den größten Einfluß auf den Islam ausübte. In Bengalen, wo bei vielen Mohammedanern eine Unterströmung des Vaishnavakultus zu finden ist, wurden von Mulvi Abdul Karim die Manuskripte verschiedener religiöser Bücher aufgefunden, die von mohammedanischen Anhängern des Vaishnakultes geschrieben waren. Die Sympathie zwischen beiden Bekenntnissen bekundet sich auch darin, daß die Hindus an mohammedanischen Heiligengräbern Opfer darbringen, sich am Moharremfest beteiligen und, wie Mazhur-ul-Haque bezeugt, „bei der Rezitation der Geschichte von Kerbela ebenso wie die frommen Schiiten viele Tränen vergießen.“

Die einheitliche Kultur beider Bekenntnisse.

Auf jedem Gebiete des menschlichen Lebens haben sich die Errungenschaften beider Glaubensgemeinschaften verschmolzen und die moderne indische Zivilisation geschaffen. Auf dem Gebiete der Sprachen hat die Bengali-Sprache und Literatur muselmanischen Schriftstellern und Gönnern viel zu verdanken. Urdu und Hindustani sind aus einer Mischung von Persisch und Hindi entstanden; zu dem gedeihlichen Wachstum beider Sprachen und Literaturen haben Hindus und Mohammedaner in gleichem Maße beigetragen. In der modernen indischen Musik, die auf dem alten Sanskritsystem beruht, läßt sich der mohammedanische Einfluß deutlich wahrnehmen. Dasselbe gilt von der Kleidung und den Lebensgewohnheiten. Endlich aber ist diese Wechselwirkung und Gemeinsamkeit noch in einem anderen, sehr wichtigen Zweige der indischen

Zivilisation zu spüren, nämlich in der bildenden Kunst, die ja stets ein Ausdruck der Kultur eines Volkes und ein Zeugnis der Geschichte ihrer Schöpfer ist. In dieser Hinsicht ist die islamische Kunst und Architektur daß stärkste Zeugnis für die Einheit der indischen Kultur. Die sogenannte mohammedanische Kunst in Indien ist ein echter Sproß der buddhistischen, sowohl wie der Hindukunst. Sie ist, wie Havell sagt, „dem älteren buddhistischen Stamme unter gleichzeitiger Verwendung der mohammedanischen Kultformen aufgepfropft."

So zeigt sich die Einheit des Volkes überall und auf jedem Gebiete. Es gibt keinen Zweig der indischen Kultur, wo sich nicht die beiden Glaubensgemeinschaften gegenseitig beeinflußt und ein harmonisches Ganzes hervorgebracht hätten. Die Tadsch Mhal, eins der größten Wunderwerke der Welt, eine Verschmelzung von Poesie und Architektur, ist ein unvergleichliches Denkmal der Einheit Indiens. Erbaut zur Erinnerung an die geliebte Gemahlin von einem Kaiser, der der Religion nach Muselmane, der Abstammung nach jedoch dreiviertel Hindu und ein großer Verehrer der Sanskritpoesien von Jayadeva war, geht die Tadsch Mahal (nach Angabe Havells) auf typische indische symbolische Grundformen zurück. Diese uralten Grundformen gingen seiner Zeit auf die buddhistische Kunstepoche über, wurden von den Architekten der nachfolgenden Hinduperiode übernommen und feierten in der Zeit Kaiser Schah Dschehans in der Tadsch Mahal, dem Wahrzeichen des einen und unteilbaren Indiens, ihren höchsten Triumpf. Die Tadsch Mahal ist die Verkörperung der Seele Indiens. Bedarf es eines anderen Zeugnisses seiner untrennbaren Einheit?

Zusammengeschweißt sind beide Bekenntnisse auch durch die Gemeinsamkeit der Interessen, und in der Politik vertreten beide dieselbe Forderung: Indien für die Inder. Treffend hat dies Mazhur-ul-Haque als Präsident der „Allindischen Moslimenliga" in seiner Ansprache vom 30. Dezember 1915 zum Ausdruck gebracht, als er sagte: „Ich bin nicht nur in erster Linie Inder, sondern auch in zweiter und letzter Linie. Ich bin Inder und nur Inder, für den es keinen Vorrang der Bekenntnisse oder Personen gibt .... In allen Fragen meines Landes trete ich für gegenseitiges Wohlwollen und enges Zusammenwirken sämtlicher Parteien ein und habe nur ein Ziel: den Fortschritt meines Vaterlandes." Auch das gemeinsame Programm und die vereinigte Tagung des „Indischen Nationalkongresses" und der „Allindischen Moslimenliga" im Dezember 1916, als Demonstration der einhelligen Forderung nach „Selbstregierung" bezeugen die politische Einheit der beiden großen Kulturgemeinschaften.

Die Gegenwart.

Dies ist die Geschichte des indischen Nationalismus. Er vertritt keine Religion und keine Partei, hat keinen Glauben außer dem an seine Forderung „Ein freies Indien für die Inder", er ist allumfassend und eine lebendige Kraft.

Sein Streben ist auf die Schaffung einer indischen Nation gerichtet. Da alle anderen von den Indern versuchten Mittel zur Emanzipation Indiens erfolglos geblieben sind, fordert die revolutionäre Partei der Indischen Nationalbewegung zum Kampfe mit den Waffen auf. Die Revolution ist im Gange und wird nicht eher enden bis Indien frei ist. Von den schweren Opfern, die die indischen Nationalisten gebracht haben, von den Leiden und Verfolgungen, denen sie ausgesetzt sind, weiß die Welt nichts, da sie von den Briten belogen wird, die den indischen Nationalismus als Anarchismus brandmarken wollen.

Indien hat unter der englischen Herrschaft schwer zu leiden und lechzt danach, sich von den drückenden Fesseln zu befreien. Es verlangt nach einer nationalen Regierung, unter der die Kräfte des Volkes sich zu höchster Blüte entwickeln können. Die indische Nationalbewegung ist der starke Ausdruck dieses Verlangens, kann also trotz aller Lügen unserer Feinde nicht als „Anarchismus" abgetan werden. Unter Berufung auf seine alte Zivilisation und den Einfluß, den das Land in früherer Zeit auf die ganze Welt ausgeübt hat, verlangt Indien seine Befreiung aus fremder Zwingherrschaft und kämpft darum mit aller seiner Kraft. Die Berichte über die Verfolgungen und Qualen, denen die indischen Patrioten ausgesetzt sind, wurden aus des Feindes eigenen Quellen gesammelt und werden hiermit der zivilisierten Welt vorgelegt, zum Beweise der Leiden und zur Verwirklichung der Forderungen unseres unglücklichen Landes.

Berichte aus der „London Times".

1906.

1. Jan. **Widerstand im Indischen Nationalkongreß.**

Nach einem Berichte der „London Times" sagte Gopal Krishna Gokhale in seiner Präsidialrede auf dem Kongreß in Benares:

„Indien lehnt es ab, zum Nutzen anderer weiter geopfert zu werden. Die gegenwärtigen Verhältnisse zerstören allmählich die Unternehmungslust Indiens und bewirken, daß die Tatkraft des Volkes verkümmert. Indien verfällt durch fremden Kapitalismus und durch die tatsächliche Vorherrschaft der Engländer der Verarmung."

14. Jan. **Die Kämpfe an der indischen Grenze.**

Kalkutta, den 13. Jan.

Kämpfe haben zwischen den Fürsten von Dir und Nawagai begonnen. Der letztere hat ein Fort erobert. Die englischen mobilen Truppen von Malakand werden zum Schutze der Verbindungen nach Chitral ausrücken, um den Fürsten von Dir zu unterstützen.

17. Jan. **Einfälle an der Grenze von Peschawar.**

Simla, 16. April.

Neuerdings fanden zwei Überfälle an der Grenze von Peschawar statt. Der erste bei Michin hatte einen Verlust von 15 000 Rupies zur Folge und beim zweiten in der Nähe von Abasai wurden vier Personen getötet und ein Polizist verwundet. Eine Polizeiabteilung nahm die Verfolgung der Räuber auf, jedoch ohne Erfolg. Es wird angenommen, daß die Räuber zur Bande des Hakim Khan gehören.

7. Juni. **Indische Grenzräuber.**

Simla, 6. Juni.

Am vergangenen Mittwoch versuchte eine Bande von Zakka-Khels, Akka Khels und Dakoits aus Peschawar einen Überfall im Distrikt Peschawar. Sie wurden vertrieben; ein berüchtigter Rädelsführer namens Chaman ist inzwischen seinen Wunden erlegen.

26. Juni. **Angriffe der Bevölkerung auf Soldaten in Indien.**

Simla, 26. Juni.

Im Laufe des Sommers fanden in den Marribergen verschiedene unbegründete Angriffe auf englische Soldaten statt. Diese und ähnliche Fälle beweisen, daß das Verhältnis zwischen der Bevölkerung und den Soldaten verschieden beurteilt werden kann. Meistens ist die Bevölkerung der angreifende Teil.

23. Juli. **Ein Offizier in Indien durch einen Schuß verwundet.**

Bombay, 21. Juli.

Ein Unteroffizier des 7. Ghurka-Schützenregiments feuerte gestern einen Schuß auf den Leutnant J. G. Skene desselben Regiments ab und verwundete ihn schwer. Der Täter wurde am Abend desselben Tages in seinem Versteck im Quartier der indischen Offiziere getötet. — Das Befinden des Leutnants Skene ist gut.

31. Juli. **Der Eisenbahnerstreik in Indien.**

Kalkutta, 30. Juli.

Streikende Angestellte der „Ost-Indian-Eisenbahn“ entfernten heute drei Schwellen von der Bahnstrecke. Als sie von einigen Schwellenlegern von einer Draisine aus bemerkt wurden, verschwanden sie. Die Schwellen wurden ersetzt, ehe Schaden angerichtet war. Die Streikenden hielten gestern ihre erste Versammlung ab, die von 2000 Mann besucht war. Brandreden wurden gehalten, in denen zu weiteren Streiks aufgefordert wurde.

Die Teilung Bengalens.

Kalkutta, 30. Juli.

Der „Statesman“ sagt in einem Leitartikel über die Rede Monleys im englischen Unterhause: „Es könnte dem oberflächlichen Beobachter scheinen, daß der Streik bei der Ostindien-Eisenbahn und in den verschiedenen Druckereien in keinem Zusammenhange mit dem großen Unrecht steht, das den Bengalis durch die Teilung ihrer Provinz zugefügt wurde. Tiefer blickende Sachkenner, die die Lage ohne Leidenschaft beurteilen, müssen zugeben, daß diese Ereignisse in einem gewissen Zusammenhange stehen. Leichtfertige Politiker dagegen meinten, die Agitation der Nationalisten durch Zwangsmaßnahmen niederzwingen zu können.“

6. Aug. **Rücktritt des Statthalters von Ostbengalen und Assam.**

Simla, 5. August.

Es wird amtlich bekannt gegeben, daß Sir Bampfylde Fuller freiwillig sein Amt als Statthalter von Bengalen und Assam, das er seit dem 5. Oktober

v. J. verwaltete, niedergelegt hat. Es schien ihm unmöglich, seinen Antrag an den Senat der Universität von Kalkutta, in dem er die Ausschließung der der Universität angegliederten Schulen, die sich schwerer Verfehlungen schuldig gemacht hatten, forderte, auf Wunsch der Indischen Regierung zurückzuziehen.

17. Aug. **Der Poststreik in Bombay.**

16. August.

Fünfhundert Postbeamten streikten, um eine Erhöhung ihrer Gehälter durchzusetzen. Der Postdienst ist dadurch vollständig gelähmt. Gegen sechs der Führer sind Haftbefehle erlassen worden.

4. September. **Die Agitation in Bengalen.**

Bombay, 3. September.

In ganz Indien haben die Berichte aus Kalkutta, daß Surendra Nath Banerjee, der Führer der Agitation gegen die Teilung Bengalens, in einer regelrechten Krönungsfeier in Kalkutta unter Erweisung königlicher Ehren gekrönt und gesalbt wurde, große Aufregung hervorgerufen.

Reuter fügt hinzu, daß Surendra Nath Banerjee hervorragenden Anteil an der Agitation gegen die Teilung Bengalens genommen hat. In einer Riesenversammlung in Kalkutta am 7. August, der Jahresfeier des Beginns der Bewegung, wurde ihm unter großer Begeisterung der Versammlung die nationale Flagge des „Sieges und der Einheit" überreicht. Bei der Gelegenheit sagte Surendra Nath, die Flagge sei das Zeichen des Erwachens und der Vereinigung aller Rassen; wo sie wehe, da würde sie zum Siege und zur politischen Freiheit führen.

6. Sept. **Die Agitation in Bengalen.**

Kalkutta, 5. September.

Es wird berichtet, daß sich in Chinsura, einer kleinen Stadt am Hugli, unter dem Namen „Das Goldene Bengalen" eine Geheimgesellschaft gebildet hat. Ein von den Mitgliedern unterzeichnetes Dokument sagt, 50 000 Inder, die bereit sind, für ihr Land zu sterben, sollen sich zur Verfügung stellen, und fügt hinzu: „Wozu noch mehr Worte? Schlagt die Sahibs! Treibt sie aus dem Lande!"

8. Sept. **Die Unruhen in Bengalen.**

Hetzschriften.

Kalkutta, 7. September.

Wie es scheint, ist eine Hetzschrift der Gesellschaft „Das Goldene Bengalen" unter Hindus und Mohammedanern in ganz Bengalen verbreitet worden.

Man glaubt, daß der Sitz der Gesellschaft sich in Kalkutta befindet. Die Gesellschaft ist auch in Maimensingh tätig und hat Zweigstellen in Chinsura und anderen Orten. Die Flugschrift ruft die Massen zum Aufstand und zur Vertreibung der Engländer auf. Die Behörden versuchen, auf Grund der verwendeten Typen den Ursprung der Flugschrift festzustellen.

Wenn dieser Aufruhrbewegung nicht wirksam entgegengetreten wird, ist es möglich, daß daraus große Unruhen entstehen können.

20. Sept. **Die Unruhen in Indien.**

In einem Auszug aus einem Briefe an den Redakteur der „Times" von Corruptio Optimi Pessima wird im Hinblick auf die in England lebenden Inder gesagt: Es ist bedauerlich, daß statt des früheren freundschaftlichen Verhältnisses zwischen den Indern und dem englischen Volke sich jetzt bei den in den Universitätsstädten und in London lebenden Indern ein tiefer Haß gegen England und die englische Herrschaft bemerkbar macht.

4. Oktober. **Die Inder aus Britisch-Indien in Transvaal.**

Eine Abordnung von Transvaal-Indern hat nach einer Reuter-Meldung Kapstadt an Bord der Homade Castle verlassen, um Lord Elgin einen Protest gegen die neuen Bestimmungen der Asiatischen Einwanderer-Verordnung zu unterbreiten, deren Sinn nach ihrer Meinung von den Behörden durchaus mißverstanden wird. Sie behaupten, daß die neue Verordnung die Landung der Inder in Transvaal noch demütigender gestalte als die von 1885. Sie dringen darauf, daß die Inder Transvaals denen der Kapkolonie gleichgestellt werden oder die alten Verordnungen in Kraft bleiben, bis die Regierung Transvaals die Frage in Übereinstimmung mit der Kaiserlichen Regierung geregelt habe. — Es ist unwahrscheinlich, daß die Abordnung irgendeine Änderung der Bestimmung erreichen wird, worüber Lord Elgin sie auch nicht im Unklaren gelassen hat, obgleich er die Abordnung wohlwollend anzuhören versprach.

16. Oktober. **Der Indische Nationalkongreß.**

„Innerhalb des Indischen Nationalkongresses bestehen zwei Parteien. Die eine ist die Partei der Gemäßigten, deren Ziel die allmählich fortschreitende Entwicklung Indiens ist, bis Indien den übrigen britischen Kolonien mit Selbstverwaltung gleichgestellt ist. Die andere Partei ist die der Extremisten, deren Plan es ist, die Verbindung mit England so bald wie möglich zu zerreißen. Wir halten beide Ideale für unmöglich und für unpraktisch."

Die Extremisten glauben, daß sie die englische Regierung in Indien unmöglich machen können. . . . . Ihr Ziel ist, eine heftige antibritische Agitation zu erregen, und sie verfolgen dies Ziel mit den bekannten Mitteln, die von Agitatoren in allen Teilen der Welt angewendet werden. Herr Pal, ein Extremist, spricht mit Verachtung von den Gemäßigten. Er sagt ihnen, daß alle Reden, „um von der Regierung als Führer anerkannt zu werden“, der Nation nicht das geringste nützen und die Alternative die sei, entweder in die Dörfer zu gehen, wo „die Helden eines Volkes leben“ oder das politische Spiel ganz aufzugeben. Herr Pal hat sich entschieden, „auf die Dörfer zu gehen“, wo von den Agitatoren mit Sicherheit gröbere Mittel als Zirkulare angewendet werden können. Das Landvolk hat sich zwar bisher von jeder Politik ferngehalten und wird dies wahrscheinlich auch weiter tun, aber es besteht doch immerhin die Möglichkeit, daß ein erregter Fanatismus der Dorfbewohner zu sehr ernsten Schwierigkeiten führen könnte.

15. Oktober. **Anklage gegen einen indischen Redakteur.**

Bombay, 12. Oktober.

Der Redakteur des „Anglo-Gujrati“ Wochenblatts, das für die indische Selbstverwaltung eintritt, wurde, nachdem er verschiedentlich Hetzartikel veröffentlicht hatte, heute vor Gericht geladen, wo er Gründe angeben sollte, warum ihm nicht eine Sicherheit für künftiges Wohlverhalten auferlegt werden solle. Laut amtlicher Übersetzung des Artikels beschuldigte er die Engländer, daß sie das Land seines Wohlstandes berauben, seine Helden beschimpfen und die Inder im allgemeinen hassen; er schließt mit einem Aufruf an das Volk, im Kampf gegen die Feinde bis zum siegreichen Ende auszuharren und dadurch ihre vornehmste Pflicht zu erfüllen.

Bombay, 21. Oktober.

Der Prozeß gegen den Redakteur des Wochenblattes „Anglo-Gujrati“, das für indische Selbstverwaltung eintritt, ist beendet. Der Redakteur war wegen Veröffentlichung eines aufrührerischen Artikels angeklagt. Die Verteidigung hatte die Richtigkeit der Übersetzung bestritten, sie wurde jedoch jetzt bestätigt. Der Richter wies nach, daß man den fraglichen Artikel nur als einen Versuch zur Verbreitung von Feindschaft und Haß auffassen könne. Der Angeklagte wurde daraufhin verurteilt, sich zur Zahlung einer Sicherheit in Höhe von 300 Rupies für Wohlverhalten während der nächsten sechs Monate zu verpflichten und zwei andere im Betrage von je 300 Rupies zu hinterlegen.

19. Oktober. **Hetze in Bengalen.**

„Es wird berichtet, und ist bisher nicht wiedersprochen worden, daß auf einer Versammlung bengalischer Agitatoren in Assansol am 2. September in Gegenwart des Richters und Polizeisuperintendenten eine aufrührerische Ansprache gehalten wurde . . . . . . „Die Japaner haben gezeigt, was ein asiatisches Volk zu leisten vermag, wenn es nur zusammensteht. Die Hindus seien das positive, die Muslime das negative Element. Beide müssen sich vereinigen zur Erzeugung der Energie, die die Engländer aus dem Lande treibt.“

(Auszug aus einem Briefe von J. D. Rees.)

19. Oktober. **Hetze in Bengalen.**

Reuter meldet, daß vor drei Tagen 20000 Bengalis zu einer großen Protestversammlung in Kalkutta zusammengekommen sind, in der auch Mohammedaner, Sikhs und Parsis vertreten waren.

...... Der Vorsitzende der großen Trauerversammlung (gegen die Teilung Bengalens), die am 16. d. M. stattfand, war Mohammed Yusuf Khan Bahadur, Mitglied der Gesetzgebenden Körperschaft, der Universität von Kalkutta und Präsident der Central Mohammedan Association. Der Hauptredner war Surendra Nath Banerjee.

(Auszüge aus einem Brief von C. J. O'Donell.)

20. September. **Inder aus Britisch-Indien in Transvaal.**

Johannesburg, 19. September.

Eine indische Frau wurde in Volksrust verhaftet und aufgefordert, binnen sieben Stunden das Land zu verlassen, weil sie ihren Gatten ohne eigene Einwanderungserlaubnis begleitete. Sie setzte jedoch ihre Reise nach Johannesburg fort und wurde aufs neue in Germiston verhaftet. Die dortigen Inder versuchten auf Grund dieses Vorkommnisses, einen Prozeß gegen die Regierung zu führen.

Indische Auswanderung nach Kanada.

Ottawa, den 15. Oktober.

Die Abteilung für Gewerbe und Handel hat heute Nachricht erhalten, daß seit dem 1. Januar d. J. 1460 Ostinder in Britisch-Columbien angekommen sind. Es wird ferner berichtet, daß weitere zweitausend bereits Fahrkarten für die Überfahrt gekauft haben. Macpherson, der nach Ottawa gekommen ist, um gegen diese Einwanderung zu protestieren, sagte bei seiner Rückkehr nach Vancouver, er sei beauftragt worden zu erklären, daß die Regierung von Kanada der Gesetzgebenden Körperschaft ein Gesetz zur Einschränkung der Einwanderung von Indern in der nächsten Sitzung vorlegen würde.

17. Oktober. **Indische Auswanderung nach Kanada.**

Vancouver, 16. Oktober.

Die Polizei hat eingegriffen, um die Landung einiger Inder, die gestern mit dem Dampfer „Empreß of Japan“ eintrafen, zu verhindern. Man befürchtet Unruhen.

Ottawa, 7. Dezember.

In parlamentarischen Kreisen herrscht die Meinung vor, daß es Sache der indischen Regierung sei, Schritte zu unternehmen, die Auswanderung vom Pandschab nach Kanada zu verhindern. In diesem Jahr sind bereits 2400 Sikhs und Pathanen in Kanada angekommen. Im allgemeinen sind es ordentliche Leute, zum Teil frühere Soldaten, die gern arbeiten wollen. (Unglücklicherweise haben jedoch manche von ihnen augenscheinlich keine Mittel zum Lebensunterhalt und sind körperlich nicht für die Arbeiten geeignet, die ihnen in Britisch-Kolumbien angeboten werden.) . . . . Seit dem 1. Januar sind 125 Inder wegen körperlicher Untauglichkeit oder Hilfsbedürftigkeit wieder zurückbefördert worden.

17. Oktober. **Der Indische Nationalkongreß.**

Der „Indian Spectator“ weist darauf hin, daß die Extremistenpartei das Ergebnis der Lehren der Gemäßigten ist. „Wenn die Partei der Gemäßigten uns täglich in die Ohren schreit, daß Indien durch den fremden Handel und die fremde Verwaltung niedergehalten wird, dann antwortete die Partei der Extremen darauf mit der Forderung, daß es besser sei, diesen Verblutungsprozeß mit allen verfüglichen Mitteln zu beenden und das leere und ermüdende Geschrei von dem Verbluten zu unterlassen. Die gemäßigte Partei bejammert den übermäßigen Gebrauch fremder Waren. „Dann laßt uns aufhören,“ sagen ihre gelehrigen Schüler, „die fremden Waren zu kaufen; denn es gelingt uns doch nicht, die Einführung von Schutzzöllen von der Regierung zu erlangen.“ Die Partei schreit gegen die Verstaatlichung der Eisenbahnen, weil sie mit fremdem Kapital erbaut wurden. Darauf sekundieren die Extremisten: „Wenn wir diese Entwicklung nicht rückgängig machen können, dann haben wir wenigstens dafür zu sorgen, daß die indischen Eisenbahnbeamten einen gerechten Anteil an den Einnahmen erhalten und daß den fremden Kapitalisten keine unnötigen Vergünstigungen gewährt werden.“

27. Dezember. **Auszug aus einer Rede Dadabhai Naorojis.**

„Seid einig und standhaft und strebt nach Selbstverwaltung, damit die Millionen, die jetzt durch Verarmung, Hungersnot, Pest und Unterernährung dahinsiechen und zugrunde gehen, gerettet werden. Indien muß dahin gelangen, seinen stolzen Platz unter den größten und zivilisiertesten Völkern der Erde, den es in alter Zeit besessen hat, wieder einzunehmen.“

13. Dezember. **Indische Auswanderung nach Südafrika.**

Die Zeitung „Argus“ bespricht die indischen schwierigen Verhältnisse und rät der Regierung von Südafrika, mit den dort ansässigen führenden Indern zu verhandeln. Diese würden einsehen, daß das Land nicht von Indern überschwemmt werden darf, damit für die bereits im Lande lebenden gerechte Verhältnisse geschaffen werden können.

18. Dezember. **Die indischen Grenzüberfälle.**

Kalkutta, den 17. Dezember.

Eine Bande, die hauptsächlich aus Zakka-Khel-Afridis bestand, erschien am 6. bei Badachur, südlich von Peschawar, und führte sieben Personen, darunter zwei Soldaten, weg, außerdem auch einige Kamele und Rinder. Eine andere Bande überfiel am 16. eine Polizeiwache und erbeutete fünf Gewehre.

1907.

12. Januar. **Der Emir von Afghanistan in Indien.**

Rücksichtnahme auf die Hindus.

Agra, den 11. Januar.

Der Emir wird während des Bakr Id Festes in Delhi sein. Indische Mohammedaner feiern dieses Fest gewöhnlich durch Schlachtopfer, was oft den Unwillen der Hindus hervorruft. Die Mohammedaner in Delhi beabsichtigten, hundert Kühe zu opfern, um dadurch die Teilnahme des Emirs besonders zu feiern. Als diese Nachricht dem Emir bekannt wurde, sagte er, er besuche Indien, um das Land und die ganze Bevölkerung ohne Rücksicht auf Rassen- oder Glaubensunterschiede kennen zu lernen; er würde nichts zulassen, was irgendwie Zwist erregen könne und bäte, keine einzige Kuh in Delhi zu schlachten, andernfalls er am Feste nicht öffentlich teilnehmen würde. Er schlug vor, daß Ziegen statt Kühe geopfert werden sollten, um jede Verletzung der religiösen Gefühle der Hindus zu vermeiden. Die Mohammedaner haben seinen Vorschlag angenommen. Die Wirkung dieser Handlungsweise wird wahrscheinlich in ganz Indien sehr groß sein.

12. Januar. **Ein indischer Beamter erschossen.**

Bombay, 11. Januar.

Der Forstaufsichts-Assistent Hobday zu Bandara in den Zentralprovinzen ist von seinem Gehilfen im Walde erschossen worden. Späterer Bericht: Hobday wurde, während er mit seiner Familie beim Frühstück saß, durch einen Schuß im Rücken getroffen. Der Mörder benutzte Hobdays eigenes Gewehr.

25. Januar. **Unruhen an der Nordwestgrenze.**

Bombay, 23. Januar.

Der „Pioneer" berichtet, daß laut Nachrichten aus Peschawar die Beziehungen zwischen den britischen Behörden und den Zakka-Khel Afridis äußerst gespannt sind. Die dem Stamme gewährten Tribute sind, wie berichtet wird, als Strafe für die häufigen Grenzüberfälle für die Dauer von zwei Jahren beschlagnahmt worden. Die Zakka-Khel Afridis unternahmen innerhalb der letzten drei Monate einige weitere verwegene Einfälle in britisches Gebiet, verschleppten dabei zwei Polizeibeamte nebst mehreren anderen Männern, die jenseits der Grenze gefangengehalten werden.

4. Februar. **Die indische Grenze.**

Bombay, 3. Februar.

Auf Kapitän Lubbock, Kgl. Ingenieur vom Loi-Shitman Eisenbahnbau, wurde, während er auf dem Kabulfluß ruderte, vier mal von Angehörigen eines der Grenzstämme geschossen. Glücklicherweise wurde er nicht verletzt. Es ist nicht bekannt, ob die Mohmands oder die Mulagories für das Attentat verantwortlich sind, es scheint aber, daß die Schüsse von der Mulagori-Seite des Flusses kamen.

16. Februar. **Ein indischer Indigopflanzer erschlagen.**

Kalkutta, 15. Februar.

R. Bloomfield, ein Indigopflanzer, ist von Angehörigen eines Stammes an der Nepalgrenze erschlagen worden. Die Untersuchung wurde bereits eingeleitet.

19. Februar. **Ein indischer Presseprozeß.**

Lahor, 16. März.

Das Gericht hat die Verurteilung der indischen Zeitung „Punjabi" wegen aufrührerischer Schmähschriften aufrechterhalten, hat jedoch die Strafe des Besitzers, die auf zwei Jahre Gefängnis lautete, auf sechs Monate ermäßigt.

18. April. **Prozeß wegen des Aufruhrs im Pandschab.**

Tumulte in Lahor.

Lahor, 17. April.

Die Berufungsverhandlung in Sachen des Pandschab-Aufruhrprozesses fand heute vor dem Hauptgericht statt. Die durch Urteil der ersten Instanz über die Angeklagten verhängte Zuchthausstrafe wurde in Gefängnisstrafe umgewandelt. Der oberste Richter bemerkte, daß er gern die Strafe noch mehr ermäßigt hätte, wenn die Angeklagten Reue gezeigt haben würden. — Als die Verurteilten vom Gericht nach dem Gefängnis überführt wurden, hielt eine tobende Menge den Wagen an. Sie bewarf die Polizisten mit Schmutz und bekränzte die Missetäter. Die Rotte zog darauf die Mall entlang und belästigte unterwegs jeden einzelnen Europäer, bis sie von der Polizei zerstreut wurde.

Die Urteile gegen den „Punjabi".

Der Besitzer der Zeitung „Punjabi" wurde am 15. Februar zu zwei Jahren Gefängnis und einer Geldstrafe von 1000 Rupies, der Redakteur zu sechs Monaten Gefängnis und einer Geldstrafe von 200 Rupies verurteilt, weil sie zu Feindseligkeiten gegen die Regierung und die Europäer aufgefordert haben

29. April. **Die Unruhe in Lahor.**

Lahor, 27. April.

Streikdrohungen, Ungehorsam und andere Ausschreitungen sind auf verschiedenen Stationen der Nordwest-Eisenbahn vorgekommen, die durch umherreisende berufsmäßige Agitatoren angezettelt waren. Der Direktor der Eisenbahn hat eine Bekanntmachung erlassen, in der er die Möglichkeit, daß Grund zu berechtigten Beschwerden vorhanden sein kann, zugibt. Den Angestellten wird aber die Versicherung gegeben, daß die Regierung bereit ist, jede in angemessener Weise erhobene Beschwerde wohlwollend zu prüfen; die aufsässigen Elemente werden vor den Folgen gesetzwidrigen Verhaltens gewarnt.

Infolge der kürzlichen Unruhen erhielten die freiwilligen Soldaten die Erlaubnis, ihre Gewehre nebst je 20 Schuß Munition dem Arsenal zu entnehmen. Die letzten Ereignisse haben die Rekrutierung von Freiwilligen bemerkenswert gefördert. Unter den neuen Rekruten befinden sich fünf Richter des Obersten Gerichtshofs, der Direktor des Öffentlichen Unterrichtswesens, Universitätsprofessoren, Regierungssekretäre, Untersekretäre, der oberste Ingenieur und andere hohe Beamte nebst den leitenden Bankiers und Kaufleuten, die ebenfalls als Gemeine in das Heer eintraten.

Im Pandschab ist angekündigt worden, daß die Erhöhung der Bewässerungssteuer in gewissen Bezirken auf ein Jahr verschoben wird.

4. Mai. **Die Tumulte in Rawalpindi.**

Bombay, 4. Mai.

Der gestern aus Allahabad gemeldte ernste Aufruhr in Rawalpindi ist in folgender Weise entstanden:

Vor ungefähr 14 Tagen wurde eine große Versammlung von Indern in Rawalpindi abgehalten, um gegen die beabsichtigte Erhöhung der Landsteuern zu protestieren. Da dabei aufrührerische Reden gehalten wurden, befahl der Bezirksrichter mehreren indischen Anwälten, die als Rädelsführer galten, in sein Haus zu kommen und sich zu verantworten; er beabsichtigte, das Strafverfahren gegen sie einzuleiten, falls ihre Erklärungen ungenügend sein würden. Die Anwälte erschienen am Donnerstag, vom Pöbel begleitet. Nach der Vernehmung begab sich der Pöbel in das Zivilviertel und richtete bedeutenden Schaden an. Fünf Anwälte wurden verhaftet. Gestern durchstreifte Militär die Stadt.

Rawalpindi, 4. Mai.

Gegen eine Anzahl indischer Anwälte ist Anklage erhoben wegen Aufreizung der Massen zu Unruhen durch aufrührerische Ansprachen. Es wurde Bürgschaft im Betrage von 2 Lakhs Rupies angeboten, jedoch lehnte das Obergericht, an das sich der Bezirkskommissar wegen der Freilassung gewandt hatte, die Annahme der Bürgschaft ab.

Ein Inder aus Lahor, der hierher kam um Aufruhr zu predigen, wurde auf dem Bahnhof gewarnt und kehrte sofort zurück. Dem Distriktsrichter Osborne wurden Möbel und Papiere vernichtet. Die indischen Beamten in den militärischen Rechnungsbureaus sind unverhohlen feindselig. Ein Rechtsanwalt, der hierher kam, um die Angeklagten zu verteidigen, wurde in das Stadtgefängnis gebracht. Die Ruhe ist nun wiederhergestellt, aber die Artillerie wird für etwaige weitere Vorfälle in Bereitschaft gehalten. Die Royal Irish Rifles (Königl. Irische Schützen) befinden sich auf dem Marsche von Murra.

6. Mai.

Simla, den 4. Mai.

In Anbetracht der letzten Aufstände muß zugegeben werden, daß der Rassenhaß in einigen Teilen Nordindiens zweifellos im Wachsen begriffen ist.

Die Hindus, besonders die gebildeten Klassen, sind den Europäern feindlich gesinnt. Irgend eine nicht volkstümliche Handlung bildet den Vorwand für Angriffe auf harmlose und unbewaffnete Europäer. Daß die Bewegung, die in Bengalen entstand, sich auf den Pandschab ausgedehnt hat, zeigen die an sich geringfügigen Ausbrüche in Lahor und Rawalpindi. Die Lage wird sorgsam beobachtet, und jede Aufreizung zu Gewalttätigkeiten wird streng unterdrückt.

9. Mai.

Die Unruhe in Indien.

Lahor, den 7. Mai.

Die fünf Anwälte, die als Rädelsführer des Aufstandes von Rawalpindi verhaftet wurden, legten beim Obersten Gerichtshofe des Pandschabs gegen die Entscheidung des Gerichtes von Lahor wegen Zurückweisung der Bürgschaft Berufung ein; sie wurde abgewiesen.

Romesh Ch. Dutt sagt in einem Brief an eine Zeitung, in dem er die Ursachen der Unruhen in Bengalen ausführlich schildert: Es sei ein Irrtum, die Unruhen dem Swadeshi zuzuschreiben; sie seien vielmehr auf die unter den ungebildeten Klassen bestehende Ansicht zurückzuführen, daß die Regierung die Mohammedaner gegen die Hindus unterstützen wolle. Dutt drängt die Regierung zur Annahme einer festen Haltung, da er die Lage für ernster hält, als sie seit vielen Jahren war.

7. Mai **Warnung der Regierung an Schulen und Universitäten.**

Simla, 6. Mai.

Die indische Regierung hat an die Regierung Bengalens, Ostbengalens und Burmas ein wichtiges Schreiben gerichtet, worin es die Schüler höherer Lehranstalten verwarnt, trotz der Bestrebung von Lehrern und Studenten, an politischen Bewegungen und Handlungen teilzunehmen. Obgleich die Regierung zwischen den Studierenden einerseits und Lehrern und Professoren andererseits unterscheidet, ist sie fest entschlossen, jedes Mittel anzuwenden, um zu verhüten, daß Schulen und Universitäten Mittelpunkte politischer Agitation werden und hält es für ihre Pflicht einzuschreiten, falls die Universität sich weigern sollte, die ihr angegliederten Hochschulen in dieser Hinsicht zu überwachen.

10. Mai. **Militärische Vorsichtsmaßregeln.**

Lahor, 9. Mai.

Um für ernste Ereignisse vorbereitet zu sein, läßt die Regierung Truppen aller Gattungen von Mian Mir in Lahor einmarschieren. Aus allen Teilen der Provinz zog auch berittene und unberittene Polizei in Lahor ein. In Anbetracht der ernsten politischen Lage verschob Sir Denzil Ibbetson, Statthalter des Pandschabs, der heute von hier nach Simla für den Sommer abreisen wollte, seine Abfahrt, obgleich ein Sonderzug auf dem Bahnhof seiner wartete. Gestern fand durch Sir Denzil Ibbetson eine lange und sorgfältige Untersuchung der Verteidigungsanlagen des Forts von Lahor statt; er ordnete große Verstärkungen der Militärbesatzung an.

Als Beispiel für den Zustand, der diese Maßnahmen erheischt, mag erwähnt werden, daß Massen von kräftigen bewaffneten Landleuten in Lahor einziehen, die durch aufrührerische Führer angeworben sind. Diese Banden dringen jetzt in die Stadt ein.

Die Regierung hat eine Bekanntmachung erlassen, nach welcher Versammlungen irgendwelcher Art in Lahor verboten sind und als gesetzwidrige Zusammenrottungen behandelt werden sollen. Das Publikum wird ernstlich davor gewarnt, an solchen Zusammenkünften teilzunehmen. Die Verordnung bleibt für die nächsten vier Tage in Kraft.

10. Mai. **Verbannung von Aufwieglern.**

In Ausführung eines Befehls Morleys wurde heute nachmittag Lajpat Rai, Anwalt beim Obersten Gerichtshof im Panschab und Führer, Organisator, Finanzier und Anstifter aller im Pandschab stattgefundenen aufrührerischen Kundgebungen und revolutionärer Gewalttätigkeiten, verhaftet und sogleich deportiert. Die Verhaftung hat unter den Hindus große Sensation hervorgerufen, da sie bisher fest glaubten, die Regierung würde diesen kühnen Schritt nicht wagen. Ein zweiter bedeutender Agitator hält sich verborgen, um der Deportierung zu entgehen.

11. Mai.

Unruhen in Indien.

Simla, 10. Mai.

Nach hier eingegangenen Nachrichten sind am Jahrestage des Ausbruchs des indischen Aufstandes keine Unruhen vorgekommen.

Die Behörden halten es nicht für ratsam, den Aufenthaltsort Lajpat Rais, des verhafteten und deportierten Agitators, bekannt zugeben.

13. Mai.

Proklamation des Generalgouverneurs.

Simla, 11. Mai.

Folgende Bekanntmachung erschien heute in einem Extrablatt: „Da sich die Notwendigkeit der Regelung von Versammlungen ergeben hat, hat der Generalgouverneur diesbezügliche feste Vorschriften erlassen. Sie erstrecken sich auf Ostbengalen, Assam und den Pandschab, werden aber nur in gewissen Zonen in Anwendung gebracht werden. Hiernach dürfen in den besagten Zonen keine öffentlichen Versammlungen zur Besprechung öffentlicher oder politischer Fragen stattfinden, die nicht sieben Tage vorher angemeldet worden sind. Ein oder mehrere Polizisten können entsandt werden, um bei der Versammlung zugegen zu sein und über die Vorgänge zu berichten. Das Bezirksgericht kann durch schriftlichen Befehl jede Zusammenkunft, die die Entstehung von Gesetzlosigkeit, Unzufriedenheit oder Unruhen hervorrufen könnte, verbieten,. Jeder, der ohne vorherige Anmeldung eine Versammlung veranstaltet oder leitet, wird verhaftet oder zu Geldstrafe verurteilt, und jede verbotene Zusammenkunft als gesetzwidrige Zusammenrottung angesehen werden.

Eine Aufruhrkampagne.

Bombay, 14. Mai.

Die Unruhen im Pandschab sind die Folgen der scharfen Maßregeln der Politiker nach der Teilung Bengalens. Diese Maßregeln haben nichts mit der konstitutionellen politischen Agitation gemein, die früher geführt wurde. Die Ziele und Pläne des Indischen Nationalkongresses, der die indische Autonomie nach kolonialem Muster befürwortet, sind von den Extremisten verlacht und verspottet worden. Das Interesse des Volkes ist durch das Geschrei der Aufrührer nach einer selbständigen Regierung für Indien erweckt und gewonnen worden.

Im Pandschab wird diese Campagne mit äußerster Heftigkeit geführt. Man verspottet die Obrigkeit, und die Geduld der Regierung wird als Feigheit ausgelegt. Lajpat Rai prahlte, daß kein Gericht ihn für schuldig erklären und keine Regierung ihn verhaften könne. Sein Assistent Ajit Singh, gegen den ein Verhaftungsbefehl erlassen wurde, ist weniger begabt als boshaft. Er hat sein Augenmerk auf die Korrumpierung der indischen Soldaten gerichtet, und seine Bemühungen werden dadurch erleichtert, daß er britische Offiziere in den einheimischen Sprachen unterrichtet. Das Resultat dieser Bemühungen scheint ein zielloser Tumult in Rawalpindi gewesen zu sein. Aufgereizt durch aufrührerische Reden, griff der Pöbel harmlose Engländer an und zerstörte alles Eigentum der Regierung, dessen es habhaft werden konnte.

In Bengalen ist die Agitation augenblicklich, infolge der zwischen Hindus und Mohammedanern bestehenden Verbitterung, in den Hintergrund getreten. Man glaubt, daß diese Verbitterung von der Boykottbewegung gegen britische Waren herrührt, die das Geschäft der mohammedanischen Kaufleute beeinträchtigt hat. Unter der Hindubevölkerung ist infolge der in Meimensingh und Patria begangenen Gewalttätigkeiten eine Panik ausgebrochen. Diese Verhältnisse werden ausgenutzt, um Haß gegen die englische Herrschaft zu säen. Jede Hindu-Zeitung und jeder bengalische Redner erzählt der unwissenden Menge, daß die Regierung die Mohammedaner aufhetze, die Hindus anzugreifen, während sie letzteren den Schutz verweigere. Die Hindus werden dringend aufgefordert, sich zu bewaffnen und sich für ihre eigene Verteidigung auszubilden.

Durch die Deportation Lajpat Rais ist vorübergehend Ruhe eingetreten. Sogar die Agitation im Pandschab ist gelähmt, aber die Lage ist äußerst gespannt. *Ostbengalen steht unter militärischer und polizeilicher Aufsicht.* Die Maßregeln der Regierung, Studenten von öffentlichen Versammlungen fernzuhalten, werden im allgemeinen gutgeheißen, nur nicht von denen, die an der Regierung überhaupt nichts Gutes finden können.

In anderen indischen Provinzen sind keine Unruhen vorgekommen, aber die Agitation wird in Bombay und dem Dekkan im geheimen weiter fortgesetzt. Die Regierung muß streng auf die Durchführung der Gesetze achten, da sich eine Klasse von Politikern gebildet hat, die der britischen Herrschaft in offner Feindschaft gegenübersteht und darauf bedacht ist, Unruhen zu stiften. Ihr Endzweck ist, Großbritannien zum Aufgeben Indiens zu zwingen. Sie stellen zwar nur einen Bruchteil der gebildeten Klassen dar, ihre Werkzeuge sind unreife Studenten und die Hefe des Volks, aber sie vollführen einen solchen Lärm, daß Leute von Mäßigung und Loyalität nicht gehört werden können. Wenn sie nicht dauernder Kontrolle unterstellt werden, können diese Extremisten Blutvergießen und Aufstände verursachen. Eine Anzahl unbedeutender Zeitungen proklamieren offen den Aufstand und spielen in scharfer und gehässiger Weise auf den fünfzigsten Jahrestag der Revolution an. Die Mohammedaner haben sich ganz und gar von der Bewegung losgesagt.

15. Mai.

Unruhen in Indien.

Allahabad, 14. Mai.

Nach einer Mitteilung aus Rawalpindi sind anläßlich des letzten Aufruhrs fünfundvierzig Verhaftungen vollzogen und eine Belohnung von 30 Rupies für die Festnahme einer Anzahl anderer noch nicht verhafteter Personen ausgesetzt worden.

17. Mai.

Unruhen in Indien.

Bombay, 16. Mai.

Der Redakteur und Besitzer der zu Bombay erscheinenden Zeitung „Indian Home Ruler" ist wegen Veröffentlichung aufrührerischer Artikel zu einem Jahr Gefängnis verurteilt worden. Im Oktober vorigen Jahres wurde er aus demselben Grunde auf sechs Monate unter Polizeiaufsicht gestellt; im Februar jedoch veröffentlichte er wiederum Artikel des gleichen Inhalts und ist daher, wie oben angegeben, verurteilt worden.

18. Mai.

Die Boykottbewegung.

Kalkutta, 17 Mai.

Trotz amtlichen Totschweigens und Ableugnens wird es täglich klarer, daß die Boykottbewegung die Wurzel der Unruhen in Ostbengalen ist, wo sie durch die Organisation „National Volunteers" gefördert wird. Diese Organisation sendet Banden nach allen Teilen der Provinz aus, die den Handel erschweren, ausländische Waren zerstören und Kaufleute beunruhigen.

Ein Spezialkorrespondent der Zeitung „Englishman" erklärt nach genauem Studium der „Volunteer" (Freiwilligen) Organisation, daß sie die sofortige Aufmerksamkeit der Regierung erfordere. Der einzige ruhige Platz in Bengalen ist der unabhängige Staat Tipperah, wo der Herrscher die Organisation der „National Volunteers" verboten hat. Diese verdankt ihre Existenz einigen Agitatoren, deren Namen der Behörde bekannt sind. Sie wird durch ein Zentralkomitee in Kalkutta geleitet, das sehr gut mit Kapital ausgerüstet ist, die verschiedenen Zweigorganisationen kontrolliert und die Bewaffnung der Mitglieder besorgt. Obgleich ihre Unternehmungen von militärischer Seite beaufsichtigt werden, exerzieren diese Freiwilligen und gehen öffentlich mit Speeren und Schwertern bewaffnet umher, auch besitzen sie eine beträchtliche Anzahl von Schießwaffen.

18. Mai. **Die Unruhen in Indien.**

Lahor, 17. Mai.

Ajit Singh versammelte fünfhundert Bauern in Lahor, wo er ihnen in Vorträgen ihre Leiden und Nöte schilderte und ihnen die Demonstration der Gewalt als einzige Abhilfe darstellte. Er sandte sie dann zurück, um andere zu werben. Als sie beträchtlich verstärkt wiederkamen, wandte sich Ajit Singh nochmals an sie mit der Frage: „Warum kommt Ihr unbewaffnet? Können nicht Stöcke für zwei Annas das Stück gekauft werden?" Die Landleute kehrten um und kamen zum drittenmal in noch größerer Anzahl mit Stöcken bewaffnet zurück. Es wurde Militär aufgeboten, so daß die Männer, die jetzt keine Gelegenheit zu politischen oder halbpolitischen Tumulten fanden, Raubüberfälle verübten. Fünf Morde wurden seitdem gemeldet. Eine berittene Polizeitruppe soll dem Treiben dieser Leute ein Ende machen.

22. Mai. **Ein indischer Redakteur verhaftet.**

Lahor, 21. Mai.

Pendi Das, Redakteur und Besitzer der indischen Zeitung „India" zu Gujranwallah im Pandschab wurde heute bei Sonnenaufgang verhaftet und nach Lahor gebracht. Er wurde sofort vor den Bezirksrichter geführt und angeklagt die indischen Soldaten gegen die Regierung aufgereizt und zur Meuterei verleitet zu haben. Die Anklage läßt die Hinterlegung einer Sicherheit nicht zu.

23. Mai. **Die Unruhen in Indien.**

Lahor, 22. Mai.

Die Nachricht, daß es eine Krankheit wie die Pest nicht gäbe, sondern daß die Regierung selbst die Brunnen in Pandschab habe vergiften lassen, um wöchentlich hunderttausend Leute zu töten, hat in Hasan Abdul, einem Dorfe in der Nähe von Rawalpindi, große Aufregung hervorgerufen.

Der Polizei ist es gelungen, als den Urheber dieses Gerüchts einen Hindu festzustellen. Er wurde zu zwei Jahren Zuchthaus und zu einer Geldstrafe von fünfhundert Rupies verurteilt. Ein Mitschuldiger, der tatsächlich geheimnisvolle Kugeln in die Brunnen warf und behauptete, dies auf Befehl der Regierung zu tun, ist zu achtzehn Monaten Zuchthaus verurteilt worden.

28. Mai. **Der Gesetzesantrag betr. die Kolonisation im Pandschab.**

Der Vizekönig versagt die Genehmigung.

Simla, 27. Mai.

Der Vizekönig hat das Kolonisationsgesetz nicht genehmigt, wovon die Regierung des Pandschabs verständigt wurde.

Der Gesetzantrag war ursprünglich eingebracht worden, um den Landbesitz der Regierungskolonisten zu regeln. Gleichzeitig enthielt er eine Anzahl von Verordnungen, die der Behörde die Macht gaben, die Verwaltung der Kolonien zu regeln. Diese Einmischung der Behörde erregte große Unzufriedenheit unter den Kolonisten. Nebenbei mag erwähnt werden, daß der Inhalt des Gesetzes von Agitatoren schamlos entstellt worden ist.

30. Mai. **Die Unruhen in Bengalen.**

28. Mai.

Der „Pioneer" spricht die Hoffnung aus, daß die Regierung keine Nachforschung über die Unruhen in Bengalen anstellen werde. Die Ursache ist allen, die sich mit indischen Problemen beschäftigen, zur Genüge bekannt, und erfordert lediglich die sichere Handhabung des Gesetzes und schnelle Bestrafung der Übeltäter.

31. Mai. **Die Unruhen in Indien.**

Die Verhandlungen gegen die Anwälte und andere Personen, die am Aufstand in Rawalpindi teilnahmen, hat begonnen. Die Zeugenaussagen ergeben, daß die verschiedenen für aufrührerisch gehaltenen Reden, in Wirklichkeit nichts anderes waren, als Klagen gegen die erhöhten Steuern.

1. Juni. **Die Unruhen in Indien.**

Allahabad, 31. Mai.

Die Regierung des Pandschabs hat die Verordnung zur Regelung öffentlicher Versammlungen auch auf den Bezirk Delhi ausgedehnt. Dies ist der sechste Bezirk des Pandschabs, wo die Verordnung in Kraft tritt.

3. Juni. **Die Unruhen in Indien.**

Simla, 3. Juni.

Die Polizei verhaftete in Amritsar um Mitternacht den Agitator Ajit Singh, der sich bis jetzt der Deportation entzogen hatte. Er wurde nach Lahor gebracht, heute morgen öffentlich verhört, um heute Nacht deportiert zu werden.

14. Juni. **Die Unruhen in Indien.**

Der Agitator Ajit Singh, den man in Amritsar verhaftete, wurde an diesem Nachmittag nach Mandalay deportiert.

14. Juni. **Die Unruhen in Indien.**

Kalkutta, 13. Juni.

Leakat Hussain und Abdul Gaffar, zwei hervorragende Boykott-Propagandisten- sind in Barisal wegen Verteilung aufrührerischer Flugblätter verhaftet, aber gegen Hinterlegung einer Sicherheit auf freien Fuß gesetzt worden.

Beim Durchsuchen des Hauses Leakat Hussains fand die Polizei siebenhundert aufrührerische Broschüren und eine Menge Korrespondenz aufrührerischer Art, ferner Memoranden, betreffend die Bildung von nationalen Freiwilligentruppen, sowie auch Abzeichen für die Offiziere und Mannschaften dieser Armee.

19. Juni. **Wieder ein indischer Redakteur verhaftet.**

Lahor, 18. Juni.

Dinanath, Redakteur der Zeitung „Hindusthan" und Graduierter der hiesigen Arya Samadsch Hochschule, ist unter der schweren Anklage verhaftet worden, Aufruhr in der Armee erregt und gefördert zu haben.

26. Juni. **Vorsichtsmaßregeln gegen den Waffenschmuggel.**

Kalkutta, 25. Juni.

Hier ist man der Meinung, daß die Indische Regierung mit der Französisch-Indiens wegen Waffenschmuggel durch Chandernagor und Pondicherry in Verhandlungen getreten ist.

Die französische Kolonialregierung stimmte der britischen vollkommen bei, und gab eine neue Verordnung, betreffend Kauf und Besitz von Waffen durch eingeborene französische Untertanen, heraus. Beim Vorlegen des Gesetzes im Rate bezog sich der französische Gouverneur in seiner Ansprache auf die antieuropäische Bewegung, die im britischen Gebiete um sich greift; gleichzeitig machte er treffende Bemerkungen über die gleichen Tendenzen, die in Chandernagor zutage getreten sind. Diese Anspielung bestätigt das einige Zeit in Kalkutta umlaufende Gerücht, daß in Chandernagor Waffen zum Gebrauch in Ostbengalen gekauft werden.

1. Juli. **Waffeneinfuhr.**

Allahabad, 20. Juni.

In Kalkutta fand kürzlich die Beschlagnahmung von Waffen und Munition statt, bei der ein Bengali Geldverleiher zur Zahlung einer Strafe von 400 Rupies verurteilt wurde. Bei der Einsichtnahme in die Bücher gewisser Firmen Kalkuttas ergab sich eine enorme Steigerung des Waffenhandels während der letzten zwei Jahre. Es werden jetzt die genauesten Nachforschungen darüber angestellt, wohin diese Waffen gekommen sind.

3. Juli. **Angriffe auf Europäer in Indien.**

Simla, 2. Juli.

Man glaubt, daß die beiden Mordanschläge auf Europäer in Eisenbahnzügen von Bahndieben verübt worden sind. Beim ersteren handelt es sich um den Polizeiinspektor Crabbe, der auf der Ostbengali-Strecke durch Messerstiche verletzt wurde, beim zweiten um den Überfall auf Leutnant Blane von den 19. Lancers, der in einem Zuge in der Nähe von Campbellpur, drei Wunden davontrug; die Verletzung am Knie ist ernst. Die Täter sind entkommen. Es sei darauf hingewiesen, daß das Tragen von Revolvern und das Schießen auf Europäer eine neue und erschreckende Art des Vorgehens der Eisenbahnräuber ist.

3. Juli. **Französisch-Indien und die poltische Agitation.**

Paris, 2. Juli.

Inder aus Kalkutta, die wegen politischer Vergehen verfolgt werden, fliehen oft nach Chandernagor in Französisch-Indien, wo sie in Sicherheit sind. Es besteht zwar ein Vertrag über die Auslieferung von Verbrechern, der sich jedoch auf politische Flüchtlinge nicht bezieht. Sollte die jetzt berichtete Agitation einen ernsten Umfang annehmen, so werden, wie man glaubt, die französische und die britische Regierungen in freundschaftlichem Zusammenwirken handeln. Die französische Regierung hat bereits Hindu-Agitatoren verhindert, dort Zeitungen zu gründen und ist uns auch sonst ein durchaus loyaler Nachbar gewesen.

5. Juli. **Die Unruhen in Indien.**

„Auf Grund meiner Erfahrungen während dreier Reisen in den unruhigsten Gebieten Bengalens bin ich in der Lage zu erklären, daß Europäer in den anderen Teilen Indiens oder in der Heimat sich schwerlich über den Ernst der Lage klar sind. Ich sprach viele Europäer, offiziell sowohl als inoffiziell, auch Missionare in verschiedenen Zentren und alle stimmten darin überein, daß die Unzufriedenheit das Ergebnis einer von Kalkutta aus geleiteten Aufruhrbewegung sei. Nicht nur Presse und Rednertribüne, sondern auch die sehr rührige Organisation „National Volunteers", die in fast jeder Stadt und jedem Dorf ihre Ortsgruppe besitzt, sind in ihren Dienst gestellt. Diese Freiwilligen werden im Bogenschießen und im Gebrauch von Stöcken und Schwertern durch gut bezahlte berufsmäßige Instrukteure unterrichtet. Sie agitieren überall gegen die Regierung und fördern eifrigst den Boykott, indem sie alle terrorisieren, die britische Waren gebrauchen oder verkaufen. Leute, die sich durch Drohungen einschüchtern lassen und ihren Verkehr mit englischen Beamten weiter aufrechterhalten, werden durch gesellschaftlichen Boykott, die tötlichste

Waffe die gegen Hindus angewendet werden kann, bestraft. Die Polizei ist zu schwach, um zu handeln und in mancher Beziehung selbst von der Unzufriedenheit angesteckt. Wo die britischen oder moslemischen Beamten Untersuchungen anstellen wollten, waren sie nicht imstande Beweismaterial zu beschaffen, da sich die Zeugen fürchteten, irgendwelche Aussagen zu machen. Bei solcher Lage der Dinge verlieren die Leute natürlich allmählich die Achtung für Ordnung und Obrigkeit. Ghurkatruppen aus Assam und Militärpolizei aus anderen Provinzen sind in kleinen Abteilungen in die größeren Dörfer und Flußstationen verteilt worden. Das schlimmste Merkmal der Lage ist indessen die wachsende Anzahl von Angriffen auf Europäer. Ein Eisenbahnbeamter teilte mir mit, es bestände die Gefahr, daß eine gewisse Strecke der Eisenbahnlinie Assam-Bengalen wegen Widerstands der Schaffner und Lokomotivführer ganz gesperrt werden müsse. Bei einer Gelegenheit verweigerten nicht weniger als fünfzehn Schaffner den Dienst. (Mohammedaner, die die Flußdampfer bedienen, sind auch angegriffen worden, sowohl auf den Dampfern selbst als auch vom Ufer aus.) Der letzte Fall war von besonders verwegener Art, weil die ganze Rotte die Abzeichen der „National-Freiwilligen" trug.

Ein anderes Merkmal der gegenwärtigen Lage ist, daß in ganz Bengalen nationale Schulen errichtet werden, die, gänzlich von Bengalis unterhalten, auf jede Verbindung mit der Regierung verzichten. Dazu kommt, daß in Kalkutta die Studenten der staatlichen Hochschulen offen gegen den letzten Regierungserlaß verstoßen, der den Studenten verbietet, politische Versammlungen beizuwohnen. Die Studenten besuchen nicht nur diese Versammlungen, sondern bitten sogar die Berichterstatter um Erwähnung ihrer Namen in den Zeitungen."

13. Juli. **Die Unruhen in Indien.**

Kalkutta, 12. Juli.

Die Unruhen in Bengalen scheinen sich nun auch auf das französische Gebiet von Chandarnagor ausgedehnt zu haben. Nach Zeitungsberichten aus Kalkutta ist jetzt eine Bewegung für einen Boykott auf dem Nationalfest am 14. Juli, im Gange. Dort sollen alle Inder, die mit Europäern verkehren oder von diesen Waren kaufen, gesellschaftlich gemieden werden. Die Führer der Bewegung behaupten, daß dies als Protest gegen das neue Waffengesetz gedacht ist, das sie als schmachvoll bezeichnen und fügen hinzu, daß sie nicht eher ruhen würden, bis das Gesetz zurückgezogen worden ist.

13. Juli. **Das Verhör im Aufruhrprozeß von Rawalpindi.**

Lahor, 11. Juli.

Die Aussagen im Aufruhrprozeß von Rawalpindi ergaben, daß Swami Dyal, der neulich wegen Verbreitung falscher Gerüchte über Brunnenvergiftung zu zwei Jahren Gefängnis verurteilt wurde, mit Hans Raj, dem einflußreichsten Anwalte in Rawalpindi zusammen arbeitete; dieser leitete die Versammlung, die damals den Aufstand herbeiführte und befindet sich jetzt in Untersuchungshaft.

13. Juli. **Aufruhr in Ostbengalen.**

Hussain und Gaffur, die beiden Boykottprediger, die letzten Monat in Barisal verhaftet wurden, sind auf Grund des Aufruhrparagraphen zu lebenslänglicher Verbannung verurteilt worden. Man nimmt an, daß der Grund zur Anwendung dieses Paragraphen die von der Polizei im Hause Hussains gefundenen aufrührerischen Schriften sind. Der Prozeß gegen die beiden Männer erregte unter den Bengalis großes Aufsehen, da Hussain ein eifriger Förderer des Boykotts und ein intimer Freund einiger bengalischer Führer war. Er soll auch hohe Würden bei den „National-Freiwilligen" bekleiden.

Die Regierung und die Presse.

Die Leiter der anglo-bengalischen Zeitung „Bande Mataram" sind am 17. Juni von der Regierung Bengalens benachrichtigt worden, daß der Aufruhrparagraph des Strafgesetzes gegen sie angewendet würde, falls sie nicht den Ton ihrer Berichte über laufende Ereignisse mäßigen würden. Das Schreiben bezeichnet die Sprache der Zeitung als direkte Aufreizung zu Gewalttätigkeit und Gesetzlosigkeit.

Zwei andere Tageszeitungen, „Yugantar" und „Sandhya", die die Ansichten der Extremisten wiedergeben und in der Landessprache gedruckt werden, wurden in ähnlichem Sinne benachrichtigt. Gegen zwei weitere, „Yugantar" und „Nabasarki", ist ein Verfahren wegen falscher Angaben über den Ort des Druckes und der Herausgabe im Gange, während Sonor Banglo angeklagt ist, die Namen des Druckers und des Herausgebers überhaupt nicht angegeben zu haben.

Die Behörden sind der Ansicht, daß Weglassung sowohl wie falsche Angabe vorsätzlich erfolgten, um polizeiliches Eingreifen zu verhindern. Es mag gleichzeitig erwähnt sein, daß „Sandhya" eine von einundzwanzig Studenten staatlicher Schulen und Hochschulen unterzeichnete Kundgebung veröffentlichte. Es werden darin die von der „Times" am 1. Juli analysierten Regierungsmaßnahmen verspottet. Die Studenten erklären darin ferner, daß sie schon viele Swadeschi-Versammlungen besucht hätten und dies auch trotz aller Strafandrohungen weiter zu tun beabsichtigen.

11. Juli. **Die Unruhen in Indien.**

In einer zu Kalkutta kürzlich stattgefundenen Versammlung sagte Bepin Chandra Pal: „Die Feringhies zittern bei der Erinnerung an den Indischen

Aufstand (1857) und haben große Furcht vor einer neuen Erhebung. Bei dem jetzigen Stand der Dinge könnten sämtliche indischen Zeitungen unterdrückt werden; inzwischen aber sollten sie sich nicht einer milden Ausdrucksweise bedienen“. Was seine eigene Zeitung anbetrifft, meinte er, daß sie selbst bei seiner Gefangennahme nicht weniger scharf sein würde und daß er hoffe, die anderen Zeitungen würden die gleiche Festigkeit beweisen. Er trat für offenen Widerstand gegen die neulich erlassenen Bestimmungen ein, die in bestimmten Gebieten die Abhaltung von Versammlungen, die Teilnahme von Studenten an politischen Demonstrationen, sowie die Meinungsäußerungen der Presse beschränken. Es seien Organisationen gebildet, die das Volk in den Stand setzen würden, jede Berührung mit den Gerichten, der Polizei und anderen staatlichen Einrichtungen zu vermeiden.

In einer anderen Versammlung verteilten Nationalfreiwillige Zirkulare in denen Eltern und Studenten aufgefordert wurden, die staatlichen Schulen zu boykottieren. Ein Streik dieser Art, heißt es noch darin, wird nichts in unserm sozialen und wirtschaftlichen Leben verändern, während er für die Regierung ernste Komplikationen schaffen kann; denn sie wird dem Ausbruch patriotischer Begeisterung bei einer großen Menge junger Leute nicht gleichgültig gegenüberstehn. Was die Lehranstalten betrifft, heißt es weiter im Zirkular, sind für die Studierenden schon viele nationale Anstalten vorhanden, und weitere können je nach Bedarf eingerichtet werden. Falls die Regierung ihre Bestimmungen nicht ändert, können diese neueingerichteten Schulen die Grundlage zu nationalen Unterrichtsstätten bilden.“

18. Juli. **Die Unruhen in Indien.**

Einige bemerkenswerte Tatsachen in Verbindung mit der Herausgabe des Zirkulars an die „Native Soldiers in America“ (indische Soldaten, die sich zur Zeit in Amerika ihren Lebensunterhalt erwerben) — dessen hauptsächlichster Inhalt in dem am 8. cr. veröffentlichten Brief unseres Sonderberichterstatters wiedergegeben wurde, sind Ende letzten Monats in der Gerichtsverhandlung zu Lahor bekannt geworden. Vor Gericht standen damals Pendi Das, Redakteur, Besitzer, Drucker und Herausgeber der in indischer Sprache erscheinenden Wochenschrift „India“, und Dina Nath, Redakteur der Wochenschrift „Hindusthan“. Beide und außerdem noch zwei andere Personen, die sich der Verhaftung jedoch entzogen hatten, waren des Aufruhrs angeklagt. Sie waren auf Grund der §§ 124 a, 131 und 135 des indischen Strafgesetzes der Aufreizung zu Haß und Auflehnung gegen die gesetzmäßige britische Regierung Indiens und des Versuches, einheimische Soldaten der indischen Armee zur Nichterfüllung ihrer Pflicht verleitet zu haben, beschuldigt.

Der Brief (Aufruf) wurde in Indien am 25. April veröffentlicht und Abdul Rashid bezeugte, daß der Angeklagte Dinanath ihm erzählt hätte, er habe den Brief aus Amerika bekommen. In einer geheimen Versammlung wurde der Brief dann Ajit Singh und anderen vorgelegt, und alle Anwesenden stimmten dem Vorschlage zu, daß 100 000 Exemplare in verschiedenen Sprachen gedruckt und im geheimen an die Truppen verteilt werden sollten. Zu den Sprachen, die für die Übersetzung in Betracht kamen, gehörte auch Gurmukhi. Dinanath trat dringend dafür ein, daß, da das Schreiben „politisch“ sei, es zuerst in der Zeitung „India“ oder „Bharat Mata“ abgedruckt werden solle, und man entschied sich für erstere, da ein anderer Aufsatz dieser Art bereits darin abgedruckt worden war und die Aufmerksamkeit des Volkes erregt hatte. Vereinbarungen für den Druck wurden mit den Mitarbeitern der „Arya Gazette„ getroffen, dem Organ der „Arya Samaj“, dessen Leiter Lala Lajpat Rai war. Die Übersetzung wurde von einem Arya-Schreiber in Gegenwart eines Zeugen gemacht. Amba Prasad, einer der flüchtigen Angeklagten, war der nominelle Redakteur des „Hindusthan“; er pflegte aber auch Artikel an „India“ und „Bharat Mata“ zu senden. In diesen beiden Zeitungen erschienen mitunter Artikel, in denen die Blätter sich gegenseitig bekämpften. Dies war jedoch nur Spiegelfechterei, in Wirklichkeit waren sie Freunde. Der Grund dieses Vorgehens war, das Publikum in Unwissenheit darüber zu halten, daß ein und dieselbe Person der Besitzer beider Zeitungen sei. Amba Prasad war der tatsächliche Redakteur des „India“. Pendi Das pflegte die maßgeblichen Persönlichkeiten in Gujranwala zu besuchen, aber er schrieb nie einen Artikel.

Der Angeklagte Pindi Das beantragte für sich kühn die Freisprechung; er sagte, durch Veröffentlichung des Aufrufes an die Truppen habe er nicht beabsichtigt, sie an der Erfüllung ihrer Pflicht zu hindern. Er habe den Brief nur abgedruckt, weil darin der geringe Sold der indischen Soldaten mit der Löhnung der britischen Truppen verglichen wurde, und er habe zeigen wollen, daß die Inder in privaten Berufen mehr verdienen könnten als im Heeresdienste. Er gab zu, daß ein Teil der Auflage der Nummer, die den Brief enthielt, in Lahor gedruckt worden war; aber er weigerte sich, den Namen der Druckerei anzugeben.

Das Gericht erklärte Pindi Das für schuldig, weil er den Brief veröffentlicht, und Dinanath, weil er die Veröffentlichung unterstützt habe.

Morley und die Nationalistenpresse.

Die Herausgeber des „Bande Mataram“ wurden kurz bevor der volle Inhalt der Rede Morleys über das indische Budget in Indien bekannt wurde, von der Regierung Bengalens benachrichtigt, daß sie auf Grund der Aufruhrbestimmungen des Strafgesetzes unter Anklage gestellt werden würden, falls die Zeitung nicht aufhöre, zu Gewalttätigkeit und Gesetzlosigkeit aufzureizen. Diese Warnung mag zur Mäßigung des Tones bei der Kritik der Rede Morleys beigetragen haben, die Tag für Tag das Hauptthema der Leitartikel bildete. Obgleich die Ausdrucksweise gemildert wurde, blieb der Geist jedoch unverändert. In einem Aufruf zur Beschaffung von Kapital in Höhe von 50000 Rupies, der vor einigen Monaten im Inseratenteil jenes Blattes erschien, wurde „Bande Mataram" als das Organ der am weitesten vorgeschrittenen Schule des Nationalismus in Indien bezeichnet, die zur Bekämpfung der bettlerhaften Petitionen und der tatenlosen Abhängigkeit von der Regierung, folgendes Ideal aufstellt: Swadeshi in allen Dingen, Swadeshi in Politik, Swadeshi in Handel und Industrie und Swadeshi im Unterrichtswesen. Sehr geschickt ist alles, was das Blatt bringt, auf dieses Ziel gerichtet, und alle Nachrichten, von Berichterstattern oder aus englischen Zeitungen entnommen, sind darauf zugeschnitten, Vorurteil und Unwillen gegen die englische Regierung und das englische Volk zu schaffen und den Stolz und die Leidenschaft der Inder zu entflammen.

Gelegentlich der Besprechung der Rede Lord Morleys schreibt das Blatt:

„Verglichen mit jener höchsten Notwendigkeit (daß nämlich die britische Herrschaft in Indien fortdauern muß) sind Gerechtigkeit, Menschlichkeit, Wahrheit nichts; die Moral wird mit Füßen getreten, und die Gebote werden mißachtet. Die Grundsätze des Liberalismus, obgleich man sich wieder und wieder dazu bekannt hat, werden von den englischen Machthabern Indiens verworfen. . . . . Alle diese Dinge sind im Vergleich mit jener großen Notwendigkeit völlig wertlos. Wenn die britische Herrschaft durch eine noch so gesetzmäßige volkstümliche Bewegung bedroht scheint, so nimmt sie sich das Recht, zur Bekämpfung dieser Bewegung jedes Mittel anzuwenden.

Morleys Ausführungen zugunsten der gegenwärtigen „Unbilligkeiten" in Indien lassen sich ebenso gut verwenden zur Rechtfertigung schlimmster Greuel, Grausamkeiten und Schändlichkeiten, mit denen Tyrannen der alten und neuen Zeit jeden Widerstand gegen ihren selbstherrlichen Willen zu brechen suchten. . . . Nein, wir verzerren nicht und übertreiben auch nicht. Ungeschminkt und gerade heraus gesprochen steht es da in der Rede des großbritannischen Radikalen, des liberalen Philosophen, des Verherrlichers Burkes und Gladstones. Es ist das letzte Wort Englands an Indien über die indische Selbstregierung."

„Bande Mataram" schreibt ferner: „Es war einer der Hauptpunkte der „destruktiven" Seite des nationalen Programms, zu beweisen, daß der vorherrschende Glaube an den Gerechtigkeitssinn des britischen Volkes ein Wahn sei. Wenn das englische Unterhaus uns der Mühe der Beweisführung enthebt und die Richtigkeit unserer Darstellung selbst kund tut, so nehmen wir diese Unterstützung dankbar, aber ohne jede Überraschung an. , . . .

Das Mitgefühl des Volkes jenseits der Meere ist nicht länger unser Leitstern. Wir müssen mit eigenen Mitteln dem Zwang des Polizeiknüppels der Regierung und anderen bureaukratischen Bedrückungsmaßregeln entgegentreten, und wir erhoffen und wünschen auch keine Milderung. Wenn es irgendwem möglich wäre, britische Sympathie, das tote Phantom eines Phantoms, zu erwecken, wir würden ihm nicht dankbar dafür sein, denn unser jetzt freier Geist würde wieder in Fesseln geschlagen werden. Die Budgetrede brachte vortrefflich die wahren Beziehungen zwischen England und Indien zum Ausdruck und verriet die Falschheit der vorgeblichen liberalen Grundsätze, die so lange Zeit ihren vergiftenden Einfluß auf die unverdorbene Gesinnung Indiens ausgeübt haben.

Morleys offene Sprache war dem Hause willkommen, aber zehnfach willkommen war sie seinen Feinden in Indien."

Verurteilung wegen Aufruhrs.

Kalkutta, 25. Juli.

Der Redakteur der Zeitung „Yugantar" (Neue Zeit) wurde gestern wegen Aufreizung zu bewaffnetem Aufruhr zu einem Jahr Zwangsarbeit verurteilt. Bei der Durchsuchung der Redaktion fand die Polizei die Bürstenabzüge eines Buches, das für die Bengalis Anweisungen für den Gebrauch von Waffen einschließlich großer Geschütze enthielt. „Yugantar" hat in Ostbengalen große Verbreitung.

Der Redakteur ist ein Bruder des verstorbenen Swami Vivekananda, der als religiöser Reformator bekannt ist, den Ram Krischna-Kultus in den Vereinigten Staaten gründete und mehrere amerikanische Damen veranlaßte, mit ihm nach Indien zu gehen. Eine von ihnen, die noch in Kalkutta arbeitet, erbot sich, Bürgschaft für den Redakteur zu leisten.

In Kalkutta haben bereits Sympathiekundgebungen der Bengalis für den Redakteur stattgefunden, bei welchen heftige Reden gehalten wurden. Auch die Presse Bengalens ist ungehalten, und „Patrika" bezeichnet das Urteil als grausam.

Die Regierung Ostbengalens hat auch den „Nationalfreiwilligen" einen Schlag versetzt. Sieben von ihnen wurden zu Gefängnisstrafen von verschiedener Dauer verurteilt. Sie gehören alle achtbaren Familien an und sind beschuldigt, einer Vereinigung von fünfundzwanzig Leuten angehört zu haben, die, mit Knüppeln bewaffnet, englisches Salz in den Fluß warfen, britische Waren vernichteten und schließlich sogar einen ganzen Markt aufhoben. In diesem Fall, der einer von vielen hunderten ist, wo „Nationalfreiwillige" Geschäftsviertel zerstörten, wurde die Überführung der Schuldigen nur durch die Aussagen unbeteiligter Zeugen ermöglicht. Die Ladeninhaber, deren Waren zerstört worden sind, fürchteten sich, Klage zu führen.

30. Juli. **Regierungsmaßnahmen in Nepal.**

Kalkutta, 29. Juli.

Die Regierung des unabhängigen Staates Nepal hat die Verbreitung dreier indischer Zeitungen in Nepal mit der Begründung, daß sie das Volk gegen die britische Regierung aufhetzen, verboten. Der Maharadscha hat auch den Bengalis und allen anderen von ihm beschäftigten Ausländer, unter Androhung einer Strafe, verboten, mit indischen Agitatoren in Korrespondenz zu treten.

Das Verbot ist in ganz Khatmandu angeschlagen worden.

31. Juli. **Verurteilung wegen Aufreizung zur Meuterei.**

Lahor, 30. Juli.

Heute wurde die Vernehmung von zehn Männern, die in dem hier kürzlich stattgefundenen aufrührerischen Tumult verstrickt waren, beendet. Sechs wurden zu achtzehn Monaten Gefängnis verurteilt, einer zu neun Monaten und ein junger Mann zu dreißig Schlägen, während zwei der Angeklagten wegen Mangel an Beweisen freigelassen wurden.

Der Redakteur der Zeitung „India", der einen Aufruf, in dem die indischen Soldaten zur Meuterei aufgefordert wurden, veröffentlichte, und der Redakteur der Zeitung „Hindusthan", der ihn abdruckte, sind zu je fünf Jahren Gefängnis verurteilt worden. Wegen der großen Jugend des Angeklagten sah der Richter davon ab, die höchste zulässige Strafe von sieben Jahren Gefängnis über den Redakteur der "India" zu verhängen. Beide Männer sind Hindus. Gegen das Urteil ist beim Hauptgericht des Pandschabs Berufung eingelegt.

9. August. **Polizisten von „Nationalfreiwilligen" angegriffen.**

Kalkutta, 8. August.

Gestern kam es hier zu einem Zusammenstoß zwischen der Polizei und den Nationalfreiwilligen. Einige Polizisten durchsuchten das Bureau der Zeitung „Yugantar" nach Beweisen für Aufruhrpropaganda und wurden dabei von ungefähr dreißig, mit Stöcken bewaffneten Freiwilligen angegriffen, die sich einer von nationalistischen Führern organisierten Boykottdemonstration anschließen wollten. Zwei Polizeioffiziere wurden verwundet. Ein Freiwilliger, der festgenommen wurde, trug ein Buch bei sich, das militärische Instruktionen enthielt.

Abgesehen von diesem Zwischenfall verlief die Demonstration ruhig und verursachte keine allgemeine Erregung. Es war ein starkes Polizeiaufgebot vorhanden. Die Nationalen Freiwilligen veranstalteten auch eine Parade, bei der sie mit Stöcken bewaffnet waren. Unter ihnen befanden sich einige Pandschabis und Marhattas, außerdem noch eine berittene Abteilung von zwanzig Leuten, die die Nationalflagge begleiteten.

10. August. **Indische Maharadschas und die Unruhe.**

Kalkutta, 9. August.

Eine wichtige Kundgebung ist von den Maharadschas von Burdwan, Darbhanga, Meimensingh und Tagor und fast hundert anderen Personen erlassen worden, die die Landaristokratie Bengalens repräsentieren und mit der Bewegung keine Gemeinschaft haben wollen, die von ihnen als Haß-Kampagne bezeichnet wird.

Die anglo-indischen Zeitungen begrüßen das Manifest, während die meisten der bengalischen Blätter es verspotten.

13. August. **Tumulte in Lahor.**

Lahor, 12. August.

Der Bezirksrichter hat die von den Teilnehmern an den Tumulten von Lahor eingelegte Berufung verworfen. Als Berufungsgrund war angeführt worden, daß Aussagen gegen sie nur entweder von Mohammedanern gemacht wurden, die durch Rassenhaß verblendet sind, oder durch berufsmäßige, von der Polizei bestochene Zeugen.

20. August. **Die Unruhe in Indien.**

„Bande Mataram" hebt in einem Artikel die Tatsache hervor, daß in Amerika der Wunsch nach Unabhängigkeit zuerst in einem Boykott englischer Waren zum Ausdruck kam, und sich der Wille dazu zuerst bei der Jugend des Volkes entwickelte. Das Niederschießen eines Knaben während eines Boykott-Tumultes durch Militär machte die Kolonisten gegen ihr Mutterland unversöhnlich. „In der Tat besteht eine „auffallende Ähnlichkeit" zwischen der Lage in Indien und jener „aller unterworfenen Völker im Anfangsstadium ihres Kampfes". Die durch nichts abzuschreckende Hingabe der jungen Inder an die Sache der Freiheit ist zu einer Zeit, in der die Furchtsamkeit und der Unglaube der Älteren uns mit Zweifel und Verzagtheit erfüllt, notwendig. Der Aufruf an die Schüler und jungen Leute, die bestehenden Schulen und Hochschulen, die mit dem Makel bürokratischer Kontrolle behaftet sind, zu boykottieren, wird nicht des selbstsüchtigen Wunsches wegen, unsere Ehre und unser Prestige auf Kosten unserer jungen Leute aufrechtzuerhalten wiederholt, sondern im Interesse einer höheren Bildung, die uns Männer schafft."

„Bande Mataram" schreibt ferner:

„Wenn sich die Regierung nicht der offenen Übertretung und Nichtachtung des Risley-Circulars schuldig bekennt, wird die Jahresfeier am 7. August unweigerlich einen Zusammenstoß zwischen vielen Studierenden auf der einen, und den Schul- und Hochschul-Behörden auf der anderen Seite herbeiführen.

Wenn dies geschieht und keine Veränderung in dem Programm der Feierlichkeit vorgenommen wird, können möglicherweise Komplikationen eintreten, die nur in einem allgemeinen Boykott der staatlichen Unterrichtsanstalten in Bengalen ein ehrenhaftes Ende finden können.

28. August. **Aufruhr in Kalkutta.**

Kalkutta, 27. August.

Laut Polizeibericht ereigneten sich gestern in Kalkutta außergewöhnliche Szenen. Eine große Schar Studenten, die trotz des Verbots der Lehrer ihre Auditoren verlassen hatten, versammelten sich in den Hallen und Korridoren des Gerichts, um das Urteil über zwei Nationalfreiwillige, verhaftet wegen Angriffs auf die Polizei bei einer Boykott-Jahresfeier, zu hören. Die Studenten verursachten große Störung, indem sie „Bande Matram“ riefen, spuckten und drängten, so daß die Polizei einschreiten und das Gericht räumen mußte. Viele der Studenten widersetzten sich, und es kam zu Raufereien, die sich noch auf der Straße fortsetzten. Schließlich griff berittene Polizei ein, und selbst dann noch wurde der Kampf mit Fäusten und Zähnen fortgesetzt.

Späterer Bericht: Weitere Aufregung wurde dadurch veranlaßt, daß der Extremistenführer Bepin Pal auf der Zeugenbank erschien, um in Sachen der Aufruhrklage gegen die Zeitung „Bande Mataram“ auszusagen. Trotz der Verwarnung durch das Gericht weigerte sich Bepin Pal entschieden, irgend welche Fragen zu beantworten, wofür er sich heute wegen Mißachtung des Gerichts zu verantworten haben wird. Die in ganz Kalkutta herrschende Erregung ist aufs höchste gestiegen.

Die Zustände in Ostbengalen bessern sich noch nicht. Bei Chandpur stießen fünf Nationalfreiwillige einen englischen Arzt in den Fluß; der nur mit knapper Not dem Tode des Ertrinkens entging.

9. September. **Die Unruhen im Pandschab.**

Verhaftung von Agitatoren.

Lahor, 9. September.

Die Geheimpolizei hat in Nepal Kischen Singh, den älteren Bruder des verbannten Agitators Ajit Singh und Nand Kishore, Sekretär der aufrührerischen Organisation Bharat Mata, die kürzlich politische Unruhen verursachte, verhaftet. Beide Männer flüchteten nach Veröffentlichung des Verhaftungsbefehls, der sie der Mitschuld an dem Aufstand von Lahor bezichtigte.

Die Polizei hat noch einen anderen Flüchtling, den Journalisten Amba Prasad verhaftet; von ihm wird behauptet, daß er aus Amerika einen aufrührerischen Apell an die Armee erhalten und ihn an die Zeitung „Hindusthan“ zur Veröffentlichung weitergab.

13. September. **Verurteilung eines Extremistenführers.**

Kalkutta, 12. September.

Der Extremistenführer Bepin Ch. Pal wurde wegen Verweigerung der Aussage in dem gegen die Zeitung „Bande Mataram" wegen Aufruhrs angestrengten Verfahrens gestern zu sechs Monaten Zuchthaus verurteilt. Eine große Menschenmenge, die sich in der Nähe des Polizeigerichts versammelt hatte, um das Urteil zu hören, schrie „Bande Mataram", weigerte sich auseinanderzugehen und leistete der Polizei Widerstand. Unter großem Tumult und Unordnung wurde der Gefangene in den Kerker gebracht.

Aufrührerische Demonstration.

Die Aufregung in der Nähe des Polizeigerichts während der Verurteilung Bepin Pals dauerte viele Stunden. Einmal wurde die Polizei mit Schirmen und Stöcken angegriffen, was ein allgemeines Handgemenge zur Folge hatte. Die Studenten bewiesen bei den Angriffen auf die Polizei eine äußerst entschlossene Haltung. Bei dem Transport Bepin Pals in das Gefängnis wurde der Oberrichter ausgepfiffen, und der Verkehr in der Old Court House Street, der Hauptverkehrsader Kalkuttas, von der Menge gesperrt. Pal winkte durch die Fenstergitter des Wagens dem Volke zu, was die Menge zu rasenden Hochrufen anregte.

Der Prozeß war wiederholt aufgehoben worden, so daß der Angeklagte Zeit fand, fast täglich Versammlungen in Beadon Square abzuhalten. Bei der letzten Versammlung wurde einem Studenten, der wegen Angriffs auf einen europäischen Polizeibeamten gepeitscht worden war, eine Medaille überreicht. Einmal wurde von einem indischen Soldaten, der zu einem Infanterieregiment in Mandalay gehörte, eine Ansprache an die Menge gehalten, wofür er verhaftet und vor ein Kriegsgericht gestellt wurde.

13. September. **Gesetzlosigkeit in Ostbengalen.**

In Dinadschpur sind zwei Europäer von Nationalfreiwilligen schwer verletzt worden. In Dakka wurden kürzlich drei Personen durch Stiche verwundet, einer von ihnen ist den Verletzungen erlegen. Es heißt, daß auch dieses Verbrechen von Nationalfreiwilligen begangen wurde. In diesen und anderen Fällen war es der Polizei bisher unmöglich, Zeugen zu beschaffen. Die Lage ähnelt derjenigen in Irland zur Zeit der Landliga, und die Engländer erklären, daß die Einführung eines besonderen Verbrechergesetzes eine Notwendigkeit geworden ist.

26. September. **Die Unruhen in Indien.**

Zwei Eisenbahnbeamte, Coates und Smart, wurden auf einer Reise in Ostbengalen von einem mit Messern bewaffneten Bengalen überfallen. Smart wurde gefährlich verletzt. Der Täter, ein Mann von guter Stellung und Vermögen, ist ergriffen worden.

Scherpur in Ostbengalen ist der Schauplatz eines Konflikts zwischen Strafpolizei und Ortsbewohnern gewesen, wobei zwei der letzteren getötet und elf andere verwundet wurden.

In dem Prozeß wegen des im „Bande Mataram“ erschienenen Aufruhrartikels wurde gestern das Urteil gefällt. Der Redakteur und der Leiter der Zeitung wurden aus formalen Gründen freigesprochen, der Drucker indessen ist zu drei Monaten Zuchthaus verurteilt worden.

In dem Prozeß gegen die indische Zeitung „Sandhya“, die von allen in den Landessprachen erscheinenden Blättern die größte Verbreitung in Indien hat, übernahm der Redakteur die ganze Verantwortung für die aufrührerischen Artikel, die den Anklagegegenstand bildeten. Er fügte hinzu: „Ich habe nicht die Absicht, mich irgendwie zu verteidigen, denn ich glaube nicht, daß ich in der Ausführung meines bescheidenen Anteils an der gottgewollten Mission des Swaradsch in irgendeiner Weise einem fremden Volke verantwortlich bin, das über uns herrscht und dessen Interesse notwendigerweise unserer nationalen Entwicklung entgegensteht und entgegenstehen muß.“

30. September. **Die Unruhen in Indien.**

Kalkutta, 27. September.

Die polizeilichen Nachforschungen wegen der kürzlich in Ostbengalen begangenen Ausschreitungen sind nahezu zum Stillstand gekommen, da sich bei der Beschaffung von Beweismaterial sehr große Schwierigkeiten ergeben haben. In Scherpur griff der Pöbel die Baracken der Strafpolizei an und wich erst zurück, als vier Personen getötet und andere verwundet worden waren, wobei es schwer war, die beteiligten Personen zu identifizieren. Eine bengalische Zeitung behauptet, daß der ortsansässige Steuerpächter der Mitschuld verdächtig sei.

Inzwischen gibt es in Kalkutta eine andere Sensation: die Verhaftung des bedeutenden Anwalts und Gemeindekommissärs A. C. Banerjees wegen aufrührerischer Ansprachen. Banerjee war einer der Leiter der Boykottbewegung und sein Haus das Hauptquartier der Boykottaufseher. Sein letztes öffentliches Auftreten fand am Mittwoch auf einer großen Sympathieversammlung für Bepin Chandra Pal statt.

2 Oktober. **Das Urteil im Prozeß Bepin Ch. Pal.**

Die Weigerung Bepin Chandra Pals, gegen die Leiter der Zeitung „Bande Mataram“ auszusagen, wegen der er zu einer Gefängnisstrafe von sechs Monaten verurteilt wurde, ist nach seinem Eingeständnis auf Gewissensbedenken zurückzuführen. In einer schriftlichen Erklärung, die zu seinen Gunsten eingereicht wurde, bemerkte der Extremistenführer, daß es die Pflicht jedes Mitgliedes der Gesellschaft sei, die gerichtliche Obrigkeit im Interesse des allgemeinen Wohls durch Zeugenaussagen zu unterstützen; wenn aber durch die Strafpolizei erhobene Anklagen dem Allgemeinwohl entgegenständen, ändere sich die Pflicht des einzelnen. Er glaubte aufrichtig, daß Anklagen wie die gegen das genannte Blatt ungerecht und schädlich seien. Ungerecht, weil sie das Recht des Volkes vernichten, schädlich, weil sie darauf berechnet sind, die Freiheit des Gedankens und der Sprache zu unterdrücken. Auch seien sie nicht gerechtfertigt im Interesse der öffentlichen Ruhe. Demgemäß habe er Gewissensbedenken gehabt, irgendwelchen Anteil an der Anklage zu nehmen. Der Richter Narayan Singh sagte, daß es seine Pflicht sei zu entscheiden, ob der Angeklagte das Gesetz durch Verweigerung der Eidesleistung oder durch Abgabe einer glaubhaften Bestätigung oder durch die Weigerung vom Richter vorgelegte Fragen zu beantworten, verletzt hätte oder nicht. Er erklärte den Angeklagten auf Grund zweier Paragraphen des Prozeßgesetzes dreier solchen Vergehen für schuldig und verurteilte ihn zu sechs Monaten Gefängnis.

2. Oktober. **Aufreizende Reden Keir Hardies.**

Kalkutta, 30. September.

Das Parlamentsmitglied Keir Hardie befindet sich jetzt auf einer Reise durch Ostbengalen, begleitet von dem Swadeschi-Agitator J. Chowdhary. Das volle Programm seiner Reise ist von einigen Zeitungen veröffentlicht worden und Volksmengen und Dekorationen erwarten ihn auf jeder Station.

Die Zeitungen Bengalens enthalten lange Berichte über seine Reise. Sie schreiben ihm den Ausspruch zu, daß die Lage in Ostbengalen schlimmer als die in Rußland sei, und daß die von Beamten begangenen Greuel, wenn sie bekannt wären, in England größeres Entsetzen als die türkischen Verbrechen in Armenien hervorrufen würden. Maimensingh, soll er ferner erklärt haben, erinnere ihn an eine im Belagerungszustand befindliche Stadt. Die Partei, der er angehöre, sei in England nicht unbedeutend und würde solche skandalösen Zustände nicht dulden.

1. Oktober.

Keir Hardie hielt gestern in Barisal eine Rede, in der er ausführte, daß er alles tun wolle, um Indien zu einer sich selbst regierenden Kolonie wie Kanada zu machen. „Was für die Kanadier gut war“, fügte er hinzu, „muß auch für die Inder gut sein.“

4. Oktober. **Australische Kommentare zu den Ansichten Keir Hardies.**

Sidney, 3. Oktober.

Das Verhalten Keir Hardies in Indien wird hier kritisiert und verurteilt. „Telegraph“ hält den Schaden, den Keir Hardies durch Erregung von Unzufriedenheit und Widerstand gegen die vorwärtsstrebende Politik Großbritanniens angerichtet hat, für beträchtlich. „Herald“ meint dazu, wenn die britische Regierung tyrannisch wäre, würde sie solchen mutwilligen Demagogen nicht erlauben, so wütend in unruhigen Gebieten zu rasen.

5. Oktober. **Ernste Ausschreitungen in Kalkutta.**

Angriffe auf Polizisten.

Kalkutta, 3. Oktober.

In der vergangenen Nacht haben hier ernste Ausschreitungen stattgefunden. In Beadon Square wurde eine Versammlung zu Ehren der vor kurzem wegen Angriffs auf die Polizei bestraften Studenten abgehalten; die Redner forderten ihre Hörer auf, dem Lande Selbstverwaltung zu schaffen und dem Widerstande mit Gewalt zu begegnen. — — In der Menge herrschte höchste Erregung und die zur Aufrechterhaltung der Ordnung anwesenden Polizisten wurden mit Steinen beworfen. Darauf reagierten die Polizisten zuerst nicht, mußten aber dann auf Befehl trotz des Widerstandes des Pöbels die Versammlung zerstreuen. In den benachbarten Straßen wiederholte sich der Kampf, wobei ein Hagel von Steinen von den Dächern herabgeworfen wurde. Die Polizei zog Verstärkungen heran, die jedoch ebenfalls mit Steinwürfen empfangen wurden. Eine Anzahl Strolche schloß sich der Menge an; sie attackierte jeden, der ihr in den Weg kam und plünderte die Läden. Um zehn Uhr erstreckte sich der Tumult von der Fansdary Balakhana bis zum Sham Basar, wobei jeder Verkehr gehindert und die Straßenlampen vom Pöbel zerschmettert wurden. Die Zeitung „Bande Mataram“ erklärt, daß sich eine Schar indischer Polizisten ihrer Uniformen entledigten und sich den Strolchen anschlossen. Die Steinwürfe wurden jedoch so heftig und zahlreich, daß die Polizisten nach allen Richtungen fliehen mußten. Um Mitternacht war alles ruhig; aber ein oder zwei Stunden später versammelte sich die Menge von neuem und zerbrach eine Anzahl Straßenlaternen. Die gesamte Polizeimacht der sechs Nordstationen wurde herbeigerufen und hatte einem neuen Steinhagel standzuhalten.

Die Zeitungen veröffentlichen spaltenlange Berichte über die Anzahl der Unglücksfälle unter den Schutzleuten und preisen den Mut des Pöbels. Tatsache ist jedoch, daß nur vierzig Polizisten verletzt wurden. Die Demonstranten zogen mit so großer Schnelligkeit durch die Stadt, daß niemand verhaftet werden konnte. Diese Unruhen wurden noch durch einen Streik der Droschkenkutscher, die mit den neu erlassenen Bestimmungen unzufrieden waren, erhöht. Wagen wurden dabei demoliert und Tumulte vor dem städtischen Verwaltungsgebäude veranstaltet, wobei der europäische Registrator von einem Steinwurf auf den Mund getroffen wurde.

7. Oktober. **Verhaftung von Unruhestiftern.**

Kalkutta, 5. Oktober.

Die Opfer der begangenen Ausschreitungen, darunter ungefähr zwanzig Polizisten und drei Europäer, befinden sich in Krankenhäusern. Freitag Nacht herrschte Ruhe, bis auf die Aushebung einer Kokainhöhle, bei der einem europäischen Sergeanten mit einem Gurkhamesser die Hand abgeschlagen wurde. Eine große Anzahl der Ruhestörer, von denen die Mehrzahl notorische Verbrecher sind, befinden sich jetzt im Gefängnis.

Die Ausschreitungen beschränkten sich auf die Umgegend des Beadon Platzes. Die indischen Zeitungen klagen die Polizei in heftiger Weise an, die Unruhen angezettelt zu haben und sagen, daß Polizisten die Läden geplündert und andere Exzesse begangen hätten.

11. Oktober. **Verhängung des Belagerungszustandes über Kalkutta.**

10. Oktober.

In Anbetracht der den Aufständen folgenden Versammlungen, bei denen heftige Rede gehalten wurden und in der Voraussicht, daß solche Versammlungen am Jahrestage der Teilung Bengalens neue Unruhen herbeiführen könnten, wurde über Kalkutta der Belagerungszustand verhängt und die Abhaltung von Versammlungen verboten.

12. Oktober. **Eine neue Gesetzesvorlage.**

Simla, 11. Oktober.

Die Verordnungen zur Regelung der öffentlichen Versammlungen, welche im Mai vorigen Jahres erlassen wurde und für den Pandschab und Ostbengalen Geltung hatte, tritt demnächst außer Kraft. Nach Ansicht der Regierung erheischen die letzten Ereignisse dauernde Maßregeln, die der Behörde die Macht geben, aufrührerische Versammlungen zu verhindern. Der Gesetzgebenden Körperschaft wird in der am Freitag, dem 18. Oktober stattfindenden Sitzung ein Gesetzantrag vorgelegt werden, der Bestimmungen zur Unterdrückung von Versammlungen, die die öffentliche Ruhe stören, enthält.

Die Verordnung, „Gesetz von 1907 zur Unterdrückung aufrührerischer Versammlungen“ wird für ganz Britisch-Indien Gültigkeit haben, jedoch nur in den Provinzen, die der Generalgouverneur jeweilig bekannt geben wird, Anwendung finden. Wenn eine solche Bekanntmachung erfolgt, kann die Ortsbehörde den betreffenden Bezirk ganz oder teilweise als „Banngebiet (Proclaimed Area) erklären. Nach den Bestimmungen dieses Gesetzes gilt jede Zusammenkunft, die der Öffentlichkeit zugänglich ist, als „öffentliche Versammlung.“ Sie wird auch dann als öffentlich angesehen, wenn sie in einem Privathause stattfindet, und der Zutritt nur Inhabern von Karten gestattet ist. Eine

Vereinigung von zwanzig Personen bildet eine öffentliche Versammlung. Innerhalb des Banngebiets soll keine öffentliche Versammlung abgehalten werden, wenn nicht vorher eine schriftliche Anmeldung eingereicht und die Genehmigung dazu erteilt worden ist. Jede Übertretung dieses Gesetzes wird mit Gefängnis, Geldbuße oder mit beiden bestraft.

25. Oktober. **Verhaftung auf Grund des Aufruhrgesetzes.**

Kalkutta, den 24. Oktober.

Saroda Charan Sen, Leiter der indischen Zeitung „Sandhya", ist auf Grund des Aufruhrgesetzes wiederum verhaftet worden, während das Verfahren wegen eines früheren Vergehens noch schwebt. Freilassung gegen angebotene Hinterlegung einer Sicherheit wurde verweigert; wahrscheinlich, weil mehrere wegen Aufruhrs angeklagte und gegen Bürgschaft freigelassene Personen weiter aufrührerische Reden gehalten haben. Der Ton der „Sandhya" ist während der letzten Wochen besonders heftig gewesen. Die Zeitung wird für einen Pfennig verkauft und hat eine enorme Verbreitung.

Ausschreitungen gegen Kulis.

Der dem Volke von der Extremistenpresse gegebene Rat, die Einführung von Kulis für die Teepflanzungen von Assam zu verhindern, war die Ursache eines außergewöhnlichen Ereignisses auf der Eisenbahn von Ostbengalen. Eine Schar Auswanderer befand sich in einem von Indern bedienten Zuge; sie wurden von einer Anzahl bengalischer Reisenden angegriffen und geschlagen und erhielten den Rat, nach Hause zurückzukehren. Darauf verschwand die ganze Truppe Kulis mit Frauen und Kindern im Walde und sind seither nicht wieder gesehen worden. Mehrere hervorragende Bengalis aus Khukhali sind wegen dieses Vorkommnisses verhaftet worden.

27. Oktober. **Boykott einer Regierungskommission.**

25. Oktober.

Die zur Untersuchung der kürzlich stattgefundenen Ausschreitungen eingesetzte Regierungskommission hat ein vollkommenes Fiasko erlitten. Die Bengalis haben über die Kommission den Boykott verhängt, und die Folge ist, daß nicht ein einziger Zeuge erschien.

In der vergangenen Nacht ereignete sich eine neue Störung in Dhusmatollah. Die Polizei schaffte einen betrunkenen Stallknecht aus Hart Brothers Ställen fort, worauf eine dichte Menge von Bengalis, die sich in der Straße angesammelt hatte, die Ställe mit Steinen bewarf. Die Polizei erhielt bald Verstärkungen, die jedoch mit Steinwürfen und Stockschlägen von der Menge empfangen wurde. Sie drang durch den versperrten Eingang in die Ställe ein, so daß die europäischen Angestellten gezwungen wurden, in die inneren Räume zu flüchten. Für einen Augenblick war die Lage äußerst kritisch, bald aber wurde die Menge von einem neuen Polizeiaufgebot zerstreut. Es ist jedoch nicht gelungen, auch nur einen einzigen der Ruhestörer zu verhaften.

29. Oktober. **Tod eines angeklagten Redakteurs.**

Kalkutta, 28. Oktober.

Pandit Upadhya, Redakteur der Zeitung „Sandhya", gegen den zwei Anklagen wegen Aufruhrs schwebten, ist infolge einer Operation im Krankenhause gestorben. Die Extremistenpresse erklärt, daß die Krankheit des Angeklagten durch tagelang andauerndes Stehen bei der Gerichtsverhandlung verschlimmert worden sei. Er weigerte sich, um eine Sitzgelegenheit zu bitten, da er von einem fremden Gericht keinerlei Vergünstigungen verlangen wollte. Sein Tod wurde durch Extrablätter verkündet, und das Leichenbegängnis zur Veranlassung einer außerordentlichen Kundgebung genommen. Eine große Schar Bengalis folgte der Leiche und bildete in den Straßen Spalier. Auf der Verbrennungsstätte wurden nationale Linder gesungen, während das Verbrennen der Leiche mit lauten Rufen „Bande Mataram" begleitet wurde. Die Asche wurde von Zuschauern sorgfältig gesammelt. Eine Frau Das hielt eine Rede, in der sie Pandit Upadhya als Opfer der Vaterlandsliebe pries. Andere Redner folgten. Niemals vorher soll eine Leichenverbrennungsfeier der Schauplatz einer derartigen Demonstration gewesen sein.

31. Oktober. **Die Regierung Bengalens und die Agitatoren.**

Kalkutta, 30. Oktober.

Die Regierung Bengalens hat einen wichtigen Brief an die Regierung Indiens gerichtet, in dem es heißt: „Die Lage in Bengalen kann leicht sehr ernst werden, und es können sehr schwere Unruhen kommen, wenn das Beispiel achtbarer, durch die Agitation erregter Leute von den unruhigen Klassen nachgeahmt wird. Sir Andrew Frazer, Statthalter von Bengalen, warnt die Regierung, daß noch viel ernstere Unruhen als die bisherigen entstehen könnten und ist der Meinung, daß es für die Regierung eine gebieterische Notwendigkeit ist, sofort Schritte zur Unterdrückung aufreizender Reden und Schriften zu unternehmen."

Unterdessen hat sich hier eine neue Sensation durch die Verhaftung Leakat Hussains, eines hervorragenden Agitators, wegen widerrechtlicher Teilnahme an politischen Kundgebungen ereignet. Hussain, gegen den bereits zwei Anklagen wegen Aufruhrs schwebten, führte einen Zug von jungen, mit Stöcken bewaffneten Leuten zu einer Swadeschiversammlung. Er wurde schuldig erklärt und zu sechs Monaten Zuchthaus verurteilt.

14. November. **Freilassung von Agitatoren.**

Kalkutta, 13. November.

Die Nachricht, daß Lajpat Rai und Ajit Singh freigelassen worden sind, hat in Kalkutta die größte Erregung hervorgerufen und wird als ein Akt der Klugheit betrachtet, besonders angesichts der Tatsache, daß die Extremistenpartei an Prestige verloren hat.

19. November. **Zurückziehung von Aufruhranklagen.**

Kalkutta, 18. November.

Die letzten Aufruhrprozesse gegen den Drucker und Leiter der Zeitung „Sandhya" wurden heute durch Zurücknahme der Anklagen beendet. Der Angeklagte hat zugegeben, daß die Schriften gehässiger Art waren und hat sein Bedauern darüber ausgedrückt.

In der letzten Woche liefen Gerüchte von einem bevorstehenden Streik auf der Ost-Bengal-Eisenbahn um. Es ist heute festgestellt worden, daß alle nicht kontraktlich gebundenen Männer der Lokomotivdienstabteilung, Europäer sowohl als Einheimische, in den Ausstand getreten sind.

21. November. **Der indische Eisenbahnerstreik.**

Kalkutta, 20. November.

Infolge eines Eisenbahnerstreiks sitzen sechstausend Reisende, unter denen sich der Agitator Bepin Ch. Pal, der nach dem Buxar-Gefängnis überführt werden sollte, befindet, in Asansol fest, wo die Streikenden mit Gewalt drohen. Vorkehrungen, um Briefpost und Reisende durch die Bengal-Nagpur-Eisenbahn zu befördern, werden getroffen. Die Berichte über Kohlenmangel in Kalkutta bestätigen sich. Bis jetzt sind noch keine Anzeichen einer Beilegung des Streiks zu merken.

Die Presse Kalkuttas sagt, daß die durch den Streik geschaffene Lage überaus ernst sei, denn gerade angesichts der Hungersnot sei es notwendig, daß der Transport von Lebensmitteln schnellstens vor sich gehe.

21. November. **Verurteilung eines indischen Agitators.**

Bhaskar Vishna Fadke, Redakteur, Drucker und Eigentümer der Zeitung „Vihari", 30 Jahre alt, wurde heute wegen Aufruhr verurteilt. Der Angeklagte, der schon im Juni einmal verwarnt wurde, veröffentlichte im September Artikel, die die Inder zu einem bewaffneten Aufstande gegen die britische Regierung aufforderten. Durch die Verteidigung wurde festgestellt, daß die Artikel auf das Gedicht von W. S. Blunt „Wind und Wirbelwind" zurückzuführen sind. Das Gericht erklärte die Artikel als eine Schande für einen gebildeten Mann und verurteilte den Angeklagten zu zwei Jahren Gefängnis und zu einer Geldstrafe von 300 Rupies, und im Falle der Nichtbeitreibung zu weiteren drei Monaten Gefängnis.

Der indische Eisenbahnerstreik.

Allahabad, 21. November.

Der Eisenbahnerstreik hat sich nun auch hierher und nordwärts hin ausgedehnt; nur einige Postzüge verkehren noch in unregelmäßigen Zwischenräumen. Die Verbindung zwischen Allahabad und Bombay wurde gestern wiederhergestellt, die Post für Nordwestindien und den Pandschab wird über Lucknau befördert, aber der Güterverkehr ist vollständig eingestellt.

Kalkutta, 21. November.

Die durch den Eisenbahnerstreik entstandene Lage ist schlimmer geworden. Die Notwendigkeit erforderte, daß bewaffnete Polizei nach Asansol gesandt werden mußte, da einige reisende Pathans einen Waggon Lebensmittel plünderten. Die gestrandeten Reisenden werden jetzt von der Regierung versorgt. Das Gepäck des Vizekönigs und eine große Menge amtlicher Papiere aus Simla liegt ebenfalls in Asensol fest.

Unterdessen steigen in Kalkutta die Preise für Lebensmittel, und wegen Mangel an Kohle verzögert sich die Beförderung. Drei Jutemühlen sind bereits geschlossen worden, und weitere Schließungen werden wahrscheinlich folgen. Die Bevölkerung Kalkuttas ist bei der Handelskammer von Bengalen vorstellig geworden, die Regierung zu veranlassen, mit den Streikenden zu unterhandeln. Nach einem im „Statesman“ veröffentlichten Gerüchte sollen auch die Angestellten der Audh und Rohilkund, sowie der Bengal-Napur-Eisenbahn die Arbeit niedergelegt haben. Die Streikenden formulierten keine bestimmten Beschwerden, klagen aber im allgemeinen über schroffe und ungerechte Behandlung durch ihre Vorgesetzten.

22. November. **Entsendung von Truppen nach Asansol.**

Die Lage im Streikgebiet ist schlimmer als je vorher, und das Verhalten der europäischen Streikenden erregt die Befürchtung von Gewalttätigkeiten; man sandte daher bewaffnete Polizei und das 2. Bataillon des Leinster-Regiments, das in Fort William in Garnison liegt, dorthin. Auch nach Asansol, wo ernste Unruhen befürchtet werden, sind Truppen mit der Bengal-Nagput-Eisenbahn unterwegs.

Kein Güterzug der Ostindischen Bahnlinie ist seit Montag Nacht eingelaufen, und den Dampfern mangelt Ladung und Kohle. „Capital“, ein Kalkuttaer Handelsblatt, bezeichnet den Streik als eine Kalamität, da die Streikenden, nicht aber die Eisenbahnbehörden, zu Verhandlungen bereit sind. Die gesamte Presse Kalkuttas wälzt die ganze Schuld an dem Streik auf den hiesigen Verkehrsdirektor Dring.

23. November. **Ende des indischen Eisenbahnerstreiks.**

Kalkutta, 22. November.

Ein Telegramm aus Asansol meldet, daß der Streikführer Engleton entlassen worden ist, einige Fahrer die Arbeit wieder aufgenommen haben, und der erste Zug, dem andere folgen werden, nach Kalkutta abgegangen ist. In Kalkutta wird große Erleichterung empfunden, da der Handel beinahe eine ganze Woche fast stillgestanden hat.

27. November. Kalkutta, 26. November.

Die Eisenbahner sind entschlossen, die Arbeit nicht eher aufzunehmen, bis der entlassene Streikführer wieder eingestellt ist. Eine bedeutende Firma Kalkuttas hat ihm, wenn er sich von der Führerschaft zurückziehen würde, einen hochbezahlten Posten angeboten, den er aber ablehnte. Der Preis der Kohle, der vor dem Streik 7 Rupies die Tonne betrug, steht jetzt auf 20 Rupies und ist noch im Steigen begriffen.

29. November. Kalkutta, 28. November.

Die Streikenden von Asansol haben dank dem Eingreifen Balfours, des Generalsekretärs der Vereinigten Gesellschaft der Eisenbahnangestellten in Indien, jetzt nachgegeben. Die Männer stimmen der Entlassung des Streikführers Engleton zu, haben aber beschlossen, Gelder zu seinem und seiner Familie Unterhalt aufzubringen. Engleton hat sich damit einverstanden erklärt.

25. November. **Grenzwächter von Afridis erschossen.**

Peschwar, 23. November.

In der Nacht zum 20. November wurden in Bara bei Peschwar drei Grenzwächter von Zakka Khel Afridis durch Gewehrfeuer herangelockt und erschossen, worauf die ganze Bande flüchtete. Wahrscheinlich handelt es sich um einen Racheakt der Afridis für den Verlust bei dem kürzlich durch die Polizei stattgefundenen Überfall auf die Station Pabbi.

3. Dezember. **Indische Grenzhändel.**

Peschwar, 2. Dezember.

Sonnabend Nacht schoß in Nowshera ein Pathane, vermutlich ein Waffendieb, auf einen Seaforth Hochländer und verwundete ihn. Der Pathane wurde erschossen, bevor er entkommen konnte.

Ein Truppenkommando von Kahat fing am 26. November Marodeure ab, tötete zwei und verwundete drei. Die Truppen hatten keine Verluste.

9. Dezember. **Eisenbahnattentat auf den Sonderzug des Statthalters.**

Kalkutta, 7. Dezember.

Ein Sonderzug, in dem sich der Statthalter von Bengalen Sir Andrew Fraser, Lady Fraser, der Erste Sekretär Gait, Privatsekretär Capt. Fraser, Flügeladjutant Leutnant Milne-Home und Herr Duff, Beamter der Bahnpolizei, befanden, ist gestern in ungewöhnlicher Weise vor Entgleisung bewahrt worden. Sir Andrew Fraser hatte die von Hungersnöten betroffenen Gebiete in Orissa besucht und Cuttack am Donnerstag abend um 9.20 verlassen. Freitag nacht um 3 Uhr, als der Zug sich zwischen Narayangarh und Bina, ungefähr 80 Meilen von Kalkutta entfernt, befand, erfolgte eine heftige Explosion unter der Lokomotive, die den ganzen Zug erschütterte. Keiner der Wagen entgleiste. Der Zug wurde angehalten, jedoch keiner der Reisenden gestört mit Ausnahme von Duff, der ausstieg, um die Sache zu untersuchen.

Eine von der Eisenbahnbehörde eingeleitete Untersuchung ergab, daß eine Schiene verkrümmt und verbogen, mehrere Eisenbahnschwellen verschoben waren und sich ein Loch einige Fuß tief im Boden befand. Man kam zu dem Schluß, daß eine Dynamitpatrone explodiert war. Bis heute hat man noch keinen Anhaltspunkt für die Täterschaft gefunden. Verhaftungen sind nicht erfolgt.

17. Dezember. **Unruhen in Kalkutta. Polizei mit Steinen beworfen.**

Kalkutta, 16. Dezember.

In der vergangenen Nacht wurden nach einer politischen Versammlung Polizeibeamte mit Steinen beworfen, was sich wiederholte, als die Polizisten aufs Revier zurückkehrten, vom Pöbel verfolgt, der sie wegen Feigheit verhöhnte.

Man befürchtet, daß falls zur Zerstreuung der zuchtlosen Massen nicht strengere Mittel angewendet werden, es den europäischen Polizeibeamten schwer sein wird, die Ordnung aufrecht zu erhalten.

23. Dezember. **Britische Politiker in Kalkutta.**

Kalkutta, 21. Dezember.

Gestern abend wurde zu Ehren des Parlamentsmitgliedes Dr. Rutherford und des Herrn Nevonson auf dem Kalkutta College Square eine Versammlung abgehalten, der Surendranath Bannerjee präsidierte, und an der viertausend Inder teilnahmen. Sie verlief ruhig. Dr. Rutherford war nicht erschienen. Nevonson hielt eine Rede, in der er sagte, daß er von Detektiven verfolgt würde und daß seine Briefe geöffnet und einige unterdrückt worden seien.

25. Dezember. **Attentat auf einen Richter.**

Kalkutta, 24. Dezember.

Ein Richter aus Dakka namens Allen wurde gestern abend, während er auf der Eisenbahnplattform in Goalanda stand, durch den Schuß eines Inders verletzt. Sein Zustand ist ernst, da sich die Wunde in der Nähe der Leber befindet. Der Täter war von zwei Knaben begleitet; alle drei entkamen in der Menge. Man glaubt, daß das Attentat von einer Gesellschaft in Dakka ausging, von der einige Mitglieder kürzlich wegen Messerstechereien bestraft wurden.

Die Regierungen von Bengalen und Ostbengalen haben eine Belohnung von je 5000 Rupies für Mitteilungen, die zur Festnahme des Täters führen, ausgesetzt.

„Empire" sagt, daß politischer Fanatismus das Motiv des Verbrechens zu sein scheint, da Richter Allen kürzlich mit der Untersuchung in einer Anklagesache gegen den Führer der Nationalfreiwilligen in Dakka beschäftigt war. „Englishman" erklärt, daß dieses Attentat die Aufruhrbewegung in Ostbengalen beweist.

27. Dezember. **Unruhige Szenen auf dem Indischen Nationalkongreß.**

Surat, 26. Dezember.

Die Sitzung des Indischen Nationalkongresses mußte vorübergehend aufgehoben werden, weil sich ernste Meinungsverschiedenheiten wegen der Wahl des Dr. Rash Behari Ghose zum Präsidenten des Kongresses erhoben.

Es scheint, daß die Extremisten von vornherein beschlossen hatten, der Wahl des Dr. Rash Behari Ghose zu widersprechen, wenn nicht gewisse Beschlüsse des letzten Kongresses bezüglich des Boykotts, Swadeschi, Selbstregierung und des nationalen Unterrichts in das Programm des gegenwärtigen Kongresses aufgenommen würden. Die Führer der Gemäßigten versprachen, diese Dinge vor das zuständige Komitee zu bringen, womit die Extremisten nicht einverstanden waren.

1908.

15. Januar. **Die indischen Nationalisten.**

Kalkutta, 14. Januar.

Surendranath Banerjee sagte gestern, als er einer zu Ehren Lajpat Rai's einberufenen Versammlung präsidierte, daß die Verbannung des Letzteren eine dem ganzen Lande angetane Schmach sei. Lajpat Rai erklärte, eine ausführliche Erwiderung auf die durch Morley erhobenen Anklagen veröffentlichen zu wollen und flehte die Patrioten an, sich zum Kampfe gegen den gemeinsamen Feind zu vereinigen und bis zum endgültigen Sieg auszuharren. Den gegenwärtigen Zustand Indiens schilderte er als tiefste politische Sklaverei. Rufe „Bande Mataram“ wurden im Laufe der Versammlung vielfach wiederholt.

6. Februar. **Überfall auf ein Dorf im Pandschab.**

Kalkutta, 1. Februar.

Hier ist die Meldung eingegangen, daß eine Bande von ungefähr zwölf Marodeuren, vermutlich Mashuds, Sonntag nacht das Dorf Dial überfiel, einen wohlhabenden Einwohner ermordete und 30 000 Rupies erbeutete.

Eine starke Banditenschar überfiel gestern nacht den Jalozai Transport-Vorposten zwischen Rabbi und Cherat im Bezirke von Peschawar. Sie verwundete zwei Mann und erbeutete vierzig Maulesel.

11. Februar.

Ein Telegramm aus Kalkutta meldet, daß die indische Regierung sich entschlossen hat, zwei Brigaden unter dem Befehl des Generalmajors Sir James Willcocks zur Bestrafung der Zakka Khels nach dem Bazor-Tale zu schicken.

27. Februar **Überfall auf den Bahnhof von Peschawar.**

Eine Schar unbekannter bewaffneter Männer überfiel gestern abend um acht Uhr den Bahnhof der Stadt, verwundete den Bahnhofsvorsteher sowie einen Wächter und entkam mit einer Beute von 600 Rupies.

16. März. **Ernste Tumulte in Indien.**

Madras, 15. März.

Hier ist die Nachricht eingegangen, daß Freitag nacht in Tinnevelli Tumulte stattgefunden haben. Die Menge brannte das Gebäude der Stadtverwaltung nieder, überfiel das Postamt, plünderte Läden, drang in das Polizeiamt ein und verbrannte die dort aufbewahrten Akten. Der Polizei wurde befohlen, auf die Menge zu schießen, wobei vier Personen getötet wurden.

13. April. **Der Angriff auf einen Eisenbahnzug in Indien.**

Die Personen, die am 6. Dezember einen Angriff auf den Eisenbahnzug, in dem sich der Gouverneur von Bengalen, Sir Andrew Frazer, Lady Frazer, der Stab des Gouverneurs und ein Polizeibeamter befanden, wurden jetzt verurteilt: der Anführer zu zehn Jahren Zwangsarbeit und fünf der Männer zu je fünf Jahren; einer wurde freigesprochen.

14. April. **Bombenattentat in Französisch-Indien.**

Kalkutta, 13. April.

Sonntag nacht wurde in der französischen Siedelung zu Chandanagor ein Bombenattentat auf Major T. Tordivel verübt. Als er mit seiner Familie beim Mahle saß, wurde eine geladene Bombe durch das Fenster des Speisezimmers geworfen. Sie war jedoch fehlerhaft und verursachte nur die Explosion einer Lampe, wodurch die Einrichtung etwas beschädigt wurde. Es soll sich hier um einen Racheakt handeln, weil der Major die Abhaltung einer Swaradsch-Versammlung verboten hatte. Die Polizei ist mit Nachforschungen in der Sache beschäftigt.

16. April. **Zeitungen unter der Anklage des Aufruhrs.**

Kalkutta, 15. April.

Gegen die Zeitungen „Sandhya“ und „Yugantar“, die sich schon im Sommer und Herbst vorigen Jahres vergangen hatten, wurde jetzt wieder ein Verfahren wegen Aufruhr und Gesetzesübertretung eingeleitet.

2. Mai. **Bombenattentate in Indien.**

Allahabad, 1. Mai.

Ein entsetzliches Verbrechen ist in Muzaffarpur begangen worden. Eine Bombe, die auf den Wagen, in dem sich Frau Kennedy nebst Tochter befanden, geworfen wurde, explodierte und verwundete das junge Mädchen und den Kutscher tödlich. Frau Kennedy befindet sich noch in bedenklichem Zustande.

Kalkutta, 1. Mai.

Das Bombenattentat, durch das Frl. Kennedy getötet wurde, ereignete sich gegenüber dem Hause des Bezirksrichters und früheren Präsidentschaftsrichters in Kalkutta, Herrn Kingsford, dessen Leben schon wiederholt wegen der politischen und Aufstands-Prozesse des vorigen Jahres bedroht worden war.

4. Mai.

Indische Bombenattentate, Verhaftungen und Haussuchungen.

3. Mai.

Zwei der an dem Bombenattentat zu Muzaffarpur beteiligten Männer sind ergriffen worden. Einer von ihnen beging nach seiner Verhaftung Selbstmord.

Über dreihundert Personen wurden infolge von Haussuchungen, bei denen sich Bomben und Hetzliteratur fanden, verhaftet. Die Polizei glaubt einer weit verbreiteten und verzweigten Organisation, die mit Mitteln gut versehen ist, auf die Spur gekommen zu sein.

Bei den Durchsuchungen der Anarchistenverstecke und der Zeitung „Novasakti" sind große Posten Bomben, Sprengstoffe, Munition und Waffen beschlagnahmt worden. Auch ein Paket Briefschaften, sowie eine Sammlung ganz moderner Bücher über die Herstellung von Sprengmitteln und Anarchistenliteratur wurden gefunden.

Einige von den Verhafteten sind gutgestellte Männer, einer ist Chemiker, der nach Paris geschickt war, um dort die neuesten Methoden der anarchistischen Schreckensmittel zu studieren.

11. Mai.

Die revolutionäre Verschwörung in Indien.

Die Anarchisten-„Hochschule".

Kalkutta, 9. Mai.

Nachforschungen infolge der kürzlich stattgefundenen Durchsuchungen der Anarchistenverstecke, haben das Bestehen einer auf breitester Grundlage aufgebauten revolutionären Verschwörung ergeben und gezeigt, daß sich im Maniktola-Hause eine systematisch organisierte „Hochschule" befand, wo Bomben verfertigt und Unterricht über Sprengmittel erteilt wurde. Der Arbeitsplan war, Indien in Bezirke zu teilen, von denen jeder zwei Vertreter zm stellen hatte, um das Gift weithin über das ganze Land auszustreuen. Eine Untersuchung der hier verfertigten Bomben ergab, daß sie höchst wirkungsvoll und von tötlicher Art sind. Ein hoher Beamter äußerte, daß noch mehr davon vorhanden sein müssen und daß mindestens sechs Monate auf die Herstellung verwendet worden sind. Die Verhafteten sprechen viel von ihrem eigenen „heldenhaften Verhalten" und „edlen Absichten", weigern sich indessen, ihre Mitarbeiter und Geldgeber anzugeben. Alle jedoch gestehen, daß sie durch Zeitungsartikel und durch Vorträge entflammt worden sind. Es werden strenge Gesetze, die die inländische Herstellung und auch die Einfuhr von Sprengmitteln behandeln, gefordert.

Auf dem Bahnhofe zu Parbatipur ist ein Bengali, in dessen Besitz sich Bomben befanden, verhaftet worden. Der Mann wollte die Fahrt im Darjiling-Schnellzuge antreten, als er mit anderen Reisenden in einen Streit geriet, der zu seiner Verhaftung führte. Bei seiner Durchsuchung fand man ihn im Besitze von vier Bomben und drei Dolchen.

10. Mai.

Der Statthalter von Bengalen, Herr A. H. Leith Frazer, traf heute morgen hier ein, um mit dem Ausschuß des Exekutiv-Rates über die anarchistische Bewegung zu konferieren. Außer einer Anzahl wichtiger Angelegenheiten steht noch die Wahl eines Richters bevor, zwecks Vernehmung Arabindo Ghoses, der Hauptperson der kürzlich beim Bombenfunde Verhafteten. Das Ersuchen um Freilassung des Verhafteten gegen Hinterlegung von Sicherheit ist abgelehnt worden.

16. Mai. **Bombenexplosion in Kalkutta.**

Kalkutta, 15. Mai.

In der Grey-Straße explodierte heute eine Bombe, die von der Größe eines Männerkopfes, in Papier gehüllt auf die Strecke einer Straßenbahn niedergelegt worden war, um die Bahn zu zertrümmern. In Bengali verfaßte Warnungen raten den Eingeborenen ab, nicht in den Wagen erster Klasse zu fahren, da diese vernichet werden würden. Bevor jedoch eine Bahn herankam, fuhr ein Wagen über das Paket, und fünf Eingeborene wurden durch die Explosion verletzt.

18. Mai. **Verhaftung zweier indischer Redakteure.**

Ramchandra Narayan Mandhik, Redakteur der „Vihari“ und Dhondu Kashinath Phadke, Redakteur und Besitzer der „Arunodaya“, beides Mahratti-Wochenschriften, sind unter der Anklage des Aufruhrs verhaftet und unter Ablehnung der Sicherheitsleistung in Haft behalten worden.

12. Mai. **Der Anarchismus in Bengalen.**

Die Zeitung „Yugantar“ brachte gestern einen Artikel, der die bei den Haussuchungen verhafteten Personen als „Märtyrer“ verherrlicht und „das Eingreifen der verfluchten Feringhies“ bedauert, das die Darbringung eines großen Opfers zu Ehren der Göttin Kali verhindert habe. Der Artikel schließt mit folgenden Worten: „Habt Mut, Ihr Brüder, die Mutter bewacht Euch. Ein neuer Tag und eine allgemeine Opferung wird kommen.“

Die Polizei hielt mehrere Haussuchungen; auch im Büro der Zeitung „Bande Mataram".

Unruhe in Indien.

Anklage gegen einen Redakteur.

Bombey, 14. Mai.

Der Redakteur der für die indische Selbstregierung eintretenden Wochenschrift „Geyrati", Tribhovandas Purushotomdas Mangrolewala, wurde gestern abend unter der Anklage des Aufruhrs verhaftet, heute dem Richter vorgeführt und wird bis zum 20. d. M. in Untersuchungshaft bleiben.

18. Mai. **Agitation gegen Staatspapiere.**

Dem Bombenattentat von Muzaffarpur ging die geheime Verbreitung von Schriften in Kalkutta, Bombay und anderen Orten voraus, die die Inder zu revolutionärem Wirken und zu sofortigem Verkauf ihrer Staatspapiere aufforderte. In einem langen in Bombay verteilten Rundschreiben wird erklärt, daß „diejenigen, die blindlings ihr Geld in den „unsichersten Sicherheiten" der Regierung Indiens investiert hätten, durch falsche Versprechungen und leere Worte hintergangen worden seien". Es wird weiter angedeutet, die Regierung sei verantwortlich für das Fallen der Rupie-Papiere in den letzten zehn oder zwölf Jahren; die Tatsache, daß alle „goldgeränderten" Papiere in gleicher Weise gelitten haben, wird natürlich nicht erwähnt. Nach weiteren falschen Darstellungen folgt dann die Behauptung, daß angesichts der kommenden Revolution alle Inhaber von Rupie-Papieren vollständig ruiniert und bankrott werden könnten. „England könne eher den Himalaya heben oder die Meere austrocknen als die Revolution verhindern, da es vom Höchsten bestimmt ist, und wir, im Namen Gottes und der Hindus, zur Herbeiführung der Revolution entschlossen sind, wie immer auch die Folgen sein mögen, und ob Ihr es wollt oder nicht."

Wiederum eine Bombe gefunden.

18. Mai.

Die Polizei bestätigt die gestrige Auffindung einer Bombe auf den Stufen der St. Andreas-Kirche. Es steht fest, daß sie von einem Bengali dort niedergelegt wurde.

20. Mai. **Anarchistenprozeß in Kalkutta.**

Das Verhör der von der Polizei kürzlich verhafteten zweiunddreißig Personen wurde heute wieder aufgenommen. Die Angeklagten benehmen sich verstockt und herausfordernd, besitzen aber die Sympathie eines großes Teiles der anwesenden indischen Zuhörer. Unter den von der Polizei beschlagnahmten

Gegenständen befindet sich auch ein Taschenbuch, das Ausführungen über die Anfertigung von Bomben und Aufzeichnungen über den russisch-japanischen Krieg enthält.

21. Mai. **Die Spur der Anarchisten.**

Kalkutta, 20. Mai.

Während der Redakteur der Zeitung „Yugantar", der wegen Veröffentlichung aufrührerischer Schriften angeklagt ist, verhört wurde, beobachtete man das verdächtige Benehmen eines Mannes namens Chaudhry, der mit der Zeitung in Verbindung stand. Er wurde verhaftet, durchsucht, jedoch wieder freigelassen. Späterhin im Laufe des Tages hielt die Polizei Haussuchung in seiner Wohnung und entdeckte dort einen Posten Munition und Revolver. Der Mann selbst war jedoch inzwischen geflüchtet.

Die indische Regierung plant die Vorlage eines Sprengstoffgesetzes, das nach den Richtlinien des entsprechenden englischen Gesetzes entworfen werden soll.

Die Unruhe in Indien.

Eine Schule zur Heranbildung von Agitatoren in Britisch-Kolumbien.

Vancouver, 20. Mai.

Es bestehen stichhaltige Gründe für die Annahme, daß eine aufrührerische Bewegung in Indien von der Küste des Stillen Ozeans aus geleitet wird. Ich besitze positive Angaben, daß die dortigen Inder Gelder für aufrührerische Zwecke sammeln, und weitere Mitteilungen, nach denen Millside bei Neu-Westminister ein Mittelpunkt revolutionärer Umtriebe ist. Es befindet sich dort eine gewisse „Schule", scheinbar für den Unterricht der Inder in englischer Sprache, die tatsächlich aber von den Agitatoren dazu benutzt wird, den Sikhs revolutionäre Ideen beizubringen. Die Behandlung, die die Inder hier erfahren, macht sie naturgemäß für solche Lehren empfänglich. Die „Schule" befindet sich unter der Leitung dreier Inder, von denen einer aus dem Pandschab stammt, während die beiden anderen aus Bengalen kommen. Alle drei sind wohlunterrichtete Leute. Die Bewegung hat sich auch auf Seattle erstreckt, welcher Ort gegenwärtig von dem gefährlichsten der drei Agitatoren besucht wird. Dieser ist ein Bengali und hat kürzlich ein Blatt, „Freies Hindustan" genannt, gegründet.

Wie ich erfahre, sind kürzlich Anweisungen zur Herstellung von Bomben von der pazifischen Küste nach Indien gesandt worden.

Auszug aus einem Korrespondentenbericht.

25. Mai. **Bombenfund im Eisenbahnzuge.**

Kalkutta, 24. Mai.

Heute früh wurden auf dem Bahnhofe zu Howrah in einem Abteil des aus Puree eingegangenen Zuges zwei Höllenmaschinen gefunden. Die Entdeckung wurde bei der Säuberung des Wagens gemacht, den die Reisenden bereits verlassen hatten. Man hat keinen Anhalt dafür, ob die Höllenmaschinen von Reisenden, die schon auf früheren Haltepunkten den Zug verließen, dort zurückgelassen wurden, oder aber von denen, die auf der Endstation ausstiegen. Die Apparate bestanden aus achtzehn Zoll langen Bambusröhren, mit Pikrinsäure und Eisenstücken geladen. In dem Abteil wurden auch fünf Zinnhülsen gefunden, die augenscheinlich zur Aufnahme ähnlicher Bomben bestimmt waren.

26. Mai. **Das indische Pressegesetz.**

Simla, 25. Mai.

Die indische Regierung bereitet ein durchgreifendes Gesetz zur Behandlung künftiger Pressevergehen vor.

9. Juni. **Ein Polizeiamt niedergebrannt und geplündert.**

Madras, 8. Juni.

Heute fanden in Trevendun Tumulte statt, die in Beschwerden gegen die Polizei begründet sind. Die Menge plünderte das Polizeiamt, setzte es in Flammen, befreite die Gefangenen und steinigte den Polizeisuperintenden. Sie wird jetzt von Militär auseinandergetrieben.

Unterdrückungsmaßregeln angenommen.

Simla, 8. Juni.

Im Vizeköniglichen Rate wurden heute die Gesetzesvorlagen der Regierung, betreffend Sprengstoffe und Presse, eingebracht und verabschiedet. Erstere ist mit dem englischen Gesetz nahezu identisch, während letztere sich auf Zeitungen bezieht, die aufrührerische Schriften veröffentlichen; dieses Gesetz gibt Berechtigung zur Beschlagnahme der Pressen, in denen solche Schriften hergestellt werden, und zum Verbot der beanstandeten Blätter. Das darin vorgesehene Verfahren hält sich im allgemeinen an die Bestimmungen des Strafgesetzbuches, die den öffentlichen Unfug betreffen, mit der Erweiterung, daß gegen den Befehl des Zivilrichters zur Beschlagnahme der Presse innerhalb fünfzehn Tagen beim Obersten Gerichtshof Berufung eingelegt werden kann.

Es wird ferner darin bestimmt, daß gegen die Presse nicht vorgegangen werden darf, falls kein entsprechender Antrag der Ortsbehörde vorliegt. Nach Erlaß eines vom Zivilgericht ergangenen Befehls ist die Ortsbehörde berechtigt, von dem Drucker und Herausgeber die Abgabe einer für ein Jahr gültigen Erklärung zu verlangen, wie dies im Pressegesetz von 1867 vorgesehen ist, und ihm die Herausgabe eines anderen Blattes ähnlichen Charakters zu verbieten.

Bezüglich des die Pressevergehen behandelnden Gesetzes bedauerten die eingeborenen Mitglieder sehr die hastige Art, in der es verabschiedet wurde.

10. Juni. **Unruhen in Indien.**

Parmagudi, Madras, 8. Juni.

Ein Hindu wurde wegen Ungehorsams gegen einen polizeilichen Befehl zu einem Monat Gefängnis verurteilt; er hatte aufreizende Reden gegen die Briten gehalten.

15. Juni. **Todesurteil gegen einen Attentäter.**

Kalkutta, 12. Juni.

Heute wurde das Todesurteil über Khudiram Bose wegen der durch Bombenwurf erfolgten Ermordung der Frau Kennedy und ihrer Tochter in Muzaffarpur gesprochen. Der Prozeß gegen Kishorymohon Banerjee wegen Beihilfe zum Verbrechen ist zurückgezogen worden.

23. Juni. **Ein neues Bombenattentat.**

Kalkutta, 22. Juni.

Gestern um Mitternacht, als der Ost-Bengal-Schnellzug bei dem Fernsignal außerhalb Kankara, einem Bahnhofe auf der Kalkuttaer Seite Barrackpurs, anhielt, wurde eine Bombe in ein Abteil zweiter Klasse, in dem sich zwei Mühlenassistenten mit Namen Browne und Campsie befanden, geschleudert. Beide wurden schwer verletzt, und das Abteil zertrümmert. Der Zug setzte seine Fahrt nach Kalkutta fort, nachdem der verunglückte Wagen abgehängt worden war.

Eine Hetzschrift.

Simla, 22. Juni.

Eine aufrührerische Flugschrift, „Bande Mataram" unterzeichnet, wird jetzt in Indien verbreitet. Sie weist auf den 10. Mai 1857, dem Tage des Aufstandes von Mirat, als dem Eröffnungstage des ersten Unabhängigkeitskrieges hin, und fordert die Inder auf, diesen Tag dem begeisternden Gedenken dieser Märtyrer zu widmen. In glühender Sprache wird die Energie und Heimlichkeit geschildert, mit der der Herd der Meuterei organisiert worden war, und das Volk angeregt, diese Mission fortzuführen. Es wird zugegeben, daß die Inder an der Niederlage Hindustans selbst schuld hatten, darum sollen sie sich jetzt vereinen, um im Jahre 1917, der Diamantenfeier des Aufstandes, sieghaft in die Welt einzutreten, den fremden Feind — den verhaßten Feringhi — zu vernichten und das Blut der Märtyrer zu rächen.

Man mutmaßt, daß die Schrift aus England stamme, vielleicht aus derselben Quelle wie der „Indische Sociologist". Es ist bemerkenswert, daß kürzlich verschiedene indische Blätter von einer Versammlung, die im Indienhause, London, zu Ehren des berüchtigten Nana Sahib und der Meuterei stattgefunden habe, berichteten.

Eine wichtige Verhaftung.

Berichten aus Chandanaggar zufolge haben die französischen Behörden den Direktor der Dupleix-Hochschule, Babu Roy Gupta, der sich in der Bombenfabrik von Maniktola wirksam betätigt haben soll, verhaftet und den britischen Behörden ausgeliefert. Er soll ferner auch an dem Versuche beteiligt gewesen sein, das Rathaus in die Luft zu sprengen.

24. Juni. **Verurteilung eines Redakteurs wegen Aufruhrs.**

Bombay, 23. Juni.

Der Redakteur und Herausgeber der Mahratti-Wochenschrift „Vihari", Ramchandra Narayan Mandlik, wurde wegen Veröffentlichung eines Hetzartikels zu zwei Jahren Gefängnis und einer Geldbuße von tausend Rupies verurteilt. Der Artikel, der die Inder auffordert, auf den Schlachtfeldern zu sterben, wurde von dem Richter als hinterlistiges und willkürliches Vergehen bezeichnet.

Verräterei eines Angeklagten.

Kalkutta, 23. Juni.

Narendra Nath Gossain, der mit Babu Arabindo Ghose und dreiunddreißig anderen sich jetzt in Alipur wegen eines Bombenattentats in Voruntersuchung befindet, wurde heute zum Verräter, und man hält wichtige Enthüllungen für bevorstehend. Die Genossen Narendra Nath Gossains gerieten in heftigste Erregung und sein Vater verstieß ihn.

In seiner heutigen Aussage schilderte Gossain, daß Arabindo Ghose darauf drang, Gelder für Revolutionszwecke durch Plünderung zu beschaffen, und erwähnte verschiedene fruchtlose Versuche.

In Kalkutta sind drei weitere Verhaftungen vorgenommen worden. Einer der Verhafteten ist Nundi, der Sohn eines Majors a. D. vom Indischen Sanitätsdienste, der beide Hände verloren hat. Die zu gleicher Zeit mit den Verhaftungen durchgeführten Haussuchungen ergaben die Beschlagnahme einer Anzahl Gewehre und Revolver sowie eines Postens Briefschaften.

26. Juni. **Verhaftung Tilaks.**

Bombay, 25. Juni.

Der Nationalistenführer Tilak wurde gestern abend wegen Hetzartikels in der Zeitung „Kesari" verhaftet. Er wird heute dem Polizeigericht vorgeführt werden; seine Freilassung gegen Hinterlegung von Sicherheit wurde nicht gewährt.

Der besagte Artikel handelt von „dem Eigensinn und der Verkehrtheit der weißen Bureaukratie, der der jungen Generation jede Hoffnung raube und sie zwinge, die Pfade der Empörung einzuschlagen". Die weiße Bureaukratie, sagt der Verfasser, berauscht von der Insolenz der Macht, habe die Bengalis zu Exzessen getrieben und die indischen Untertanen gezwungen, teilweise die Methoden des russischen Volkes nachzuahmen; durch die bedrückenden Handlungen einer unverantwortlichen und unbehinderten Bureaukratie seien sie dazu getrieben worden, die durch das Gesetz bestimmten Grenzen zu überschreiten. Des ferneren beschreibt der Artikel die Verwaltung als unerträglich.

In Puna ist infolge der Verhaftung und der Durchsuchung der Räume der beschuldigten Blätter Kesari und Mahratta heftige Aufregung entstanden.

3. Juli. **Unruhen in Indien.**

Tilak dem Gericht überwiesen.

Bombay, 29. Juni.

Heute wurde gegen Tilak eine weitere Anklage wegen Abdruckes eines Hetzartikels in der zu Buna erscheinenden Mahratta-Wochenschrift „Kesari" erhoben. Wegen dieser Anklagen wurde er heute nachmittag dem Gericht übergeben.

Vor dem Gericht versammelte sich heute morgen eine tausendköpfige Menschenmenge, die Hochrufe auf den Verhafteten ausbrachte und schließlich von berittener Polizei auseinandergetrieben werden mußte, wobei einige Verhaftungen vorgenommen wurden.

Wieder ein Redakteur verhaftet.

Allahabad, 29. Juni.

Der Redakteur der hiesigen Urdu-Wochenschrift „Swaraj", wurde heute wegen Aufreizung verhaftet und wird bis zum 3. Juli in Haft behalten werden. Einer der fraglichen Artikel befaßt sich mit den jüngsten Bombenattentaten.

Verurteilung eines Redakteurs.

Bombay, 2. Juli.

Der Redakteur der Hindi-Zeitschrift „Swarajya" wurde wegen Abdrucks zweier aufrührerischer Artikel zu drei Jahren Zuchthaus verurteilt, was beanstandet werden wird.

Kalkutta, 2. Juli.

Im Zusammenhange mit dem vor kurzem stattgefundenen Versuch, den Ost-Bengal-Schnellzug auf dem Bahnhofe Kankuara in die Luft zu sprengen, sind sieben Verhaftungen vorgenommen worden. Drei der Verhafteten, der Pandit Panchanan Takaratna, Professor an der Bhapporat Sanskrit Hochschule, der berühmte Bengali-Arzt Dr. Brojoraj Ghosh und Babu Haridas Bhattacharya sind Männer, die in der indischen Gesellschaft einiges Ansehen besitzen, während alle anderen kleine, ortsansässige Leute und Mühlenarbeiter sind. Es ist auch ein großer Posten Briefschaften beschlagnahmt worden, die dem Bezirksgericht von Alipur vorgelegt werden.

8. Juli.

Urteile in Aufruhrprozessen.

In dem Aufruhrprozeß von Tinevelli hat das Gericht Subramania Siva zu zehn Jahren und Chidambaram Pillay zu lebenslänglicher Verbannung verurteilt.

9. Juli.

Hetzereien der indischen Presse.

Die Vernehmung des Redakteurs, Druckers und Herausgebers des Mahrattiblattes „Kal", Chivosam Mahodes Paranjape, der am 11. Juni wegen Aufruhrs verhaftet wurde, ist jetzt beendet. Die Geschworenen sprachen ihn einstimmig schuldig, doch empfahl ihn die Mehrzahl der Begnadigung, weil patriotische Gründe ihn zu seinem Vorgehen bewogen hatten.

Der Dichter Davor verurteilte ihn zu fünfzehn Jahren Zuchthaus auf Grund der ersten, und zu vier Monaten auf Grund der zweiten Anklage.

Allahabad, 8. Juli.

Der Redakteur der hiesigen Urdu-Wochenschrift „Swaraj" ist auf Grund verschiedener gegen ihn erhobener Anklagen zu dreieinhalb Jahren Gefängnis und zu einer Geldstrafe von tausend Rupies verurteilt worden.

11. Juli.

Der Prozeß gegen Tilak.

Bombay, 10. Juli.

Gelegentlich der Vernehmung des Nationalistenführers Tilak werden am Montag Kundgebungen erwartet, daher sind zwei Schwadronen britischer

Kavallerie und drei Kompagnien britischer Infanterie von Mhow und Puna herbefohlen worden.

Tilaks Ansicht über die nationalistische Bewegung.

„Die Behörden haben die falsche Darstellung verbreitet, daß die Bombenwürfe der Bengalis auf den Umsturz der Gesellschaft hinzielen. Zwischen den Bombenattentaten von Europa, die die Vernichtung der Gesellschaft bezwecken, und denjenigen von Bengalen besteht ein himmelweiter Unterschied. Während in Bengalen die Triebfeder eines jeden Bombenattentats ein starker Patriotismus ist, drückt es in Europa den starken Haß gegen selbstsüchtige Millionäre aus. Die Bengalis sind keine Anarchisten, sie haben sich lediglich die Waffen der Anarchisten zunutze gemacht. Der Anarchist, der den Präsidenten in Paris ermordete, nur weil er der Präsident war, und der tollkühne Patriot, der eine Bombe auf den König von Portugal schleuderte, weil er das Parlament unterdrückte, sind Personen absolut verschiedener Art. Der Anarchist in Amerika, der einen Millionär ermordet, aus dem einzigen Grunde, weil er Millionär ist, und der zur Verzweiflung getriebene Patriot, der in seinem Schmerz Bomben wirft, weil die Beamten des Zaren die Rechte der Duma für Rußland nicht zugestehen, sind ganz und gar verschiedene Menschen. Niemand sollte vergessen, daß die Attentäter Bengalens nicht zu der ersten, sondern zu der zweiten Klasse gehören.“

22. Juli. **Der Prozeß gegen Tilak.**

Während der Vorvernehmung in Sachen Tilak vor dem Obersten Präsidentschaftsgerichte, versammelte sich in der Umgebung des Gerichtsgebäudes eine große Menge, in der die Rufe „Bande Mataram‘ und „Tliak maharaj ki Jai“ (Hoch Tilak) häufig ertönten. Als die Gerichtsverhandlung beendet war, wurde Tilak schnell durch einen Hintereingang nach dem Gefängnis zurückgebracht, was die Menge erfuhr. Sie geriet in Wut, die sie an den Europäern ausließ, sie mit Steinen bewarf und mit Schirmen schlug .... Durch berittene Polizei wurde die Menge zerstreut und einige Personen wegen aufrührerischen Verhaltens verhaftet. Infolge dieser Ereignisse wurden weitere Truppen nach Bombay hereingezogen, um die Aufrechterhaltung der Ordnung während des Tilak-Prozesses zu sichern. Unruhen infolge der Verhaftung Tilaks werden aus Puna, wo sein Blatt „Kesari“ erscheint, ferner auch aus Triplecane, Madras, gemeldet.

Heute morgen streikten tausend Hafenarbeiter, sonst ereigneten sich keine weiteren Ruhestörungen. Einige Getreidewagen wurden umgestürzt. Die Polizei trieb ohne Schwierigkeiten die Streikenden auseinander. Nach der Mittagspause weigerten sich auch die Arbeiter zweier Mühlen, die Arbeit wieder aufzunehmen.

Der Prozeß Tilak.

Exemplarische Strafe.

Bombay, 12. Juli.

Der Nationalistenführer Tilak, Redakteur der zu Puna erscheinenden Wochenschrift „Kesari", wurde wegen Abdruckes aufrührerischer Artikel zu sechsjähriger Verbannung sowie einer Geldstrafe von tausend Rupies verurteilt.

Tilak hielt eine Ansprache an die Geschworenen, in der er am Schlusse sagte:

„Wir stehen in einem großen Verfassungskampfe, den Volk und Bureaukratie auszufechten haben. Mein Leben befindet sich bereits im Abnehmen und ich muß damit rechnen, daß mir nur noch einige wenige Jahre beschieden sind. Die kommende Generation wird das Urteil, das den Geschworenen eine schwere Pflicht und große Verantwortung auferlegt, als eins der wichtigsten in der Geschichte des Ringens um die Freiheit in Indien ansehen. Es handelt sich um die Frage, ob indische Untertanen die gleichen Rechte zu erhalten haben wie die britischen Untertanen in England oder die Anglo-Inder in Indien."

Nach der Verlesung des Urteils äußerte er: „Trotz des Richterspruches behaupte ich, daß die Geschicke der Menschen und Völker von höheren Mächten gelenkt werden. Es ist vielleicht der Wille der Vorsehung, daß die Sache, die ich vertrete, mehr durch mein Leiden als durch meine Tätigkeit gefördert wird.

24. Juli.

Sympathien der Inder für Tilak.

Bombay, 23. Juli.

Die Stoff- und Kupfer-Basare sowie die Mehrzahl der Hinduläden sind zum Zeichen der Sympathie für Tilak geschlossen. Heute mittag streikten 20 000 Mühlenarbeiter, Störungen sind jedoch nicht vorgekommen.

27. Juli.

Weitere Tumulte in Bombay.

Bombay, 25. Juli.

Der Streik der Mühlenarbeiter dauert fort. Eine unbedeutende Ruhestörung ereignete sich heute früh im Bezirke Mahun, so daß der Befehl zum Feuern gegeben werden mußte, und einige Ruhestörer verwundet wurden.

Sämtliche Geschäfte sind zum Zeichen der Sympathie für Tilak seit Donnerstag geschlossen; letzterer befindet sich gegenwärtig im Gefängnis zu Ahmedabad, von wo aus er verschickt werden soll.

Vier europäische Mühlenbeamte, die in der Mühle Zuflucht gesucht hatten, wurden von Arbeitern der Textilspinnereien belagert. Die Menge versuchte, sich den Eingang zu erzwingen, und die Situation war bereits sehr bedenklich geworden, als der Polizeikommissär und der Bezirksrichter in einem Motorwagen erschienen und der Menge befahlen, auseinanderzugehen. Sie wurden mit einem Hagel von Steinen empfangen. Die Polizei feuerte, wobei drei Personen getötet und mehrere andere verletzt wurden.

28. Juli. **Neue Tumulte in Bombay.**

Bombay, 27. Juli.

Heute nachmittag fanden in der Sheikh Memon-Straße ruhestörende Sympathiekundgebungen für Tilak statt. Die Tumultanten und die Kulis aus den Basaren schwangen schwarze Flaggen, die das Bild Tilaks trugen, und bewarfen die Polizisten mit Steinen. Letztere versuchten zunächst, die Menge mit ihren Polizeiknüppeln auseinanderzutreiben, doch mußte schließlich Militär herangezogen werden, um Ordnung zu schaffen.

Die Mehrzahl der Geschäfte ist noch immer geschlossen. Das weitere halbe Bataillon des Northamptonshire-Regiments traf gestern hier von Puna ein.

22. Juli. **Verhaftung eines Brahmanen.**

Puna, 21. Juli.

Die Polizei verhaftete heute einen Mann namens Ram Chandra. Sie verlangte die Hinterlegung einer Sicherheitssumme mit der Begründung, daß er eine gefährliche Persönlichkeit sei. Es wird behauptet, Ram Chandra leite auf portugiesischem Gebiete eine Schule, in der die Schüler in der Herstellung von Bomben unterrichtet werden. Wie es heißt, sind belastende Briefschaften aufgefunden worden.

23. Juli. **Ein Redakteur aus Bombay verurteilt.**

Bombay, 22. Juli.

Dhondu Kashinath Phadke, Redakteur und Besitzer der Mahratti Wochenschrift „Arendoya“, der am 16. Mai unter der Anklage des Aufruhrs verhaftet worden war, ist zu vierzehn Monaten Gefängnis verurteilt.

Fünf Männer, die bei den während des Mühlenarbeiterstreiks stattgefundenen Tumulten am Sonnabend verhaftet wurden, sind zu Gefängnisstrafen von einundzwanzig Tagen bis zu einem Monat verurteilt worden.

Unruhen in Bengalen.

Kalkutta, 22. Juli.

Der Oberste Richter verurteilte heute einen Drucker der Zeitung „Yugantar“, der schon vorher verwarnt worden war, zu drei Jahren Zuchthaus wegen Abdruckes von Artikeln, die zu Mord und Empörung auffordern,

Die jetzt verhängte Strafe muß er antreten, sobald die Zeit der gegenwärtigen Gefängnisstrafe — zwei und einhalb Jahre — zu welcher der Beschuldigte wegen eines früheren Vergehens verurteilt wurde, abgelaufen ist. Ein anderer Drucker desselben Blattes wurde heute dem Gericht wegen gleicher Verfehlung überwiesen.

30. Juli. **Verurteilung zu Verbannung.**

Allahabad, 29. Juli.

Wegen Zusendung eines aufrührerischen Telegrammes an die Zeitung „Bande Mataram“ verurteilte das Gericht zu Aligarh Hotilal Varma zu siebenjähriger Verbannung. Dem Angeklagten, der in Europa und dem fernen Osten viel herumgereist war, wurde besonders zur Last gelegt, daß er ein vollständiges Manuskript von Vorträgen über die Herstellung vom Bomben mit hoher Sprengwirkung in seinem Besitze hatte.

Ein weiteres Verfahren ist gegen Varma eingeleitet wegen Verbreitung angeblich aufrührerischer und aufreizender Literatur unter den Studenten.

31. Juli. **Propaganda an der Pazifischen Küste.**

Vancouver, 30. Juli.

Zuverlässige Berichte besagen, daß der von indischen Agitatoren an der Küste des Stillen Ozeans gebildeten Liga bereits 1500 Mitglieder angehören. Diese Liga bezweckt angeblich die „Verbreitung populärer und wissenschaftlicher Schriften in Indien“, doch kann kein Zweifel darüber bestehen, daß das wahre Ziel der Sturz der britischen Herrschaft ist. Das Hauptquartier der Organisation befindet sich jetzt in Seattle, wo das „Freie Hindustan“, das Organ der Vereinigung, herausgegeben wird. Die Bengali Hauptagitatoren wurden durch die Veröffentlichung eines an die „Times“ geschickten Telegramms, das auf ihre Ziele und Bestrebungen hinwies, in Furcht gesetzt.

Die letzte Nummer des „Freien Hindustan“ ist sogar noch hetzerischer als die vorhergehenden. Im Leitartikel heißt es, „die revolutionäre Bewegung in Indien sei das Ergebnis der Tyrannei der britischen Regierung“. In einem anderen Artikel wird erklärt, die Inder würden unter eigener Regierung viel glücklicher sein als unter den gegenwärtig herrschenden Zuständen.

Wo die Agitatoren das Geld für ihre Propaganda hernehmen, ist ein Geheimnis. Viele an der Küste ansässige Inder haben Beiträge gezahlt. Da aber jeder nur sehr wenig beisteuern kann, müssen anscheinend andere Einnahmequellen vorhanden sein.

Es scheint, daß man dem Zusammenhange, der zwischen den Unruhen in Indien und der Behandlung der Inder in Britisch-Kolumbien und anderen englischen Besitzungen zu wenig Aufmerksamkeit schenkt. So konnte z. B. einem indischen Unteroffizier, dessen Bruder in den englischen Kolonien sehr böse Erfahrungen gemacht hatte und der bisher das volle Vertrauen seiner Vorgesetzten besaß, die Beteiligung an der Aufruhrbewegung nachgewiesen werden. Es bestehen sicher viele ähnliche Fälle.

1. August. **Verurteilung von Tumultanten in Bombay.**

Bombay, 31. Juli.

Acht Tumultanten, die der Brahamanen- und Bania-Kaste angehören, wurden bei den Unruhen in der Sheikh Memon-Straße verhaftet und sind heute zu je neun Monaten Zuchthaus und einer Geldstrafe von 300 Rupies verurteilt worden. Der Richter wies darauf hin, daß die Angeklagten gebildete Leute sind und ihr Vergehen darum schwerwiegender sei als wenn es sich um Mühlenarbeiter gehandelt hätte.

Wegen Angriffs auf den Zivilrichter bei denselben Unruhen wurde ein anderer Ruhestörer zu achtzehn Monaten Gefängnis verurteilt.

3. August. **Indische Unruhe.**

Kalkutta, den 1. August.

Als gestern am frühen Morgen der Bezirksrichter von Midnapur, Bradley-Birt, in Begleitung eines Polizeisuperintendenten das Haus eines Mannes namens Baroda Datta durchsuchte, wurde eine geladene Bombe gefährlichster Art vorgefunden. Verschiedene Verhaftungen wurden gemacht.

8. August. **Bombenattentatsprozeß in Kalkutta.**

Kalkutta, 7. August.

Vor dem Obersten Gerichtshofe wurde heute abend das Verfahren gegen sechs Angeklagte zum Abschluß gebracht. Sie waren von der Polizei kurz nach dem Verbrechen von Muzzafarpur verhaftet worden, weil man bei der Durchsuchung ihrer Wohnungen in Harrison Road ein Lager von Bomben und Sprengstoffen vorgefunden hatte. Drei der Angeklagten wurden für schuldig befunden und zu je sieben Jahren Strafarbeit verurteilt, während die übrigen drei freigesprochen wurden. Diese letzteren drei wurden jedoch nicht auf freien Fuß gesetzt, da sie auch in einem zweiten Prozeß, der jetzt in dem Bezirksgericht von Alipur gegen Arabindo Ghose und dreißig andere verhandelt wird, verwickelt sind.

Der Richter bemerkte, daß die drei verurteilten Männer zweifellos Mitglieder einer Geheimgesellschaft von Meuchelmördern seien, die eine Revolution plane.

14. August. **Bombenattentat auf einen Eisenbahnzug.**

Kalkutta, 13. August.

Gestern nacht wurde ein neuer Versuch gemacht, einen Eisenbahnzug der Ost-Bengal-Linie auf dem Bahnhofe Shambasar, eine kurze Strecke von Kalkutta entfernt, in die Luft zu sprengen. Die Bombe ähnelte derjenigen, die am 21. Juni im Kankaraverbrechen benutzt wurde. Sie wurde nach einem Wagen geschleudert, in dem sich Europäer befanden, fiel jedoch zu kurz und explodierte, ohne Schaden anzurichten.

18. August. **Aufruhr in Madras.**

Madras, 17. August.

Ethiraj Surendra Arya wurde vom Obersten Gerichtshofe wegen aufrührerischer Reden zu fünf Jahren Verbannung verurteilt. Eine zweite Anklage gegen ihn schwebt noch.

1. September. **Ein Verräter im Gefängnis erschossen.**

31. August.

Narendranath Gossain, der mit Arabindo Ghose und dreiunddreißig anderen wegen Beteiligung an dem Bombenattentat verhaftet worden war, ist zu Beginn der Voruntersuchung der Angeklagten vor dem Bezirksgericht von Alipur zum Verräter geworden. Seine Aussage deckte das Bestehen einer ausgedehnten Verschwörung auf, die den Plan enthielt, den Vizekönig und eine Anzahl hoher Beamten zu ermorden. Seine Aussagen riefen große Erregung hervor, und der Richter erhielt Briefe, in denen er mit dem Tode bedroht wurde.

Der Inder Gossain, der in dem die Bombenattentate betreffenden Prozeß zum Verräter geworden war, wurde heute morgen von zwei seiner Mitangeklagten im Gerichtsgefängnis mit einem Revolver erschossen. Auf zwei europäische Gefangene, die ihm zur Hilfe eilten, wurde ebenfalls gefeuert und einer von ihnen bedenklich verletzt.

Man nimmt an, daß die zur Tat benutzten Revolver den Angeklagten während der häufigen Unterredungen mit Verwandten und Anwälten, die trotz des strengen Verbotes der Gefängnisbehörden gestattet wurden, durch Freunde überbracht worden waren.

3. September. **Indische Unruhen.**

Kalkutta, 2. September.

Man sieht hier nach und nach ein, daß die Entschlossenheit und der Wagemut, der in der Ermordung des Verräters Gossain zutage trat, einen verwegeneren Geist unter den Bengali-Extremisten beweist, als bisher vermutet wurde. Die Bengali-Zeitungen drücken ihren Abscheu gegen das Verbrechen aus; mündlich aber äußert man sogar unter den Gemäßigten seine Befriedigung oder Gleichgültigkeit. Die Einschmuggelung der Revolver in das Gefängnis weist auf das Bestehen einer noch in Freiheit befindlichen, staatsgefährlichen Vereinigung hin. Allgemein empfindet man, daß die Entdeckung der Personen, die Waffen in das Gefängnis schafften, von großer Wichtigkeit ist.

4. September. **Indische Unruhen.**

Agitatoren unter den Sepoys.

Allahabad, 3. September.

Im Verlaufe der Vernehmungen in Sachen der weiteren Anklagen gegen Hotilal Varma, der am 29. Juli wegen Absendung eines aufrührerischen Telegramms an die Zeitung „Bande Mataram" zu siebenjähriger Verbannung verurteilt worden war, bezeugte ein Subadar — (indischer) Major des Hongkong — Singapur Battalions der Royal Garrison Artillerie, daß der Angeklagte mehrere Wochen in Hongkong verbracht habe, um auf die eingeborenen Soldaten in aufrührerischem Sinne zu wirken und Flugblätter zu verteilen. Nach Aussage des gleichen Zeugen hat Hotilal Varma auch die Absicht ausgesprochen, nach Rußland zu reisen, um dort die Herstellung von Bomben zu erlernen. Der Beschuldigte wurde wegen dieser neuen Anklagen dem Gerichte überwiesen.

5. September. **Indische Unruhen.**

Verurteilung eines Redakteurs.

Bombay, 4. September.

Der Redakteur des indischen Blattes „Hind Swarajya" war wegen Veröffentlichung zweier aufrührerischer Artikel am 2. Juni zu zwei Jahren Zuchthaus verurteilt worden. Er legte jedoch Berufung ein und wurde daraufhin heute zu drei und einem halben Jahr Gefängnis und einer Geldstrafe von 2000 Rupies verurteilt.

15. September. **Aufruhr in Madras.**

Madras, 14. September.

In Coimbatore wurde Krishnaswain Sarma heute wegen Aufruhrs zu fünfjähriger Verbannung verurteilt.

16. September. **Unruhen in Indien.**

Kalkutta, 15. September.

Gestern wurde von einem kleinen Bahnhofe der Ost-Bengal-Eisenbahn eine Bombe auf einen Personenzug geschleudert. Es wurde niemand verletzt.

Herr Glaß, Verwalter der Teepflanzung von Baroi, Assam, ist seiner Wunde, die ihm ein Kuli durch einen Bogenschuß beibrachte, erlegen.

Die Verschickung Tilaks.

Bombay, 15. September.

Gestern wurde Tilak mit dem nach Rangun gehenden Transport „Hardinge" verschifft, um seine Strafe anzutreten.

Abbas Abebram Chandra, der angeklagt worden war, in seiner Schule die Schüler in der Herstellung von Bomben unterrichtet zu haben, wurde am 21. Juli verhaftet. Da er die von ihm verlangte Bürgschaft nicht stellen konnte, wurde er zu einem Jahre Zuchthaus verurteilt.

28. September.

Unruhen in Indien.

Kalkutta, 26. September.

Die hiesige Polizei hat in der vergangenen Woche die Häuser achtbarer Bengalis nach Waffen durchsucht. In den meisten Fällen waren die Haussuchungen vergeblich; indessen berichtet der „Statesman", daß man ein Unternehmen aufgedeckt hätte, Waffen in großem Maßstabe einzuführen. Drei Kisten, deren Inhalt als Bleiprojektile und zwei, deren Inhalt als Stahlwaren deklariert von einem deutschen Hafen auf deutschem Schiffe kamen, wurden von dem indischen Adressaten zurückgewiesen. Bei der Öffnung der Kisten fanden die Zollbeamten eine Auswahl Waffen: Gewehre, Bajonette und Schwertstöcke.

2. Oktober.

Verurteilung eines Anarchisten.

Allahabad, 1. Oktober.

Kali Charan Mukherjee, der im vergangenen Juni Drohbriefe an den Vizekönig und an Sir Harvey Adamson geschickt hatte, wurde zu neun Monaten Zuchthaus und Zahlung einer Geldstrafe von 300 Rupies verurteilt.

9. Oktober.

Verurteilung wegen Aufruhrs.

Allahabad, 8. Oktober.

Hotilal Varma, der im vergangenen Juli wegen Aufruhrs zu siebenjähriger Verbannung verurteilt wurde, ist in drei weiteren Fällen für schuldig befunden und zu fünf Jahren Zuchthaus verurteilt worden.

Aus den Zeugenaussagen ging hervor, daß der Angeklagte mehrere Wochen in Hongkong verbracht und den dortigen Sepoys aufrührerische Reden gehalten hatte.

19. Oktober.

Tumulte bei der Jahresfeier der Teilung Bengalens.

Kalkutta, 18. Oktober.

Am Abend des 16., des „Jahrestages der Teilung“ griff eine Menschenmenge die Jutepresserei in Baira, Ostbengalen und ein von dem Verwalter Demonte bewohntes Sommerhaus an. Die Tumultanten besaßen Revolver, von denen sie Gebrauch machten. Drei Männer, die bei der Verteidigung der Gebäude behilflich waren, wurden verwundet. Schließlich schoß auch Herr Demonte und verwundete drei der Unruhstifter.

26. Oktober.

Unterdrückung einer Bengali-Zeitung.

Kalkutta, 25. Oktober.

Die Regierung Bengalens hat auf Grund der Bestimmungen des Pressegesetzes die Beschlagnahme des Blattes „Bande Mataram“ verfügt. Diese Verfügung hat ihre Ursache in der Veröffentlichung eines Artikels, betitelt „Verräter im eigenen Lager“, der sich auf die Ermordung des Verräters Gossain im Gefängnis zu Alipur bezog. Es wurde darin gesagt:

„Nicht länger mehr soll sich der Schuft von einem Inder, der durch Judasküsse das Leben seiner Kameraden verrät, vor der Rächerhand sicher fühlen. Als Kanai den tötlichen Schuß abfeuerte, war der Himmel seines Landes von dem tönenden Widerhall der Worte „Vorsicht vor Verrätern“ erfüllt.“

5. November.

Wutausbrüche der Presse.

Kalkutta, 4. November.

Die Zeitung „Yugantar“, die in Kalkutta bereits zweimal verboten worden ist, wird jetzt in der französischen Siedelung Chandrnagar herausgegeben und überall werden an öffentlichen Plätzen Exemplare angeklebt. Die Bengalis werden darin aufgefordert, die Europäer auszurotten; der einzige verlangte Beitrag sei, daß jeder Leser den Kopf eines Europäers bringe. Wie die französische Regierung sich dazu verhalten wird, ist noch nicht bekannt.

Dakoity in Bengalen.

Der „Staatsmann“ berichtet einen neuen Fall von Studenten-Dakoity in Ostbengalen. In Faridpur bemächtigten sich ungefähr vierzig mit Gewehren und Schwertern bewaffnete Leute einiger Boote und fuhren nach einem Dorf, das sie plünderten und einäscherten. Im Zusammenhange mit dem Dakoity von Baghati wurde ein Professor des Sanskrit von der National-Universität in Kalkutta verhaftet.

9. November.

Mordversuch gegen Sir A. Fraser.

Kalkutta, 8. November.

Ein höchst verwegener Versuch, den Lieutenant-Governor Sir Andrew Fraser zu ermorden, wurde gestern abend während eines Vortrages von Professor Burton der Chikagoer Universität, der in Overtown Hall, im Norden von Kalkutta, stattfand, unternommen. Sir Andrew Fraser, in Begleitung des Maharadschas von Burdwan und des Herrn Barber, Sekretär des Christlichen Vereins junger Männer, stand auf der Estrade, als ein junger Mann, der nachher angab Roy Chowdhury zu heißen, heranstürzte, sechs Zoll von Sir Fraser stehen blieb, ihm den Revolver vorhielt und zweimal losdrückte. Glücklicherweise versagte die Patrone.

Herr Barber, ein Amerikaner, warf sich auf den Mörder, der ihm mit seinem Revolver auf den Kopf schlug und ihn schwer verletzte. Mittlerweile stellte sich der Maharadscha von Burdwan, ein Mann von großer Gestalt und Körperkraft, zwischen den Angreifer und den Lieutenant-Governor, hob den letzteren auf und brachte ihn in Sicherheit.

Dies ist bereits der vierte Versuch, Sir Andrew Fraser zu ermorden.

Die Annahme, daß der Mordversuch das Ergebnis einer tiefdurchdachten Verschwörung ist, nimmt zu.

10. November.

Der Mordversuch gegen Sir A. Fraser.

Kalkutta, 9. November.

Der Mann, der den Mordversuch auf Sir A. Fraser unternahm, heißt Jotindranath Roy Chowdhury. Er ist ein neunzehnjähriger Student der „Scottish Assembly's Institution“ und der Sohn eines Advokaten. Bei der Durchsuchung seiner Wohnung fand die Polizei Exemplare der Zeitung „Bande Mataram“, die vor kurzem wegen Aufreizung zum Morde verboten worden ist.

Der Verschwörungsprozeß von Midnapur.

Kalkutta, 9. November.

Der Verschwörungsprozeß von Midnapur mußte aufgehoben werden, was großes Aufsehen hervorrief. Der Polizeispitzel, der der hauptsächlichste Belastungszeuge sein sollte, hat gestanden, daß seine Geschichte von der Verschwörung freie Erfindung sei und erhob schwere Anklagen gegen die Polizei.

Infolge dieses Geständnisses zog der Regierungsanwalt heute die Anklagen gegen sämtliche Beschuldigten bis auf drei zurück. Es wurden demnach vierundzwanzig auf freien Fuß gesetzt, darunter der Radscha von Narajole und eine Anzahl führender Bürger Midnapurs, von denen einer ein vermögender Grundbesitzer ist.

11. November. **Erschießung eines Polizeiinspektors.**

Kalkutta, 9. November.

Der Polizeiinspektor Nando Lal Banerjee, der den Mord von Muzaffarpur aufspürte, wurde heute abend hier von drei Bengalis erschossen. Der Körper war von Kugeln durchlöchert. Die Täter entkamen, und die Polizei hat bisher noch keine Spur von ihnen gefunden.

Die Leute in der Nachbarschaft des Tatortes fürchteten sich anscheinend, Angaben zu machen. Die anglo-indische Presse verlangt die sofortige Einbringung eines Sondergesetzes, das die politischen Verbrechen behandelt. Die Terroristen haben das Volk so in der Gewalt, daß es sich fürchtet, die Polizei zu unterstützen.

12. November. **Unruhen in Indien.**

Bombay, 11. November.

Die Regierung Bengalens erwägt verschiedene Pläne zur Aufrechterhaltung der Ruhe, darunter das summarische Gerichtsverfahren, die Schließung der nationalen Hochschulen und die Heimsendung der Studenten, denn wirksames Vorgehen ist dringend erforderlich, da die Polizei Bengalens terrorisiert wird.

Kalkutta, 11. November.

Ein junger Mann, namens Mazumdar, der Sohn eines Regierungsbeamten, wurde im Zusammenhange mit dem Mordversuch gegen Sir A. Fraser, dem Lt.-Governor von Bengalen, verhaftet.

Für die Entdeckung der Mörder des Polizeiinspektors Banerjee fehlt noch jeder Anhaltspunkt. Die Polizei hat eine Belohnung von 5000 Rupies für zweckentsprechende Nachrichten ausgesetzt.

In Kalkutta werden jetzt massenweise Drohbriefe verschickt; die meisten empfing der Regierungsanwalt Eardley Norton, bekannt aus dem Prozeß von Alipur.

11. November. **Einfuhr von Waffen.**

Kalkutta, 10. November.

Von den beiden Personen, gegen die bei der Aufhebung des Prozesses zu Midnapur die Anklage aufrechterhalten wurde, behauptete der Polizeispitzel, daß Satyendra ihm gesagt habe, aus Amerika seien viele Kisten mit Gewehren und Revolvern nach Bombay verschifft und als Nähmaschinen und Baumwollwaren deklariert worden; er selbst hätte einen aus dieser Sendung stammenden Revolver gekauft.

Die Meinung in Simla.

Simla, 10. November.

Die kürzlich sich in Kalkutta zugetragenen Ereignisse haben im nördlichen Indien große Entrüstung hervorgerufen. Man vertritt dort sehr scharf die Meinung, daß die sofortige Einsetzung eines Gerichtshofes für summarisches Verfahren zur Erledigung von Anarachistenprozessen, politischen Morden und Aufruhrbewegungen unbedingt notwendig ist.

Hinrichtung Kanai Lal Dutts.

Kalkutta, 10. November.

Kanai, einer der beiden Männer, die den Verräter Gossain im Gefängnis zu Alipur am 31. Oktober ermordeten, wurde heute morgen gehängt. Es wurden von der Polizei besondere Vorsichtsmaßregeln zur Vermeidung von Ruhestörungen getroffen.

Erregung unter den Studenten.

Die Ereignisse der letzten Zeit haben die große Anzahl der in Kalkutta befindlichen Studenten in außerordentliche Aufregung versetzt. Ungefähr tausend Studenten, die zum Zeichen ihrer Trauer barfüßig erschienen, versammelten sich heute um den brennenden Scheiterhaufen, auf dem der Körper des „gemordeten Kanai" eingeäschert werden sollte. Viele von ihnen gehörten der „Schule der Schottischen Kirche" und anderen bekannten Anstalten an. Vorsteher Lamb hat heute sein Institut barfüßigen Studenten verschlossen, gegen Studenten zweier anderer Schulen wurde in gleicher Weise vorgegangen; sie veranstalteten darauf mehrere Stunden währende Umzüge durch die Straßen, wobei nationale Lieder gesungen wurden.

12. November. **Hinrichtung Kanai Lal Dutts.**

Kalkutta, 11. November.

Bei der Einäscherung des gestern wegen Ermordung des Verräters Gossain gehängten Kanais spielten sich außergewöhnliche Ereignisse ab. Die Leiche wurde mit unbedecktem Gesicht durch die Straßen getragen, und Tausende der Vorüberkommenden betrachteten die Züge des „gemordeten Kanai", während Frauen in geschlossenen Wagen folgten. Hunderte von Rupies wurden an dem brennenden Scheiterhaufen eingesammelt, und man riß sich darum, etwas Asche zu erhalten, die in silbernen und goldenen Gefäßen fortgetragen wurde. Knochen und sonstige Überreste wurden aufbewahrt, um als Reliquien nach anderen Städten geschickt zu werden.

14. November. **Die Bestattung Kanai Lal Dutts.**

Kalkutta, 13. November.

Eine der führenden einheimischen Zeitungen, „Basumati", schreibt: „Reis und anderes Getreide wurde auf dem ganzen Wege ausgestreut. Auf Verlangen der Frauen wurde das Gesicht der Leiche enthüllt, und der Umzug machte fast vor jedem dritten Hause Halt."

Der anglo-indische „Statesman" verurteilt die Demonstration: „Wir haben hier eine neue Tatsache beunruhigender Art. Zum ersten Mal wurde von einem nicht unbedeutenden Teil des Volkes das Gefühl unverhohlener Sympathie für die Anarchistenpropaganda bekundet."

Verurteilung eines Zeitungsbesitzers.

Madras, 13. November.

Der Eigentümer der Zeitung „India" wurde wegen aufrührerischer Artikel zu fünf Jahren Verbannung verurteilt.

Schändung des Viktoriadenkmals.

Nagpur, 13. November.

Vergangene Nacht wurde das Marmordenkmal der Königin Viktoria, das sich im Volksgarten befindet, geschändet. Das Gesicht wurde teilweise verstümmelt, das Szepter zertrümmert und die Figur geschwärzt. Man nimmt an, daß einige Extremisten das Verbrechen als boshaftes Gegenstück zu der gestrigen gelungenen Eröffnung der Industrie-Ausstellung begangen haben.

16. November. **Polizeiangriff auf ein Dorf.**

Kalkutta, 15. November.

Die Polizei umzingelte gestern ein Dorf bei Kakinara, dem Schauplatze verschiedener Verbrechen. Die Häuser einiger geachteter Inder wurden durchsucht, doch fand man nichts Belastendes außer einer Nummer des Hetzblattes „Goldenes Bengalen".

17. November. **Unruhen in Indien.**

Ermordung eines zweiten Verräters.

Kalkutta, 16. November.

Die Leiche eines Inders, von dem gesagt wurde, er habe der Polizei in einer politischen Sache zu Dakka Angeberdienste geleistet, wurde heute früh in der Nähe dieses Ortes aufgefunden. Der Körper war entsetzlich verstümmelt. Zwei Studenten wurden unter dem Verdachte des Verbrechens verhaftet.

18. November. **Hinrichtung Satyendras.**

Kalkutta, 17. November.

Die Extremisten hatten eine neue Demonstration bei der Verbrennung Satyendras, der wegen Ermordung des Verräters Gossain verurteilt wurde und am Sonnabend hingerichtet werden soll, vorbereitet. Sie sind indessen durch die Entscheidung der Behörden enttäuscht worden, die die Verbrennung der Leiche im Gefängnis angeordnet haben.

23. November. **Die Hinrichtung Satyendras.**

Kalkutta, 21. November.

Der Mörder Satyendra wurde heute morgen gehängt. Ein starkes Aufgebot bewaffneter Polizei bewacht die Umgebung des Gefängnisses, wo die Verbrennung der Leiche jetzt im Gange ist.

Eine große, hauptsächlich aus Frauen bestehende Menschenmenge verbrachte den Tag in Kotwratullah am Flußufer in der Hoffnung, daß die Asche Satyendras nach der Leichenverbrennung dorthin gebracht werden würde. Die Behörden verweigerten jedoch die Erlaubnis zur Fortführung der Asche.

Kalkutta, 22. November.

Obgleich gestern im Laufe des Tages keine nennenswerten Kundgebungen im Zusammenhange mit der Hinrichtung Satyendras stattfanden, kamen am Abend große Mengen von Studenten aus den nördlichen Vierteln Kalkuttas zusammen, veranstalteten einen Umzug und sangen eine neue Fassung der Hymne „Bande Mataram“, in der es heißt, daß sie sich von der Erfüllung ihrer Pflicht nicht zurückhalten lassen würden. Tausende von Galgen wurden errichtet, es wurde gefastet und in vielen Privathäusern und Studentenhotels wurden Bilder Satyendras mit allem Ritus und all den bei Hindus üblichen Zeremonien verbrannt. Ein großer Unzug setzte sich vom College Square aus in Bewegung. Als die Polizei erschien, zerstreute sich die Menge, jedoch nur, um sich in der Grey-Straße wieder zu versammeln, von wo aus sie ihren Marsch durch verschiedene Straßen und Gassen fortsetzten.

19. November. **Unruhen in Indien.**

Kalkutta, 18. November.

Angesehene Inder wurden in Khulna und Narayanganj unter der Anklage des Aufruhrs verhaftet. In dem Hause des einen wurde ein Gewehr, Munition und Material zur Herstellung von Bomben aufgefunden.

21. November. **Angebliche Einwirkung auf indische Truppen.**

Kalkutta, 20. November.

Gestern wurde hier der Prozeß gegen einen Brahmanen, der angeklagt war, auf die indischen Truppen in Jhansie eingewirkt zu haben, verhandelt. Es wurde behauptet, der Beschuldigte habe in einer großen Arya Samaj Versammlung aus einem Buche vorgelesen, in dem folgender Satz vorkam: „Was für ein Jammer ist es, daß die Nachkommen der Aryas sich von den Fremden treten lassen müssen." Der Mann hatte auch die Kasernen eines Sepoy-Regiments besucht, war aber von einem indischen Offizier hinausgewiesen worden. — Der Richter forderte ihn auf, für seine Freilassung Sicherheit zu hinterlegen.

25. November. **Unruhen in Indien.**

Lahore, 24. November.

Frank Clough, Bezirkssuperintendent der Polizei in Lyallpur, wurde von einem indischen Polizisten ermordet.

Ein neues Bombenattentat.

Kalkutta, 25. November.

Gestern abend wurde der Versuch gemacht, den Staatsanwalt Hume in einem Eisenbahnwagen der Ost-Bengal-Bahn nordwestlich von Kalkutta zu töten. Die nach ihm geworfene Bombe fiel zu kurz, es folgte eine heftige Explosion, durch die jedoch niemand verletzt wurde. Die Bombe war mit Dumdumkugeln gefüllt.

26. November. **Verurteilung eines Attentäters.**

Chowdhury, der junge Mann, der am 7. d. M. das Revolverattentat auf Sir A. Fraser verübte, wurde für schuldig erklärt und zu zehn Jahren Zuchthaus verurteilt.

3. Dezember. **Aufruhr in Indien.**

Bombay, 2. Dezember.

Ein Hindu wurde zu fünf Jahren Verbannung verurteilt, weil er den Reisenden in einem Eisenbahnzuge des Nizam von Hyderabad Aufruhr gepredigt hatte.

4. Dezember. **Unruhen in Indien.**

Kalkutta, 3. Dezember.

Es wird gemeldet, daß drei verdächtige Bengalis in Tuticorin, wohin Sir A. Fraser in Kürze zu reisen beabsichtigte, verhaftet worden sind.

Auf Benachrichtigung aus Tuticorin hat die Polizei von Kalkutta gestern abend verschiedene Häuser, die von den drei verhafteten Bengalis als Referenzen angegeben worden waren, durchsucht, wobei eine Anzahl Papiere und Dokumente beschlagnahmt wurde. Wie es scheint, sind die drei Männer erst nach Kolombo und von dort nach Tuticorin gereist. Zweifellos sollte ein neues Attentat auf Sir Fraser, der sich jetzt auf dem Wege von England nach Kolombo befindet, unternommen werden.

Die Zeitung „Yugantar" erscheint wieder.

Kalkutta, 3. Dezember.

Trotz aller strengen Maßregeln erscheint die Zeitung „Yugantar" noch immer in Form von Flugblättern und fordert das Volk auf, Europäer zu töten.

Dakoities in Bengalen.

Kalkutta, 3. Dezember.

Eine weitere von Studenten verübte Dakoity hat sich zu Roita in Ostbengalen ereignet. Viele Studenten mit falschen Bärten und angestrichenen Gesichtern, mit Revolvern, Gewehren und Dolchen bewaffnet, brachen in ein Haus ein und raubten dort Bargeld und Schmucksachen. Die Opfer berichten, daß die Dakoits den besseren Klassen angehörten.

5. Dezember. **Beschlagnahme von Waffen in Kalkutta.**

Kalkutta, 4. Dezember.

Auf Grund zugegangener Mitteilungen hat die Polizei heute vier Läden, die Mohammedanern gehören, durchsucht. Aus jedem wurde eine Wagenladung Waffen und Munition fortgeschafft. Die Besitzer der Läden wurden verhaftet.

8. Dezember. **Neue Dakoities.**

Kalkutta, 7. Dezember.

Die Hälfte des 17. Infanterie- (Eingeborenen-) Regiments ist von Barackpur nach Dakka zur Unterdrückung der dortigen Unruhen geschickt worden. Über einen neuen Fall von Dakoity, der von mit Revolvern bewaffneten Studenten begangen worden ist, wird aus Serampur berichtet. Es scheint jedoch, daß die Dorfbewohner die Dakoits verjagten, einen von ihnen fingen und verprügelten.

Schwere Explosion in einer Waffenfabrik.

Kalkutta, 7. Dezember.

In dem Laboratorium der Waffenfabrik zu Dumdum kam es gestern zu einer Explosion, bei der sieben Inder getötet und dreißig andere verletzt wurden.

Das Unglück ereignete sich, als einige Arbeiter damit beschäftigt waren, alte Patronen auseinanderzunehmen. Nach Bekanntwerden des Unglücks wurde die Fabrik von einer rasenden Menge belagert.

12. Dezember. **Aufruhr in Indien.**

Kalkutta, 11. Dezember.

Die Polizei nahm heute nachmittag verschiedene Haussuchungen im Norden von Kalkutta vor. Dies geschah im Zusammenhange mit den jüngst von Studenten begangenen Dakoities. Sie beschlagnahmte auch die in indischer Sprache gedruckte Zeitung „Sandhya“.

Das Gesetz für summarisches Gerichtsverfahren.

Kalkutta, 10. Dezember.

Wie wir hören, verlangt der Antrag, der morgen Gesetz werden soll, das Verfahren wegen anarchistischer Verbrechen vor drei Richtern des Obersten Gerichtshofes. Eine formelle Überweisung wird nicht stattfinden. Der Prozeß wird durch unparteiische Vernehmungen von dem Distriktsrichter vorbereitet werden und die Untersuchung ohne Teilnahme von Geschworenen vor sich gehen. Sicherheitsleistung wird nicht angenommen, wenn ein stichhaltiger Grund für weitere Nachforschungen in der gegen den Angeklagten vorliegenden Sache vorhanden ist. Die Aussagen der von dem Distriktsrichter vernommenen Zeugen können in der Untersuchung zur Geltung gebracht werden, auch wenn der Zeuge in der Zwischenzeit verstorben oder unauffindbar ist und der Oberste Gerichtshof Grund zu der Annahme besitzt, daß sein Tod oder seine Unauffindbarkeit zugunsten des Angeklagten herbeigeführt worden ist.

Der zweite Teil des Gesetzes bestimmt, daß die Mitglieder von Vereinigungen zur Förderung von Gewalttätigkeiten oder Einschüchterungen mit Gefängnis- und Geldstrafen zu belegen sind. Die Führer solcher Vereinigungen sollen außer der Geldstrafe Gefängnis bis zu drei Jahren erhalten.

Das Gesetz wird zunächst in Bengalen, Ostbengalen und Assam in Kraft treten, aber der Generalgouverneur soll die Macht haben, es auch auf die übrigen Provinzen auszudehnen.

14. Dezember. **Der Kongreß von Nagpur verboten.**

Bombay, 13. Dezember.

Die indischen Politiker der extremen Richtung, die die Anerkennung der Bedingungen des Indischen Nationalkongresses zu Madras ablehnten und einen eigenen Kongreß zu Nagpur abhalten wollten, haben damit begonnen, ihre Delegierten zu wählen. Der Vizepräsident der Provinz hat jedoch für dieses Jahr die Einberufung eines Kongresses zu Nagpur und ebenso für einen Monat die Abhaltung von öffentlichen Versammlungen verboten.

Verhaftung eines hervorragenden Führers.

Kalkutta, 13. Dezember.

Der hervorragendste Bengali-Führer in Ostbengalen, Aswini Kumar Dutt, wurde gestern in Barisal verhaftet und in einem Dampfboot flußabwärts nach einem unbekannten Bestimmungsort befördert. Eine ungeheure Menge sammelte sich auf dem Hofe seines Hauses an und schrie „Bande Mataram“, machte jedoch keinen Versuch, ihn zu befreien.

Die Nachricht über die erfolgte Verhaftung hat in Indien große Aufregung hervorgerufen.

Verhaftung Krishna Kumar Mitras.

Kalkutta, 13. Dezember.

Die Verhaftung des hervorragenden Nationalistenführers Krishna Kumar Mitras, des Redakteurs der Zeitung „Sanjivani“, die in Zusammenhang mit den kürzlich stattgefundenen Studentendakoities gebracht wird, rief ungewöhnliche Aufregung hervor. Bhupendranath Bose, ein Mitglied des Rates von Bengalen, bemühte sich, seine Freilassung gegen Hinterlegung einer Sicherheitssumme zu erwirken; sein Antrag wurde zurückgewiesen.

Verurteilung eines weiteren Redakteurs.

Allahabad, 12. Dezember.

Das Gericht hat Babu Ram, den jugendlichen Redakteur der Zeitung „Swarajya“, wegen dreier auf Aufruhr lautender Anklagen zu sieben Jahren Verbannung verurteilt.

15. Dezember. **Ernstliche Verschwörung in Bengalen.**

Kalkutta, 14. Dezember.

Man kann mit der größten Sicherheit behaupten, daß die Verschwörung in Bengalen bereits seit langem besteht und viel bedenklicher ist, als man zuerst annahm. Sie begann lange vor der Teilung der Provinz, doch hat zweifellos die Abtrennung Ostbengalens die Empfindungen, denen sie ihr Entstehen verdankt, noch gereizt und gestärkt. Die Verschwörung war außerordentlich gut organisiert, hatte ihre einzelnen Sonderabteilungen mit einer Publikationsstelle und eigener Zeitung, desgleichen eine Militärzentrale, in der Waffen gesammelt und Bomben hergestellt wurden, eine Finanzstelle, die für die Herbeischaffung der Gelder sorgte und nicht zögerte, Überfälle auszuführen, wenn Mittel benötigt wurden, und endlich eine Nachrichtenstelle, die jede außergewöhnliche Betätigung der Polizeibeamten zu überwachen hatte.

Bei den kürzlich vorgenommenen Haussuchungen in Ostbengalen, besonders in Dakka, wurden zahlreiche Dokumente von großer Wichtigkeit gefunden. Sie werden zur Aufdeckung gewisser Geheimnisse, die mit der Bewegung zusammenhängen, dienen.

Verhaftung von Aufrührern.

Kalkutta, 14. Dezember.

Es wird amtlich bekanntgemacht, daß die nachstehend benannten Personen verhaftet wurden und auf Grund der Verordnung III von 1818 in Haft behalten werden:

Stulli, ein vermögender Grundbesitzer aus Kalkutta, M. Thakurta, Grundbesitzer aus Hazaribag, Krishna Kumar Mitra, Redakteur des „Sanjivani", S. Bose aus Kalkutta, S. Chakravati, früherer Redakteur der „Sanohya", Pulin Das, Führer der Anulisan Samiti aus Dakka, Bhupesh Nag aus Dakka, der Stellvertreter des Das, Asavini Kumar Dutt, Besitzer der Bruja Moton Hochschule aus Barisal, und Satis Chatterjee, der Stellvertreter Dutts.

23. Dezember.

Indische Unruhen.

Kalkutta, 22. Dezember.

Wieder wurde ein Versuch unternommen, den Staatsanwalt Hume zu töten. Als er sich gestern abend in einem Eisenbahnwagen befand, wurden in der Nähe von Sodepur zwei Bomben nach ihm geworfen; glücklicherweise wurde niemand verletzt.

Es ist merkwürdig, daß sieben Bombenattentate auf einer kurzen Strecke der Ost-Bengal-Eisenbahn verübt werden konnten und die Polizei dennoch ohne jede Spur der Täter ist.

1909.

2. Januar. **Zugeständnisse an die Armee.**

Kalkutta, 1. Januar.

Die in der Botschaft des Kaisers und Königs an die Fürsten und das Volk Indiens erwähnten Zugeständnisse an die Armee wurden heute verkündet. Künftig werden auch die indischen Offiziere die Löhnung, die von der Armeeverordnung für die höchsten Grade der betreffenden Waffengattung festgesetzt ist, erhalten. Unteroffiziere und Mannschaften der Kavallerie erhalten eine Erhöhung von drei Rupies monatlich, diejenigen der anderen Waffen zwei Rupies, außerdem erhalten alle freies Feuerholz. Die Hauptleute der indischen Armee beziehen demnach in Zukunft 400 Rupies monatlich, die Leutnants 280 Rupies. Die Löhnung der Befehlshaber über Schwadronen und Doppelkompagnien ist auf 250 bzw. 200 Rupies monatlich festgesetzt.

5. Januar. **Erhöhung der Militärlöhnungen.**

Kalkutta, 4. Januar.

Im Voranschlag beträgt die Erhöhung der Löhnung der indischen Armee zusammen 6 300 000 Rupies pro Jahr, nämlich 4 200 000 Rupies für die indischen Soldaten, 1 400 000 Rupies für die britischen Offiziere und 700 000 für Feuerholzlieferung.

2. Januar. **Aufruhr in Indien.**

Lahore, 1. Januar.

Die Behörden des Indischen Staates Patiala haben auf Grund des Britisch-Indischen Strafgesetzes acht Hindus wegen Aufruhrs verhaftet. Zwei der Verhafteten sind Brahmanen, von denen einer der Redakteur des indischen Hetzblattes „Swaraj“ ist, das in Allahabad erscheint.

7. Januar. **Beschlagnahme eines Hetzblattes.**

Lahor, 6. Januar.

Der Distriktsrichter von Lahor hat die Beschlagnahme der Presse und Einrichtung der revolutionären Zeitung „Ingilab“, die wegen Veröffentlichung aufrührerischer Artikel erfolgte, bestätigt. Einer dieser Artikel forderte die indischen Mütter dringend auf, ihre Kinder von der Wiege an zu Rebellen zu erziehen.

Kalkutta, 6. Januar.

Die Regierung hat drei Samitis (aufrührerische Vereinigungen) in Dakka, Barisal und Faridpur, sowie zwei andere in Mehmensingh unter Polizeiaufsicht gestellt.

20. Januar. **Indische Unruhen.**

Bombay, 19. Januar.

Der heute in Kolahpur beendete Aufruhrprozeß zeigt deutlich die Methoden der nationalistischen Presse. Bijapukar, ein Professor des Sanskrit an der Staats-Hochschule zu Kolahpur, wurde im Jahre 1905 wegen seines schädlichen Einflusses auf die Studenten seines Amtes enthoben. Darauf gründete er die Monatsschrift „Vishvavirtha“, stellte einen jungen Mann, namens Joshi, als Mitredakteur und einen Drucker, namens Joshiras aus Kolahpur ein. Diese Zeitschrift wurde von Tabgaon bei Puna aus geleitet, wo sich eine Nationalschule und eine von japanischen Sachverständigen geleitete Glasfabrik befinden. Beide Gebäude wurden von der Polizei durchsucht. Im März veröffentlichte die Zeitschrift einen Artikel, in dem die Behauptung aufgestellt wurde, daß die Tötung von Verbrechern nach den Veden keinen Mord bedeute. Hingegen zählt er zu Verbrechern diejenigen, die sich in den Besitz der Länder anderer Völker setzen und solche, die der Polizei Angaben machen. Solche Leute, fordert der Artikel, sollten ohne Barmherzigkeit erschlagen werden.

Joshiras wurde daraufhin zu achtzehn Monaten Zuchthaus, Bijapurkar zu zwei Jahren Gefängnis und einer Geldstrafe von 2000 Rupies und Joshi zu drei Jahren Zuchthaus verurteilt.

Vor dem Gericht findet jetzt die Vernehmung dreier Hindustudenten statt, die des Diebstahls von Chemikalien zur Herstellung von Bomben angeklagt sind.

25. Januar. **Ein neues Verbrechen in Indien.**

Kalkutta, 24. Januar.

In Lilluah wurde im Salonwagen Lord Kitcheners ein indischer Wärter ermordet aufgefunden. Der Körper lag auf dem Boden des Wagens, Kopf und Hals waren verstümmelt. Zwei weitere Wärter werden als vermißt gemeldet.

30. Januar. **Indische Unruhen.**

Bombay, 29. Januar.

Ein Student der Landwirtschaftlichen Hochschule zu Nagpur wurde zu zwei Jahren und ein Aufseher der Regierungsfarm zu einem Jahre Gefängnis verurteilt, weil sie das Standbild der Königin Viktoria im Königlichen Park zu Nagpur im November v. J. verstümmelt und mit Teer beschmiert hatten.

4. Februar. **Indische Unruhen.**

Kalkutta, 3. Februar.

Die Zeitung „Yugantar" erscheint noch immer in der französischen Siedelung zu Chandranagar. Sie fordert auch weiterhin zur Ermordung hoher Beamten auf.

10. Februar. **Verurteilung von Studenten.**

Bombay, 9. Februar.

Von den acht in Untersuchungshaft sich befindenden Hindustudenten, die wegen Verbreitung von Anweisungen zur Herstellung von Bomben und Aufreizung zum Morde angeklagt waren, wurden heute sechs verurteilt. Die verhängten Strafen bewegen sich zwischen drei und zwölf Monaten Gefängnis.

11. Februar. **Ein Regierungsanwalt erschossen.**

Kalkutta, 10. Februar.

Asutosh Birwas, Regierungsanwalt zu Alipur, der in dem dortigen Anarchistenprozeß tätig war, wurde heute nachmittag von einem Bengali-Studenten, der drei Schüsse auf ihn abgab, ermordet.

Ein europäischer Detektiv verhaftete den Mörder, der aus Barisal, einem bekannten Mittelpunkte anarchistischer Umtriebe, stammt.

Der Mord wurde ganz öffentlich begangen und hat im Gericht großes Aufsehen verursacht.

12. Februar. **Verurteilung eines Journalisten.**

Bombay, 11. Februar.

Pushotan Bapuji Khare, Redakteur der Zeitung „Puna Kal", wurde zu sechs Monaten Gefängnis und einer Geldstrafe von tausend Rupies wegen Abdruckes eines aufrührerischen Artikels verurteilt.

13. Februar. **Verbrechen in Indien.**

12. Februar.

Nach einem Verhör vor dem Distriktsrichter wurde Bose, der Mörder Asutosh Biswas, dem Schwurgericht überwiesen. Im Laufe des Verhörs gab er an, er habe Asatosh Biswas als Feind seines Landes auf Befehl eines Mannes, dessen Namen er nicht nennen werde, getötet. Der Täter weigerte sich auch, Zeugen zu nennen und irgend etwas zu seiner Verteidigung vorzubringen.

13. Februar. **Todesurteil in Alipur.**

Kalkutta, 15. Februar.

Charan Chandra Bose, der Mörder des Regierungsanwalts Asutosh Biswas zu Alipur, wurde heute morgen von dem dortigen Gericht zum Tode verurteilt. Nach einer halben Minute Beratung sprachen die Geschworenen das „Schuldig" aus.

15. Februar. **Ermordung eines britischen Offiziers.**

Allahabad, 13. Februar.

Aus Kohat ist hier die Nachricht eingetroffen, daß Leutnant A. F. Wacanley, der Garnison-Ingenieur zu Sarohai, in Miransi ermordet worden sei. Einzelheiten sind nicht bekannt.

17. Februar. **Aufruhr im Dekkan.**

Bombay, 16. Februar.

Heute wurde der Prozeß gegen einige Inder abgeschlossen, die unter der Anklage standen, sich zur Ermordung Kolonel Jerries, des politischen Agenten zu Kolahpur, verschworen zu haben. Einer der Angeklagten, namens Baput, wurde zu sieben Jahren Zuchthaus und einer Geldstrafe von tausend Rupies verurteilt.

Polizeiliche Haussuchungen in Kalkutta.

Kalkutta, 16. Februar.

Am frühen Morgen hielt die Polizei bei verschiedenen einflußreichen Indern Haussuchung und beschlagnahmte wichtige Papiere und Dokumente. Sie verhaftete den Bengali Pal, der in der Mordsache Biswas verwickelt zu sein scheint. Einige Revolver die dem vom Mörder Bose benutzten ähneln, sind aufgefunden worden.

20. Februar. **Folgen der Bombenattentate.**

Kalkutta, 19. Februar.

Wegen der wiederholten Bombenattentate hat die Regierung bestimmt, in die Dörfer an der Barackpur-Eisenbahnlinie Strafpolizei zur Unterstützung der regulären Polizeitruppen zu senden.

23. Februar. **Aufruhr in Indien.**

Lahore, 22. Februar.

Ein in Gurmukhi, der Sprache der Heiligen Schrift der Sikhs, geschriebener Hetzbrief ist aus England geschickt und unter den Sikhregimentern und dem Adel verbreitet worden. Er enthält die dringende Aufforderung zur Empörung, auch wenn keine Hoffnung auf Erfolg vorhanden ist und erklärt, daß derjenige stirbt, der für sich selbst lebt, hingegen derjenige das Leben gewinnt, der für sein Land den Tod erleidet.

25. Februar. **Verstümmelung des König-Viktoria-Standbildes.**

Bombay, 24. Februar.

Ein Bengali-Knabe, Lal Mohon, der unter der Anklage stand, das Denkmal der Königin Viktoria in Benares verstümmelt zu haben, wurde in Allahabad zu zwei Jahren Zuchthaus und einer Geldstrafe von 200 Rupies verurteilt. Falls die Zahlung nicht geleistet werden kann, soll er außerdem mit 6 Monaten Gefängnis bestraft werden.

1. März. **Unruhen in Indien.**

Kalkutta, 27. Februar.

Die Regierung hat zwei weitere Samities, nämlich die Yubak Sammilan in Kalkutta und die Brati Samiti im Gebiete von Khulna unter Polizeiaufsicht gestellt.

2. März. **Raubüberfall in Indien.**

Kalkutta, 1. März.

Einige junge Studenten, die sich durch falsche Bärte unkenntlich gemacht hatten, überfielen ein Haus in Serampur, folterten die Bewohner und beraubten sie ihres Geldes und ihrer Wertsachen. Der Polizei fehlt jede Spur zur Auffindung der Missetäter; man nimmt an, daß sie das Geld für anarchistische Zwecke verwenden wollen.

3. März. **Unruhen in Indien.**

Kalkutta, 2. März.

Im Hugli-Distrikt wurde eine Bombe aufgefunden. Schaden war nicht angerichtet worden.

15. März. **Fortdauernde Anzeichen von Unruhen.**

Kalkutta, 14. März.

Drohbriefe verschiedener Art werden noch immer in verschiedenen Stadtteilen verbreitet. Eine Höllenmaschine wurde gestern im Bureau der Zeitung „Englishman“ aufgefunden.

16. März. **Versuchtes Bombenattentat.**

Kalkutta, 15. März.

Einzelheiten über ein weiteres Bombenattentat werden jetzt bekannt. Vor einiger Zeit wurde die Polizei verständigt, daß dem Oberrichter der Präsidentschaft, Herrn Kingsford, eine in einem Buche verborgene Bombe zugeschickt worden sei. Das Paket sah wie ein verpacktes Gesetzbuch aus. Herr Kingsfort, der annahm, es handele sich um ein solches Buch, das er einem Freund geliehen hatte, öffnete das Paket nicht. Es ging mit seinem Gepäck weiter nach Muzafarpur und fand sich später unter seinen Büchern vor.

Als dann das Paket nach Kalkutta gebracht wurde, stellte man fest, daß sich darin ein Gesetzbuch von zwölfhundert Seiten befand, von denen sechshundert herausgeschnitten waren, um Platz zu schaffen. Dieser leere Raum enthielt eine mit Pikrinsäure gefüllte Blechhülse. Darin waren Federn derart eingesetzt, daß beim Durchschneiden der das Paket umgebenden Schnur die Deckel auseinanderfliegen mußten und ein Zünder mit Knallquecksilber von einem Hebel getroffen wurde. Die Federn waren verrostet, die Sprengmittel jedoch unversehrt. Herr Kingsford ist nur durch Zufall dem Unglück entgangen.

Bomben in dem Bureau einer anglo-indischen Zeitung.

Kalkutta, 15. März.

Die am Freitag in den Bureaus des „Englishman“ aufgefundene Bombe war von äußerst gefährlicher Art. Die Sprengstoffe waren anscheinend aus einer staatlichen Fabrik beschafft worden.

Aufruhr in Bombay.

Bombay, 15. März.

Die Polizei hat eine Anzahl aufrührerischer Schriftstücke in den Wohnungen der Mahrattistudenten beschlagnahmt.

14. April. **Prozeß gegen Arabindo Ghose und andere.**

Kalkutta, 13. April.

Nachstehend geben wir die Ansicht des Staatsanwalts in diesem Verfahren wieder:

„Es war eine Verschwörung, in der die darin verwickelten nicht nur ihre Pläne festgelegt, sondern sie zum Teil auch schon ausgeführt hatten. In ihren Büros hatten sie Mappen und Pläne derjenigen Plätze hergestellt und aufbewahrt, die sie zu überfallen beabsichtigten. Das Land wurde überflutet mit höchst verderblicher Literatur im Namen der Philosophie und des Vedantismus .... Angeblich auf die ewigen Lehrsätze der Liebe und des Friedens für alle Menschen gegründet, konnte der Zweck der Verschwörung doch kein anderer sein als der von Barin und Abinash bekannte, nämlich die Beseitigung, die Stürzung und die Vernichtung der britischen Herrschaft in Indien. Das Beweismaterial ergab einwandfrei, daß diese Männer in einem Augenblick geistiger Berauschung oder höchstem Hasses gegen die britische Regierung zur Überzeugung gekommen waren, daß die Zeit zur Beendigung der britischen Herrschaft da sei, und daß sie das gewinnen würden, was sie „Swaraj" nennen."

15. April. **Spruch der Beisitzer.**

Kalkutta, 14. April.

Ein starkes Polizeiaufgebot bewachte heute das Gericht zu Alipur, als die Beisitzer ihr Verdikt in dem Verschwörungsprozeß abgaben. Fünfundzwanzig der Angeklagten, einschließlich Arabindo Ghose, wurden freigesprochen, acht dagegen, darunter Barin, die Brüder Arabindos, die sich schuldig bekannten, und Hem Chandra Das, der nach Paris ging, um die Herstellung von Bomben zu erlernen, für schuldig erklärt. Das Urteil des Richters steht noch aus, er ist an das Verdikt der Beisitzer nicht gebunden. Wird Berufung eingelegt, so kommt der Prozeß vor den Obersten Gerichtshof.

Im nördlichen Kalkutta herrscht große Aufregung.

17. April. **Ein Bombenattentat auf die ostindische Eisenbahn.**

Kalkutta, 16. April.

Trotz der Anwesenheit der Strafpolizei ist eine weitere geladene Bombe auf der Eisenbahnstrecke in der Gegend von Agarparah gefunden worden.

26. April. **Verhaftung wegen Aufruhrs.**

Allahabad, 25. April.

Die Staatspolizei von Gwalior hat ungefähr dreißig bis vierzig Personen, die beschuldigt sind, zur Untreue gegen die Regierung aufgefordert zu haben, verhaftet.

29. April. **Erschießung eines britischen Offiziers durch einen indischen Soldaten.**

Peshwar, 28. April.

Captain Keene, Kommandant der Northern Wasiristan Miliz, wurde gestern in Miranshah von einem Soldaten dieser Truppe erschossen.

7. Mai. **Zwei Todesurteile im Verschwörungsprozeß von Alipur.**

Kalkutta, 6. Mai.

Heute wurde über die sechsunddreißig der Verschwörung beschuldigten Angeklagten das Urteil gefällt.

Barin, der Bruder Arabindo Ghoses, der geständig war, und Ulaskar Dutt, der die Bomben anfertigte, wurden zum Tode verurteilt. Upendra Roy, Kanji Lal Sen, Sidhir Nandi, Abinash, Indrabushan Roy und Saibudra Ghose wurden zu lebenslänglicher Verbannung, Poresh Sushir Roy zu zehn Jahren, Asokh Nandi, Bal Krishna Hari Khani und Sushir

Sen zu sieben Jahren, Krishna Jeban Sanyal zu einem Jahr Strafarbeit verurteilt. Hem Chandra, der zur Erlernung der Bombenherstellung nach Paris gegangen war, erhielt ebenfalls eine lebenslängliche Strafe. Arabindo Ghose und der Rest der Angeklagten wurde freigesprochen.

Die beiden zum Tode Verurteilten haben eine Woche Zeit, um Berufung einzulegen.

11. Mai. **Der Prozeß in Sachen des politischen Dakoity.**

Kalkutta, 10. Mai.

Die in einer Dakoity-Prozeßsache von einem besonderen Tribunal des Obersten Gerichtshofes erfolgte Freisprechung von vier Angeklagten zeigt in auffallender Weise die Unfähigkeit der Detektivpolizei.

Dreißig Dakoits entkamen in einem Boot, nachdem sie zwei Männer getötet und einige Häuser beraubt hatten. Sie wurden von sechzig Dorfbewohnern siebzig Meilen weit verfolgt, wobei von letzteren zwei getötet und siebzehn verwundet wurden. Die Polizei konnte lediglich vier Verdächtige herbeischaffen, und die Richter wiesen die Aussagen der Belastungszeugen zurück mit der Begründung, sie seien beeinflußt worden. Obgleich die Polizei durch die Abneigung des Volkes, an der Aufdeckung des Verbrechens mitzuarbeiten, stark behindert gewesen ist, so nimmt man doch an, daß ihre zweifelhaften Charaktere und Methoden die wichtigsten Gründe ihres Versagens sind. Es werden durchgreifende Reformen verlangt.

21. Mai. **Verurteilung brahmanischer Studenten.**

Bombay, 29. Mai.

Zwei Brahmanenstudenten wurden wegen Einschmuggelung zweier Pistolen aus Gwalior nach Nasik zu je sechs Monaten Gefängnis verurteilt.

28. Mai. **Indische Unruhen.**

Kalkutta, 27. Mai.

Ein bengalischer Diätar überfiel gestern Herrn Boxwell, den Ersten Schreiber der Assam—Bengal-Eisenbahn in Chittagong, und schlug ihm mit einem großen Beil den Schädel ein. In dem der Verhaftung folgenden Verhör gab der Diätar an, daß er lebensmüde sei und vor seinem Tode noch einen Engländer hätte töten wollen. In seinem Besitze wurde Swadeshi-Literatur vorgefunden.

2. Juni. **Beschlagnahme von Waffen.**

Lucknow, 1. Juni.

Im Moderabat-Bezirke erbeutete die Polizei über 140 Waffen verschiedenster Art. Drei Moulavis und deren Dienstleute, die nur für achtundzwanzig Waffen Waffenscheine besaßen, werden jetzt in Moderabad vor Gericht vernommen.

Die Bomben-Verschwörung von Midnapur.

Kalkutta, 1. Juni.

Heute wurde von dem Obersten Gerichtshofe die Berufung dreier Personen, die in der Prozeßsache der Bomben-Verschwörung von Midnapur verwickelt waren, verhandelt. Alle drei wurden freigesprochen. Das Urteil des Obersten Gerichtshofes hat großes Aufsehen hervorgerufen. Der Prozeß begann im vorigen Jahre vor dem Schwurgericht zu Midnapur.

7. Juni.

Verbrechen in Indien.

Dakka, 5. Juni.

Das Haus des Ganesh Chandra Chatterjee in Faridpur wurde gestern in den Abendstunden beschossen. Chatterjee ist einer der Zeugen in dem politischen Prozeß gegen Mitglieder der Anusilan Samiti, einer Vereinigung in Dakka . . Sein Bruder wurde in der Nacht aus dem Hause herausgezerrt und durch Schüsse und Stiche von vier unbekannten Männern verwundet. Ganesh selbst befand sich wohlbewacht in Dakka.

10. Juni.

Lebenslängliche Gefängnisstrafe wegen Aufruhrs.

Bombay, 9. Juni.

Von dem Gericht zu Nasik wurde Ganesh Damodar Sawarkar wegen Verfassung aufrührerischer Schriften zu lebenslänglicher Gefängnisstrafe und Einziehung seiner Güter und wegen Erregung zur Auflehnung zu zehn Jahren Gefängnis verurteilt.

3. Juli.

Die Lage in Ostbengalen.

Kalkutta; 2. Juli.

Es bestehen Anzeichen für ein Wiedererwachen der politischen Erregung in Ostbengalen. Versammlungen wurden abgehalten, in denen Resolutionen gefaßt wurden, welche die Sympathie mit den verbannten Indern zum Ausdruck brachten.

Arabindo Ghose, der neulich in dem Verschwörungsprozeß von Alipur freigesprochen wurde, hat in Ostbengalen und in anderen Orten Ansprachen gehalten. Die Zeitung „Bengali“ weist besonders auf eine von ihm im Stadthause von Howrah gehaltene Rede hin, in der er sagte: „Es gibt drei Worte, die imstande sind, die Regierung umzubilden: Freiheit, Gleichheit, Brüderlichkeit. Der Befehl Gottes ist an das indische Volk ergangen: „Eint Euch, eint Euch, seid frei, seid groß!“

20. Juli. **Indische Unruhen.**

Surendranath Banerjee erhielt gestern von der Indischen Vereinigung in Kalkutta folgendes Telegramm:

Durchgreifender Gesetzentwurf betreffend das Polizeivorgehen in Kalkutta und Umgebung der Gesetzgebenden Körperschaft Bengalens vorgelegt. Ermächtigt die Polizei, ohne gerichtlichen Befehl öffentliche und private Versammlungen, Umzüge, Gesänge, Illuminationen zu verbieten, ohne Verhaftungsbefehle Personen festzunehmen. Polizei für alle Handlungen vollkommen straflos.

31. Juli. **Ermordung Sir Curzon Wyllies.**

Donnerstag abend wurde Leutnant Colonel Sir W. H. Curzon Wyllie, der politische Adjutant des Staatssekretärs für Indien, beim Verlassen einer in der Jehangir-Halle des Kaiserlichen Instituts abgehaltenen Festlichkeit von einem indischen Studenten erschossen. Bei den Bemühungen, des Täters habhaft zu werden, wurde ein Arzt aus Shanghai, Dr. Cawas Lalcaca, ebenfalls von einem Schusse getroffen und verstarb auf dem Wege nach dem St.-George-Krankenhaus.

27. Juli. **Hinrichtung L. Dhingras.**

Vom Oberscherifen von London ist die im Gefängnis von Pentonville stattzufindende Hinrichtung des indischen Studenten M. L. Dhingras, der wegen des vorbedachten Mordes an Sir W. Curzon Wyllie zum Tode verurteilt wurde, für Mittwoch, den 17. August, festgesetzt worden.

20. Juli. **Unruhen in Indien.**

Kalkutta, 19. Juli.

Die Vorbereitungen für den Boykott finden noch immer in ganz Bengalen statt. Politische Versammlungen werden regelmäßig auf dem hiesigen College Square abgehalten, bei denen Arabindo Ghose der Hauptredner ist. Gestern sagte er, daß das Verbot der Versammlungen erst recht eine Aufstachelung sein würde, vor deren Folgen man zittern müsse. Es sei unmöglich, so fügte er hinzu, mit der Regierung zusammenzuwirken, solange dem Volke die Selbstverwaltung versagt werde.

Schüsse auf einen Eisenbahnzug.

Ein auf der Fahrt nach Madras befindlicher Eisenbahnzug wurde heute früh in der Nähe von Howrah beschossen, wobei ein europäischer Zugbegleiter beinahe von einer Kugel getroffen wurde. Dies ist der fünfte Fall, daß aus der Deckung der Wälder Bengalens auf Züge geschossen wird.

28. Juli. **Unruhen in Bengalen.**

Kalkutta, 27. Juli.

In Kalkutta werden fortgesetzt Versammlungen zur Vorbereitung der Erneuerung des Boykotts am 7. August, dem Jahrestage dieser Bewegung, abgehalten. Die Redner bezeichnen dieses Vorgehen als den Willen Gottes und ermahnen ihre Zuhörer, sich zu Hunderten und Tausenden dafür zur Verfügung zu stellen.

2. August. **Unruhen in Indien.**

Kalkutta, 1. August.

Der bedeutende Bengali-Rechtsanwalt Bupendranath Bose wird der am 7. August stattfindenden Boykottfeier vorsitzen. Das Programm enthält auch einen Umzug berittener „Freiwilliger“ mit der Nationalfahne und der Studentenkörperschaften durch Kalkutta, unter Absingen nationaler Lieder. Die Regierung Bengalens hat einen Aufruf erlassen, in dem Eltern und Vormünder auf die Gefahr hingewiesen werden, der sich die Jugend durch Teilnahme an diesen Aufführungen aussetzt.

6. August. **Verurteilung wegen Verhetzung in Gwalior.**

Simla, 5. August.

Die Extremisten haben ihre Propaganda der Untreue und Auflehnung in die unabhängigen Staaten verlegt in dem Glauben, daß sie dort weniger als im britischen Gebiet der Entdeckung ausgesetzt seien. Im April wurden in Gwalior neununddreißig Personen wegen Vorbereitung von Aufruhr verhaftet. Bei ihnen gefundene Briefe und Bilder beweisen, daß ihre Pläne von Männern aus Bengalen und dem Mahratta-Lande ausgearbeitet waren, und daß Lehrer und Studenten aus Gwalior in der Sache verwickelt sind. Die Beweisaufnahme gegen diese Personen fand unter Ausschluß der Öffentlichkeit statt; die gefällten Urteile wurden jetzt bestätigt. Vier der Angeklagten wurden zu je sieben Jahren Gefängnis, einer zu sechs, einer zu drei Jahren und siebenundzwanzig andere zu Strafen kürzerer Dauer verurteilt. Vier wurden freigesprochen.

7. August. **Indische Boykottbewegung.**

Kalkutta, 6. August.

Die „European and Anglo-Indian Defence Association“ hat an die Regierung Bengalens einen scharfen Brief gerichtet, in dem die Unterdrückung des Boykotts dringend gefordert wird. Denn der Hauptzweck der Bewegung ist, persönliche Feindschaft gegen die Regierung und alles Britische zu erregen und den Anarchismus in den beiden Provinzen zu fördern. Indessen hat sich die Regierung anscheinend entschlossen, die für morgen vorgesehenen Demonstrationen zu gestatten. Von den Beamten wird soweit als möglich jeder einzige Mann zum Dienst herangezogen werden und bewaffnete Polizei wird in Reserve gehalten.

17. August. **Polizisten von Dorfbewohnern getötet.**

Kalkutta, 16. August.

Ein Unterinspektor der Polizei, ein Wachtmeister und ein indischer Polizeidiener wurden von Landleuten nahe Hordoi in der Provinz Oudh totgeschlagen, als sie mit einer Untersuchung beschäftigt waren. Ein anderer Wachtmeister wurde gefährlich verletzt.

24. August. **Verbot einer Zeitung.**

Durch Bekanntmachung in der „Gazette of India“ hat der Generalgouverneur verboten, auf Land- oder Seewegen Exemplare der Wochenschrift „Justice“ nach Britisch-Indien einzuführen, gleichgültig, ob sie vor oder nach dieser Bekanntmachung erschienen sind.

26. August. **Der „Indische Soziologist“.**

Im Zusammenhange mit dem Druck und der Herausgabe des „Indischen Soziologisten“ wurde gestern abend eine neue Verhaftung vorgenommen. Die Dienstagsausgabe der „Times“ weist auf die Tatsache hin, daß das Blatt wiederum erschienen ist, und zwar mit folgendem Ausdruck:

Für den Besitzer gedruckt und herausgegeben von Guy A. Aldred von der Bakunin Presse, Slanlake Road, Shepherds Bush.

Gestern abend haben nun Beamte, die der politischen Abteilung der Kriminaluntersuchungsabteilung von Scotland Yard beigegeben sind, Herrn Aldred in seiner Wohnung in Slanlake Road verhaftet.

30. August. **Angriff auf einen Eisenbahnzug.**

Kalkutta, 28. August.

Nach einer Meldung wurde heute morgen durch Entfernen von Metallteilen ein Versuch gemacht, den Ost-Indien-Schnellzug zur Entgleisung zu bringen. Wider Erwarten ging dem Schnellzuge ein langsamer Arbeiterzug vorauf, und sechzehn Wagen wurden vom Gleis geworfen. Die Verluste an Menschenleben sind unbekannt.

31. August. **Die Lage in Bengalen.**

Kalkutta, 12. August.

Arabindo Ghose erklärte sich in seinem „Testament“ für einen allgemeinen Boykott der Regierung.

„Boykott fremder Waren ist eine notwendige Bedingung für die Förderung unserer Heimindustrien, Boykott der Regierungsschulen ist eine notwendige Bedingung für das Wachstum unserer nationalen Schulen, Boykott der britischen Gerichte ist die notwendige Bedingung für die Verbreitung der Schiedsgerichte.“

Anscheinend ist dies das von den jungen Bengalen anerkannte Evangelium.

17. September. **Bombenattentat auf einen Eisenbahnzug.**

Kalkutta, 16. September.

Mittwoch nacht wurde auf einen in voller Fahrt begriffenen Zuge der Ost-Bengal-Staats-Eisenbahn eine Bombe geworfen, und zwar in der Gegend zwischen Shimurali und Chakdaha, sechsunddreißig Meilen von Kalkutta entfernt. Der die Wertsendungen enthaltende Wagen wurde nahezu zersplittert, doch wurden die Wachtmannschaften nicht verletzt. Die für die Tat ausgewählte Gegend liegt nicht in dem polizeilich überwachten Gebiet. Die Missetäter entkamen wie gewöhnlich.

Der Beweggrund der Tat ist ungewiß. Da der Zug jedoch £ 90 000.— beförderte, die von der Bank von Bengalen nach Naraingani geschickt wurden, so handelt es sich wahrscheinlich um das Vorgehen von Dakoits, die durch frühere Immunität ermutigt, den Zug angriffen, um Gelder für ihre Anarchistensache zu beschaffen.

Die drei mit der Bewachung der Geldsendung in dem zertrümmerten Wagen beauftragten Inder bewiesen großen Mut. Sie zogen die Notleine und weigerten sich, den Wagen zu verlassen. Es war ein Sprengstoff von äußerst hoher Wirkungskraft benutzt worden, doch glücklicherweise traf die Bombe den Wagen in scharfem Winkel, so daß der Zug nicht entgleiste.

Dies ist das dreizehnte auf der Strecke der Ost-Bengal-Eisenbahn begangene Bombenattentat. Der Polizei fehlt jede Spur der Täter.

11. Oktober. **Beschlagnahme einer Zeitung.**

Bombay, 9. Oktober.

Der Distriktsrichter von Thana hat die Beschlagnahme der Presse des „Hindu Punch“ angeordnet, weil zwei in der letzten Zeit erschienene Nummern Artikel enthielten, die zu Mord und Gewalttätigkeit gegen Gokhale, einem der nichtoffiziellen Mitglieder des Vizeköniglichen Rates aufreizten.

13. Oktober. **Unterdrückung einer Indischen Gesellschaft.**

Simla, 12. Oktober.

Die Regierung von Indien hat eine Bekanntmachung erlassen, in der sie die Anusilan Samiti zu Kalkutta für ungesetzlich erklärt. Diese sogenannte „Gesellschaft für Körperkultur“ ist schon seit langem politisch verdächtig.

15. Oktober. **Unruhen in Indien.**

Bombay, 14. Oktober.

Die „Times of India" weist darauf hin, daß die Ganapatifeier in Puna jetzt nur noch zum Schein ein religiöses Fest sei, in Wirklichkeit aber zu Ehren Tilaks abgehalten werde. Die Regierung müsse eingreifen, um auf das Volk dahin zu wirken, Ganapati wieder wie bis zum Jahre 1893 zu verehren. Von diesem Zeitpunkte an änderten die Extremisten die Zeremonie, indem sie Festgesänge aufreizenden Charakters aufnahmen, deren Wirkung auf die Menge groß ist.

16. Oktober. **Die Teilung Bengalens.**

Kalkutta, 15. Oktober.

Heute forderte Arabindo Ghose in einer unter freiem Himmel abgehaltenen Versammlung den Aufruf des Lt. Governors, in dem die Studenten ermahnt werden, an den morgen am Jahrestage der Teilung Bengalens stattfindenden Versammlungen nicht teilzunehmen, unbeachtet zu lassen.

23. Oktober. **Verbot einer Indischen Zeitung.**

Simla, 22. Oktober.

Die Regierung hat einen Befehl erlassen, der die Einfuhr des Blattes „Bande Mataram", einer in Genf erscheinenden Zeitschrift, in Indien verbietet.

25. Oktober. **Der Swaraj-Prozeß.**

Bombay, 24. Oktober.

Auf die eingelegte Berufung hin hat der Oberste Gerichtshof von Bombay die Gefängnisstrafe von einem Monat bestätigt, zu der Ganesh Balwant Modak wegen Verbreitung einer Ausgabe des „Swaraj", einem Organ der indischen Nationalisten, das in England herausgegeben und von Bepin Chandra Pal redigiert wird, verurteilt worden war. Diese Ausgabe enthielt einen Artikel „Die Aetiologie der Bombe in Bengalen". Bei der Verkündung des Urteils sagte der Richter Chandavarkar, der Artikel mache den Eindruck, daß die Regierung nur zur Befriedigung ihrer eigenen Interessen da sei und nichts besitze, was ihre Existenzberechtigung beweisen könne.

30. Oktober. **Dakoity in Bengalen.**

Bombay, 29. Oktober.

Eine Dakoity, die in der Nähe von Daulatpur im Bezirke Nadia stattfand, vermehrt die Räubereien, die durch gebildete Bengalis verübt wurden. Vierzehn anständig gekleidete junge Männer brachen um Mitternacht in einen

Laden ein und zwangen die Anwesenden durch Folterung zur Herausgabe des dort befindlichen Geldes. Die Dakoits, die englisch sprachen, hielten die Dorfbewohner durch Schüsse fern. Sechs der jungen Leute wurden am folgenden Tage auf dem Bahnhofe zu Mirpur verhaftet. Bei dem einen fand man Patronen und bei den anderen einen geschriebenen Schwur, einer Geheimgesellschaft treu zu bleiben.

8. November. **Verhaftungen wegen Aufruhrs.**

Allahabad, 7. November.

Die Büros der Zeitung „Swarajya“ wurden gestern von der Polizei durchsucht und der Redakteur in Haft genommen.

Weitere Verhaftungen wegen Aufruhrs.

Lahore, 6. November.

Gestern verhaftete die Polizei Lalchand Falak Swaran Singh wegen Verbreitung angeblich aufrührerischer Bücher. Sie durchsuchte auch ein Dutzend Druckereien und Bücheragenturen in Lahor.

1910.

4. Januar. **Die Ermordung Jacksons.**

Bombay, 3. Januar.

In Sachen der Ermordung A. M. T. Jacksons sind bisher in den Distrikten von Nasik und Bombay nahezu dreißig Verhaftungen erfolgt. Fast alle verhafteten Personen sind Brahmanen. In ihren Häusern sind einige Browningpistolen gefunden worden.

7. Januar. **Verschwörung im Dekkan.**

Bombay, 6. Januar.

Die polizeiliche Untersuchung des Mordfalles in Nasik brachte als überraschendes Resultat die Verhaftung dreier älterer Brahmanen in Puna, Angestellte der Abteilung für Öffentliche Arbeiten. In ihren Häusern sind vier Browningpistolen nebst Munition gefunden worden.

Über den gewaltigen Umfang der Verschwörung ist jedermann entsetzt und wundert sich über die Unfähigkeit der Detektivabteilung, die bis zur Ermordung Jacksons die Anhäufung von Waffen nicht entdeckt hatte. Es besteht das lebhafte Verlangen, zu erfahren, welche Schritte die Regierung zu unternehmen beabsichtigt, um dem vollkommenen Versagen der Detektivabteilung abzuhelfen und wie sie die unbekannten Häupter der Dekkananarchisten in London und Paris unschädlich machen will. Man dringt ferner darauf, über die Maßnahmen gegen die indische Presse, die durch ihre aufrührerische Artikel den Verschwörern vorarbeitet, unterrichtet zu werden.

Bhai Paramand und der Aufruhrprozeß in Lahor.

Lahor, 11. Januar.

Bei dem heutigen Verhör der wegen Verbreitung von Hetzliteratur im November verhafteten Personen wurden wichtige Aussagen gemacht. Unter den Angeklagten befindet sich Ajit Singh, der im Jahre 1907 deportiert und später freigelassen wurde; dieser ist nicht verhaftet.

Der Staatsanwalt legte Briefe und ein Buch vor, die beweisen sollten, daß Ajit Singh an der Herausgabe und Verbreitung von Hetzliteratur beteiligt war. Das Buch enthielt Anweisungen zu Attentaten auf Personen und zur Zerstörung von Gebäuden.

Aus den Briefen geht hervor, daß sie von einem wohlbekannten indischen Agitator an Paramanand, einem Studenten in London, der Gelder für die Propaganda Ajit Singhs in Indien gesammelt hatte, geschrieben worden waren. In einem der Briefe wird Paramanand um regelmäßige Sendung revolutionärer politischer Bücher, die „wahre Ideen über Politik" enthalten, gebeten. Der Verfasser hoffte, daß die Schriften unter den Jünglingen durchgreifenden Erfolg haben würden.

In einem weiteren im April 1907 geschriebenen Brief wird P. gefragt, warum er das „Indienhaus" in London verlassen habe. Es wird dann hinzugefügt: „Wir durchleben jetzt befremdliche Zeiten. Das Volk ist mürrisch und sogar die ackerbautreibenden Klassen beginnen zu agitieren. Meine einzige Sorge ist, daß der Ausbruch nicht vorzeitig erfolgen möge."

14. Januar. **Die Waffeneinfuhr nach Indien.**

Die Brüsseler Waffenkonferenz ist verschoben worden, ohne daß man zu einer Einigung über die Maßnahmen, die die Einfuhr von Waffen nach Afghanistan und der Nordwestgrenze durch den Persischen Golf zu verhindern geeignet sind, gelangte. Wir haben Grund anzunehmen, daß die britische Regierung sich mit der Regierung Indiens ins Einvernehmen gesetzt hat, um über die Mittel zur Verhinderung des Waffenhandels zu beratschlagen.

Unser Pariser Korrespondent berichtet, daß Verhandlungen zu dem gleichen Zweck jetzt zwischen der britischen und der französischen Regierung eröffnet wurden. Diese Verhandlungen beziehen sich wahrscheinlich auf die französischen Vertragsrechte in Muskat, einem der wichtigsten Mittelpunkte des Waffenhandels.

Aufruhr in Indien.

Kalkutta, 13. Januar.

Ein Extrablatt verkündet, daß die Paragraphen des Gesetzes 6 von 1907, betreffend die Verhinderung aufrührerischer Versammlungen, in folgenden Gebieten in Kraft treten: Madras, Bombay, Bengalen, Pandschab, Zentralprovinzen und Vereinigte Provinzen, während das Kriminalgesetz 14 von 1908 in Madras, dem Pandschab und den Vereinigten und Zentral-Provinzen zur Anwendung gelangen wird.

Zufolge weiterer in den letzten Prozessen gemachten Enthüllungen aufrührerischer Bestrebungen nimmt man an, daß die Regierung die Verschärfung des Pressegesetzes beabsichtigt, wie dies bereits in der Rede Lord Mintos vom Juni 1908 angedeutet wurde.

18. Januar. **Waffenvernichtung an der Küste Persiens.**

Bombay, 17. Januar.

Eine Patrouille von S. M. Kreuzer „Fox" in Verbindung mit einer Abteilung aus Jusk vernichtete gestern 1300 Gewehre und 160 000 Patronen.

Indische Soldaten als Aufrührer verhaftet.

Kalkutta, 17. Januar.

Aufsehen erregte hier die Nachricht, daß zehn Mann von dem 10. Jats (ein hier stationiertes indisches Infanterie-Regiment) verhaftet und dem Gefängnis überwiesen wurden unter der Anklage, an politischen Dakoities beteiligt zu sein.

Die Militärbehörden bewahren natürlich Schweigen. Doch glaubt man, daß sich in dem Regiment, das wahrscheinlich sofort versetzt werden wird, nur sehr wenige sich durch die Verhetzung beeinflussen ließen, obgleich die Tatsache feststeht, daß direkte Versuche gemacht worden sind, die Soldaten zur Untreue zu verleiten. Die verhafteten Männer befinden sich jetzt in Einzelhaft, und man hofft, daß wichtiges Tatsachenmaterial gewonnen werden wird.

19. Januar. **Verbotener Waffenhandel.**

Kalkutta, 18. Januar.

Die mit der Überwachung des Handels mit verbotenen Waffen im Persischen Golf betrauten Marinemannschaften sollen demnächst verstärkt werden. Es heißt, daß die „Outram-Schützen" mit der „Hardinge" abgehen werden.

29. Januar. **Verhaftung indischer Soldaten.**

Kalkutta, 20. Januar.

Es steht jetzt fest, daß die Versuche zum Treubruch der 10. Jats in Midnapur begannen, wo drei Bengalis Soldaten in ihre Häuser einluden und auch das Militär besuchten. Die Bengalis, von denen einer verdächtig ist an politischen Dakoities teilzuhaben, wurden von der Polizei, die von einem Spion benachrichtigt worden war, beobachtet. Man hatte jedoch nicht genügendes Beweismaterial, um eine Verhaftung der Agitatoren zu rechtfertigen.

24. Januar.

Kalkutta, 22. Januar.

Das 10. Jat-Regiment, von dem zehn Mann kürzlich unter der Anklage des Aufruhrs verhaftet wurden, ist nach Haiderabad versetzt. An ihre Stelle treten jetzt die 27. Punjabis.

25. Januar. **Ermordung eines indischen Polizeioffiziers.**

Kalkutta, 24. Januar.

Inspektor Shams-ul-Alam von der Kriminal-Untersuchungsabteilung, der mit der polizeilichen Untersuchung des Bombenattentats von Manicktollah beauftragt war und viel zur Entwirrung des Komplottes beigetragen hatte, wurde heute nachmittag im Obersten Gerichtshof erschossen. Er hatte soeben einen der Gerichtssäle verlassen und die oberste Stufe der nach dem Haupteingange führenden Treppe erreicht, als er von einem in einer Menschengruppe stehenden jungen Bengali in einer Entfernung von zwei Zoll mit einem Revolver erschossen wurde. Shams-ul-Alam versuchte seinen Mörder zu ergreifen, stürzte jedoch sterbend nieder.

Der Angriff ereignete sich so plötzlich, daß es dem wachthabenden Polizisten und einem Inspektor nicht gelang, den Täter zu fassen, der die Straße erreichen konnte. Ein vorüberreitender Soldat bemühte sich, ihn anzuhalten, der Täter schoß jedoch auch auf ihn, und die Kugel ging durch seinen Turban. Schließlich wurde der Mörder von einem europäischen Sergeanten und einem Gerichtsdiener ergriffen.

Über den Grund der Tat ist kein Zweifel vorhanden. Shams-ul-Alam hielt die Fäden der Bomben-Verschwörung und der jüngsten Dakoities in seiner Hand, und sein Leben war schon verschiedentlich bedroht worden. Sogar in dem Gerichte zu Alipur sagten ihm die Gefangenen, daß er erschossen werden würde. Er wurde als äußerst gefährlicher Feind des Terrorismus betrachtet. Der Mörder, ein Jüngling von 21 Jahren, trug einen neuen Revolver bei sich.

27. Januar. **Unruhen in Indien.**

Lahore, 26. Januar.

Bei der heutigen Vernehmung verschiedener in Verbindung mit der Verbreitung von Hetzliteratur verhafteter Personen, legte der Ankläger eine Anzahl Briefe und Dokumente vor, die Paramanand, der einige Zeit in London studiert hatte, als sein Eigentum anerkannte. Unter den Dokumenten befindet sich ein Entwurf für die Zusammensetzung der indischen Regierung nach der Vertreibung der Briten. Man nimmt danach an, daß der Maharadscha von Nepal zum König gewählt werden und ihm zur Seite ein Rat von fünf Männern gestellt würde, dem beizutreten der Emir von Afghanistan veranlaßt werden sollte. Auch ein Herrenhaus und ein Unterhaus in Delhi war vorgesehen.

Die Ermordung Shams-ul-Alams.

Kalkutta, 26. Januar.

Birendranath Sen Gupta, der Mörder des Inspektors Shams-ul-Alam, ist 19 Jahre alt. Er gibt offen zu, daß er zu einer Geheimgesellschaft gehört habe, die ihn zum Morde an dem Inspektor bestimmte. Wie er sagt, haßte er den Getöteten wegen seiner Tätigkeit bei politischen Untersuchungen. Die Polizei ist lebhaft in der Sache beschäftigt und man glaubt, wertvolle Spuren gefunden zu haben.

29. Januar. **Mord in Kalkutta.**

Kalkutta, 28. Januar.

Die Polizei entwickelt äußerste Tätigkeit in der Durchsuchung von Häusern und hat bereits Verhaftungen vorgenommen, die, wie man glaubt, im Zusammenhange mit der Ermordung des Inspektors Shams-ul-Alam stehen.

31. Januar. **Lajpat Rai.**

Kalkutta, 30. Januar.

Zwei als Teil des Beweismaterials in dem Aufruhrprozeß gegen Ajit Singh in Lahor vorgelegte Briefe, die Lajpat Rai vor seiner Deportation geschrieben hat, haben hier großes Interesse erregt.

In dem Schreiben, das an einen jungen Studenten in Edinburgh im Februar 1907 gerichtet war, wird gesagt:

„Ich wäre Ihnen sehr dankbar, wenn es Ihnen möglich wäre, mir jeden Monat ein neues Buch zu schicken. Es kann eine revolutionäre oder politische Novelle, die Geschichte einer patriotischen Bewegung, das Leben eines Nationalisten oder dergleichen sein. Shyamji könnte etwas von seinem Gelde dazu verwenden, eine Anzahl solcher Bücher, die wahre Ideen über Politik enthalten, an die hiesige Studentenkolonie zu senden. Ich habe das Vertrauen, daß gute Literatur dieser Art, wenn sie Jünglingen in die Hand gegeben wird, nachhaltige Wirkung haben muß."

Man ist hier der Meinung, daß eine Propaganda, wie sie Lajpat Rai hier beschreibt, ein mehr als genügender Grund für seine dauernde Verbannung sei.

31. Januar. **An der Persischen Küste erbeutete Waffen.**

Bombay, 30. Januar.

Eine Abteilung Mannschaften vom S. M. Kreuzer „Hardinge" und dem Truppenschiff „Hyacinth" landete in Jask und griff in der Nacht zum 26. Januar ein Waffendepot auf dem Flusse Jagim an. Sie erbeuteten 760 Gewehre und 50 000 Patronen.

1. Februar. **Das 10. Jatregiment.**

Kalkutta, 31. Januar.

Das 10. Jatregiment verließ heute Kalkutta, um an Bord des Kgl. Indischen Marine-Dampfschiffes „Northbrook" nach Haiderabad gebracht zu werden. Fünfundzwanzig Mann des Regiments sind im Zusammenhange mit der letzten Aufstandsbewegung (Aufruhr und Untreue) bestraft worden. Der Oberbefehlshaber hielt den Mannschaften gestern abend eine Ansprache und drückte die Hoffnung aus, sie würden in ihrer neuen Garnison ein neues Leben beginnen und ihre alte Denkweise aufgeben.

2. Februar. **Der Mörder Shams-ul-Alams zum Tode verurteilt.**

Kalkutta, 1. Februar.

Birendranath Sen Gupta, der Mörder des Polizeiinspektors Shams-ul Alam, wurde von dem Obersten Gerichtshofe zum Tode verurteilt. Die Inanspruchnahme eines Rechtsbeistandes lehnte er ab.

3. Februar. **Die Ermordung Jacksons.**

Bombay, 2. Februar.

Karare, der den Bezirksrichter Jackson in Nasik erschoß, wurde heute unter der Anklage des Mordes dem Gerichte überwiesen, sechs andere wurden der Beihilfe zum Morde überführt und ebenfalls dem Gerichte zur Aburteilung überwiesen.

5. Februar. **Pressegesetz-Entwurf Sir Herbert Risleys.**

Kalkutta, 4. Februar.

Der Pressegesetz-Entwurf Sir Herbert Risleys sieht die Kontrolle über die Druckpressen vor. Der Druckereibesitzer ist nach diesem Gesetze verpflichtet, eine Sicherheit von fünfhundert bis zu fünftausend Rupies, je nach Ermessen des Richters, zu hinterlegen. Ist die erste Sicherheit verwirkt, so wird eine zweite eingefordert und bei einem dritten Verstoß kann die Presse beschlagnahmt werden. Den Zoll- und Postbeamten wird die Berechtigung verliehen, verdächtiges Material zurückzuhalten und zu untersuchen, und die Ortsbehörden sind berechtigt, die Beschlagnahme jeder Zeitung, jedes Buches oder Schriftstückes zu verhängen und die Polizei zum Einschreiten zu ermächtigen. Die in dem Gesetz enthaltene Einschränkung dieser Vollmachten besteht darin, daß innerhalb zweier Monate die Berufung bei einer Sonderkammer von drei Richtern des Obersten Gerichtshofes zulässig ist, die dann entscheidet, ob die betreffende Angelegenheit unter die Bestimmungen des Gesetzes fällt. Jedes andere gerichtliche Verfahren auf Grund dieses Gesetzes ist ausgeschlossen.

Verstöße gegen das Gesetz.

Der Gesetzentwurf definiert Pressevergehen als Versuche, zu Mord und anarchistischen Verbrechen aufzustacheln, die Treue der Armee und Marine zu untergraben, zu Rassen-, Klassen- und religiöser Gegnerschaft oder zu Haß und Verachtung gegen die Regierung oder einen indischen Fürsten, zur Einschüchterung durch Begehen von Verbrechen, zu Störungen der Gesetze und der Ordnung und zur Einschüchterung von Beamten durch Drohungen aufzureizen. In dem Entwurfe wird gesagt, daß die in der letzten Zeit von jungen Männern der Mittelklasse begangenen Verbrechen auf die ausgesprochen aufrührerischen Schriften oder auf Einflüsterungen und versteckte Aufreizungen in Zeitungen, Flugblättern und Broschüren zurückzuführen seien.

Die Rede Sir Herbert Risleys über revolutionäre Aufreizungen in Indien vor der Kaiserlichen Gesetzgebenden Körperschaft.

„Wir hofften darauf, daß man mit der Zeit Vernunft annehmen würde, aber die Presse ist immer schlimmer geworden; sie predigt die grausame Boykottmethode und hat die Entschließung der Regierung vom 3. Juni 1907 notwendig gemacht. Obgleich siebenundvierzig erfolgreiche gerichtliche Verfahren unter diesen Bestimmungen stattfanden, hat sich das Gesetz am Ende des vergangenen Jahres als ungenügend zur Unterdrückung des Aufruhrs erwiesen. Wir sehen jetzt, wie ein Teil der indischen Presse mit großem Leserkreis dabei ist, die Regierung in den Augen der Inder verhaßt zu machen. Sie wird als fremd und daher selbstsüchtig und tyrannisch hingestellt; es heißt, sie beraube das Land seines Wohlstandes und verursache die Verarmung des Volkes, sie habe die Hungersnöte herbeigeführt und ihre Bewässerungsanlagen hätten die Malaria verschuldet; sie habe dem Lande die Pest gebracht und die Brunnen vergiftet, um die Bevölkerungsziffer zu vermindern, damit die Einwohnerschaft leichter unterworfen werden könne. Sie habe durch ein gottloses System des Unterrichts die Religion vernichtet; sie lasse die Inder in den Kolonien schlecht behandeln und trachte danach, das Kastenwesen zu vernichten. Kurz, die Regierung halte das ganze Volk, das jetzt danach ringt, sich zu befreien, in einem Zustand der Sklaverei.

Diese Thesen seien der Jugend, aus der die große Körperschaft der Zivilbeamten in Indien gebildet wird, eingeimpft worden. Dazu kommt noch, daß die Presse ganz öffentlich durch allerlei Hinweise behauptet, die einzige Rettung Indiens sei die Befreiung von der Fremdherrschaft. Sie fordert die Jugend dringend zur Märtyrerschaft auf, und beruft sich bei der Aufstachelung zu politischen Morden und zum Aufruhr auf die Hindu-Mythologie, europäische revolutionäre Literatur und das heilige Buch Gita, das unserer „Nachfolge Christi" entspricht. Sie hat ihre Leser vollkommen in der Hand. Junge Leute dringen in friedliche Dörfer ein und verkünden dort diese Lehrsätze. Abgesandte, als religiöse Ordensbrüder verkleidet, reisen umher und verbreiten das Evangelium der Anarchie; sogar bis in die Frauengemächer dringen die Schmähschriften. Wir stehen einer mörderischen Verschwörung gegenüber. Die Führer arbeiten im geheimen, und ihre jugendlichen Anhänger folgen ihnen blindlings. Gewisse Blätter haben den Samen der Anarchie ausgestreut und sind für die anarchistischen Verbrechen verantwortlich."

4. Februar. **Bombenfund in einer Villa in Bengalen.**

Kalkutta, 3. Februar.

Die Polizei hat eine eiserne, mit Schießpulver gefüllte Hülse bei einer Villa in dem Bezirke von Rangpur, Ostbengalen, gefunden. In dem Hause war ein Besuch des Statthalters vorgesehen. Man betrachtet den Fund als Beweis eines beabsichtigten Verbrechens.

9. Februar. **Indische Anarchistenpropaganda.**

Nachforschungen der Berliner Polizei.

Berlin, 8. Februar.

Wie Reuters Vertreter erfährt, ist die Berliner politische Polizei auf Grund von Angaben, die in der britischen Presse erschienen sind, der Behauptung nachgegangen, daß eine indische revolutionäre Zeitung „Talvar" in Berlin gedruckt würde, deren Redakteur ein junger, kürzlich von dem Dampfer „Macedonia" in Ismalia geflüchteter Inder sei. Die Nachforschungen haben jedoch ergeben, daß das Blatt nicht in Berlin hergestellt wird. Die Polizeisachverständigen sind in der Lage zu beweisen, daß die Typen englisch sind. Das Papier ist scheinbar ebenfalls englischen Ursprungs, doch kann es möglicherweise auch belgisch sein.

15. Februar. **Aufstand der indischen Ureinwohner.**

Allahabad, 14. Februar.

Die Ureinwohnerstämme in Bastar, einem Tributarstaate in den Zentralprovinzen, befinden sich im Aufstande. Sie plünderten Läden und brannten Polizeistationen und Schulhäuser nieder. Ein Staatsbeamter ist ernstlich verletzt worden. Die Rebellen sind mit Armbrüsten und Pfeilen bewaffnet. Eine Abteilung von 120 bewaffneten Polizisten wurde ausgesandt, um der Unruhe, deren Grund unbekannt ist, Herr zu werden.

19. Februar.

Allahabad, 18. Februar.

Es wird berichtet, daß 120 Polizisten unter dem Befehl eines Polizei-Superintendenten und begleitet von Herrn de Brett, dem englischen Vertreter (political agent) bei den Chatisgarh-Staaten, nach Jagdalpur, dem Mittelpunkte der Unruhen, marschieren. De Brett und der Polizei-Superintendent fuhren in einem Automobil voraus und trafen am 16. Februar in Jagdalpur ein. Der Übergang über den Fluß Indrawati wurde ihnen verwehrt, wobei fünf Rebellen getötet wurden. Es heißt, daß Jagdalpur von vielen Tausenden von Merias (Ureinwohnern) deren Zahl sich täglich steigert, umringt wird. Man erwartet heute das Eintreffen der Polizei in Jagdalpur. Es sind ebenfalls Truppen dorthin befohlen worden.

28. Februar. **Aufstand der Ureinwohner.**

Allahabad, 27. Februar.

Berichte aus dem Staate Bastar bezeichnen die Unzufriedenheit mit den Forstbestimmungen und die Reibungen wegen Kleinigkeiten in der Verwaltung als Ursache des Aufstandes.

Anscheinend hat sich der Aufstand über den ganzen Staat ausgebreitet. Die Rebellen haben alle „Fremden“ vertrieben und die Schulen und Regierungsgebäude niedergebrannt. Polizeiabteilungen und die 22. Panjabis sind am 24. in Jagdalpur eingetroffen und haben die Auslieferung der Anführer verlangt.

23. Februar. **Unterdrückung einer Zeitung.**

Allahabad, 22. Februar.

Das Erscheinen der „Swarajya“ ist verboten worden, da der Besitzer der gerichtlichen Aufforderung zur Hinterlegung einer Sicherheit von 1000 Rupies nicht nachkam. Es ist dies der erste derartige Fall unter dem Pressegesetz. Zwei Redakteure der „Swarajya“ sind bereits der Verbreitung von Hetzschriften überführt.

25. Februar. **Anfrage über Beteiligung am indischen Aufruhr.**

Der Unterstaatssekretär für Indien, Montagu, beantwortete eine von Wedgwood (Newcastle) eingebrachte Anfrage über die Beteiligung Kishan Singh's an der Veröffentlichung zehn verschiedener Broschüren aufrührerischen Inhalts wie folgt: „Der Staatssekretär ist nicht darüber unterrichtet, ob eine der Broschüren ein Zitat aus „Die Expansion Englands“ von Seely enthält.“

1. März. **Verurteilung wegen Aufruhrs.**

Lahor, 28. Februar.

Gegen eine Anzahl von Personen, die wegen Aufruhrs angeklagt sind, schwebt gegenwärtig hier ein Prozeß. Zwei der Angeklagten wurden heute verurteilt, der eine zu siebenjähriger Verbannung, der andere zu drei dreiviertel Jahren Gefängnis.

8. März. **Ermordung Jacksons.**

Verhör der Angeklagten.

Bombay, 7. März.

Heute begannen vor einem Sondertribunal des Obersten Gerichthofes die Vernehmungen der ersten Gruppe der Angeklagten, die in der Ermordung Jacksons verwickelt sind. Von den vierundfünfzig in Untersuchungshaft befindlichen Hindus wurden heute sieben verhört. Das Tribunal setzt sich zusammen aus dem Oberrichter und den Richtern Chandavarkar und Heaton. Alle Angeklagten sind Brahmanen der Studentenklasse im Alter von 18 bis zu 23 Jahren. Man hat ausreichende Vorsichtsmaßregeln getroffen, um zweifelhafte Persönlichkeiten von den Pforten des Gerichts fernzuhalten.

8. März. **Vorgeschichte des Verbrechens.**

Gegen Ende des Jahres 1908 wurden nach der Darstellung des Staatsanwalts Karve, Deshpande und Soman Mitglieder der zur Beschaffung von Waffen, Anfertigung von Bomben und Herbeiführung der Selbstregierung gebildeten Geheimgesellschaft. Späterhin traten auch andere der Gesellschaft bei, die Ortsgruppen in verschiedenen Mittelpunkten des Dekkan hatte. Die Mitglieder lernten von Karve die Herstellung von Bomben und sammelten Pistolen und Patronen. Im Mai 1909, infolge des Kriminalverfahrens gegen Savarkar, der angeklagt war, gegen den König Krieg geführt zu haben, entstand bei fünf der Angeschuldigten der Plan, Jackson zu ermorden. Bis zum September ereignete sich nichts von Bedeutung, denn die Verschwörer von Nasik fürchteten sich, ihr Leben bei dem Morde aufs Spiel zu setzen. Sie verbanden sich dann mit Kanhere, der in Aurangabad lebte und Mitglied einer ähnlichen Gesellschaft war. Dieser erklärte sich zur Ausführung des Mordes bereit und wurde nach Nasik gebracht, wo man ihm Jackson zeigte. Er wurde im Gebrauch von Pistolen unterwiesen und kehrte dann wieder nach Aurangabad zurück.

Die in Aussicht genommene Versetzung Jacksons nach Bombay beschleunigte die Ausführung des Verbrechens. Kanhere mußte wiederum nach Nasik kommen, wurde von Karve mit Waffen versehen, von diesem und Deshpand in das Theater genommen, und dort vollführte er den Mord. Im Falle seines Versagens wäre die Ausführung Kanhere zugefallen.

10. März. **Einfuhr von Waffen und der Jackson-Mordprozeß.**

Bombay, 9. März.

In dem Mordprozeß von Nasik machte Gopal Krishna Patankar, ein Brahmane und Agent der Hindusthan Versicherungsgesellschaft, der sich wegen Verletzung des Waffenverbotgesetzes in Untersuchungshaft befindet, heute folgende Angaben: Im Mai 1909 hat Savarkar, der damals eine Strafe abbüßte, ihn gebeten, eine Sendung Waffen aus Chatterbhuj anzunehmen. Er empfing neun Pistolen nebst Munition und gab sie an seinen Vetter weiter, um die Familie Savarkars zu schonen.

14. März. **Aufruhrprozeß von Patiala.**

Vor einiger Zeit setzte die Regierung von Patiala einen Sondergerichtshof ein zur Vernehmung von sechsundsiebzig Personen — die Anzahl ist inzwischen auf neunundsechzig herabgesunken — die des Aufruhrs gegen die Regierung Indiens und den Patialastaat angeklagt sind. Im Laufe der Untersuchung reichten die Angeklagten eine Bittschrift an den Maharadscha ein, in der sie darum baten, daß die Untersuchung durch einen Exekutivbefehl beendet werden möge. Ende Januar wurden die Vernehmungen dann eingestellt, und der Maharadscha hat jetzt folgende Verfügung in Sachen der Bittschrift erlassen:

„Ich bin bereit, die Entschuldigung auf die gegebenen Versicherungen hin anzunehmen und zu bestimmen, daß die Untersuchung gegen die Angeklagten beendet und das Verfahren eingestellt wird. Ich bin indessen nicht gewillt, daß irgendeine Person, gegen die auch nur der Hauch eines Verdachtes besteht, gegen den Staat von Patiala, oder gegen die britische Regierung untreu gewesen zu sein, in meinen Diensten oder meinem Reiche verbleibt. Ich bestimme deshalb, daß sämtliche Angeklagten, die in meinen Diensten stehen, sofort aus ihren Stellungen und Ämtern entlassen werden, die sie innehatten. Sie sollen meinen Staat innerhalb einer Woche verlassen und ihn niemals wieder ohne meine besondere Genehmigung betreten."

14. März. **Agitation in Ostbengalen.**

Dakka, 13. März.

Jede Schule und Hochschule in Ostbengalen ist kürzlich mit Flugschriften aufreizendster Art überflutet worden. Die Studenten werden darin dringend aufgefordert, zu einer Sammlung von Köpfen für die Göttin Kali beizutragen und ihr ein willkommenes Opfer fremden Blutes darzubringen. Die Flugblätter sind an jeden einzelnen Studenten namentlich adressiert und werden persönlich überreicht. Sie sind augenscheinlich von einem Brahmanen geschrieben und stammen aus Kalkutta. Sie verfolgen den Zweck, die Massen aufzureizen und die Fremden als Bedrücker und Erpresser des Landes hinzustellen.

18. März. **In Verruf erklärte Gebiete.**

Kalkutta, 15. März.

Dakka, Barisal, Meymensingh und Faridpur sind in Verruf erklärt worden, um das Abhalten von Versammlungen, in denen, wie man glaubt, Agitatoren aus Kalkutta aufzutreten beabsichtigen, zu verhindern.

18. März. **Arabindo Ghose verschwunden.**

Kalkutta, 17. März.

„Indian Daily News“ berichtet, daß Arabindo Ghose seit mehreren Tagen verschwunden sei. Seine Freunde sind im Zweifel, ob er sich nach dem Himalaya zur Ausübung der Yoga (Einkehrhalten und Nachdenken über sich selbst, zur Wiedervereinigung der Seele mit dem Höchsten Geist) begeben oder sich überhaupt zurückgezogen hat. Seine Zeitung „Karma Yogin“ erhielt kürzlich auf Grund des Pressegesetzes eine Verwarnung.

24. März. **„Rashtramat“ hat das Erscheinen eingestellt.**

Bombay, 23. März.

Der Redakteur und der Drucker der wohlbekannten Marathi Extremistenzeitung „Rashtramat“ sind auf Grund des Pressegesetzes aufgefordert worden, eine Sicherheit von 5000 Rupies zu hinterlegen. Sie erklärten, zur Stellung der Sicherheit außerstande zu sein und teilten mit, daß sie den Druck der Zeitung eingestellt hätten.

28. März. **Hindus boykottieren Mohammedaner.**

Lahore, 27. März.

Wachsende Feindschaft zwischen Hindus und Mohammedanern ist im Pandschab dadurch entstanden, daß die Hindus die mohammedanischen Händler boykottieren. Die Hindus erklären ganz offen, mit den Muslimen keinerlei Geschäftsverkehr pflegen zu wollen, bis diese sich ebenfalls der Nationalistensache zugewendet haben. Der Boykott erstreckt sich sogar auf die freien Berufe. Obgleich er bisher nirgends von Gewalttätigkeiten begleitet gewesen ist, verursacht der Boykott den Muslimen doch schwere Verluste, da die Hindus im allgemeinen vermögender sind.

30. März. **Mordprozeß von Nasik.**

Verurteilung des Angeklagten.

Bombay, 29. März.

Der Oberrichter verkündete heute den Urteilsspruch des Tribunals, das aus ihm selbst und den Richtern Chandavarkar und Heaton bestand. Kanhere, der wirkliche Täter, wurde zum Tode verurteilt. Karve, der Anstifter der Verschwörung und Deshpande, der zusammen mit Karve Kanhere in das Theater begleitete, wo der Mord verübt wurde, werden ebenfalls mit dem Tode bestraft werden.

Soman, Joshi und Vaidja, tätige Mitglieder der Geheimgesellschaft, die den Mord plante, wurden zu lebenslänglicher Verbannung verurteilt. Daltu Joshi, ein Freund Kanheres, der von dem beabsichtigten Verbrechen Kenntnis hatte, erhielt eine Strafe von zwei Jahren Zuchthaus.

6. April. **Verbot einer Zeitung.**

Bombay, 5. April.

Wie berichtet wird, mußte „Kal", das berüchtigte Extremistenblatt von Dekkan, da die vom Pressegesetz geforderte Sicherheit nicht hinterlegt wurde, sein Erscheinen einstellen.

7. April. **Verhaftungsbefehl gegen Arabindo Ghose.**

Kalkutta, 5. April.

Gegen Arabindo Ghose ist wegen eines in seiner Zeitung „Karma Yogin" am 25. Dezember erschienenen Artikels ein Verhaftungsbefehl ergangen.

In diesem Artikel wurde von ihm bestritten, daß die gemäßigte Politik versagt habe. Wenn sich die Nationalisten zurückhalten, so wird entweder die nationalistische Bewegung ganz verschwinden oder mit finsteren und gewalttätigen Mitteln vorgehen. Wenn die Regierung, so sagt er, die Nationalisten zerschmettert und ein verzweifeltes, widerstrebendes Volk den Händen leidenschaftlich enthusiastischer, skrupelloser Kräfte ausliefert, so wird sie die Verantwortung dafür zu tragen haben. Die Nationalisten erstreben die Unabhängigkeit; da aber unvollständige Selbstregierung nur ein Vorläufer sein kann, so verlangt er demokratische Reformen. Werden diese nicht gewährt, so müssen die Nationalisten der Regierung passiven Widerstand entgegensetzen. Der Schulunterricht muß gefördert, Streitfälle durch Schiedsgerichte geschlichtet und die britischen Gerichtshöfe vermieden werden. Der Boykott ist aufrecht zu erhalten.

Diese Lehrsätze sind im „Karma Yogin" häufig vertreten worden, und „Der letzte Wille" Arabindo Ghoses, der im Tone noch viel heftiger ist, wird zu Hunderten zu einem Paisa (2 Pf.) das Stück verkauft.

20. April. **Hinrichtung der Mörder Jacksons.**

Bombay, 19. April.

Die wegen der Ermordung Jacksons, des Richters aus Nasik, zum Tode verurteilten Männer wurden heute im Thana-Gefängnis hingerichtet. Die Leichname wurden dann im Gefängnishofe verbrannt.

21. April. **Unruhen in Chota-Nagpur.**

Kalkutta, 20. April.

Man befürchtet Aufstände der Ureinwohner Chota-Nagpurs, die von einem Manne, der sich als die Verkörperung einer Gottheit ausgibt, aufgestachelt worden sind, sich der britischen Regierung zu widersetzen. Der Mittelpunkt der Unruhen befindet sich in der Nähe von Ranchi, wo auf den Bergen die Kriegstrommeln geschlagen worden sind. Bis jetzt haben noch keinerlei

Feindseligkeiten stattgefunden. Truppen und Polizisten bewachen die zusammenströmende Menge.

25. April. **Einschüchterung durch Drohungen in Indien.**

Dakka, 23. April.

Großes Aufsehen wurde gestern im Gericht während der Vernehmung einiger in dem Eisenbahndakoity von Rajendrapur verwickelten Männer durch ein Telegramm des Stationsvorstehers von Rajendrapur hervorgerufen. Er gab an, vor Gericht nicht als Zeuge auftreten zu können, da man ihm gedroht habe, seine Familie und sein Haus in seiner Abwesenheit aus Rache zu überfallen.

Es wurde sofort Polizeimannschaft abgesandt und die Vernehmungen bis Montag vertagt. In einem weiteren Telegramm wird berichtet, daß zwölf bewaffnete Bengalis tatsächlich das Haus des Bahnvorstehers angegriffen hätten, jedoch von Dorfbewohnern zurückgeschlagen worden seien.

26. April. **Politisches Dakoity in Indien.**

Kalkutta, 25. April.

In Sachen des Dakoity von Haludbari hat das Sondertribunal des Obersten Gerichtshofes sechs junge Bengalis aus achtbaren Familien zu acht und einen zu sieben Jahren Gefängnis verurteilt.

27. Mai. **Verurteilung eines Redakteurs.**

Bombay, 26. Mai.

Der Richter von Allahabad, Rustomji, hat den früheren Redakteur und Herausgeber des „Sawarajya“, namens Loddha Ram, des Aufruhrs überführt und zu zehnjähriger Verbannung verurteilt.

Der Verurteilte ist der vierte des Aufruhrs überführte Redakteur. Der letzte von diesen, Nand Gopal, wurde im März dieses Jahres zu zehnjähriger Verbannung verurteilt. Da die geforderte Sicherheit nicht hinterlegt wurde, verbot man auf Grund des Pressegesetzes das Erscheinen der Zeitung.

9. Juni. **Versuchtes Eisenbahnattentat.**

Kalkutta, 8. Juni.

In der vergangenen Nacht wurde bei Mandal Ghat ein Versuch gemacht, den Darjeeling Schnellzug zum Entgleisen zu bringen, indem man einen großen Stein auf den Bahnkörper gewälzt hatte. Der Zug fuhr jedoch sehr langsam und entging so der Katastrophe. Dies ist das fünfte auf die Ost-Bengal-Eisenbahn unternommene Attentat. Der Beweggrund der Tat soll politischer Natur gewesen sein.

20. Juni. **Die indische Presse.**

Kalkutta, 19. Juni.

Der Drucker der Zeitung „Karma Yogin“ ist wegen Veröffentlichung des Artikels „An meine Landsleute“ (29. Dez.) von Arabindo Ghose zu sechs Monaten Gefängnis verurteilt worden.

2. Juli. **Auslieferung eines indischen Studenten.**

Der indische Student Savarkar, dessen Auslieferung auf Grund einer Anklage wegen Aufruhrs, Kriegserregung gegen die Königliche Regierung und Aufreizung zum Mord verfügt worden war, hat gestern unter Bewachung des Detektivinspektors Parker von New Scotland Yard und dreier indischer Polizeibeamter die Reise nach Indien angetreten. Wie es heißt, reist er dem Anschein nach als gewöhnlicher Passagier.

18. Juli. **Aufruhr in Indien.**

16. Juli.

Es wird bekannt gemacht, daß auf Grund der einstimmigen Meinung der Lokal-Regierungen, die Regierung Indiens überzeugt ist, daß gegenwärtig die Fortdauer des Gesetzes zur Verhinderung aufrührerischer Versammlungen notwendig ist, und daß am 5. August der Gesetzgebenden Körperschaft der Antrag eingereicht werden wird, dies Gesetz bis zum 31. März nächsten Jahres zu verlängern. *Der Wiederausbruch politischer Dakoities und die jüngsten zahlreichen Verhaftungen in Bengalen werden als Ereignisse, die dieses Verfahren vollauf rechtfertigen, angeführt.*

(Anm.: Die London-Times hat also anscheinend seit Anfang 1910 damit begonnen, die Berichte über Verhaftungen und Dakoities zu unterdrücken.)

20. Juli. **Auslieferung Savarkars.**

Paris, 19. Juli.

Der indische Student Savarkar, dessen Auslieferung auf Grund einer Anklage wegen Aufruhrs, Verschwörung gegen die Königliche Regierung und Aufreizung zum Mord verfügt worden war, ist am 1. Juli unter Bewachung eines Detektivinspektors von Scotland Yard und dreier indischer Polizeibeamten in Gravesend an Bord des P. und O. Dampfers „Morea“ gegangen. Als der Dampfer eine Woche später in Marseille eintraf, zwängte sich Savarkar, der sich gerade im Bade befand, durch die unverschlossene Schiffsluke des Baderaums, sprang in das Wasser und schwamm ans Land. Sobald die Detektive, die vor der Tür des Baderaums gewartet hatten, die Flucht ihres Gefangenen merkten, erhoben sie großes Geschrei, das einen wachthabenden Sergeanten der französischen Hafenpolizei veranlaßte, den soeben aus dem Wasser heraufkletternden Flüchtling festzunehmen. Nach einer Darstellung, die Herr Cadenant, einer der Stellvertretenden Bürgermeister von Marseille und sozialistischer Abgeordneter dieser Stadt, in der „Humanitée" veröffentlicht hat, hat der französische Polizeisergeant den Flüchtling den britischen Detektiven ausgeliefert, „während er ihn dem Vorsteher der Hafenpolizei hätte übergeben müssen".

Wenige Tage nach Abfahrt des Dampfers hörte die französische sozialistische Presse von dem Vorfall und protestierte prompt gegen die, wie sie es nennt, Verletzung der französischen territorialen Gerichtsbarkeit und des „Völkerrechts". Die Beharrlichkeit, mit der Jaurés sich der Sache des Flüchtlings annahm, veranlaßte die französische Regierung, die britische Regierung in höflicher Form zu bitten, das Verfahren so lange auszusetzen, bis alle den Vorfall betreffenden Dokumente den französischen Behörden unterbreitet worden seien.

Nach der heutigen Abendausgabe des „Temps" scheint das Internationale Recht zu verlangen, daß Savarkar an Frankreich hätte übergeben werden müssen, damit die französische Regierung den Fall zur Kenntnis hätte nehmen können. Da die britische Regierung es unterlassen hat, Mitteilung darüber zu machen, daß ein politischer Gefangener durch französisches Gebiet gebracht werden würde, und der Flüchtling französischen Boden erreichte, habe sie (die britische Regierung) die Gerichtsbarkeit über ihn verloren. Es wird sogar behauptet, es sei rechtswidrig gewesen, daß die „Morea" mit einem Gefangenen an Bord in die französischen Gewässer eingefahren sei, ohne diese Tatsache entsprechend den Vertragsrechten vorher bekannt zu geben.

Es erscheint unwahrscheinlich, daß der Vertrag eine Bestimmung enthält, nach der Mitteilung von jedem einzelnen Gefangenen gemacht werden müsse, der auf einem fremde Häfen anlaufenden Dampfer befördert wird. Zweitens befindet sich der Gefangene de facto im Gewahrsam der Behörden seines eigenen Landes. Und drittens ist die behauptete Rechtswidrigkeit, auf die sich die französischen Darstellungen stützen — die Auslieferung Savarkars durch den Sergeanten — nicht von einem britischen Untertan, sondern von einem französischen Beamten begangen worden. Man wird kaum behaupten können, daß es Pflicht der britischen Regierung sei, für den Irrtum eines französischen Beamten aufzukommen. Vom Standpunkt der internationalen Höflichkeit aus wäre die Übernahme der vollen Verantwortlichkeit durch die französische Regierung für den Irrtum ihres Beamten ein viel weniger unbequemes Verfahren, als die Auslieferung eines britischen Untertanen, welcher der schwersten Verbrechen des Aufruhrs und der Anstiftung zum Morde angeklagt ist, durch die britische Regierung. Diese Seite des Falles ist von besonderem Interesse in Hinsicht auf die gegenwärtigen Unruhen in Indien und die grauenhaften Verbrechen, von denen sie begleitet sind. Man muß sich auch daran erinnern, daß sich in Paris eine kleine, aber sehr rührige Kolonie aufsässiger Hindus befindet, unter der Führerschaft Krishna Varnas.

(Anmerkung: Man machte die französische Polizei glauben, Savarka sei ein gemeiner Dieb, nicht ein politischer Gefangener. Die Wiedergabe dieser falschen Angaben über den Flüchtling hat die „Times" unterlassen, um zu beweisen, daß der französische Beamte für die Auslieferung Savarkars verantwortlich war und somit wissentlich das „Völkerrecht" verletzt hat.)

22. Juli. **Beschlagnahme von Waffen in Kalkutta.**

Kalkutta, 21. Juli.

Die Polizei ist eifrig weiter tätig. Ein großer Posten Munition, zwei Revolver und einige Gewehre sind in einem Hause, das früher von zwei jungen Bengalen bewohnt wurde, aufgefunden worden. Beide sind jedoch kürzlich verschwunden.

Vernehmungen in einem Verschwörungsprozeß in Bengalen.

Kalkutta, 21. Juli.

Vor einem Sondertribunal finden jetzt die Vernehmungen dreizehn junger Bengalis aus Khulna statt, die von der Regierung beschuldigt werden, an einer Verschwörung zur Anstiftung eines Krieges gegen den König, beteiligt zu sein. Sobald dieser Prozeß beendet sein wird, wird dasselbe Gericht die Untersuchung der Verschwörung von Howrah beginnen. In diesem Falle sind fünfundvierzig Personen, unter denen sich einige Männer von Vermögen und Stellung befinden, angeklagt. Alle Vorvernehmungen werden unter Ausschluß der Öffentlichkeit stattfinden. Die Natur der Anklagen und ebenso die Belastungsbeweise sind unbekannt.

25. Juli. **Falsche Anklagen gegen Hindus.**

Bombay, 24. Juli.

In Ahmedabad ist eine gewisse Aufregung entstanden durch die Verhaftung von fünf Hindus und weiteren fünf in Baroda unter der Anklage der Teilnahme an einem Bombenattentat, sowie wegen angeblicher Auffindung von Bomben und Material zu ihrer Herstellung. Ursprünglich glaubte man den Tätern des im vergangenen November auf den Vizekönig begangenen Mordversuches auf der Spur zu sein, doch wurden die Beschuldigten späterhin gegen Hinterlegung einer Sicherheitssumme auf freien Fuß gesetzt und drei der Männer, auf deren Aussagen das polizeiliche Vorgehen sich gründete, sind angeklagt, falsche Angaben gemacht zu haben. Für die Entdeckung der Bombenwerfer in dem Attentat auf den Vizekönig ist eine Belohnung von 5000 Rupies ausgesetzt und man glaubt, daß die Männer in der Hoffnung, die Belohnung zu erhalten, die falschen Angaben machten.

Bericht über Sprengstoffe.

Der 111. Jahresbericht des Oberinspektors der Abteilung für Sprengstoffe für Indien gibt an, die Regierung beabsichtige, eine gewisse Sulphurnitratverbindung, die in großem Maßstabe zur Herstellung von Feuerwerkskörpern benutzt wird, vollkommen zu verbieten, weil man sie vielfach als Sprengmittel für Bomben verwendet hat. Diese Mischung ist in England verboten.

Im Jahre 1909 ereigneten sich in zwei Fabriken Sprengstoffdiebstähle. Es wurden hierbei 47½ Pfund Gelatine in Gestalt von Gelatinedynamit, 55 Pfund Dynamit und 140 Detonatoren, sowie 500 Rollen elektrischer Zünder gestohlen.

27. Juli. **Die Nationalisten von Kalkutta und der Boykott.**

Kalkutta, 26. Juli.

Die Nationalisten von Kalkutta bereiten sich vor, den 7. August als den Jahrestag der Einführung des Boykotts in Indien zu feiern. Die Regierung Bengalens hat einen Erlaß veröffentlicht, in dem diese „schädliche Bewegung" verdammt wird. Der Statthalter appelliert an die Führer, die Demonstration zu verhindern, und fügt hinzu, daß er bei Nichtbeachtung seines Aufrufes die gesetzliche Macht anwenden wird, um Ansammlungen zu verhindern, und daß die Polizei bereits die nötigen Befehle erhalten habe.

4. August. **Aufruhr in Indien.**

Dakka, 3. August.

Die Polizei von Ostbengalen ist erneut eifrig tätig gewesen, was, wie man glubt, weitreichende Enthüllungen zur Folge haben wird. Der in Freiheit gesetzte verbannte Pulin Behari Das befindet sich in Untersuchungshaft unter der Anklage eines Vergehens gegen das Waffengesetz. Es heißt, daß ein Kolonialwarenhändler, in dessen Laden ein Revolver und ein Dolch gefunden worden waren, dem Richter mitgeteilt habe, Pulin habe zu den Personen gehört, die die Waffen dort in Gewahrsam gegeben haben. Pulin wurde in Haft behalten.

Verhaftungen in Kalkutta.

Kalkutta, 3. August.

Infolge der Entdeckungen und Verhaftungen in Dakka sind in verschiedenen Teilen Kalkuttas Haussuchungen vorgenommen worden, die zu sieben Verhaftungen führten. Ein indischer Arzt wurde nach Dakka zur Vernehmung geschickt. Wie berichtet wird, sind einige Bomben und ein Posten belastender Literatur gefunden worden.

4. August. **Ein Polizeispitzel ermordet.**

Kalkutta, 3. August.

Unter den Indern Kalkuttas herrscht heute große Aufregung wegen der Ermordung eines weiteren Polizeispitzels. Der Mörder wurde verhaftet.

Die hetzerischen Flugblätter „Yugantar" und „Sandhya" werden auch wieder verteilt.

6. August. **Siebenundzwanzig Verhaftungen.**

Dakka, 5. August.

In der Verschwörungssache sind siebenundzwanzig Personen verhaftet, einschließlich Hem Chandra Ghose aus Komilla, Rajoni Kanto Sen Sirkar und A. Kaviraj aus Matrickpur.

Aus aufgefundenen Papieren scheint hervorzugehen, daß die Verschwörung sich östlich bis nach Sylhet, nördlich bis nach Denajpur und südlich bis nach Kalkutta erstreckt.

8. August. **Verschwörung in Bengalen.**

Dakka, 7. August.

Die Nachrichten betreffs der politischen Verschwörung, sind zufolge der überaus großen Schweigsamkeit der Behörden sehr spärlich. Anscheinend haben die Nachforschungen, die zu den Verhaftungen führten, die Behörden schon seit einiger Zeit beschäftigt. In allen Teilen der Provinz sind Verhaftungen gemacht worden, in Sylet, Dakka, Dinajpur, Rangpur, Jessore, Maimensingh, Barisal, Faridpur, Kartickpur, ferner in Kalkutta, den vierundzwanzig Parganas und sogar in Rangun.

Die Angeklagten setzen sich nicht nur aus Jugendlichen zusammen, sondern es befindet sich auch ein hervorragender Rechtsanwalt aus Maimensingh darunter, sowie ein älterer Dichter aus Kartrickpur, während Pulin Behari Das, einer der deportierten und im Februar entlassenen Sträflinge und Führer der bedeutendsten unterdrückten Vereinigung von Dakka und anderer Gesellschaften von National-Freiwilligen in Ostbengalen ist. *Gegen alle ist Anklage wegen Vergehens gegen das Waffengesetz erhoben, gegen viele auch wegen Anstiftung zum Kriege gegen den König, in Verbindung mit Aufruhr und Übertretung der im vergangenen Jahr erlassenen Gesetze.* Die genaue Formulierung der Anklagen wird erfolgen, wenn die Verhaftungen beendet und die Belastungsbeweise vervollständigt sind.

Eine Masse Beweismaterial, hauptsächlich Dokumente, ist sehr sorgsam und geheim herbeigeschafft worden. Das Ergebnis der Nachforschungen in Kalkutta sollen Briefe und Papiere sein, *die viel zur Aufklärung der* politischen Verbrechen in den beiden Bengalen beitragen. Wie es heißt, sind Maschinen zur Herstellung von Patronen beschlagnahmt worden, ferner Juwelen, die den Besitzer als Teilnahme an dem Dakoity von Jessor kennzeichnen.

Die Durchsicht der aufgefundenen Dokumente soll die Ansicht der Behörden bestätigt haben, daß sie eine weitreichende und tatkräftige Verschwörung zum Sturze der britischen Regierung entdeckt haben, an der jede Provinz Indiens beteiligt ist. Der volle Zusammenhang wird nicht bekannt werden, ehe mit den Vernehmungen begonnen ist.

17. August.

Polizeiliche Haussuchungen in Kalkutta.

Kalkutta, 16. August.

„Empire" berichtet, daß die bei Krishna Kumar Mitra stattgefundene Haussuchung im Zusammenhange mit der angeblichen Waffeneinfuhr aus London und Paris vorgenommen wurde. Es wurden keine Waffen gefunden und keine Verhaftungen gemacht.

19. August.

Haussuchungen in Kalkutta.

Kalkutta, 18. August.

Die Haussuchungen in Kalkutta dauern an. In der Wohnung des Dr. Chatterjee, welcher der Vereinigung der Ärzte und Wundärzte angehört, wurden Dokumente beschlagnahmt. Zwei Studenten wurden verhaftet.

Der Staatsanwalt über die Verschwörung in Ostbengalen.

Dakka, 18. August.

Staatsanwalt Roy gab an, Beweise beibringen zu können, daß die Verschwörung sich über den größten Teil Indiens erstreckt.

Er fügt hinzu, daß die von den Führern der Verschwörung durchgesetzte geistige und körperliche Schulung nur darauf berechnet war, die Anhänger für die Durchführung der Revolution zu befähigen.

24. August.

Verhandlungen im Verschwörungsprozeß von Bengalen.

Kalkutta, 23. August.

Das öffentliche Interesse Bengalens konzentriert sich auf den Verschwörungsprozeß von Dakka. Die Staatsanwaltschaft führte einen Bengal-Agenten vor, der sich in die Geheimgesellschaft eingeschlichen hatte und sogar zum Inneren Rate zugelassen worden war. Dieser Mann beschrieb die Organisation und erklärte, auf welche Weise Dakoities geplant und Waffen beschafft worden sind. Er gab an, daß einige Europäer in Naraingani, die der britischen Herrschaft völlig gleichgültig gegenüber standen, den Indern Waffen verkauft haben.

25. August. **Eine neue Verhaftung.**

Dakka, 24. August.

Hem Chandra Gupta, der Sohn Gobindo Sen Guptas, des ältesten Angeklagten im hiesigen Verschwörungsprozeß, wurde gestern verhaftet und heute unter Anklage gestellt. Er gehörte der Gaon-Bikashini-Gesellschaft an.

Der Erste Staatsanwalt erhält die üblichen Drohbriefe. — Ein weiterer Agent, dem es gelungen war, Zutritt zu den geheimen Beratungen der Verschwörer zu erhalten, ist als Zeuge aufgerufen worden. Er gab an, gehört zu haben, daß die britische Herrschaft in Indien im Laufe von fünf Jahren gestürzt sein würde. Dann würde man Tilak zum König ernennen, und ein gewisser P. Misra würde Vizekönig sein. Er sagte ferner, daß Europäer niederer Klassen, sowie Eurasier den Indern Revolver verkauft hätten.

27. August. **Auffindung von Waffen.**

Bombay, 26. August.

In einem Berichte aus Pandharpur wird gesagt, daß ein dortiger Beamter, der von der Verletzung eines jungen Mahratti erfahren hatte, den Platz aufsuchte und feststellte, daß die Explosion in einem unbewohnten Hause stattgefunden hatte. Bei der Durchsuchung dieses Hauses wurden zwei bombenähnliche Ballen, Chemikalien und einige Waffen zutage gefördert. Der Zustand Bhagwants ist bedenklich.

31. August. **Verschwörungsprozeß von Khulna.**

Kalkutta, 30. August.

Eine Sondertribunal des Obersten Gerichtshofes hat elf Bengalis der besseren Klasse, die in der Verschwörung von Khulna verwickelt sind, zu Verbannungsstrafen von sieben bis herab zu drei Jahren verurteilt. Die Anklage gegen sie lautete auf Verschwörung zur Kriegführung gegen den König.

31. August. **Ein ernstes politisches Dakoity.**

Simla, 30. August.

Aus Einzelheiten über das kürzlich in Sylet verübte Dakoity geht hervor, daß hundert bewaffnete Dakoits das Haus eines Grundbesitzers angriffen und dessen Tochter zwangen, ihnen das Versteck zu zeigen, in dem ihr Vater sein Geld aufbewahrte. Die Dorfbewohner waren starr vor Schrecken, als die

Dakoits ihnen erklärten, daß sie Bomben mit sich führen. Die Bande entkam auf dem Flusse.

2. September. **Bombenfund.**

Bombay, 1. September.

Die Auffindung von Bomben in Pandharpur hat zu drei Verhaftungen geführt. Wie berichtet wird, sind der Polizei vier Geständnisse gemacht worden, aus denen das Bestehen einer Verschwörung gegen Europäer aus Rache für die Verurteilung Tilaks hervorgeht.

3. September. **Erschießung eines Polizeiinspektors.**

Dakka, 2. September.

Die Befürchtungen, daß sich während des Verschwörungsprozesses Gewalttätigkeiten ereignen würden, haben sich gestern abend erfüllt. Zwischen 10 und 11 Uhr wurde Inspektor Ghose von der Kriminaluntersuchungs-Abteilung, ein wichtiger Zeuge im gegenwärtigen Prozeß und äußerst rühriger Beamter in der Aufspürung von Geheimgesellschaften, erschossen, als er auf dem Heimwege an der in der Nähe des Gerichtsgebäudes gelegenen Kirche vorüberkam. Er wurde von drei Kugeln getroffen, in die Hand, in das Ohr und in die Brust. Man schaffte ihn in ein Krankenhaus.

Wie es heißt, hat Inspektor Ghose die Täter noch erkannt. Es sind zwei junge Leute mit Namen Chakravarty und Gupta, letzterer der Sohn eines hiesigen Arztes. Beide wurden verhaftet. Sie gehören der Anushilan-Geheimgesellschaft an, deren Machenschaften jetzt in dem Verschwörungsprozeß untersucht werden. Die Täter standen bereits unter Aufsicht. Der Schauplatz des Verbrechens ist das wichtigste Stadtviertel Dakkas.

16. September. **Verschwörungsprozeß von Nasik.**

Anklagen gegen Savarkar.

Bombay, 15. September.

Das Sondertribunal des Obersten Gerichtshofes, bestehend aus Oberrichter Scott und den Richtern Chandavarkar und Heaton, begann heute mit den Vernehmungen in Sachen der Verschwörung von Nasik. Die Zahl der Angeklagten beträgt achtunddreißig, davon gehören fünfunddreißig zur ersten, zwei zur zweiten und einer zur dritten Gruppe. Die erhobenen Anklagen lauten auch auf Kriegführung gegen den König, Waffenbeschaffung und Aufreizung.

In seiner Eröffnungsrede beantragte der öffentliche Ankläger Vertagung und gemeinsames Verfahren gegen die Angeklagten. Er gab eine kurze Schilderung des Verbrechens und sagte, daß die Verschwörung 1905/6 mit der Gründung der Gesellschaft „Neues Indien“ begonnen hätte. Die führenden

Mitglieder waren Vinayak Savarkar und dessen Bruder, der jetzt seine Strafe wegen Kriegführung gegen den König verbüßt. Das Hauptquartier der Gesellschaft befand sich in Nasik. In verschiedenen Teilen Indiens und in Europa bestanden Ortsgruppen. Vinayak Savarkar reiste im Jahre 1906 nach Europa, nachdem er kurz vorher in dem Buche, für dessen Herausgabe sein Bruder verurteilt worden war, ein Gedicht veröffentlicht hatte. Nach seinem Eintreffen in London wohnte er im Indienhaus, hielt scharfe Reden und schrieb das Vorwort zu seinem Werke „Das Leben Mazzinis", das Aufreizungen zum Unabhängigkeitskampfe enthält. Durch seinen Mittelsmann Chatterbhuj sandte Savarkar aus England zwanzig Browningpistolen, von denen man achtzehn bei den Angeklagten dieses Prozesses aufgefunden hat. Ein anderer seiner Mittelsmänner, Chanderirao, wurde in Bombay verhaftet und in seinem Besitze ein Posten Hetzliteratur, sowie ein Lehrbuch über Bomben gefunden. Nach der Anklage ist Savarkar der Rädelsführer der Verschwörung gewesen.

9. September. **Bombenfund im Dakkadistrikt.**

Dakka, 8. September.

In Maymensingh, einem Bezirk von Dakka, sind Bomben gefunden worden. Man nimmt an, daß sie zur Verwendung bei Dakoities bestimmt waren.

15. September. **Versuchter Raub einer Wertsendung.**

Kalkutta, 13. September.

Im Verschwörungsprozeß von Bengalen erzählte heute einer der Zeugen die Geschichte des Eisenbahnraubs von Rajendrapur, in dem eine Anzahl junger Leute die Bewachungsmannschaften einer großen Geldsendung angriffen, zwei von ihnen durch Dolchstiche verletzten und zwei andere aus dem Zuge warfen.

19. September. **Der Khulna-Verschwörungsprozeß.**

Der wichtige Verschwörungsprozeß von Khulna, in dem dreizehn Personen auf Grund der Sektion 12 A des Indischen Strafgesetzes vor einem Sondertribunal des Obersten Gerichtshofes unter Anklage standen, ist am 30. August beendet worden. Das Gericht entschied, daß der Staatsanwalt den Beweis für das Bestehen einer Verschwörung erbracht habe und wies die Behauptung, daß verschiedene belastende Dokumente von einem Polizeispitzel eingeschmuggelt seien, zurück. Das eine Dokument war ein Abdruck aus dem „Yugantar", in dem gesagt wird, die Revolution müsse auf zweifache Art durchgeführt werden. Erstens sei die Vorbereitung der Volksmeinung und zweitens die rohe Gewalt und die Beschaffung von Waffen notwendig. Es müßten Bomben hergestellt, Waffen aufgekauft und Geld durch Raub beschafft werden. Sechs der überführten Personen wurden zu je sieben, drei zu je fünf und zwei zu je drei Jahren Verbannung verurteilt, während zwei freigelassen wurden.

21. September. **Bomben in Munshiganj.**

Kalkutta, 20. September.

Der Regierungsinspektor der Abteilung für Sprengstoffe berichtet, daß in Munshiganj elf Bomben gefunden wurden. Sie sind von äußerst gefährlicher Beschaffenheit, und bei den Behörden besteht kein Zweifel darüber, daß sie für verbrecherische Zwecke bestimmt waren.

22. September. **Unruhen an der Nordwest-Grenze.**

Nachrichten aus Peschawar besagen, daß die Lage dort jetzt sehr bedenklich wird; einmal wegen der Fortdauer der direkten Aufmunterung der Banditen durch die afghanischen Beamten in Khost, und dann durch gewissenlose Versuche bestimmter hoher Persönlichkeiten in Kabul, unter den Stämmen — und ganz besonders unter den Afridis, — die wegen der Störung des Waffenhandels ohnehin nicht gut auf die Briten zu sprechen sind — Unruhen zu stiften. Man befürchtet, daß sich nach dem Ramasan Schwierigkeiten ergeben werden. Wahrscheinlich sind bei dem Emir, der von der wahren Lage der Dinge keine Kenntnis hat, Vorstellungen gemacht worden.

28. September. **Ein Redakteur aus Travankor ausgewiesen.**

Trivandram, 27. September.

Der Maharadscha von Travankor hat den Redakteur des Blattes „Swadeshbhimani“ ausweisen und seine Druckerei beschlagnahmen lassen. Es ist dies der erste Fall von Aufruhr im Staate von Travankor.

23. September. **Savarkar dem Gerichte überwiesen.**

Bombay, 22. September.

Die britische Regierung hat die Regierung Indiens davon in Kenntnis gesetzt, daß Frankreich jedes Recht auf die Herausgabe Savarkars, der in Marseille entkommen war, aufgegeben hat. Savarkar ist bereits von dem Sondertribunal des Obersten Gerichtshofes der Teilnahme an der Verschwörung von Nasik überführt worden.

10. Oktober. **Der Fall Savarkar.**

Die gegenseitigen von der britischen und der französischen Regierung aufgestellten Vorschläge über das Verfahren des Savarkar-Schiedsgerichts wurden am Sonnabend ausgetauscht. Beide Regierungen folgen, wie Reuter erfährt, den in der Friedenskonferenz von 1907 niedergelegten Grundsätzen, und es steht zu hoffen, daß ein Protokoll über die Konstituierung der Schiedsrichter und das einzuschlagende Verfahren im Laufe einer Woche fertiggestellt sein wird. Wahrscheinlich wird das Schiedsgericht noch vor Januar zusammentreten.

10. Oktober. **Verschwörungsprozeß in Satara.**

In Satara, der Hauptstadt des Dekkandistrikts gleichen Namens, hat der Distriktsrichter am 20. September die Vernehmungen in einer Sache begonnen, in der vier junge Brahmanen, von denen drei aus Audh und der vierte aus dem Staate Kolhapur stammen, wegen Verschwörung zum Krieg gegen den König angeklagt sind. Drei der Beschuldigten sind angeblich Mitglieder des von den Brüdern Savarkar in Nasik begründeten Vereinigung „Abhinaba Bharat“.

22. Oktober. **Der Bengal-Verschwörungsprozeß.**

Kalkutta, 21. Oktober.

Der Verschwörungsprozeß in Dakka wurde heute wieder aufgenommen. Eine Bengal-Frau identifizierte Surendranath Ghose als einen der Mörder ihres Sohnes, dessen Bruder Kronzeuge in dem Dakoityprozeß war. Auf den Knaben wurde zuerst ein Schuß abgegeben, und dann wurde er durch Messerstiche im Rücken verwundet.

31. Oktober. **Unruhen in Indien.**

Dreihundert neue Polizisten sind kürzlich in Dakka, der Hauptstadt Ostbengalens, zusammengezogen worden. Es heißt, daß deren Anwesenheit zur Unterstützung der genauen Überwachung verdächtiger Charaktere und zum Beistande der Ortspolizei bei den jetzt sich im Gange befindlichen Nachforschungen nötig sei.

Politisches Dakoity in Maisha.

Der Dakoityprozeß von Maisha, der vor dem Gerichte von Jessor in Bengalen verhandelt wurde, hat mit der Verurteilung der Angeklagten geendet, von denen einer mit fünf Jahren und drei mit je drei Jahren Gefängnis bestraft wurden. Alle Verurteilten gehören den wohlhabenden Klassen an.

4. November. **Der Fall Savarkar.**

Paris, 3. November.

Nach der heutigen Abendausgabe des „Temps“ sind die französische und die britische Regierung übereingekommen, daß das Tribunal des Schiedsgerichts, dem der Fall Savarkar unterbreitet werden wird, sich aus folgenden Herren zusammensetzen soll: dem belgischen Staatsmanne Beernaert als Vorsitzender, G. de. Savornin Lohman und Gramm, bekannte holländische und norwegische Rechtsgelehrte, Lous Renaoult (Franzose) und Lord Desart, dem britischen Bevollmächtigten auf der internationalen Marine-Konferenz von London 1908—09.

9. November. **Lokale Aufstände in Birma.**

Rangun, 8. November.

Ein burmesischer Miniaturfürst mit tausend bewaffneten Anhängern ist in dem Sagaingdistrikt erschienen. Die Ortsbehörden haben mit 150 Polizisten die Rebellen geschlagen und haben dann die Verfolgung aufgenommen.

22. November. **Anklage gegen einen indischen Redakteur.**

Kalkutta, 21. November.

Die Regierung hat die auf seinen Artikel in der Zeitung „Karma Yogin" gegründete Anklage gegen Arabindo Ghose formell zurückgezogen.

23. November. **Verschwörungsprozeß von Bengalen.**

Dakka, 22. November.

Von den in dem Verschwörungsprozeß angeklagten fünfundvierzig Personen ist einer auf freien Fuß gesetzt. Die übrigen wurden dem Schwurgerichte unter der Anklage überwiesen, sich verschworen zu haben, gegen den König Krieg zu führen, ihn seiner Oberhoheitsrechte zu berauben, zu diesem Zweck Leute, Waffen und Munition beschafft und ferner zur leichteren Erreichung der angestrebten Zwecke Waffen und Munition verborgen gehalten zu haben.

2. Dezember. **Bengalis unter der Anklage des Vergehens gegen das Kriminalgesetz.**

Kalkutta, 1. Dezember.

Der sogenannte Bandenprozeß von Howrah, in dem siebenundvierzig Bengalis verschiedenen Alters und verschiedener Kreise auf Grund des Kriminalgesetzes angeklagt sind, einen Versuch gemacht zu haben, die Regierung zu stürzen, hat heute vor dem Tribunal des Obersten Gerichtshofes begonnen. Der Regierungsanwalt sagte, das vorliegende Material werde das Bestehen einer weit ausgedehnten Verschwörung in Bengalen beweisen.

3. Dezember. **Rebellenführer in Birma ergriffen.**

Rangun, 2. Dezember.

Der Anführer in dem kürzlich stattgefundenen Aufstande ist in der Nähe Ranguns mit seinen wichtigsten Anhängern ergriffen worden. Es sind sämtlich kleine Landbauern.

26. Dezember. **Die Verschwörung von Nasik.**

Verurteilung Savarkars.

Bombay, 25. Dezember.

Vinayak Damadar Savarkar wurde zu lebenslänglicher Verbannung und Einziehung seines Vermögens verurteilt. Acht Angeklagte wurden frei gelassen. Die Urteile gegen die übrigen bewegten sich zwischen fünfzehn Jahren Verbannung und sechs Monaten Gefängnis.

1911.

6. Januar. **Sir Henry Cotton und Savarkar.**

Bombay, 5. Januar.

Sir Henry Cottons Aussage über seinen unglücklichen Freund Savarkar ist hier mit größter Entrüstung und Bestürzung gelesen worden. In dem vom Obersten Gerichtshof in Bombay gefällten Urteil heißt es, daß Savarkar „in Häusern von Gleichgesinnten zu London im Mai 1907 und 1908 Zusammenkünfte organisierte, bei welchen der Jahrestag des Ausbruches des indischen Aufstandes gefeiert wurde. Er sandte Hetzschriften unter dem Titel „Märtyrer“ nach Indien, in denen die Inder, die während des Aufstandes auf Seite der Rebellen gefallen waren, gefeiert wurden. Die erwähnten Metallknöpfe bedeuten in diesem Falle Aufstandsabzeichen. August und September 1908 war Savarkar dann im Indienhaus mit anderen Genossen beschäftigt, eine Anzahl Schreibmaschinenexemplare der Broschüre, die die Herstellung von Bomben und gefährlichen, für anarchistische Verbrechen geeignete Explosivstoffe behandelte, zu vervielfältigen. Hiervon wurden viele Exemplare mit der Post nach verschiedenen Teilen Indiens geschickt.“

Das Urteil lautete:

„Savarkar wird für schuldig befunden, durch Aufreizung und durch Verbreitung aufrührerischer Schriften zum Kriege aufgestachelt, ferner Waffen beschafft und Instruktionen zur Herstellung von Sprengstoffen verteilt zu haben. Er wird auch für schuldig erkannt, sich mit anderen verschworen zu haben, die Regierung Indiens und die Lokalregierungen durch verbrecherische Gewalt oder Vorspiegelung verbrecherischer Gewalt zu terrorisieren.“

27. Februar. **Das Urteil im Savarkarprozeß.**

Deutscher Preßkommentar.

Berlin, 26. Februar.

Die Entscheidung im Prozeß Savarkar ist hier zum größten Teil stillschweigend aufgenommen worden, veranlaßt aber die Berliner „Post“ zu einem heftigen Angriff auf das Haager Internationale Schiedsgericht. Das Blatt schreibt:

„Wir haben niemals viel vom Haager Schiedsgericht gehalten, das heißt von seiner Unparteilichkeit und objektiven Gerechtigkeitsliebe . . . . Nationale

Vorurteile und Voreingenommenheit beeinflussen das Urteil. Nichtsdestoweniger würden wir es nicht für möglich gehalten haben, daß ein Schiedsgericht in der Savarkarangelegenheit sich eine Probe so rührender Naivität, eine Darstellung so „reiner Torheit" leisten würde. Es ist über den wirklichen Streitpunkt der Savarkarsache stillschweigend hinweggegangen — nämlich, daß ein politischer Verbrecher, der in einem ausländischen Hafen von dem Schiffe, das ihn beförderte, entkam und von einem französischen Polizisten unter Beistand eines Engländers verfolgt und wieder ergriffen wurde, — und dies geschah nicht auf dem Wasser, obgleich er sich auch hier schon auf fremdem Gebiet befand, sondern, nachdem er festen Boden erreicht hatte. — Ohne auch nur den Schein eines formalen Verfahrens wurde er dem englischen Schiffe wieder ausgeliefert. Dies ist ein krasser Bruch des internationalen Rechts und ein Beweis, wie weit die Unterordnung unter England das stolze Frankreich gebracht hat. Der Spruch des Gerichts lautet so, als hätte sich eine derartige Verletzung der Exterritorialität nie ereignet."

3. März. **Bombenattentat in Kalkutta.**

Kalkutta, 2. März.

Ein weiterer Beweis anarchistischer Tätigkeit wurde heute geliefert. Als E. A. A. Cowley, ein Beamter der Abteilung für die Bewässerung Bengalens, das Sekretariat in einem Automobil verließ, wurde von einem jungen Brahmanen eine Bombe nach ihm geworfen. Das Wurfgeschoß bestand aus Metall und war von der Größe eines Kricketballs. Es fiel in den Wagen und traf einen leeren Kasten, ohne jedoch zu explodieren. Der Bombenwerfer wurde sofort verhaftet. Man glaubt, daß er Cowleys Wagen irrtümlich für den Polizeiwagen hielt, der von der Kriminaluntersuchungsabteilung benützt wird.

6. März. **Der Attentatsversuch in Kalkutta.**

4. März 1917.

Mukherjee, der junge Mann, der am Donnerstag ein Bombenattentat auf ein Automobil beging, hat mehrere Brüder, von denen einer Polizeigerichtsinspektor in Howrah ist. Der Täter ist Dorfschullehrer gewesen und war früher Student einer Schule in Hughly. Bei der Untersuchung der zum Attentat verwendeten Bombe wurde festgestellt, daß sie mit größter Geschicklichkeit angefertigt worden war.

17. März. **Bombenverschwörung von Pandharpur.**

Bombay, 16. März.

In der Bombenprozeßsache von Pandharpur ist das Urteil gefällt worden. Von den 12 Angeklagten wurden 3 freigesprochen. Die anderen wurden wegen

Verschwörung zur Erregung eines Krieges gegen den König zu Gefängnisstrafen von zwei bis zu zehn Jahren verurteilt.

21. März. **Schwere Anklagen gegen Brahmanen.**

Bombay, 20. März.

Ein wichtiger Prozeß begann heute in Kolahpur. Zwei Brahmanen, Sripad Datatrya Manipurktur und Ganesh Balwant Moteak, wurden beschuldigt, einen Versuch zur Ermordung Colonel Jerries, des früheren politischen Agenten in Kolahpur, Rao Batadar Raghunath V. Sabis, Minister in Kolahpur und Jadao Rao, Bezirksrichter dortselbst, unternommen zu haben. Der Staatsanwalt sagte, daß die Anfänge der Bewegung damals entstanden, als der Maharadscha, unterstützt von Colonel Jerries, beschloß, das Machtmonopol der Brahmanen in Kolahpur zu brechen, um die Bahn für die Mahrattas frei zu machen. Sie geriet jedoch in die Hände der Extremisten, und es wurde vereinbart, bei der Hochzeit der Tochter des Maharadschas eine Bombe auf diesen zu werfen und Colonel Jerries in einem Eisenbahnwagen zu erschießen.

24. März. **Aufrührerische Schriften in Universitäten.**

Dakka, den 23. März.

Zweimal in diesem Monat wurden aufrührerische Schriften schärfster Art in der Universität verbreitet, von denen angenommen wird, daß sie aus Kalkutta stammen. Polizeiliche Nachforschungen haben bisher keine Aufklärung gebracht.

29. März. **Indische Unruhen.**

Bombay, 28. März.

Ein Brahmane aus Tschitpavan, namens Thatte, war angeklagt worden, an Sir Basil Scott, Obersten Richter in Heaton und an den Polizeibeamten Gruder Drohbriefe geschrieben zu haben. Er ist jetzt zu drei Jahren Zuchthaus verurteilt worden.

29. März. **Der Attentatsversuch in Kalkutta.**

Kalkutta, 28. März.

Nori Gopal Mukerjee, der neulich eine Bombe in das Auto des Herrn Cowley warf, ist schuldig befunden und zu vierzehn Jahren Gefängnis verurteilt worden.

29. März. **Ermordung eines Polizeibeamten in Ostbengalen.**

Kalkutta, den 30. März.

Ein erneuter Vorfall wird aus Ostbengalen gemeldet. Der Hilfskommissar in Cornilla, Herr Furze, begab sich nach einem Dorfe, um zwei Männer, die sich nach erfolgter Verurteilung den Behörden nicht gestellt hatten, zu verhaften. Sie leisteten Widerstand, wobei ein Polizeibeamter erschossen wurde. Furze wurde in die Brust getroffen, doch ist sein Befinden befriedigend.

1. April. **Der Bombenprozeß in Kolahpur.**

Bombay, 31. März.

In dem Bombenprozeß von Kolhapur wurde heute das Urteil gefällt. Modak, einer der Gefangenen, wurde zu sieben Jahren Verbannung verurteilt. Der Richter bestimmte, daß die Einkünfte seines Besitztums während der Zeit seiner Verbannung an die Regierung fallen sollen. Der zweite Angeklagte, Naghurkar, wurde freigesprochen.

4. April. **Politisches Dakoity.**

Dakka, 3. April.

Am 31. März ereignete sich im Bezirk von Meimensingh ein politisches Dakoity, wobei ein hochgestellter Mann, der zum Bezirke Dscharidhar gehört, verhaftet wurde. Diese Dakoities werden durch eingeübte Mannschaften organisiert, die Hornsignalen gehorchen und Befehle ausführen. Bei dem letzten Vorfall wurde das Horn zurückgelassen. Alle diese Dakoityfälle liefern Beweise von beachtenswerter Organisation und Schulung.

7. April. **Eisenbahnverbrechen in Indien.**

Kalkutta, 6. April.

Untersuchungen ergaben, daß die Entgleisung des Zuges der Ostindien-Eisenbahn der zweite Versuch war, eine Katastrophe herbeizuführen. Durch das letzte Attentat sollte der Zug von einer Brücke herabgestürzt werden. Zwei Wagen stürzten um; ein Reisender wurde getötet, 26 verletzt, unter denen die Europäer Bezirksrichter Major Kirkwood, seine Frau und Fräulein Walling aus Dinapur besonders schwere Verletzungen davongetragen haben. Die Eisenbahnbehörden vermuten hinter der Tat ein politisches Motiv.

20. April. **Verschwörungsprozeß von Howrah.**

Kalkutta, 19. April.

Von den zweiundvierzig in Howrah wegen Verschwörung gegen den Kaiser und König angeklagten Personen wurden dreiunddreißig von dem Sondertribunal des Obersten Gerichtshofes freigesprochen. Sechs Personen, die sich wegen eines früheren Dakoity bereits in Haft befanden, wurden zu Gefängnisstrafen verschiedener Dauer verurteilt.

21. April. **Attentatsprozeß von Mundschigandsch.**

Ein Zeuge ermordet.

Kalkutta, 20. April.

Monmohan De, ein wichtiger Zeuge im Prozeß von Munschigandsch, in dem der Bombenhersteller Lalit zu zehn Jahren Zuchthaus verurteilt worden war, wurde während der vergangenen Nacht im Schlafe erschossen. Der Täter ist entkommen.

21. Juni. **Ermordung eines Richters.**

Madras, 20. Juni 1917.

Als Mörder des Ashes ist Vanchi Iyer aus Sehncottah identifiziert. Er war früher Forstwächter im Staate Travankor und ist aus seinem Dienste entlassen worden. Es wird eifrig nach seinem Mitschuldigen geforscht, und mehrere Verhaftungen wurden gemeldet. Der Mord hat allergrößtes Aufsehen erregt. Ein solches Verbrechen in der Madras-Präsidentschaft, — im allgemeinen die friedlichste und ruhigste Provinz —, ist von äußerst unheilvoller Bedeutung. Es wird allgemein angenommen, daß das Verbrechen mit der anarchistischen Bewegung an anderen Stätten im Zusammenhange steht.

24. Juni. **Die Ermordung Ashes.**

Sechs Verhaftungen.

Kalkutta, 23. Juni.

Es werden sechs Verhaftungen, die mit der Ermordung Ashes im Zusammenhange stehen, gemeldet. Davon wurden zwei in Tinnevelly, zwei in Tuticorin und zwei in Madura und Shencotta gemacht. Es heißt, daß wichtige Briefe, die auf ein Komplott hinweisen, in Tuticorin beschlagnahmt worden sind.

15. Juli. **Ermordung eines Polizeibeamten in Bengalen.**

Dakka, 14. Juli.

Der in Nerabi begangene Mord war von ganz besonders roher Art. Mehrere verkleidete Männer betraten um Mitternacht das Haus des Polizeiunteroffiziers von Sonarang und feuerten mehrere Revolverschüsse auf ihn ab, die ihn sofort töteten. Sein Bruder, der aus einem Nachbarhause kam, wurde ebenfalls erschossen. Der Polizist war als Zeuge in zwei Prozessen, in denen gegen Schüler aus Nationalschulen verhandelt wurde, aufgetreten. Wie man später feststellte, verließen die Mörder den Tatort in einem Boot.

26. Juli. **Plünderung eines indischen Dorfes.**

Kalkutta, 26. Juli.

Dreißig junge Bengalileute haben ein Dorf im Bezirke Dschessor überfallen und geplündert. Sie sollen gut bewaffnet gewesen sein und die Dorfbewohner in die Flucht geschlagen haben.

27. Juli. **Waffenfund in Bengalen.**

Kalkutta, 26. Juli.

Die Polizei durchsuchte gestern die Hochschule zu Rontlehoq, wo sie 11 Gewehre mit 700 Patronen, sowie einige Revolver im Dache versteckt fand. Rontlehoq war der Schauplatz der Ermordung eines Zeugen im Bombenherstellungsprozeß von Munschigandsch. Es liegt dicht bei Sonarang, wo kürzlich drei Morde begangen worden sind.

8. August. **Verschwörungsprozeß von Dakka.**

Dakka, 7. August.

In dem hiesigen Verschwörungsprozeß wurde heute vom Richter das Urteil gefällt, das mit dem Spruche des Vorsitzenden nicht übereinstimmte. Pulin Behan Das, Ashutosh Das Gupta und Jotirnoy Roy wurden zu lebenslänglicher Verbannung verurteilt. 17 der Angeklagten wurden zu je 10 Jahren, 14 zu je 7 Jahren und einer zu 3 Jahren Zuchthaus verurteilt. Die übrigen wurden freigelassen. Der Richter ist der Ansicht, daß die Verschwörung genügend bewiesen war.

9. August. **Beschlagnahme von Gewehren im Zollamt von Bombay.**

Bombay, 8. August.

Die Zollbehörde von Bombay hat einige Kisten mit Zucker beschlagnahmt, die nach Koweit verschifft werden sollten. Darin waren 50 moderne Gewehre verborgen.

31. August. **Die Ermordung Ashes.**

Bombay, 30. August.

Der Distriktsrichter von Tinevelly hat die Voruntersuchung in Sachen der Ermordung Ashes beendet. Acht Brahmanen und sechs Sudras wurden verhaftet. Von den Brahmanen begingen zwei vor Einleitung des Verfahrens Selbstmord. Der Mord ist nach Ansicht der Behörden das Ergebnis einer politischen Verschwörung, denn es war Herrn Ashe gelungen, 1908 die Aufständischen von Tuticorin zu ermitteln und zur Anzeige zu bringen.

7. September. **Attentat in Ostbengalen.**

Kalkutta, 6. September.

Ein ernster Vorfall hat sich gestern, wie gemeldet wird, in Manikgansch in Ostbengalen ereignet. Dort kamen 40 junge, mit Gewehren bewaffnete Leute in Booten an, zerschnitten die Telegraphendrähte, plünderten alle Geschäfte, auch einige große Juteläden, beraubten das Postamt, verwundeten den Postvorsteher und fuhren in ihren Booten wieder davon.

15. September. **Aufrührerische Schriften in Dakka.**

Dakka, 14. September.

In der Universität von Dakka wurden gestern aufrührerische Schriften entdeckt. Sie stammen wahrscheinlich aus Kalkutta.

4. Oktober. **Dakoity in Bengalen.**

Kalkutta, 3. Oktober.

Im Bezirke Meimensingh ereignete sich ein Dakoityfall, der dem im letzten Monat in Dakka begangenen ähnlich ist. Mit Gewehren und Revolvern bewaffnete junge Leute plünderten die Läden, raubten Geld aus dem Telegraphenbuerau und zerstörten die Instrumente. Verhaftungen wurden nicht gemacht.

7. Oktober. **Aufruhr in Indien.**

Bombay, 6. Oktober.

Hier wurde heute Bepin Chandra Pal bei seiner Ankunft unter der Anklage des Aufruhrs und zu dessen Anstiftung verhaftet. Die Anklage gründet sich auf einen Artikel in der Zeitung „Swaraj" über die Herstellung von Bomben in Bengalen, der vor zwei Jahren in London erschienen ist. Der Angeklagte sandte davon zur Verteilung Kopien nach Indien. Der Verteiler wurde seinerzeit zu einem Monat Gefängnis verurteilt. Pal wurde gleichfalls mit einem Monat Gefängnis bestraft.

13. Oktober. **Warnung an Zeitungen in Pandschab.**

Bombay, 12. Oktober.

Der Gouverneur-Stellvertreter des Pandschabs hat den Zeitungen der Provinz eine ernste Warnung zugehen lassen. Gegen jede Zeitung, die aufrührerische oder ungehörige religiöse Polemiken bringt, die den Bestimmungen des Gesetzes widersprechen, soll ohne besondere weitere Warnung mit aller Strenge des Gesetzes vorgegangen werden. Der Stand der Dinge ist äußerst ernst geworden.

30. November. **Die Bombenexplosion in Tuticorin.**

Madras, 29. November.

Weitere Mitteilungen über die am Sonntag zu Tuticorin in der Madras-Präsidentschaft erfolgte Explosion ergeben, daß eine Bombe in das Haus eines Parsen geworfen worden ist. Aus diesem Vorfall schließt man, daß sich Leute, die mit der Anfertigung von Bomben vertraut sind, und Einrichtungen in der Stadt vorhanden sein müssen, die die Ausführung der Arbeit ermöglichen. Trotz polizeilicher Nachforschungen konnten die Missetäter nicht ermittelt werden.

1912.

16. Februar. **Die Ermordung Ashes.**

Verurteilung des Angeklagten.

Madras, 13. Februar.

Der Richter sprach die Angeklagten Nummer 1 bis 8 und den Angeklagten Nummer 14 wegen versuchter Kriegshetze schuldig.

Der erste Angeklagte wurde zu sieben Jahren Zuchthaus, der zweite zu vier Jahren, der siebente zu drei Jahren, einer zu zwei Jahren und die übrigen zu je einem Jahr Gefängnis verurteilt.

5. März. **Verhängung des Belagerungszustandes über Goa.**

Lissabon, den 4. März.

Der Generalgouverneur Portugiesisch-Indiens hat mit Einwilligung der Portugiesischen Regierung über Goa den Belagerungszustand verhängt und gleichzeitig die Aufhebung aller verfassungsmäßigen Garantien verfügt. Die Lage dort ist sehr unsicher; Räuberbanden greifen die Einwohner an, rauben und plündern, und zwingen sie, ihnen Nahrungsmittel zu liefern. Mehrere Pflanzungen wurden niedergebrannt.

8. März. **Aufruhr im Staate Baroda.**

Bombay, 3. März.

Der Gaekwar von Baroda hat in einem Erlaß sein Erstaunen darüber ausgedrückt, daß im Staate Baroda Hetzliteratur günstige Aufnahme gefunden habe, und mitgeteilt, daß er gesonnen sei, Wühlarbeit jeder Art zu bestrafen und zu unterdrücken. Er betonte die Gemeinsamkeit der Interessen der Nationalstaaten mit denjenigen Britisch-Indiens und fordert zur Zusammenarbeit auf, um den Geist des Aufruhrs auszurotten.

Als am 18. Dezember die Nachricht über das Verhalten des Gaekwar bei der Krönungsfeierlichkeit in England bekannt wurde, haben wir darauf hingewiesen, daß Baroda der einzige unter den Nationalstaaten wäre, der die antibritische Propaganda duldete und besonders erwähnt, daß die ausgedehnte Verbreitung aufrührerischer Schriften in der Präsidentschaft Bombay von einer Druckerei ausginge, die von den Staatsbeamten Barodas begünstigt würde.

3. April. **Unruhen in Portugiesisch-Indien.**

Lissabon, den 2. April.

Der Kolonialminister empfing gestern abend ein Telegramm des Generalgouverneurs von Portugiesisch-Indien, in dem gesagt wurde, daß nach eingetroffenen Nachrichten eine Schar Aufständischer beabsichtigte, die Truppenstation von Richolin anzugreifen. Der Kommandeur rückte mit einer aus Matrosen und Polizeisoldaten zusammengesetzten Truppe aus und stieß auf eine Schar von 500 bewaffneten Rebellen, die nach kurzem Kampfe flohen und eine beträchtliche Anzahl Tote und Verwundete zurückließen. Die Verluste der portugiesischen Streitkräfte waren unbedeutend.

Der Gouverneur verlangte Verstärkungen, und der Kolonialminister hat nach Timor und Macao den Befehl gedrahtet, daß die vor kurzem dorthin gesandten Truppen nach Nova Goa abzugehen hätten.

4. Juli. **Verbrecherischer Anschlag auf einen Eisenbahnzug.**

Bombay, 2. Juli.

Bei Sukna wurde eine Eisenbahnschwelle über die Schienen der Darjiling-Eisenbahn gelegt, anscheinend in der Absicht, den Sonderzug, in dem der Gouverneur von Bengalen von Darjiling nach Kalkutta fuhr, zur Entgleisung zu bringen. Die Tat ist um so unerklärlicher, als Lord Carmichael in allen Klassen der Bevölkerung außerordentlich beliebt ist.

6. Juli. **Das Eisenbahnattentat.**

Kalkutta, 6. Juli.

Nach genauer Untersuchung wird dem neulich stattgefundenen Versuch, den Sonderzug des Generalgouverneurs zum Entgleisen zu bringen, ernstere Bedeutung beigemessen. Augenscheinlich wurden die Verbrecher gestört, ehe sie ihr Werk vollenden konnten, da in der Nähe des Bahnkörpers ein zweiter Balken gefunden wurde, der bereit lag, auf die Schienen gewälzt zu werden. Der Verdacht richtet sich gegen zwei junge Bengalis, die auf der Station Sukna gesehen wurden.

8. August. **Die panislamische Presse und Großbritannien.**

Karachi, 7. August.

Die letzte Ausgabe der „Sind Gazette", einer fanatisch panislamischen Monatsschrift, die in englischer Sprache gedruckt und in Tokio herausgegeben wird und im geheimen unter den Muslimen in Sind, sowie anscheinend in ganz Indien und allen anderen islamischen Ländern verbreitet ist, enthält einen bemerkenswerten Aufsatz, in dem sich folgende Stelle befindet: „Die britische Politik verursachte den Zusammenbruch aller islamischen Staaten in Europa,

Afrika und Asien. Dagegen trat Deutschland, von Österreich unterstützt, auf, um sie vor gänzlicher Vernichtung zu bewahren. Es sollten sich daher alle Bekenner des Islams um die Kriegsstandarte Deutschlands scharen.“

Die Zeitung ist als gehässig und englandfeindlich bekannt.

26. September. **Ermordung eines Polizeiwachtmeisters.**

Kalkutta, den 25. September.

Die Ermordung des Motilal Roy, eines Polizeiwachtmeisters aus Dakka, ist augenscheinlich ein Racheakt für dessen Teilnahme an der Aufdeckung der Verschwörung von Dakka.

10. Oktober. **Eine aufrührerische indische Monatsschrift.**

Unser Tokyoter Korrespondent telegraphierte am 9. August: „Eine „Islamische Verbrüderung“ betitelte Monatsschrift, welche ein rein religiöses Organ zu sein vorgab, das lediglich die Pflege brüderlicher Eintracht unter den Muslimen des Ostens zum Zwecke habe und von einem in Tokyo wohnenden Inder herausgegeben und geleitet wird, hat in einer ihrer letzten Nummern einen Artikel veröffentlicht, in welchem der indische Herausgeber die Politik der englischen Regierung in Indien kritisiert. Als die japanische Regierung diese Tatsache erfuhr, verbot sie jede weitere Verbreitung dieses Artikels mit der Begründung, daß politische Erörterungen nicht in den Rahmen einer religiösen Zeitschrift gehörten.“

24. Dezember. **Attentat auf den Vizekönig.**

Als Seine Exzellenz Lord Hardinge mit seiner Gemahlin bei dem feierlichen Einzug in Delhi auf einem Elefanten durch die Cadni Chauk ritten, wurde eine Bombe geworfen, die auf dem Sitz explodierte. Einer der Begleiter, der unmittelbar hinter den Exzellenzen saß, wurde getötet, ein anderer verstümmelt. Lord Hardinge wurde verwundet, Lady Hardinge blieb unverletzt.

Der Bericht des Arztes Seiner Exzellenz lautet: „Ein Teil des Wurfgeschosses traf die Rückseite der rechten Schulter, ging an der innern Seite des Schulterblattes entlang nach oben, kam durch die Haut heraus und riß an der oberen Schulterlinie eine vier Zoll lange Wunde, durch die Muskel und Knochen bloßgelegt wurden. Die Lunge blieb unverletzt. Ein Splitter verursachte eine kleine Wunde an der rechten Halsseite, ferner entstanden vier weitere kleine Wunden an der Außenseite der rechten Hüfte durch Eindringen von Nägeln. Alle Verletzungen sind geringfügig. Der Blutverlust war mäßig, der Nervenchok jedoch sehr heftig, auch hat das Gehör durch die Explosion gelitten. Bald nach der Verletzung wurde Seine Exzellenz bewußtlos, erholte sich aber schnell. Er wurde verbunden und befindet sich jetzt den Umständen nach wohl.“

25. Dezember. **Das Bombenattentat in Delhi.**

Eine Anarchistenverschwörung?

Bis jetzt hat man noch keine Spur der Attentäter, die unbemerkt in der Menge verschwunden waren, gefunden. Ihr vollständiges Verschwinden scheint nun entweder auf eine große Anzahl Mitschuldiger oder auf unzureichende polizeiliche Maßnahmen hinzudeuten.

Der „Englishman" bringt Briefe und Telegramme, in denen behauptet wird, daß das Attentat das Werk einer politischen Partei sei, die seit fünf Jahren unausgesetzt ihre Propaganda betreibt. Die Zeitung verlangt sofortige Verstärkung der Kriminal-Untersuchungsabteilung.

26. Dezember. **Das Verbrechen von Delhi.**

Delhi, den 25. Dezember.

Die für die Entdeckung des Verbrechens ausgesetzten Belohnungen belaufen sich auf hunderttausend Rupies. Der Maharadscha von Patiala gab 30 000 Rupies. Trotzdem hat man von den Missetätern bisher noch keine Spur finden können.

1913.

16. Januar. **Verbrechen in Ostbengalen.**

Kalkutta, 15. Januar.

Schon wieder wird ein politisches Verbrechen gemeldet. Wie wir hören, wurde gestern abend Dhirendra Kumar Ghose in der Nähe Comillas, Ostbengalen, von drei jungen Bengalen höheren Standes überfallen und erschossen. Ghose war ein Mann mit zweifelhaftem Vorleben. Man glaubt, daß er bei den Anarchisten in Verdacht stand, revolutionäre Pläne verraten zu haben.

25. Januar. **Das Verbrechen in Delhi.**

Delhi, 24. Januar.

Die Polizei hat durch Anschlag bekannt machen lassen, daß die Indische Regierung eine Belohnung von hunderttausend Rupies für Nachrichten ausgesetzt hat, die zur Festnahme und Überführung des Urhebers des Bombenattentats, das gelegentlich des festlichen Einzuges Lord Hardinges in Delhi begangen wurde, führen. Diese Bekanntmachung hebt alle früher ausgesetzten Belohnungen der indischen Regierung, der Fürsten oder sonstigen Körperschaften auf. Eine hohe Belohnung wird für brauchbare Nachrichten, die zur Aufklärung des Falles führten, geboten. Diese Tatsache scheint zu beweisen, daß es den Behörden bis jetzt noch nicht gelungen ist, eine Spur zur Aufklärung des Attentats zu finden.

Angriff auf eine Polizeitruppe in Assam.

Vier Sepoys getötet.

Delhi, 13. Februar.

Aus Assam kommen Nachrichten über einen ernsten Zusammenstoß an der nordöstlichen Grenze zwischen Polizeitruppen und Angehörigen des Nagastammes. Strafmaßnahmen werden erwogen. Wahrscheinlich wird man nicht mehr als 200 bis 300 Mann dazu brauchen.

27. Februar. **Neues indisches Gesetz gegen Verschwörungen.**

Delhi, 26. Februar.

Ein Extrablatt der Regierung veröffentlicht den Wortlaut eines Gesetzes gegen Verschwörungen, welches die Bestimmungen des indischen Strafgesetzbuches denen des englischen Gesetzes anpaßt. Dieses Gesetz behandelt verbrecherische Verschwörungen als Kapitalverbrechen. Ein erläuternder Anhang, der zusammen mit dem Gesetz erscheinen wird, verbreitet sich über das Bestehen gefährlicher Verschwörungen und die Unzulänglichkeit der jetzigen Gesetze zur Unterdrückung dieser Vergehen.

18. März. **Attentate auf Zeitungsredakteure in Kalkutta.**

Kalkutta, 17. März 1917.

Heute morgen wurde eine Anzahl mit Explosivstoffen gefüllter Briefe in verschiedenen Postämtern der Stadt aufgegeben. Einer der Briefe, der an den Redakteur des „Englishman“ adressiert war, explodierte im Hauptpostamt mit furchtbarer Gewalt. Ein Sortierer wurde mit tödlichen Verletzungen ins Krankenhaus gebracht. Kurz darauf explodierten zwei weitere Briefe, die an die Redakteure der Zeitungen „Capital“ und „Empire“ gerichtet waren. Zwei Sortierer wurden verletzt. Ein gleicher Brief, an den Redakteur des „Statesman“ gerichtet, wurde entdeckt, ehe er Unheil anrichten konnte.

29. März. **Attentatsversuch in Indien.**

Kalkutta, 28. März.

Eine Leiche und die Reste einer Bombe wurden heute morgen auf dem Grundstücke Gordons, des Bezirksbeamten von Moulvi Basar in Assam gefunden. Man glaubt, daß der Tote einen Mordversuch auf Gordon, der tatkräftig bei der Untersuchung des Jagatsi-Aufstandes mitwirkte, machen wollte.

5. April. **Anschlag auf einen Eisenbahnzug.**

Kalkutta, 28. März.

Auf der Strecke der Bengal—Nagpur-Eisenbahn, nahe Berhampur, wurde der Versuch gemacht, den Madras-Schnellzug zum Entgleisen zu bringen. Eine Schiene war aufgerissen und eine Bahnschwelle auf das Gleis gewälzt worden. Der Anschlag wurde jedoch rechtzeitig bemerkt und die Katastrophe dadurch vermieden.

12. April. **Eisenbahnattentat in Indien.**

Kalkutta, 11. April.

Ein Anschlag auf den Pandschab-Postzug auf der Strecke der Ostindien-Eisenbahn brachte einen Güterzug nahe Khurja zur Entgleisung und verursachte viel Schaden an rollendem Material. In dieser Woche sind bereits vier derartige Verbrechen auf der Madrasstrecke versucht worden.

8. Mai. **Die heiligen Stätten des Islam.**

Lucknow, 7. Mai.

In Lucknow wurde ein islamischer Verein gegründet, der sich „Khuddam-i-Kaaba“ (Diener des Gotteshauses) nennt, und dessen Aufgabe es sein soll, die Kaaba und andere heiligen Stätten des Islam gegen Angriffe der Ungläubigen zu schützen. Bei seinem Eintritt leistet jeder Mohammedaner den Eid, die Kaaba mit Leben und Eigentum zu schützen. Der Mitgliedsbeitrag beträgt eine Rupie jährlich. Ein Drittel des erhobenen Beitrages wird alljährlich dem Sultan für Verteidigungszwecke überwiesen werden. Man beabsichtigt diese Organisation über ganz Indien zu verbreiten.

19. Mai. **Verhaftung von Verschwörern in Indien.**

Bombay, 18. Mai.

Im Zusammenhange mit der Verschwörung von Barisal wurden bis jetzt 26 Personen verhaftet. Unter den Verhafteten befinden sich der Direktor der Hochschule zu Noabara im Chittagongdistrikt, der Lehrer der Dorfschule von Chittagong und mehrere Studenten. Die Voruntersuchung wird am 26. Mai in Barisal eröffnet werden.

6. Juni. **Die Verschwörung von Barisal.**

Kalkutta, 5. Juni.

Die Zeitung „The Bengali" veröffentlicht heute den Text der Genehmigung durch den Gouverneur und den vollen Wortlaut der polizeilichen Eingabe, auf Grund des Paragraphen 121 des Strafgesetzes 44 an der Verschwörung von Barisal beteiligte Personen gesetzlich zu verfolgen. Die Eingabe erläutert die Gründe, auf die sich die geforderte Verfolgung stützt. Die Polizei berichtet, daß wichtige Papiere beschlagnahmt worden sind, unter anderen eine Aufforderung, die indischen Truppen zur Meuterei zu verleiten und zur Rebellion aufzureizen. Es werde darin betont, daß heimliche Morde nicht genügten, man müßte offen vorgehen, sobald der allgemeine Befehl zum Massenmord käme.

20. Juni. **Die Verschwörung von Barisal.**

Kalkutta, 19. Juni.

Der wegen Vergehens gegen das Waffengesetz bereits verurteilte jetzige Zeuge Das Gupta sagte heute während seines Verhörs aus, daß die Gesellschaft, zu der die Verschwörer gehörten, Waffen und Munition zum Zwecke einer Revolution gesammelt hätten.

18. August. **Dakoity in Indien.**

Kalkutta, 17. August.

Ein schweres Verbrechen ist im Distrikte Meimensingh begangen worden. Geld und Schmucksachen im Werte von mehreren tausend Rupies wurden geraubt. Ein Dorfbewohner wurde getötet und zwei verwundet. Man nimmt an, daß es sich um ein politisches Verbrechen handelt.

30. September. **Politischer Mord in Kalkutta.**

Kalkutta, 29. September.

Gestern abend wurde ein höherer Polizeibeamter, Haripada Dey, in College Square von einigen jungen Bengalis erschossen. Die Täter entkamen in der Menge. Der Erschossene gehörte der Kriminaluntersuchungsabteilung an; man glaubt, daß das Verbrechen politische Beweggründe hat.

2. Oktober. **Ungesühnt gebliebene politische Verbrechen in Bengalen.**

Kalkutta, 1. Oktober.

Die Ermordung des Polizeibeamten Haripada Dey, — die am Montag in Kalkutta, und die des Polizeiinspektors Bankim Chowdhry in Meimensingh, denen augenscheinlich politische Motive zugrunde liegen, — beleuchten in unheimlicher Weise die neulich ergangene Warnung Carmichaels, daß die Unversöhnlichen eine tatsächliche Drohung für den Fortschritt des Landes bilden, und daß Anarchie nicht nur besteht, sondern im geheimen eifrig tätig ist. Besonders bedauerlich bei diesen Mordtaten ist die völlige Immunität der Verbrecher. Dies deutet auf eine sehr gute Organisation der Verschwörer und Apathie, wenn nicht Sympathie, eines großen Teils der Bevölkerung hin.

22. November. **Verhaftung indischer Anarchisten.**

Kalkutta, 21. November.

Es ist Grund zu der Annahme vorhanden, daß vier Verhaftungen, welche die Polizei soeben vorgenommen hat, Aufschluß über die Kreise der Anarchistenverschwörung geben wird. Einer der Festgenommenen, namens Sivasanka, hatte Zinnhülsen, eiserne Reifen, Klammern und Drahtrollen in seinem Besitz. Dieses Material gleicht genau dem, das zur Herstellung der sechs bei den letzten Anarchistenattentaten verwendeten Bomben gebraucht wurde und der, die auf den Vizekönig geworfen wurde.

11. Dezember. **Bombenattentat und Aufruhr in Bengalen.**

Kalkutta, 10. Dezember.

Gestern wurde auf eine mohammedanische Prozession in Midnapur eine Bombe geworfen. Man glaubt, daß sie für den Polizeispitzel Abdul Rahman bestimmt war, dessen Haus im vorigen Jahr von einer Bombe zerstört worden war. Diesmal verfehlte die Bombe ihr Ziel und explodierte nicht.

In verschiedenen Städten Ostbengalens wurden gestern zu gleicher Zeit Plakate mit der Aufforderung, die „Weißen Räuber“ zu vertilgen, angeklebt.

1914.

2. Januar. **Dakoities in Bengalen und Assam.**

In Assam und Bengalen kommen unvermindert Raubüberfälle vor. Neuerdings wurde ein schwerer, angeblich politischer Überfall auf das Haus des reichen Geldverleihers Dwarkanath Gope im Dorfe Kamarpur im Topperah-Distrikt ausgeführt. Die Bande war mit Gewehren, Säbeln und anderen Waffen ausgerüstet. Sie durchsuchte das Haus bei Fackellicht, mißhandelte die Bewohner, erbrach den Geldschrank und raubte Geld und Wertsachen im Werte von 10000 Rupies (etwa 13000 Mark). Es wird berichtet, daß die Dakoits sich die Dorfbewohner durch ständiges Gewehrfeuer vom Leibe hielten, und daß sie sich auf ein Hornsignal der Führer entfernten.

Zwei weitere Dakoities, vermutlich ebenfalls politischer Natur, wurden im Komillahdistrikt ausgeführt. Der eine Überfall wurde von einer Bande von 50 Mann auf das Haus eines Ram Chandra von Bischnupur im Dakkadistrikt verübt. Die Dakoits überfielen die Hausbewohner und raubten etwa 2000 Rupies. — Aus dem Hause des Kristopodo Das von Nurpur im Midnidistrikt wurden Gegenstände im Werte von 500 Rupies geraubt.

Truppenzusammenziehung in Dakka.

Infolge der ernsten politischen Lage, die jedoch amtlich niemals zugegeben wurde, ist von den Behörden eine Zusammenziehung von Truppen in Dakka angeordnet worden. Die Truppen, die sich aus allen vier Himmelsrichtungen des indischen Reiches nähern, werden Mitte Januar die ansehnliche Stärke von zwei Schwadronen Kavallerie, zwei Batterien Feldartillerie, einer halben Kompagnie Pioniere, drei und einem halben Bataillon englischer und mindestens einem Bataillon indischer Infanterie aufweisen. Außerdem soll mindestens ein Bataillon von Freiwilligen eintreffen. Die Batterien werden Ende Januar wieder abgelöst; die Höchststärke wird dann 3800 Engländer und 2000 Inder aller Waffengattungen betragen. Ein und ein halbes Bataillon soll außerdem in der Nachbarschaft, nicht direkt in Dakka selbst, bereitgehalten werden.

2. Januar. **Verhaftung Leakat Hussains.**

Kalkutta, 27. Dezember.

Maulvi Leakat Hussain, der bekannte Redner vom College Square, wurde gestern abend dortselbst von der Polizei verhaftet. Dem Maulvi war kürzlich das Reden auf öffentlichen Plätzen polizeilich untersagt worden. Gestern abend erschien er trotz des Verbots, um vor einer Anzahl Studenten eine Ansprache zu halten. Auf eine Meldung hin erschien die Polizei und verhaftete ihn wegen Übertretung der Polizeiverordnung.

9. Januar. **Bombenangriff auf eine Polizeistation.**

Kalkutta, 2. Januar.

Donnerstag nacht wurde ein Versuch, die Polizeistation von Bhadreschwar in die Luft zu sprengen, unternommen. Der Bericht besagt, daß abends 7 Uhr eine Bombe in einen Raum, in dem zwei Offiziere arbeiteten, geworfen wurde. Obgleich die Bombe mit großer Kraft geschleudert wurde, explodierte sie nicht. Die Station befindet sich ungefähr 10 Meter von der Straße entfernt, von der die Bombe hinübergeworfen wurde. Verhaftungen wurden nicht gemacht. R. Sneyd Hutchinson und D. J. G. von der Nachrichtenstelle der Kriminaluntersuchungsabteilung besichtigten gestern die Station.

Der Angriff auf die Polizeistation.

Kalkutta, 5. Januar.

Im Zusammenhange mit dem Bombenattentat auf das Polizeiamt von Bhadreschwar ist nichts Neues zu berichten, außer das festgestellt zu sein scheint, daß die Bombe von fast genau der gleichen Beschaffenheit ist, wie das halbfertige Exemplar, das im November vorigen Jahres in der sogenannten Bombenfabrik in Kalkutta gefunden und am Sonnabend im Gerichtsgebäude von Alipur ausgestellt wurde. Die Polizeistation, auf die das Bombenattentat verübt wurde, bildet eines der Hauptreviere der mit dem Schutze des Vizekönigs während seines kürzlichen Besuches in Kalkutta betrauten ländlichen Polizeiabteilungen. Die Polizei entging, wie es scheint, mit knapper Not dem Attentat. Die Bombe war mit einer sehr gefährlichen Mischung von Pikrinsäure und Zündpulver geladen. Es ist ein Wunder, daß sie durch den heftigen Aufschlag auf den Boden nicht explodierte. Es wäre sonst niemand im Zimmer mit dem Leben davongekommen, denn die Bombe war mit einer reichlichen Anzahl alter Messerschneiden, Nägel und so weiter gefüllt und so fest mit Bandeisen und Stahldraht verschnürt, daß in dem beschränkten Raum die Sprengwirkung von äußerster Vernichtungskraft hätte sein müssen. Die Bombe war mit Zeit- und Aufschlagzünder versehen und glich darin der, die in Delhi auf den Vizekönig geworfen wurde. Der Attentäter hat sich ganz auf den Aufschlagzünder verlassen, und es ist ein Wunder, daß letzterer nicht wirkte.

16. Januar. **Politische Verhetzung in den Vereinigten Provinzen.**

Ein Extrablatt der „U. P. Gazette“ vom Montag erklärt auf Grund des § 12 des Pressegesetzes die Beschlagnahme der illustrierten Flugblätter eines irischen Patrioten. „Die Metzelei von Cawnpur" und „Sklaven oder Verführte".

Gefängnisstrafe für Leakat Hussain.

Kalkutta, 9. Januar.

Der zweite Richter der Präsidentschaft, Keays, hat den Angeklagten zu einem Monat Gefängnis verurteilt. Derselbe Richter hatte ihn schon einmal mit einer Verwarnung entlassen, ein anderes Mal war er zu einer Geldstrafe von 100 Rupies verurteilt worden. Augenscheinlich war das jedoch unangebrachte Milde, und so mußte der Angeklagte diesmal ins Gefängnis wandern. Bei wiederholter Übertretung würde er zu verschärfter Gefängnisstrafe verurteilt werden.

Bombenattentat auf den Radschabasar.

Kalkutta, 7. Januar.

Im Zusammenhange mit dem Bombenattentat auf den Radschabasar wurden gestern zwei Häuser im Norden Kalkuttas von Kriminalbeamten durchsucht. Im Hause Simlastraße 65 wurden viele Dokumente, Harrison Road 33 ebenfalls eine große Menge von Papieren beschlagnahmt. Verhaftungen wurden nicht vorgenommen.

Abhanden gekommene Waffensendung.

Kalkutta, 8. Januar.

Am 4. Januar wurde eine Sendung von 27 Pistolen und Gewehren für die Firma Manton & Co. im Zollspeicher zu Kalkutta aufgeliefert. Die Sendung ist seither auf unerklärliche Weise verschwunden. Es konnte keine Spur gefunden werden.

Verhaftung von Dakoits.

Kalkutta, 8. Januar.

Wegen Verdachts der Teilnahme an dem Straßenraub von Hatgovindapur, bei dem Bishnava Dutt geknebelt, geschlagen und um 10000 Rupies beraubt wurde, ist Umesh Das mit drei anderen verhaftet und in das Untersuchungsgefängnis eingeliefert worden.

23. Januar. **Ein Polizeiinspektor erschossen.**

Kriminalpolizeiinspektor Nripendra Nath Ghose wurde am Montag früh in der Nähe der Straßenecke, an der er die Bahn zu verlassen pflegte, von zwei Männern, die ihm dort aufgelauert hatten, erschossen. Die Mörder schossen gleichzeitig und entflohen. Der den Inspektor begleitende Gerichtsdiener nahm die Verfolgung auf und verhaftete den einen. Einige durch die Schüsse herbeigerufene Polizisten machten eine weitere Verhaftung. Bei dem ersten wurde ein Revolver, aus dem kurz vorher zwei Schüsse abgegeben worden waren, aufgefunden. Er wird als ungefähr achtzehnjährig beschrieben, und es heißt, daß man in ihm einen Studenten der hiesigen Zentraluniversität erkannt hat.

Die Ermordung des Polizeiinspektors.

Kalkutta, 20. Januar.

Nirmal Kanta Roy, der Hauptangeklagte im Attentatsprozeß Nripendra Nath Ghose, stammt aus einer wohlhabenden Arztfamilie Ostbengalens und hat angesehene Verbindungen in Kalkutta. Er war Student der Bangabashi- und der Zentral-Hochschule in Kalkutta. Seine Mutter war eine Tochter Rajani Kanto Guptas, des Verfassers der Geschichte des Aufstandes von 1858. Das Ghose, ein Student, der mit Nirmal Kanta Roy ein Zimmer in der Maniktolastraße 55 bewohnte, wurde heute verhaftet, und zwei Häuser des Studentenviertels wurden polizeilich durchsucht.

Der Dakoityprozeß von Gopalpur-Katwakueri.

Kalkutta, 17. Januar.

Der Prozeß wurde heute wieder aufgenommen. Als Vertreter der Anklage erschien Staatsanwalt Sirish Chandra Bannerji. Von den 46 ursprünglich Angeklagten wurden vor einiger Zeit 9 und heute weitere 9 entlassen; gegen 32 wird die Anklage aufrechterhalten. Von diesen sind 30 anwesend, einer ist im Gefängnis erkrankt und ein anderer ist noch nicht von Dakka eingeliefert worden. Die 32 Angeklagten unterliegen der Aburteilung nach § 305 (Raubüberfälle) und 120 B (Verschwörung zur Verübung von Raubüberfällen).

Dakoityprozeß von Gopalpur-Katwakueri.

Faridpur, 19. Januar.

Gegen 18 Angeklagte im Gopal-Katwalkueri-Prozeß wurde auf Grund des Beweismaterials die Anklage aufrechterhalten. Einer der Angeklagten, Narendra Chandra Das Gupta, ein Schüler der englischen Shibehar-Hochschule, wurde gegen Hinterlegung einer Sicherheit freigelassen. Die Anträge der übrigen auf Freilassung gegen Kaution wurden abgelehnt. Das Alter der 32 Angeklagten schwankt zwischen 14 und 35 Jahren. Die Mehrzahl sind Studenten.

Beschlagnahme von Feuerwaffen.

Faridpur, 15. Januar.

Die Polizei von Bowbasar nahm eine Haussuchung im Laden Mohammed Hussains, Chadney First Lane Nr. 14 vor und beschlagnahmte 18 Gewehre. Die Polizei hatte Nachricht erhalten, daß Hussain Feuerwaffen ohne gesetzlichen Erlaubnisschein ausbessert. Unter den Waffen befanden sich ein Revolver, fünf Doppellaufgewehre und eine Anzahl Vorderlader.

Dakoity in Tipperah.

Kalkutta, 15. Januar.

Nähere Nachrichten über zwei Raubüberfälle in Tipperah sind jetzt in Kalkutta bekannt geworden. Die Tat wurde von 30 Bengalis aus guten Familien, die mit Gewehren und Waffen ausgerüstet waren, verübt. Die Überfälle richteten sich gegen die Häuser des Ram Sundar Bhamik und Kedar Nath Bhamik in Tashingsing, zwei Meilen von Sadar Thana, die durch ein leeres Grundstück voneinander getrennt sind. Die Bande überfiel beide Häuser gleichzeitig und durchsuchte sie bei Fackellicht. Die Diebe konnten die Schlüssel zu den eisernen Geldkisten nicht finden, erbrachen zwei und erbeuteten Bargeld und Wertsachen in Höhe von 6000 Rupies. Die Räuber hielten die Hausbewohner und die Nachbarn, die sich zum Widerstande rüsteten, durch Gewehrfeuer in Schach.

Politische Verhetzung im Pandschab.

Die vom „Zamindar", einer in Lahor erscheinenden Hindustani-Zeitung für Mohammedaner, hinterlegte Sicherheit wurde am 13. d. M. eingezogen und die Druckerei beschlagnahmt. Die Sicherheitssumme war im Oktober vorigen Jahres von 2000 auf 10000 Rupies erhöht worden. Trotzdem erschienen weitere Artikel und veranlaßten schließlich das Eingreifen der Regierung.

Das Blatt hat in letzter Zeit drei aufreizende Artikel gebracht. Der eine erschien unter dem Titel „Opfer in Ajudha" am 19. November, der zweite, „Politische Mißgriffe des Staatssekretärs für Indien und des Premierministers von England", am 20. November, und ein dritter am 21. November 1913. Die Zeitung wurde vor sieben Jahren von dem verstorbenen Maulvi Siraj-ud-din, einem pensionierten Postinspektor, gegründet und kam zuerst im Dorfe Karmabad im Bezirke von Gudschrawalla heraus. Das Blatt nahm sich besonders der Nöte und Bedürfnisse der Grundbesitzer an und veröffentlichte ihre Beschwerden. Es erschien einige Jahre halbmonatlich und wurde nach dem Tode Suraj-ud-dins von Zafar Ali Khan übernommen, der es dann in Lahor als Tageszeitung nebst einer Wochenausgabe herausgab.

Verwegener Eisenbahnraub.

Übertriebene Gerüchte über die Beraubung einer Geldkiste der Nordwest-Eisenbahn befinden sich seit einiger Zeit im Umlauf. Es erscheint daher wünschenswert, die Tatsachen bekannt zu geben. Beim Eintreffen einer Geldkiste mit dem Zuge von Multan nach Lahor am 29. Dezember wurde bemerkt, daß das Schloß beschädigt war und 61 Beutel mit Bahneinnahmen fehlten.

Es scheint, daß ungefähr 6000 Rupies gestohlen worden sind. Einige der leeren Beutel wurden auf der Bahnstrecke zwischen Satghari und Wan Radharam gefunden.

30. Januar. **Der Verschwörungsprozeß von Barisal.**

Am 29. d. M. wurde das Urteil im Verschwörungsprozeß von Barisal gefällt. Von den 37 Angeklagten, die ursprünglich verhaftet waren, wurden 12 in Haft behalten. Die Anklagen gegen die übrigen wurden im Laufe der Untersuchung fallen gelassen. Die 12 bekannten sich schuldig, an der Verschwörung teilgenommen zu haben mit der Absicht, gegen den König Krieg zu führen. Der Richter verurteilte sie zu verschiedenen Strafen von 12 Jahren Landesverweisung bis zu zwei Jahren Zuchthaus. Die Angeklagten sind junge Leute im Alter von 19 bis 29 Jahren, die zum größten Teil Werkzeuge in den Händen von unbekannten Hintermännern waren, die die Polizei bis jetzt noch nicht hat fassen können, und deren Identität noch unbekannt ist. Der Richter wies auf die Schuld dieser Hintermänner besonders hin. Die Bewegung erstrecke sich im wesentlichen auf junge Männer und Schüler und umfasse den Plan einer ausgedehnten Bezirksorganisation. Die Beeinflussung der Schüler durch dienstlich vereidigte Lehrer in allen Schulen des Landes sei vorgesehen. Ferner hob der Richter hervor, daß die Bewegung anarchistisch sei, und daß sich die Anhänger derselben zum unbedingten Gehorsam gegen die Führer verpflichteten. Die beiden Angeber im vorliegenden Prozeß seien Schulbeispiele, wie junge Leute, die entgegen ihrer natürlichen Neigung zur Teilnahme an Gewalttaten, geheimen Morden und räuberischen Überfällen auf hilflose Leute in einsamen Dörfern verleitet werden.

30. Januar. **Urteile im Verschwörungsprozeß von Barisal.**

Romesh Chandra Acharya ist der eine der Hauptführer der Verschwörung. Er war eine der führenden Persönlichkeiten in Dakka und hatte die Leitung der Ortsgruppe Barisal bis zu seiner Verhaftung inne.

Jotin Roy war der tatkräftigste Verschwörer im Bezirk Takarganj. Er war an den Überfällen in Kakuria und Birangal beteiligt, und in seinem Hause versammelten sich die Verschwörer zur Verabredung des Dakoity von Birangal. Wenn man den Aussagen des Angebers Rajana Glauben schenken darf, dann war es Jotin, der von seinem Dorfe nach Barisal ging, um mit dem Mörder Ghose zur Zeit des Mordes zusammenzutreffen.

Rohini Gua ist der Onkel des Jotin Roy und hat an beiden Überfällen teilgenommen.

Nibaran Khal war ebenfalls an beiden Überfällen beteiligt. Der erste Überfall wurde in seiner Nachbarschaft ausgeführt; die Räuber versammelten sich in seinem Hause, wohin auch die Beute gebracht wurde.

Gopal Mitra war an dem Birangal-Überfall beteiligt. Jotin Ghose nahm an beiden teil. Vor Romesh war er Führer der Ortsgruppe von Barisal.

Prionath Acharaya ist Führer, Organisator und der Verfasser des Berichts von Durgapur.

Chandra ist der Teilhaber Romesh's im Kohlendepot und der Bengal-Pension; beides sind Treffpunkte der Verschwörer.

Nishi Kanta Ghose ist der Verfasser dreier Einführungsschreiben, die in Girindras Koffer gefunden wurden.

Sailesh ist der Schreiber des Fragebriefes.

Kumud und Debendra waren am Komillahüberfall beteiligt.

Demgemäß werden Romesh Acharya und Jotin Roy zu 12 Jahren, Jotindra Ghose, Nibaran Khal, Gopal Mitra und Prionath Acharya zu sieben Jahren, Rohini Guha zu zehn Jahren, Chando Rose, Nishi Kanta Ghose und Sailesh zu vier Jahren, Kumud Bandhu Nag und Debendra Banikya zu je zwei Jahren Verbannung (nach den Andamanen) verurteilt, einschließlich der Strafe aus dem Urteil wegen Teilnahme an dem Dakoity von Komilla.

30. Januar. **Hetzschriften.**

Nach einer Bekanntmachung der Regierung ist das englische Flugblatt „Yugantar" auf Grund des Pressegesetzes konfisziert worden. Die Regierung des Pandschab ist der Meinung, daß der Inhalt gegen Sektion 4, Subsektion 1 a, c und e des Gesetzes von 1910 verstößt, indem er zu Gewalttaten aufreizt und Haß und Verachtung gegen die rechtmäßige Regierung Britisch-Indiens verbreitet, sowie Störung von Gesetz und Ordnung anstiften will.

6. Februar. **Beschlagnahme von Hetzschriften.**

In einem Extrablatt der „United Province Gazette" wird die Beschlagnahme einer Flugschrift „Shevket Paschas Märtyrertum" bekannt gegeben. Es heißt, daß die Zeitschrift von Japan nach Indien gelangt ist.

Ermordung Kapitän Butlers.

Delhi, 2. Februar.

Über die Ermordung Kapitän Butlers in Wano sind folgende Nachrichten eingegangen: Zu Ehren eines in Pension gehenden Subadars hatten die Sepoys einen Tanz veranstaltet. Kapitän Butler und andere englische Offiziere saßen als Zuschauer dabei. Plötzlich wurde er von rückwärts durch einen Schuß getroffen und starb fast augenblicklich. Der Mörder hatte nicht das Aussehen eines Mannes, dem man die Tat hätte zutrauen können. Gleich nach seiner Festnahme gab er an, daß der Klang der zum Tanze ladenden Trommeln ihn so aufgeregt habe, daß er von dem wahnsinnigen Verlangen, einen Engländer zu töten, ergriffen wurde.

13. Februar. **Aufstand der Bhils.**

Hira Lal Parakh eröffnete die Gerichtsverhandlung als Vertreter der Anklage. Er führte aus: Der Angeklagte Nr. 1, Guru Govindgar, hatte eine große Anzahl Bhils aus dem Pantchmahal und verschiedenen Staaten von Radschputana um sich gesammelt und ihnen eingeredet, er besäße übermenschliche und übernatürliche Kräfte und Gaben. Eine Zeitlang wirkte er unter dem Deckmantel eines religiösen und sozialen Reformators. Aber seiner Wirksamkeit lag eine weitreichende politische Propaganda zugrunde. Er trug sich mit der Idee der Gründung eines Bhilreiches in den Süd- und auch anderen Staaten. Der Angeklagte erklärte sich für alle Punkte der Anklage verantwortlich.

14. Februar. **Dakoity in Gopalpur.**

Heute wurde unter dem Vorsitz des Richters Mc. Nair der Prozeß wegen des Überfalls in Gopal eröffnet. N. Gupta, Colson und Srichandra Bannerji vertraten die Anklage.

Gegen 25 von ursprünglich 32 Angeklagten wurde die Anklage aufrechterhalten. Cependra Rahut hat ein Geständnis abgelegt, das die Grundlage der Anklage bildete.

15. Februar. **Weitere Briefe mit Sprengstoffen.**

Ein neuer Attentatsversuch durch Briefe mit Sprengstoffen wurde gestern in Kalkutta unternommen. Als die am Morgen aufgelieferten Briefe in einem Postamt Simlas abgestempelt wurden, entstand eine heftige Explosion. Glücklicherweise wurde der abstempelnde Beamte nur leicht verletzt.

Der explodierte Brief war an den Herausgeber der Wochenschrift „Hitabadi" gerichtet. Die Polizei wurde sofort benachrichtigt. Kaum war der Brief in der Kriminaluntersuchungsabteilung eingetroffen, als eine ähnliche Explosion vom Postamt aus Cossipur gemeldet wurde. Der zweite Brief war an den Herausgeber der Wochenschrift „Bassumati" adressiert. Ein dritter Brief mit Sprengstoffen, an den Herausgeber der „Indian Daily News" gerichtet, erregte den Verdacht der Postbehörde und wurde ohne Abstempelung der Polizei übergeben; er wurde geöffnet, ohne daß ein Schaden entstand.

Ein an die Zeitung „Empire" gerichteter Brief wurde von dem Polizeiunterinspektor Bajpai nach dem Lal-Basar-Polizeirevier gebracht. Der Brief explodierte in seiner Hand, als er ihn hinauftragen wollte, so daß er mit schweren Brandwunden in ein Krankenhaus gebracht werden mußte.

Ein weiterer ganz ähnlicher Brief an die Zeitung „Sanjibani" wurde auf dem Postamt angehalten.

20. Februar. **Die mit Sprengstoffen gefüllten Briefe.**

Hari Charan Mandal, der junge Mensch, der Sonntag abend in dem Hause verhaftet wurde, in dem die beiden Explosivbriefe, darunter der an die Zeitung „Empire" gerichtete, gefunden wurden, ist 18 Jahre alt und ein Schüler der Staatlichen Kunstschule.

20. Februar. **Der Prozeß gegen Guru Govindgar.**

Guru Govindgar wurde des Verbrechens der Kriegsführung überführt und zum Tode durch den Strang verurteilt. Der Gerichtshof will jedoch ein Gnadengesuch bei der Regierung befürworten. Panja, der zweite Angeklagte, wurde wegen des Verbrechens der Kriegsführung und des Mordes zu lebenslänglicher Verbannung, die übrigen wegen bewaffneter Teilnahme an einem Aufruhr zu je drei Jahren Zuchthaus verurteilt.

20. Februar. **Haussuchungen in Patna.**

Bankipur, 12. Februar.

Auf einen amtlichen Befehl von Alipur hat der Polizeisuperintendent Mc. Dowell im Hause des Kaviraj Ram Mohan Roy und des Professors Jadunath Sarkar in Patna Haussuchungen vorgenommen. Es wurden Papiere beschlagnahmt. Verhaftungen erfolgten nicht. Die Untersuchung schwebt noch.

20. Februar. **Die Bombenfabrik in Radscha Basar.**

Kalkutta, 21. Februar.

Das Gericht von Alipur hat heute die Haftbefehle in Sachen der Bombenfabrik von Radscha-Basar erlassen. Amrita Lal Hasra alias Saansko, Dineh Chandra Das Gupta, Sarada Charan Guha, Chandra Sekhar Dey, Khalipado Ghose und Horanmoy Banerji werden unter Sektion 4 des indischen Strafgesetzbuches unter Anklage gestellt. Der Prozeß geht unter dem Namen „Prozeß in Sachen der Bombenfabrik von Radscha-Basar."

23. Februar. **Haussuchungen und Verhaftungen im Pandschab in Sachen des Bombenfabrik-Prozesses.**

Delhi, 19. Februar.

An Sonntag, den 16. d. M., und den darauffolgenden Tagen wurden auf Veranlassung des Richters von Alipur, und ferner auf Grund des Pressegesetzes zwecks Beschlagnahme der verbotenen, sehr hetzerischen „Freiheits"-Flugblätter in Delhi zahlreiche Haussuchungen vorgenommen. Einige dieser Flugblätter hatten im Bombenfabrik-Prozeß dem Gericht bereits als Beweisstücke vorgelegen. Verschiedene Personen wurden verhaftet. Unter diesen sind besonders Amir Chand, früherer Lehrer an der St.-Stephens-Schule, später Hauptlehrer in der Sanskritschule zu Charkevala in Delhi, ein Sohn Rai Hukam Chands, der einige Zeit Gerichtsbeamter im Pandschab war, und ein Awadh Bihari zu nennen. Fünf von den Verhafteten befinden sich in Polizeigewahrsam. Einer von diesen, Sultan Singh, ist ein Adoptivsohn des Amir Chand im Alter von 14 Jahren. Die Namen der übrigen lauten Ram Lal und Manu Lal. Außerdem ist ein Mann, namens Donar Nath, in Lahor verhaftet worden.

Unter den beschlagnahmten Gegenständen befindet sich eine mit Watte gepolsterte Kiste. Anzeichen deuten darauf hin, daß diese Kiste zur Aufbewahrung von Bomben gedient hat. Sie wurde dem Sachverständigen für Chemie in Lahor zur Untersuchung übersandt. Die Behörde glaubt nicht, daß die in Sangjani bei Ravalpindi gefundenen Bomben mit dem obigen Fund in Zusammenhang stehen. Diese Bomben waren von schlechter Ausführung und mit Schießpulver gefüllt, während die Bomben aus Bengalen ausnahmslos mit Pikrinsäure gefüllt und mit Detonator versehen waren.

Haussuchungen in Lahor und Delhi.

Delhi, 23. Februar.

Im Zusammenhang mit den Haussuchungen in Lahor und Delhi sind noch folgende Personen verhaftet worden: Charan Das, Steuerbeamter Kushi Ram, Student der Staatlichen Hochschule in Lahor, Balraj, Sohn des Lala Hans Raj, des früheren Rektors einer Hochschule.

28. Februar. **Weitere Haussuchungen in Lahor.**

Lahor, 25. Februar.

Im Zusammenhang mit den Haussuchungen in Lahor wurde Bhai Bamukand aus Karyala in Jehlam Bezirk verhaftet und von Jodhpur nach Lahor gebracht. Er soll der Lehrer der Söhne des Maharadschas Sir Pertab Singh von Dschodpur sein.

Ferner wurde Basant Kumar, Apotheker in der Volksapotheke zu Lahor, verhaftet. Er stammt aus dem Dorfe Poragatscha im Bezirk Nadia, Bengalen.

Auch das Haus des Studenten Lala Puran Chand von der Dyal Singh-Hochschule wurde durchsucht. Ferner wurde der Vorsteher der „Central Training College" verhaftet. Er soll mit Dina Nath, der in Lahor als erster verhaftet worden war, verschwägert sein.

6. März. **Die Haussuchungen in Lahor.**

Bei den weiteren Haussuchungen ist eine neue Verhaftung gemacht worden: Am Sonnabend wurde der Bahnbeamte Puran Chand festgenommen.

Haussuchungen in Allahabad.

Auf Grund eines vom Bezirksrichter von Allahabad unterzeichneten Befehls wurde unter Aufsicht der Beamten Newly und Inglis im Hause Elgin Road 5 eine Haussuchung vorgenommen. Das Haus wird von dem Rechtsanwalt am Obersten Gerichtshof zu Allahabad Chowdry und dessen Sohn, Sarat Chandra Chowdhry, ebenfalls Rechtsanwalt am Obersten Gerichtshof, und ihrem Schreiber Ganendra Nath Kukherjee bewohnt.

20. März. **Der Verschwörungsprozeß von Delhi.**

Die Vorvernehmungen im obigen Prozeß haben heute vor dem Gericht in Delhi begonnen. Die Anklage wird auf Grund der Sektion 456 des Gesetzes 6 von 1908 gegen Amir Chand, Sultan Chand, Awadh Behari und Chote Lal alias Ram Lal, und auf Grund der Sektion 124 A des Indischen Strafgesetzes gegen Hartwant Sahai, Balraj, Balmukand und Raghoba Sharma gegen die vorgenannten, sowie gegen Manu Lal, Khusi Ram, Charan Das, Basanta Kumar, Bishwas Und Rash Behari Bose auch auf Grund der Sektion 120 B und 302 des Ind. Strafgesetzes erhoben. Rash Behari Bose ist noch nicht verhaftet.

Der Verschwörungsprozeß von Delhi.

Rash Behari Bose, auf dessen Ergreifung die Polizeibehörde des Pandschabs eine Belohnung von 5000 Rupies (6500 *M*) ausgesetzt hat, ist staatlicher Forstbeamter und befindet sich auf einem neunmonatigen Urlaub. Er wird wegen Verdachts der Teilnahme an der Verschwörung von Delhi gesucht. Eine Durchsuchung seines Hauses wurde durch die Kriminalbeamten Deutan und Tegart im Beisein der französischen Polizei vorgenommen.

16. März. **Schändung des Königlichen Standbildes.**

Bombay, 26. Februar.

Die Marhatta-Zeitung „Prageti and Jinoijàya", die in den Staaten von Kolahpur erscheint, berichtet, daß die Standbilder des Königs Edward und der Königin Alexandra, die Lord Wellington im November enthüllt hat, mit Teer beschmiert wurden. Die Sache wurde am 14. d. M. entdeckt. Einer der beiden Polizisten ist verschwunden.

20. März. **Briefe mit Sprengstoffen.**

Rai Sahib Tarak Nath Sadhu, Staatsanwalt am Polizeigericht von Kalkutta, erhielt einen mit Sprengstoff gefüllten Brief. Sir Frederick Holiday erhielt ebenfalls einen solchen, der jedoch geöffnet wurde, ohne daß ein Unglück geschah.

27. März. **Der Verschwörungsprozeß von Delhi.**

Delhi, 25. März.

Der Polizeibeamte bezeugte, daß er am 17. Februar das Haus Amir Chands durchsucht und eine Anzahl Anzeigen, ein Urdubuch und eine Flugschrift „British Rule in India“ von William Jennings Bryan gefunden habe. Die Flugschrift ist in Urdu unter dem Titel „Hindustan Mén Angrezi Hukumat“ übersetzt und von der Regierung des Pandschabs verboten worden. Er habe ferner das Haus des Awadh Behar durchsucht und eine Anzahl von Gegenständen, die Rash Behari Bose gehören, beschlagnahmt. Unter diesen Sachen befand sich die Flugschrift „Yogi Sadhia“ in Schreibmaschinenschrift, ein Postsparkassenbuch, ein Brief der Bharat Insurance Company (Indische Lebensversicherungsgesellschaft), in dem unter dem 2. September 1907 ein Versicherungsantrag Rash Behari Boses angenommen wird, ein Flugblatt mit Anweisungen, das mit den Worten des „Freiheits“-Flugblattes: „Auf, Vorwärts, haltet nicht, ehe das Ziel erreicht!“ beginnt. Außerdem wurde eine mit der Maschine geschriebene Ergänzung zu der erwähnten Flugschrift „Yogi Sadhia“, sowie ein Urlaubsschein des Forstamts und einige Briefumschläge gefunden.

Am 20. Februar wurden in Amir Chands Haus zwei Bände der Zeitung „Bande Mataram“ von 1906 und 7 beschlagnahmt. Die Bände wiesen einige Signaturen auf, aus denen hervorgeht, daß sie schon einmal bei der Durchsuchung des Hauses des Ganesh Lal Khaste, der Ende 1909 wegen politischer Verhetzung verhaftet worden war, beschlagnahmt waren. Das Rechnungsbuch ergab, daß Amir Chand die Miete für die Druckerei bezahlt hatte. — Die genannte Zeitung wurde später unterdrückt. Im Prozeß gegen Ganesh Lal Khaste hinterlegte Amir Chand die Sicherheit. — Am 26. Februar hat der Zeuge dann bei einer weiteren Haussuchung noch zwei Bücher, „Preß and its Story“ und „Racial Supremacy“ beschlagnahmt.

3. April. **Der Verschwörungsprozeß von Delhi.**

Dina Nath, angeklagt unter Sektion 120 b und 302 des Indischen Strafgesetzes, ist zum Angeber geworden und wurde vom Richter begnadigt. Er hat Aussagen gemacht über die Einzelheiten der Organisation, soweit sie ihm bekannt waren.

Die revolutionäre Organisation für den Pandschab wurde in Lahor gegründet und breitete sich langsam in Kapurthala aus. Har Dayal stand mit dem Werke in Verbindung, später aber waren Amir Chand und Awadh Behari die hauptsächlichsten Führer. Rash Behari Bose und Basanta Kumar Biswas, die die Zentralorganisation von Bengalen vertraten, kamen nach dem Pandschab. Der erstere bereiste das ganze Gebiet, und Dina Nath traf ihn in Hardwar und besprach mit ihm die Idee eines umfassenden Werkes nach folgenden Grundsätzen:

Rash Behari meinte, das Werk müsse im Pandschab in gleicher Weise wie in Bengalen betrieben werden. Es müsse dort ebenfalls eine terroristische Bewegung einsetzen. Man einigte sich darüber, daß Rash Behari Bose das Verbindungsglied zwischen dem Pandschab, den Vereinigten Provinzen und Bengalen bilden sollte. Dina Nath und Balmukand sollten die Führer der Bewegung im Pandschab, besonders für Lahor, sein. Das Werk in Lahor und alles, was sonst im Pandschab und in den Vereinigten Provinzen unternommen werden würde, sollte nur nach Beratung und Rücksprache mit Awadh Behari durchgeführt werden.

Rash Behari, Dina Nath und andere Führer arbeiteten im Jahre 1912 und 1913 im Pandschab. Freiheits-Flugschriften wurden verschiedentlich gedruckt und verbreitet. Fünfmal wurden Bombenattentate gegen Europäer geplant. Es wurde beschlossen, daß Bengalen die Waffen, die Drucksachen und die Bomben liefern, und daß der Pandschab dafür zu zahlen habe. Erfolglose Attentate wurden gegen Gordon und Sir J. Moston unternommen. An dem gegen den letzteren gerichteten war Hassan Mohani, Redakteur des „Urdu-i-Mahallah“, beteiligt.

Aus den Mitteilungen des Verräters geht hervor, daß die Arbeiten in Bengalen, den Vereinigten Provinzen und dem Pandschab von einer Zentralstelle aus geleitet wurden. Die Organisation war indessen so hervorragend gut, daß die Pandschabis die wahren Führer nicht kannten, sondern nur mit einigen untergeordneten Mitarbeitern in Berührung kamen. Ortsgruppen für den Pandschab wurden in allen bedeutenderen Städten wie Delhi, Lahor, Rawalpindi, Hardwar, Jallandhar usw. errichtet.

22. Mai. **Die Verschwörung von Delhi und ihre Ziele.**

Die Anklage gründet sich in fast allen Hauptpunkten auf die Aussagen des Angebers Dina Nath. Sie ergaben, daß eine Verschwörung unter der Führung des Rash Behari Bose bestand, um eine terroristische Bewegung, die von Bengalen aus sich bis in den Norden Indiens erstrecken sollte, ins Werk zu setzen. Das Ziel dieser Bewegung war, wie von Rash Behari Bose selbst angegeben wurde, „durch Verübung von Gewalttaten der Masse die Tatsache zum Bewußtsein zu bringen, daß sie unter einer Fremdherrschaft lebt. Aus diesem Bewußtsein heraus wird sich dann der Wille zur offenen Revolution bei der Masse ergeben.“ Seine Aussagen ergaben ferner, daß Rash Behari Bose das Verbindungsglied zwischen Bengalen und Nordindien bildete, daß andere Verschwörer die Führung im Pandschab und den Vereinigten Provinzen übernehmen sollten, und daß nichts ohne Rücksprache mit Behari Bose und seinem Hauptmitarbeiter Awadh Behari unternommen werden sollte. Zur

Förderung der Ziele der Verschwörung verschaffte man sich Bomben, und eine von diesen wurde zu dem Attentat in Lahor benutzt, bei dem ein Diener am Lahor Gymkhana (Turnplatz) ums Leben kam. Weiter geht aus der Aussage hervor, daß die Bewegung von den Verschwörern als Religion betrachtet wurde, — daß die ersten „Freiheits"-Flugblätter in Jallandar gedruckt wurden, daß eins davon von Lahor aus versandt, und die dritte und vierte Auflage in Kalkutta gedruckt und von Lahor aus im Pandschab verbreitet wurde. Daraus ergibt sich die Grundlage für die Anklage, daß eine Verschwörung bestand, zu deren Förderung die Verschwörung das Verbrechen des Mordes angewendet, sich in den ungesetzlichen Besitz von Sprengstoffen gesetzt und Hetzschriften gedruckt und verbreitet haben.

Zur Erläuterung des Falles wurde folgendes gesagt: „Es besteht guter Grund zu der Annahme, daß A. einer Aufstandsverschwörung beigetreten ist. Die Tatsache, daß B. zur Durchführung der Verschwörung Waffen in Europa beschafft, daß C. für den gleichen Zweck Geld in Kalkutta gesammelt, daß D. andere Personen zum Beitritt zu der Verschwörung in Bombay veranlaßt, daß E. Druckschriften in Agra veröffentlicht, die den gleichen Zweck verfolgen, daß F. die von C. in Kalkutta gesammelten Gelder und den Inhalt eines Briefes des H. mit Angaben nach Kabul weitergeschickt hat, — beweisen die Teilnahme an einer Verschwörung, auch wenn A. keinen von den anderen Verschwörern gekannt und nichts von ihrer Teilnahme gewußt hat, gleichgültig, ob die Verbrechen vor seinem Beitritt oder nach seinem Ausscheiden begangen wurden.

10. April. **Die Mörder von Chitpur freigelassen.**

Nirmal Kanto Roy, der Angeklagte im Mordprozeß von Chitpur, ist aus der Haft entlassen worden. Der Oberstaatsanwalt reichte am Mittwoch eine nolle prosequi beim Obersten Gerichtshof in Kalkutta ein und führte dabei aus, daß nach dem Zwiespalt unter den Geschworenen in zwei langen Verhandlungen der Eintritt in eine dritte nicht ratsam sei. Der Richter Stephens verkündete darauf den Beschluß zur Freilassung des Angeklagten.

10. April. **Briefe mit Sprengstoffen.**

Kalkutta, 4. April.

Der Rechtsanwalt Monaj Mohan Bose erschien in der Geschäftsstelle der Kriminaluntersuchungsabteilung und überreichte dem diensttuenden Beamten zwei Briefe mit Sprengstoffen, von denen der eine an den Redakteur des „Bangabashi", einem Wochenblatt der gemäßigten Richtung, und der andere an den bekannten rechtgläubigen Hindu, den Pandit Panchanan Tarkaranta vom Stabe der Zeitung „Bengali" gerichtet war. Die Nachricht von der Sendung eines solchen Briefes an den Pandit hat einige Aufregung unter den Hindus hervorgerufen, da dieser sich bisher nie mit Politik befaßt hatte.

Man fragt sich: Beabsichtigen die Terroristen das System des rechtgläubigen Hinduismus zu stürzen?

17. April. **Politische Konferenz in Bengalen.**

Die politische Konferenz von Bengalen wurde gestern in Komila abgehalten. Eine große Anzahl von Abgeordneten war anwesend und Byomkesh Chakravarty hatte den Vorsitz. Er trat für die Schaffung einer Dorforganisation und für eine indische Freiwilligen- und Pfadfinder-Bewegung ein.

17. April. **Politische Konferenz der Vereinigten Provinzen.**

Die achte politische Konferenz in den Vereinigten Provinzen wurde am 10. und 12. d. M. unter dem Vorsitz Dr. Tej Bahadur Sapru aus Allahabad in Mirat abgehalten. Der Vorsitzende sprach über die Hungersnöte und die Rechte der Inder in den Kolonien und forderte zur Erlangung volkstümlicher Selbstregierung zu ausdauernder Arbeit auf.

24. April. **Vorsichtsmaßregeln der Regierung.**

Militärische Besetzung Ostbengalens.

Es wird berichtet, daß die Regierung Bengalens Kostenanschläge für die Schaffung von Unterkunft für indische Truppen in Ostbengalen bearbeitet. Die Truppen sollen dort Polizeidienste übernehmen.

8. Mai. **Geheimnisvolle Explosion in Amritsar.**

Lahor, 29. April.

Kalla, der Mann, der am Sonnabend abend in Amritsar verletzt wurde, starb am Sonntag morgen an Verblutung. Nähere Umstände der Explosion sind nicht bekannt geworden.

15. Mai. **Politische Überfälle in Bengalen.**

Sonnabend früh fand im Dorfe Gossainpur im Brahmanbaria-Bezirk der Provinz Tipperah ein dreister Überfall statt. Kurz nach 1 Uhr drang eine Bande von 25 bis 30 Räubern in das Haus des Sarat Chand Roy, eines der reichsten Einwohner, ein und drohte die Bewohner zu töten, wenn sie sich widersetzen würden. Da die Eindringlinge mit Gewehren und Waffen ausgerüstet waren, war jeder Widerstand aussichtslos, und die Dakoits konnten das Haus in aller Ruhe durchsuchen. Sie erbrachen eine eiserne Geldkiste und nahmen den ganzen Inhalt an Bargeld und Schmucksachen im Werte von 7000 Rupies an sich. Das ganze Dorf war in Aufregung und Angst, aber die Dakoits gaben sich mit der gemachten Beute zufrieden, verschwanden so plötzlich, wie sie gekommen waren, und verwundeten niemand. Es wird angenommen, daß der Überfall aus politischen Gründen unternommen wurde.

15. Mai. **Der Verschwörungsprozeß von Barnagar.**

Kalkutta, 12. Mai.

Es verlautet, daß der Verschwörungsprozeß, der am 25. d. M. beginnt, im Hause Hastings stattfinden wird. In dem Prozeß sind Khojendra Nath Chaudry, bekannt aus dem Bombenprozeß von Radscha-Basar, und Moti Lal, alias Harsha Nath Chatterjee angeklagt, eine Verschwörung angezettelt, sich in den Besitz von Waffen gesetzt und Teile von solchen hergestellt zu haben.

22. Mai. **Haussuchungen und Verhaftungen in Kalkutta.**

Unter den Bewohnern von Malanga Lane entstand große Erregung, als auf richterlichen Befehl hin eine Anzahl Häuser polizeilich durchsucht wurden. Es wurden dabei im ganzen fünf Verhaftungen gemacht: Anuka, Chandra Mukerjee, Kalipada Bose, Sailendranath Singh, Sirish Paund Khajendra Das. In den Häusern Malanga Lane 39 und 413 wurden einige Waffen gefunden.

29. Mai. **Haussuchungen.**

Bei der Durchsuchung der Häuser des Kajendranath und Sailendranath Singh fand die Polizei ein Paket Freiheitsflugschriften, ferner Swaddin Bharat (Freies Indien) Yogantar, Bücher über Garibaldi, Anarchie und Anarchisten, Anand Nath, Arabindos Karma Yogin und Disher Katha. Diese Männer sind angeblich Anarchistenfreunde.

12. Juni. **Sprengstoffe in Jute von Kalkutta.**

Durch einen Zufall wurden Sprengstoffe, die mit einer Sendung Jute in den Kidderpur Docks ankam, entdeckt. Der Beamte vom Schuppen Nr. 4 fand drei Zylinder mit Sprengstoffen. Auf Meldung bei den dort stationierten höheren Beamten des Hafenamts wurde eine eingehende Durchsuchung vorgenommen, wobei noch drei weitere Zylinder mit Sprengstoffen zwischen den Ballen versteckt gefunden wurden. Sie waren ungefähr 12 Zoll lang und hatten einen Umfang von 5 Zoll. Jeder einzelne hatte in der Mitte ein Zündloch, das augenscheinlich zur Einführung des Zünders bestimmt war. Die Zylinder waren mit Baumwolle, Schwefel, Streichholzköpfen und einer Tube Petroleum mit Auslaufvorrichtung gefüllt. Es haben in diesem Jahr in den Docks zwei große Brände stattgefunden, die enormen Schaden anrichteten. Der erste brach Anfang Januar im Schuppen Nr. 3 und der zweite Anfang April im Schuppen Nr. 5 aus. Beide Schuppen sind vollständig niedergebrannt. Man nimmt an, daß beide Brände von Brandstiftern durch Anzünden der aufgestapelten Güter mittels Sprengstoffen angelegt wurden. Verhaftungen sind nicht vorgenommen worden.

19. Juni. **Der Verschwörungsprozeß von Baranagar.**

Urteil und Strafen.

In der Klage gegen Harsha Nath Chatterjee alias Moti Lal Chatterjee und Kagendmranath Chaudhry alias Saresh Chandra Chaudrhy stimmte der Richter gegen die Beisitzer, erkannte die Angeklagten des Verbrechens der Verschwörung und der Übertretung des Waffengesetzes für schuldig und verurteilte sie zu je vier Jahren Zuchthaus.

22. Juni. **Verbotene Flugschrift.**

Ein Extrablatt verbietet heute die Einführung von Abdrucken der Flugschrift „Ghadar ki Ganj“ von Yogantar Ashram in Gurmuki oder irgendeiner anderen indischen Sprache.

26. Juni. **Attentat auf einen Verräter.**

Chittagong, 2. Juni.

Am 19. d. M. 8.30 Uhr wurde in einem einsamen Teil des Sadar Ghast Road in Chittagong ein Attentat gegen den Verräter im Verschwörungsprozeß von Dakka, Narendra Nath Sen, unternommen. Der Schuß verfehlte den Angeber, tötete aber seinen Begleiter, Satyendranath Sen aus Dhalghat. Der Täter entkam.

24. Juli. **Ein angeblicher politischer Spion erschossen.**

Im Hause des Bankiers Rup Lal Das in Dakka wurde ein gewisser Ram Das, der früher an politischen Dakoities beteiligt, neuerdings aber englischer Spion geworden war, erschossen. Der Polizeibeamte Basanta Kumar Chatterjee wäre beinahe ebenfalls getötet worden. Ein älterer Jamada versuchte den Missetäter festzunehmen, wurde jedoch durch einen Schuß schwer verwundet. Zwei Studenten und Rebati Mohan De, ein politisch Verdächtiger aus Komilla, wurden als der Tat verdächtig verhaftet.

4. September. **Diebstahl von Feuerwaffen in Kalkutta.**

Kalkutta, 30. August.

Eine Kiste mit 50 automatischen Mauserpistolen und 45 000 Patronen für die Firma Rodda & Co. wird seit Freitag vermißt. Man nimmt an, daß sie von Teilnehmern der anarchistischen Bewegung gestohlen wurden. Vier junge Bengalis, Anukul Banerjee, Girindra Mukerjee, Klipada Bose und Hirish Chandra Dutt sind als der Tat verdächtig verhaftet worden.

4. September. **Politisches Dakoity.**

Kalkutta, 30. August.

Ein schwerer politischer Überfall auf das Haus des Chatuya Sahai im Dorfe Belali am Kanmassaflusse wird aus Meimensingh berichtet. Die Räuber,

50 an der Zahl, waren gut bewaffnet und trugen kurze Hosen. Sie machten ausgiebigen Gebrauch von ihren Waffen und töteten eine Person.

23. September. **Bestrafung einer Zeitung.**

Die Sicherheitssumme von 1000 Rupies, die von dem Besitzer der Druckerei, in der die Zeitung „Loyal Gazette“, eine indische Wochenschrift, sowie deren tägliche Ausgabe gedruckt wurde, hinterlegt worden war, wurde von der Regierung für verfallen erklärt. Die Maßnahme erfolgte wegen des Artikels „Sed-e-Isshtibah“ (Ein Opfer des Verdachtes), der am 6. Oktober erschien. Es heißt, daß dieser Artikel geeignet sei, die gesetzmäßige Regierung von Britisch-Indien verhaßt und verächtlich zu machen. Der Artikel besprach den Vorfall in Budge mit den Reisenden der Komagata Maru.

6. November. **Progermanismus in Kalkutta.**

„Al Hilal“ ist eine illustrierte Wochenschrift in der Urdusprache, herausgegeben in Kalkutta von dem Mohammedaner Abul Kalam aus Delhi. Sie hat unter den Mohammedanern eine weite Verbreitung und hat seit Kriegsbeginn eine so ausgesprochen deutschfreundliche Haltung angenommen, daß alle Leser über die Duldsamkeit der Regierung erstaunt waren. Die nachstehenden Sätze kennzeichnen zur Genüge den Geist des Schreibers: „Eine deutsche Mitteilung besagt, die englische Armee und die Belgier hätten Antwerpen verlassen, bevor die Deutschen dort einrückten. Die Klugheit, die die Engländer von Anfang an dazu führte, ihr eigenes Leben zu schützen, legte ihnen die Verpflichtung auf, Sicherheit und Schutz der schamlosen Idee des Kampfes vorzuziehen.“ Im Hinblick auf die englischen Verluste schrieb er: „Die „Morningpost“ berichtet von 200 Verwundeten bei Antwerpen und bemerkt, daß diese das Nichteintreffen der schweren Geschütze bedauert hätten; die Schiffsgeschütze seien ebenfalls sehr spät eingetroffen und konnten nicht in Stellung gebracht werden. Wie groß jedoch immer die Verluste der englischen Truppen gewesen sein mögen, — so ist das nur den zufällig schlechten Vorkehrungen hinsichtlich der Geschütze usw. zuzuschreiben; andernfalls würde solch eine kluge und weise Armee, die den Rückzug immer dem Kampfe vorzieht, notwendigerweise sich unter allen Umständen in Sicherheit zu bringen wissen.“

6. November. **Bestrafung einer Zeitung.**

Die Sicherheit von 2000 Rupies, die für die „Comerade-and-Hamdard“-Druckerei in Delhi hinterlegt worden war, ist nach dem Pressegesetz wegen des Artikels „The Choice of the Turks“ (Die Wahl der Türken), der in der Ausgabe des Comrade vom 26. September erschien, verfallen. Nach Ansicht des Generalgouverneurs ist der Artikel geeignet, Auflehnung gegen die Regierung zu erregen.

20. November. **Bestrafung der Zeitung „Al Hilal“.**

Wir erfahren aus Kalkutta, daß die Regierung Bengalens die hinterlegte Sicherheit von 2000 Rupies der „Al-Hilal“-Presse wegen der Artikel „Gespräche über die Armee“ und „Der Fall von Antwerpen“ eingezogen hat. Die betreffende Nummer wurde beschlagnahmt, und die Druckerei nach noch vorhandenen weiteren Nummern durchsucht. Abul Kalam, unter dessen Namen der Redakteur die Zeitung leitet, ist aus Kalkutta verschwunden.

20. November. **Unterdrückung von zwei weiteren Zeitungen.**

Seit dem 12. November hat die in der Urdusprache erscheinende Tageszeitung „Hamdard“ in Delhi ihr Erscheinen bis zur Hinterlegung der verlangten Sicherheit eingestellt. Es wird erwartet, daß sie wieder herausgegeben werden wird, sobald die Sicherheitssumme von 19000 Rupies hinterlegt ist. Bis dahin wird auch der „Comrade“ nicht erscheinen.

20. November. **Anschlag auf einen Schnellzug.**

Kalkutta, 16. November.

Am 13. d. M. wurde ein verbrecherischer Anschlag auf den Pandschab-Schnellzug durch Entfernen einer Schiene zwischen den Bahnhöfen Jamtarand und Mitigan verübt. Die Untersuchung hat Corbett selbst in die Hand genommen. Näheres über das Verbrechen ist noch nicht bekannt geworden.

27. November. **Verwegenes Attentat auf einen Kriminalbeamten.**

Ein verwegenes Bombenattentat mit tödlichem Ausgange wird aus Kalkutta gemeldet. In einer engen Seitenstraße wurden Mittwoch nacht zwei Bomben gegen das Haus des Kriminalbeamten Basanta Chatterjee, der in letzter Zeit vielfach mit der Untersuchung politischer Vergehen beschäftigt war, geworfen. Ein Wachtmeister wurde getötet und mehrere Polizisten verwundet. Zwei von diesen sind so schwer verletzt, daß an ihrem Aufkommen gezweifelt wird. Chatterjee kam diesmal ebenso wie bei dem vor vier Monaten in Dakka auf ihn verübten Anschlag ohne Verletzung davon. Es wird berichtet, daß drei junge Bengalis sich kurz vorher vor dem Hause aufhielten und gleich nach dem Bombenwurf davonliefen. Später wurde ein schwer verwundeter junger Bengali mit einem geladenen Revolver etwa 300 Yard von dem Schauplatz des Verbrechens entfernt aufgefunden.

27. November. **Politisch Verdächtige.**

Kalkutta, 21. November.

Drei politisch Verdächtige, Birendra Chander Chatterjee, Narendra Nath Sen und Khitish Chander Bannerjee, erschienen vor dem Richter Birley in Alipur. Dem ersten Angeklagten, der unter Sektion 110 des Indischen Strafgesetzes angeklagt ist, und den der Richter als gewohnheitsmäßigen Räuber und Wegelagerer bezeichnete, der eine Gefahr für die Gesellschaft sei, wurde die Hinterlegung einer Sicherheit von 10000 Rupies für Wohlverhalten während der nächsten drei Jahre und Einziehung der Summe im Nichterfüllungsfalle auferlegt. Die beiden anderen hatten sich unter Sektion 109 wegen Verheimlichung ihrer Anwesenheit zum Zwecke der Ausführung von Verbrechen zu verantworten. Sie sollen durch Hinterlegung einer Sicherheit von je 3000 Rupies zu Wohlverhalten für ein Jahr verpflichtet werden.

27. November. **Anschlag auf einen Eisenbahnzug.**

Die Eisenbahnpolizei von Sonarpur, Südsektion der Ostbengal-Staatseisenbahn, verhaftete am Montag einen jungen Bengali von 14 Jahren, der einen eisernen Stuhl zum Zwecke der Herbeiführung einer Entgleisung auf die Schienen gelegt hatte. Es wird berichtet, daß der Zug Nr. 122 während der Fahrt auf ein Hindernis stieß, das glücklicherweise beiseite geschoben wurde. Der Bursche wurde in Untersuchungshaft genommen.

27. November. **Aufruhrprozeß von Puna.**

Gestern sprach der Bezirksrichter das Urteil im Prozeß gegen einen Mahratten und zwei Brahmanen aus Puna. Sita Ram Tukaram Surwe, Hari Ram Chandra Desai und Kamakar Ram Chandra Sewant waren wegen Verhetzung und Beihilfe zur Verhetzung angeklagt. Der Richter ließ Gnade für Recht ergehen und verurteilte die Angeklagten 1 und 2 zu sechs Monaten, und den Angeklagten 3 zu 3½ Jahren Zuchthaus.

1. Dezember. **Haussuchungen wegen des Bombenattentats von Kalkutta.**

Im Zusammenhange mit dem Attentat auf das Haus des Kriminalbeamten Basanta Kumar Chatterjee in der Musalman Para nahm die Polizei Haussuchungen in der Bowbasarstraße und Harrison Road vor. Das Ergebnis ist unbekannt.

Die drei verwundeten Personen, — zwei Polizisten und der Student Nagendra Nath Sen Gupta, der verwundet und mit einem geladenen Revolver in der Hand nahe der Okhil-Mistri-Gasse gefunden wurde — befinden sich noch im Krankenhause. Nagendra Nath Sen Gupta stammt aus Munshiganj, Dakka, und besitzt Liegenschaften bei Noakheli, die unter der Verwaltung des Vormundschaftsgerichts stehen. Der junge Mann ist 23 Jahre alt, Student in der zweiten Klasse des Presidency College und wohnt im Internat der Oxford-Mission in der Cornwallisstraße. Er bestand die Reifeprüfung an der Collegiate-Schule von Dakka als Dritter mit „gut" und erhielt ein Stipendium. Jetzt befindet er sich als der Mitschuld verdächtig in Haft und darf keine Besuche empfangen.

Aus anderen Zeitungen.

(Soweit solche während des Krieges erhältlich waren.)

1915.

2. Januar. **Dakoities in Bengalen.**

Aus Meimensingh und Manekganj wird uns von zwei Überfällen berichtet. An beiden waren junge Abenteurer beteiligt. Die am meisten betroffenen Distrikte sind Hugli, Alipur, Yessore, Khulna, Dakka, Meimensingh und Tschittagong.

Auch im Dorfe Areadak, acht engl. Meilen von Kalkutta, fand ein Überfall statt. The Times of India.

8. Januar. **Aufstand der Kachins.**

Mandalay, 5. Januar.

Bei einem Aufstande der Saha Kachins nördlich von Kamaing wurde etwa ein halbes Dutzend Leute des Kamaing-Grenzpostens angegriffen. Zwei Überlebende brachten die Nachricht nach Kamaing, worauf sofort Truppen von Mogaung, Myitkyina, Schwego und Mandalay dorthin entsandt wurden.

Pioneer Mail.

Attentatsversuch.

5. Januar.

Der Richter am Schwurgericht von Alipur verhandelt gegenwärtig den Prozeß, in dem Manindra Nath Ghose wegen eines versuchten Revolverattentats auf das Leben von Monmohan Ghose, Rechtsanwalt bei dem Reichsgericht von Kalkutta, angeklagt ist. Pioneer Mail.

Das Mussulman-Para-Bombenattentat vor Gericht.

5. Januar.

Am Mittwoch wird der Erste Untersuchungsrichter der Präsidentschaft die Vernehmungen in Sachen des Überfalls beginnen, bei dem vier Bomben auf Polizeibeamte geworfen wurden; ein Wachtmeister wurde hierbei getötet und zwei andere schwer verletzt. Den angeklagten Studenten Nagendra Nath Sen Gupta hatte man schwer verletzt in der Nähe des Tatortes aufgefunden. Pioneer Mail.

9. Januar. **Tätigkeit der Terroristen in Sihore.**

Eine Bande von 7 Mann, die eine Reihe von Verbrechen in Sihore und Umgegend verübt hat, ist festgenommen worden. Sie hatte die Telegraphendrähte zerschnitten und dadurch eine Unterbrechung der telegraphischen Verbindung der staatlichen und der Eisenbahnlinien verursacht.

Times of India.

Verhaftung von Nationalisten.

Devabrata Mukkerji, ein junger Mann aus guter Familie, wurde vor einigen Tagen bei seiner Ankunft aus Europa in Bombay von der Polizei wegen politischer Vergehen verhaftet. Er ist nach Kalkutta gebracht und wird im Gefängnis von Alipur in Haft gehalten. — Acht andere politisch Verdächtige sind von der Dakka-Polizei festgenommen und werden auf Grund von Section 109 des Criminal Procedure Code (C. P. C.) unter Anklage gestellt.

Times of India.

15. Januar. **Prozeß wegen Beschlagnahme einer Zeitung.**

11. Januar.

In einer Sondersitzung des Obersten Gerichtshofes von Kalkutta wurde über den Antrag des Ab-ul-Kalam Azad, Redakteur der Zeitung „Al Hilal", gegen die vom General-Gouverneur angeordnete Beschlagnahme der Nummer des „Comrade" vom 26. September 1914 Beschluß gefaßt. In dieser Ausgabe des „Comrade" erschien eine Erwiderung auf einen „Times"-Artikel unter der Überschrift „Die Wahl der Türken". Dieser Artikel war nach der Meinung des General-Gouverneurs geeignet, Auflehnung gegen Se. Majestät und die bestehende Regierung Britisch-Indiens zu verursachen. Dem Herausgeber des „Al Hilal" wurde ein Exemplar des beschlagnahmten „Comrade" überreicht. Der Antrag wurde abgewiesen.

Pioneer Mail.

Einfall an der Nordwest-Grenze.

Die Nachricht, nach welcher ein Trupp aufständischer Afghanen in der vergangenen Woche in das Tochi Tal einfiel, beweist, wie nötig eine sorgfältige Grenzbewachung ist.

Preß-Kaution in Birma.

Vor dem Obersten Gerichtshof kam neulich der erste Prozeß unter dem indischen Preßgesetz in der Berufungsinstanz zur Verhandlung. In demselben wird die Rücknahme einer Verordnung des Distrikt-Richters von Bassain beantragt, nach welcher die Preß-Kaution von 500 Rupies, die von dem Besitzer der Anugamingal-Druckerei in Bassain hinterlegt worden war, auf Befehl der Regierung von Britisch-Indien für verfallen erklärt wurde. Nach Ansicht der Regierung fielen einige in der Druckerei gedruckte Flugblätter unter die Klausel c der Subsektion 9 der Sektion 4 des indischen Preßgesetzes von 1910. Die Bekanntmachung hinsichtlich der Presse unter dem Preßgesetz und dem Gesetz 25, betreffend die Registration von Büchern vom Jahre 1867, war nach Ablauf von 10 Tagen nach der Zustellung des Beschlusses für nichtig erklärt. Dem Antragsteller wurde auferlegt, eine neue Erklärung abzugeben und eine neue Sicherheit von 11 000 Rupies nach dem betreffenden Gesetz zu hinterlegen.

Pioneer Mail.

Einfall der Khostwals in das Tochi-Tal.

Eine Bekanntmachung an die Presse besagt: Streitkräfte aus den Stämmen der Hadrans, Sanis, Gurbas und anderer Khostwals, alle afghanische Untertanen, die sich seit einigen Tagen in Khost versammelt hatten, griffen die Miliz-Posten von Nordwaziristan bei Spina Khaissora im Tochi-Tal am Morgen des 7. Januar an. Nachdem die Miliz Verstärkungen erhalten hatte, wurden die Truppen der verschiedenen Stämme angegriffen und nach den oberen Abhängen des Napdak vertrieben.

Pioneer Mail.

9. Januar.

Ruhestörungen in Pegu.

9. Januar.

Die Regierung hat im Pegu-Distrikt das Vorkommen von Unruhen festgestellt und hat infolge des Verhaltens der Bevölkerung eine Polizei-Strafabteilung von 2 Inspektoren, 22 Unterinspektoren, 33 Polizeiwachtmeistern und 143 Polizisten zur Verstärkung der bestehenden Polizeitruppe dorthin verlegt. Die Kosten der Strafabteilung in Höhe von 513 350 Rupies sind von der Bevölkerung in einen Zeitraum von 5 Jahren aufzubringen.

Beschlagnahme der von einer Zeitung hinterlegten Sicherheit.

Die Zeitung „Cosmopolitan“, die in der Shri Swami Druckerei in Dehra-Dun, deren Besitzer Keschawa Rau Swami ist, gedruckt worden war und für die eine Sicherheit von 500 Rupies nach Sektion 3 (1) des indischen Preßgesetzes von 1910 hinterlegt war, enthielt in der Nummer vom 30. Dezember 1914 einen Artikel über den Krieg, der mit den Worten: „Die Nachrichten aus dem Felde“ begann und mit den Worten: „Die Vorsehung vorbehalten hat“ endete. Der Leutnant-Governor ist der Meinung, daß dieser Artikel Worte enthält, die geeignet sind, die Regierung Sr. Majestät verhaßt und verächtlich zu machen oder Unzufriedenheit mit der Regierung zu erregen.

Auf Grund der Vollmacht unter Sektion 4 (1) des indischen Preßgesetzes von 1910 wird die Sicherheit für verfallen erklärt, desgleichen sämtliche vorhandene Abzüge der erwähnten Ausgabe. Pioneer Mail.

Unruhen an der Nordwestgrenze.

Die Unruhen an der Nordwestgrenze nehmen einen aufregenden Charakter an. . . . . Nachdem die Banden den Kapitän Jotham und 5 Mann der Miliz getötet hatten, scheinen sie schwerer als sonst bestraft worden zu sein. . . . . Die Stämme haben schon wiederholt Unruhen verursacht und haben sich, wenn sie es für zweckmäßig hielten, immer nur äußerlich unterworfen.

16. Januar. **Grenzunruhen.**

Es werden Grenzunruhen zwischen Streitkräften der Stämme und der Waziristan-Miliz berichtet. Die Stammesleute wurden zurückgetrieben und zerstreut. Kapitän Jotham ist gefallen. Times of India.

22. Januar. **Strafpolizei in Birma.**

16. Januar.

Wegen des Verhaltens der Einwohner des Dorfes Nyaungbingyidaw hat die Regierung es für notwendig gehalten, Strafpolizei in das Dorf zu legen. Die Kosten für die Maßnahme werden von den Dorfbewohnern erhoben. Pioneer Mail.

14. Januar. **Die Komagata Maru-Affäre**[1]**).**

Ein Extrablatt der „Gazette of India" von heute Nacht enthält den Bericht über die Komagata Maru-Untersuchung: In der zusammenfassenden Darstellung der Indischen Regierung werden folgende Angaben gemacht. Es hat sich kein direkter Beweis eines deutschen Einflusses ergeben . . . Während der Reise der Komagata Maru wurden Versuche gemacht, in den verschiedenen angelaufenen Hafenorten Aufruhr und Ungehorsam gegen die englische Regierung zu verbreiten. Hetzvorträge wurden an Bord des Schiffes gehalten, Sendungen des Ghaddar wurden in Shanghai, Kobe und Yokohama empfangen. Bei der Landung im indischen Hafen Budge Budge (Kalkutta) entstand ein Handgemenge mit der Polizei, das zu einem Straßenkampf ausartete. Es ist ausreichendes Beweismaterial vorhanden, daß die gelandeten Sikhs mit Schießen angefangen haben. Die Regierungstruppen gaben 177 Schuß auf die zurückgekehrten Auswanderer ab. Pioneer Mail.

[1]) Der Dampfer Komagata Maru hatte indische Auswanderer an Bord, denen die Landung in Vancouver nicht gestattet wurde und die deshalb zurückbefördert werden mußten.

Der politische Mord von Sadarghat vor dem Untersuchungsgericht.

13. Januar.

Das Untersuchungsgericht von Tschittagong beendete heute die neun Tage sich hinziehenden Vernehmungen in Sachen des politischen Mordes von Sadarghat. Angeklagt war Naditya Nath Dutt wegen Erschießung des Satyendra Nath Sen. Der Schuß war dem Polizeispitzel Nagendra Nath Sen zugedacht. Es wurde gegen den Beschuldigten die Anklage nach §§ 302 und 511 des Strafgesetzbuches (Mord und Verschwörung) erhoben. Pioneer Mail.

20. Januar. **Der Mordprozeß von Ferozpur.**

Vor dem Untersuchungsgericht von Ferozpur wird jetzt ein Prozeß verhandelt, in dem sieben Männer der am 27. Oktober und 27. November in der Nähe von Misriwala im Ferozpur-Distrikt erfolgten Ermordung der Unterinspektoren Wikarat Ali und Zaildar Jowala Singh angeklagt sind. — Sämtliche Beschuldigten wurden unter der Anklage des Mordes, Mordversuches, der Beihilfe zu diesen Verbrechen, der Zusammenrottung und Dakoities dem Schwurgericht überwiesen.

Der Hergang der Ermordung wurde von dem ersten Zeugen, dem Stamindar (Grundbesitzer) von Misriwala, kurz folgendermaßen dargestellt: Zeuge saß am 27. November bei dem Polizeiunterinspektor Bikarat Ali, als drei Droschken mit je 5 Fahrgästen ankamen. Der Inspektor befahl ihnen zu halten, worauf sie zum Droschkenstand zurückkehrten. Der Inspektor hielt sie für verdächtig und meinte, es könnten die in Sachen der Komagata Maru-Affäre von Budge Budge Gesuchten sein. Sie waren fast alle in Khaki gekleidet. Der Inspektor ließ sich Tinte und Feder bringen und wollte die Leute vernehmen. Darauf standen drei oder vier der Männer auf und schossen auf den Inspektor. Als die Polizeiwache kam, verbargen sie sich im Riedgras längs der Bahn. Die Grasbüsche wurden umstellt, und beiderseits feuerte man aufeinander, bis einige der Angreifer getötet und gefangen wurden.

Ein anderer Zeuge sagte, er kenne die Leute. Sie seien Rückwanderer aus Amerika, die behaupteten, dort schlecht behandelt worden zu sein. Sie meinten, jetzt, da Krieg mit Deutschland sei, sei die Gelegenheit günstig, Waffen anzusammeln, nach Indien zurückzukehren, Banken zu berauben und Unruhen anzustiften. Waffen könnten gekauft oder geraubt werden. Ferner wollten sie die Soldaten verführen und die Engländer aus dem Lande jagen. Die Leute, die diese Reden hörten, begeisterten sich für diese Ideen.

Pioneer Mail.

18. Januar. **Barisal-Verschwörungsprozeß.**

Der Verschwörungsprozeß, der jetzt vor dem Unterrichter von Barisal verhandelt wird, hat eine aufregende Wendung genommen. Einer, der in dieser

Sache früher Verurteilten wird jetzt in der Anklage als Angeber bezeichnet. In der vergangenen Woche gab der Mann während des Verhörs vor dem Staatsanwalt einen ausführlichen Bericht über seine und der anderen Angeklagten Beteiligung an verschiedenen Überfällen, besonders an dem Eisenbahnüberfall bei Rajendrapur.

Pioneer Mail.

23. Januar. **Dakoity in Bengalen.**

Wie berichtet wird, hat in Machua im Faridpur-Distrikt ein Raubüberfall stattgefunden. Eine Bande von zehn oder zwölf jungen Männern überfiel, mit Gewehren, Dolchen und Bambusstäben bewaffnet, um Mitternacht ein Haus. Der Anführer kam auf einem Rade. Die Dakoits feuerten einen Schuß ab, riefen dann den Hausbesitzer und forderten die Herausgabe von 1000 Rupies für die Swadesi Samitij. Im Weigerungsfalle wurden die Hausbewohner mit dem Tode bedroht. Das Geld wurde gegeben, und die Dakoits entfernten sich.

Times of India.

29. Januar. **Erschießung eines Offiziers.**

Amtlich wird bekannt gemacht: Wie erinnerlich, wurde im vergangenen November Major Anderson von den 130. Kings Own Baluchis (Jacob's Rifles) von einem Mahsud (afghanischer Grenzstamm) desselben Regiments zur Zeit der Einschiffung für den Frontdienst in Bombay erschossen. Da sich eine eingehende Untersuchung des Falles als notwendig herausstellte, weil eine größere Anzahl unter den Mannschaften als mitverdächtig erschien, wurde das Regiment nach Rangun transportirt. — Am 20. d. M. machten sich einige Pathanen (Muhammedaner aus den afghanischen Grenzgebieten) aus Gründen, die jetzt der Untersuchung unterliegen, einer schweren Gehorsamsverweigerung schuldig. Sie mußten in Haft genommen werden.

Pioneer Mail.

Gesetzlosigkeit in Südindien.

Infolge der schnellen, festen und taktvollen Maßnahmen des Distrikts-Richters und der Polizeibehörde hat die Gesetzlosigkeit in den Ernad- und Maluvan-Bezirken etwas abgenommen. Einige schwere Verbrechen sind jedoch noch vorgekommen. Vor einigen Tagen wurde ein in Pandalur geplanter Aufruhr durch frühzeitige Anzeige eines pensionierten Beamten und durch das schnelle Eingreifen des Distrikt-Richters und der Polizei verhindert. Der Distrikt-Richter hat in einigen der größeren Dörfer Nachtpatrouillen und Heliographenstationen eingerichtet.

Pioneer Mail.

Beschlagnahme von aufrührerischen Schriften.

Unter dem indischen Preßgesetz von 1910 hat die Regierung des Panjab die Beschlagnahme einer Flugschrift, in welcher Sprache sie auch erscheinen möge, angeordnet, die folgende Unterschriften trägt: Alama-us-Saiyid, Ahamad-us-Sharis, von Janis, Mukhtar Batigh vom Sudan, Abd-e-Hussain von Teheran, Hamadan-ul-Adli von Marokko, Hamd-i-Falha-ul-Islami von Bukhara, Umar-ul-Warghi, Jehairi Ahmad-ul-Ufquai, Mustafa Ltf Ullah von Agypten, Allama-ul-Arabi, Issul Islam-al-Hindi und Saiyid Abd-e-Ismail Afghani, Mitglieder der Gesellschaft der Ulema. — Der Grund der Beschlagnahme ist, daß der Inhalt der Flugschrift Unzufriedenheit mit der gesetzmäßigen Regierung von Britisch-Indien erregt. Ein gleichlautender Befehl ist für die Beschlagnahme des „Cosmopolitan" vom 13. Dezember, gedruckt in Dehra Dun, wegen des Artikels „Der Krieg" erlassen.

Pioneer Mail.

Ein weiterer Dakoity-Fall.

Am 25. März wurde ein Überfall in Farrakhabad verübt. Der Hilfssuperintendent der Polizei C. R. Higginson wurde schwer verwundet. Einige der Dakoits wurden nach heftigem Kampfe festgenommen. Sie wurden zu lebenslänglicher Verbannung verurteilt. Auf die Berufung der Angeklagten bemerkte der Richter: Es handelt sich um einen schweren Raubüberfall, bei dem Waffengewalt angewendet, der Polizei Widerstand geleistet und der Hilfssuperintendent der Polizei verwundet wurde. Bei einigen der Angeklagten muß jedoch ein Unterschied gemacht werden. Das Urteil wurde demgemäß für diese auf 10 Jahre schweren Kerker ermäßigt. Bei vier der Angeklagten verblieb es bei dem ersten Urteil.

22. Januar. **Massalmann Para Bombenprozeß.**

Nach Beendigung der Voruntersuchung gegen Nagendra Nath Sen Gupta wegen Ermordung eines Polizeiwachtmeisters durch eine Bombe in Mussalman Para wurde der Angeklagte zur Aburteilung einem Sondergerichtshof überwiesen.

Pioneer Mail.

Der Barisal-Verschwörungsprozeß.

Der strafgefangene Zeuge im jetzt schwebenden Barisal-Nebenprozeß hat vor dem zweiten Richter im Verlauf seines Berichtes am 20. Januar weitere aufsehenerregende Enthüllungen über einige bisher unentdeckte politische Verbrechen gemacht. Er hat über mehr als ein Dutzend Dakoities, die von den Mitgliedern der anarchistischen Organisation von Dakka und ihren Zweigabteilungen unternommen worden waren, Angaben gemacht, so von der Dakkaverschwörung, den Komilla Dakoity, dem Rajendrapur Eisenbahnüberfall, Komplott für einen

Überfall in Gonarang, dem Rajabazar Bombenprozeß und dem Waffenprozeß von Bageranaggar. Er hat eine Liste der geheimen Vorgänge in der Verschwörung, von Raubüberfällen, Ermordungen und Bombenattentaten aufgestellt. An Überfällen wurden von der Organisation der in Haldighat, Kolargaon, Dadpur, Pandlisar, Ghaknair und Madargunj verübt. Mit dem so beschafften Gelde wurde oftmals Waffen und Munition gekauft, Verteidiger in den Prozessen gegen die Mitglieder der Gesellschaft bezahlt und die Kosten der Organisation bestritten.

Pioneer Mail.

30. Januar. **Dakoities in Bengalen.**

Von einer Reihe von Dakoities, die zum Teil mit großer Verwegenheit ausgeführt wurden, wird aus Bengalen berichtet. Einer der verwegensten Überfälle, in dem davon ganz besonders heimgesuchten Bengalen, wird aus dem Dorfe Sandhipur im Hugli-Distrikt, etwa 15 engl. Meilen von Kalkutta entfernt, gemeldet. Die Dakoits zogen in einer Stärke von fast 100 Mann mit brennenden Fackeln und unter schrecklichem Lärm heran und machten kaum einen Versuch, ihr Vordringen zu verbergen.

Berichte sind bei der Distrikt-Polizei von Alipur eingegangen, daß Sonnabend Nacht in Baraset drei verwegene Überfälle verübt worden sind. Nahezu gleichzeitig wurde ein Haus in Chatra von bewaffneten Dakoits überfallen. In derselben Nacht wurde in dem erstgenannten Orte noch ein weiterer Überfall ähnlicher Art ausgeführt.

Fortwährend wird über Dakoities aus Ostbengalen berichtet, in der vergangenen Woche kamen drei in Barisal vor.

Am 22. d. M. wurde ein Überfall im Hause eines reichen Geldverleihers in Kurigram im Rangpur-Distrikt von Bengalen verübt. Etwa sechzig mit Gewehren, Hellebarden und Revolvern bewaffnete Dakoits überfielen das Haus und erbeuteten Geld und Wertsachen im Werte von 60 000 Rupies.

Times of India.

5. Februar. **Der Ferozpur-Prozeß.**

Der Staatsanwalt schloß folgendermaßen: Die Absicht der Angeklagten war, einen Überfall in Moga auszuführen und die Regierungskasse zu plündern. Es war ein politisches Dakoity, das zu Blutvergießen führen mußte. Die Geschworenen sprachen die Angeklagten einstimmig schuldig.

Pioneer Mail.

12. Februar. **Bombenattentat in Delhi.**

Am Mittwoch abend fand im Klub von Delhi ein Bombenattentat statt. Die Bombe, so wird berichtet, wurde gegen einen Kraftwagen geworfen. Man nimmt an, daß das Attentat eine Antwort der Anarchisten auf die Bestätigung der Urteile gegen die Verschwörer durch das Berufungsgericht sein sollte.

Pioneer Mail.

Sadarghat-Attentats-Prozeß.

Der Unter-Richter von Tschittagong hat die Sache des Aditya Nath Dutt, des Angeklagten im politischen Attentats-Prozeß von Sadarghat, zur Aburteilung wegen Mordes an das Schwurgericht verwiesen.

Prozeß wegen Aufruhrschriften.

Sitaram Tukaram Swzive und Hari Ramschander Desai, die im vorigen Jahre vom Schwurgericht zu Puna unter Sektion 124a zu 6 Monaten Gefängnis wegen des Druckes des Freiheits-Flugblattes Nr. 4 verurteilt worden waren, stehen wieder vor dem Richter von Puna unter Anklage. Diesmal handelt es sich um die Veröffentlichung von folgenden 7 Flugblättern: 1. Warnung an die indischen Brüder. 2. Anregungen für Mitverschwörer. 3. Freiheit-Flugschrift 3. 4. Heil den Siegern von 1857. 5. Meditationen über die Trennung von den Patrioten. 6. Die Aussage des Vaterlandsfreudes Madan Lo Dhingra vor dem Londoner Polizeigericht. 7. Leichte Art der Herstellung von Bomben.

Pioneer Mail.

Diebstahl von Revolvern.

Swinhoe, der Oberste Richter von Kalkutta, hat die Verhandlungen gegen Girindra Bannerji, Kalidas Box und fünf andere wegen Diebstahls von Revolvern, dem Eigentum der Firma Radda & Co., abgeschlossen.

Pioneer Mail.

19. Februar. **Straßenraub-Prozeß von Garden Reach.**

13. Februar.

Drei junge Bengalis, von denen einer ein Student am Presidency College, ein anderer ein im Waffendiebstahl-Prozeß Freigesprochener ist, sind am 13. d. M. in Verbindung mit dem gestrigen Straßenraub von Garden Reach verhaftet. Es scheint, daß 6 junge Leute zur Zeit der Tat in dem fraglichen Taxameter gesessen haben.

Pioneer Mail.

Der Mussalman Para-Bomben-Prozeß.

Am 15. Februar wurde vor dem Ober-Richter Sir S. P. Sinka im Auftrage der Krone beantragt, den Termin gegen Nagendra Nath Sen Gupta, der zur Aburteilung an ein Sondertribunal verwiesen worden war, anzusetzen und Richter zu ernennen. Nach der Anklage soll der Angeklagte eine Bombe in Mussalman Para geworfen, einen Polizeiwachtmeister getötet und mehrere Polizisten verwundet haben.

Pioneer Mail.

Mordversuch gegen einen Polizeibeamten.

17. Februar.

In Rangun wurde von zwei Männern ein Mordversuch gegen den Polizeisuperintendenten Rai Sahib Nanda Lal Bose verübt. Die beiden Männer kamen in der Dunkelheit zu Bose's Haus und ließen sich von der Ordonnanz dessen Zimmer zeigen. Als sie von Bose nach ihrem Begehr gefragt wurden, schossen beide gleichzeitig mit Revolvern, die Schüsse gingen jedoch fehl. Die Ordonnanz und ein Polizist stürzten sich auf die Männer, um sie festzunehmen. Sie feuerten nochmals, verwundeten die Ordonnanz und flohen. Inzwischen ist ein Hindu in einem Eisenbahnzug verhaftet worden.

Es sind sechs weitere Bengalis in Verbindung mit dem gestrigen Verbrechen gegen Rai Sahib Nanda Lal Bose verhaftet. Einer von ihnen ist ein dortiger Rechtsanwalt.

Pioneer Mail.

Dakoities in Ostbengalen.

Ein politisches Dakoity wurde von einer Bande junger Bengalis der besseren Stände im Hause des Geldverleihers Baymara im Laksamm-Polizei-Bezirk des Tipperah-Distrikts verübt. Die Bande kam auf Fahrrädern und war mit Gewehren und anderen Waffen versehen.

Pioneer Mail.

Ein anderer Raubüberfall wurde neulich im Geschäftsgebäude der Parasia-Kohlenzeche in Ranigunge ausgeführt. Ein anderer wird von Salalpur in Hugli gemeldet.

Pioneer Mail.

Ein politisches Verbrechen.

Im Zusammenhang mit dem Moulwi-Bazar-Attentat wird demnächst vor dem Richter von Sylhet ein weiterer politischer Prozeß zur Verhandlung kommen. Wie erinnerlich, hatte ein strafgefangener Zeuge im Barisal-Nebenprozeß, der jetzt vor dem Schwurgericht von Backergung schwebt, über eine ganze Anzahl bis dahin unaufgeklärter politischer Verbrechen in Bengalen Angaben gemacht. Die Polizei hat die Spuren weiter verfolgt und verschiedene der Teilnahme am Moulwi-Bazar-Attentat Verdächtige festgenommen. Sie sind nach Sylhet gebracht und werden dem Untersuchungsrichter wegen Verschwörung vorgeführt werden.

Pioneer Mail.

Wieder eine Verhaftung.

Eine Verhaftung wurde in Verbindung mit der neulich stattgefundenen Bomben-Explosion im Garten des Delhi-Klubs vorgenommen. —

Pioneer Mail.

Anklagen unter dem Preßgesetz.

11. Februar.

Die Geschworenen des Obersten Gerichtshofes von Birma haben am 11. Februar den ersten Prozeß unter dem Preßgesetz (Nr. 1 von 1910) vor einem Sondergerichtshof verhandelt. Der Antragsteller M. G. Bassein, Besitzer der Aungra-Mingala-Druckerei, beantragte die Revision des Beschlusses des Richters von Bassein, der die hinterlegte Kaution von 500 Rupies nach Sektion 4 des indischen Preßgesetzes für verfallen erklärt und die Hinterlegung einer neuen Kaution von 1000 Rupies verlangt hatte. Der Beschluß richtete sich gegen die Flugschriften in Birmesisch unter der Überschrift: „Schweb Pehlwa: Gott hat die Cholera auf den Berg Zeziga im Osten von Mandalay gesandt." Nach der Meinung der Regierung von Birma fällt die Aufruhrschrift unter Sektion 4, Subsektion 1, Klasse c. Pioneer Mail.

Anklage wegen Beihilfe zum Mord.

12. Februar.

Am 10. Februar begann die Verhandlung gegen Ram Sewak Singh vor dem Schwurgericht von Asawgarh unter dem Vorsitz des Richters Pandit Durga Dutte Josi wegen Beihilfe bei der Ermordung von L. Barber am 3. Juni 1913. Der Prozeß erregt in der Umgegend großes Aufsehen.

Pioneer Mail.

Urteile in der Berufung des Delhi-Verschwörungsprozesses.

11. Februar.

Die Richter Johnson und Rattigan kamen in Sachen des Delhi-Verschwörungsprozesses in getrennten Urteilen zu der gleichen Entscheidung.

Das Urteil Johnsons.

Johnson bespricht zunächst die einzelnen Fälle. Er ist mit dem Schwurgericht darüber einig, daß Awadh Bihari nicht nur Mitglied im Verwaltungs-Komitee der Verschwörer, sondern daß er ein äußerst aktiver Mann in jeder Abteilung war, und daß er das Lahore-Bombenattentat von Anfang an organisiert, vorbereitet und geleitet hat. Er fährt fort: Awadh Bihari ist zum ersten Mal im Jahre 1908 Gast im Hause des Emir Chand, zusammen mit Dina Nath, Chatterdji und anderen. Dann kommt die Zusammenkunft im Agarwal Ashram im Oktober des Jahres 1912, bei der Rash Behari, Dina Nath, Balmokand und Awadh Behari zugegen waren und die Geheimgesellschaft für Aufruhr und Mord gegründet wurde. Darauf folgen die vier Freiheits-Flugblätter, von denen jedes einzelne die Ermordung von Europäern und Regierungsbeamten propagandiert. Sie enthalten Verherrlichungen von Kanai Lal Dattas, Madau Lal Dhingras und Khudi Ram Bose, und die Attentate von Delhi, College Square (Ermordung eines Polizeiwachtmeisters) und Meimensingh (Ermordung eines Polizeiinspektors) werden als nachahmenswert hingestellt. Infolge des Beschlusses dieser Verschwörung wurde die Mordtat vom 17. Mai 1913 verübt. Ob das Attentat von Delhi damit zusammenhängt oder nicht, gehört nicht zur Sache.

Was den Fall Emir Chands betrifft, so ist dieser nicht nur schuldig, an der Verschwörung als ein ausführendes Mitglied teilgenommen, sondern auch seine zweifellose Begabung zur Werbung neuer Anhänger für die Sache der Anarchie benutzt zu haben.

Balraj ist nach der Meinung des Berufungsrichters Mitglied der Verschwörung zur Verübung von Mordtaten gewesen.

Balmokand war nach dem Urteil in der Verschwörung verwickelt und der erwählte Führer der Bewegung.

Hanumant Sahai, Basant Kumar, Bisas und Charan Das werden der Teilnahme an der Verschwörung für schuldig befunden.

Demgemäß werden die Berufungen von Emir Chand und Awadh Behari verworfen und das Urteil der Todesstrafe durch den Strang wird aufrecht erhalten. Balraj wurde zu 7 Jahren Zuchthaus verurteilt. Balmokands Berufung wurde verworfen und das Urteil der Todesstrafe durch den Strang aufrecht erhalten. Hanumant Sahai wurde zu 7 Jahren Zuchthaus verurteilt. Basant Kumar Bisas wurde zum Tode durch den Strang verurteilt.

Gegen Charan Das lautet das Urteil auf lebenslängliche Verbannung (nach den Andamanen).

Das sehr ausführliche Urteil des Richters Rattigan geht auf die Rechtspunkte ein und enthält ferner eine interessante und eingehende Darlegung des Ursprunges der Verschwörung: Die Anklage behauptet, daß die Verschwörung am 27. März 1913 begann und den besonderen Zweck die Verübung von Mordtaten verfolgte. Die Verfolgung hat Beweismaterial über Begebenheiten aus den Jahren 1908, 1909, 1910, 1911 und 1912 und Dinge, die mehr mit der Verbreitung von Aufruhrliteratur als mit der Verübung von Mordtaten zu tun haben, beigebracht. Sie beweist, daß sich die Verschwörung nach und nach entwickelte, und daß sie im Laufe der Zeit als das Ergebnis der gefährlichen Aufruhrbestrebungen, die in den Jahren 1906 und 1908 von den Führern eingeleitet wurden, immer mehr anwuchs. Die Angeklagten waren der Teilnahme an verschiedenen Verschwörungen beschuldigt, von denen eine die Lahor-, eine andere die Delhi-Verschwörung ist.

Pioneer Mail.

20. Februar. **Angriff auf einen Polizeibeamten.**

Vom Schwurgericht von Umballa wurde am Montag das Urteil im Prozeß gegen zwei Sikhs wegen eines Mordversuches an einem Polizeiunterinspektor gefällt. Der Richter verurteilte den einen zu 10 Jahren und den anderen zu 14 Monaten Zuchthaus.

Times of India.

Politisches Dakoity in Kurigram.

In Verbindung mit dem Dakoity in Kurigram, in dem einige 50 junge Banditen aus den besseren Ständen das Haus eines Grundbesitzers ausraubten, hat die Polizei zwei Studenten in Kalkutta verhaftet.

Times of India.

26. Februar. **Weitere Taxameter-Dakoities.**

Taxameter-Überfälle kommen neuerdings in Kalkutta immer mehr vor. Auf den Raubüberfall in Garden Reach folgte Montag nacht ein solcher auf das Haus eines reichen Reishändlers, wobei vier junge Leute in die Wohnung eindrangen und die Herausgabe der Geldkasse forderten. Als der Kassierer dies verweigerte, schossen sie mit Revolvern auf ihn und entfernten sich unter Mitnahme der Kasse, die 20000 Rupies enthalten haben soll. Der Kutscher, der Verdacht geschöpft hatte, weigerte sich, sie zu fahren und wurde erschossen. Die Täter entwichen und konnten bisher nicht aufgefunden werden.

Pioneer Mail.

Dakoity in Bengalen.

Nachrichten über einen anscheinend wohlvorbereiteten Überfall in dem Nattkore-Bezirk des Rashabi-Distrikts sind bei der Kriminal-Untersuchungs-Abteilung eingegangen. Es wird berichtet, daß etwa 40 junge Leute der besseren Stände mit Gewehren, Revolvern und Schwertern bewaffnet und die Gesichter maskiert, in einige Häuser von Grundbesitzern eindrangen und mit einer Beute von etwa 100000 Rupies abzogen. Den Räubern wurde von der Dienerschaft Widerstand geleistet. Einer der Diener wurde erschossen und vier schwer verwundet.

Pioneer Mail.

Verurteilung von Attentätern.

Das Gericht von Umballa hat den Prithi Singh zu 10 Jahren Zwangsarbeit und seinen Genossen, einen jungen Studenten Khan Singh, zu 14 Monaten Gefängnis wegen des Mordanfalles auf den Polizeiunterinspektor Amar Singh verurteilt. Wie erinnerlich, war Prithi Singh ein Rückwanderer von der pazifischen Küste und soll in einem Schulinternat von Umballa Aufruhr gepredigt haben. Der genannte Unterpolizeiinspektor, der ihn verhaften wollte, wurde später besinnungslos mit schweren Kopfwunden aufgefunden. Prithi Singh, ebenfalls besinnungslos, lag auf dem Inspektor. Der Gerichtshof stimmt nicht mit den Geschworenen überein und sprach das oben erwähnte Urteil aus.

Pioneer Mail.

26. Februar. **Die politischen Verbrechen sind noch nicht ausgestorben.**

Die Tatsache, daß innerhalb der beiden letzten Wochen in Kalkutta zwei verwegene politische Dakoities verübt wurden, gibt Anlaß zu Beunruhigungen. Man glaubt, daß jetzt diese Art von Verbrechen beinahe ausgestorben sei, und hat nicht erwartet, daß in der Stadt selbst oder in der Provinz Dakoities verübt werden würden, namentlich nicht während des Krieges.

Pioneer Mail.

Attentatsversuch gegen einen Polizeibeamten.

19. Februar.

Eine Belohnung von 5000 Rupies wird für Angaben zugesichert, die zur Verhaftung der Verbrecher führen, die den Attentatsversuch auf den Polizei-Superintendenten von Rungpur verübten. Die bei der Gelegenheit verwundete Ordonnanz des Polizei-Superintendenten ist am 20. gestorben.

Pioneer Mail.

Verhaftung von zurückgekehrten Auswanderern.

Am vergangenen Freitag abend wurden in Lahor 7 Rückwanderer verhaftet, die sich im Besitz von Waffen und Bomben befanden und gerade im Begriffe waren, einen Raubüberfall zu verüben. Es wird angenommen, daß diese Bande an den kürzlich verübten Verbrechen in den Amritsar- und Ludhiana-Distrikten beteiligt gewesen war.

Pioneer Mail.

Beschlagnahme eines geschichtlichen Werkes.

Der Gouverneur des Pandschab hat unter dem indischen Preßgesetz von 1910 die Beschlagnahme des Buches „Tarikh Hind" (Geschichte Indiens) von Bhai Paramanand, gedruckt in der Union-Dampf-Druckerei in Lahor, und die Flugschrift „Muselmanon ko kiskasath dena chahige", d. h. „Mit wem sollen die Mohammedaner gehen?" verfügt. Als Grund wird angegeben, daß diese Schriften geeignet sind, die gesetzmäßige Regierung von Britisch-Indien verhaßt und verächtlich zu machen und Auflehnung gegen S. Majestät und die genannte Regierung zu erregen.

Pioneer Mail.

Polizeiliche Haussuchung.

Auf Angaben von zwei am vergangenen Freitag in Lahor verhafteten Rückwanderern hat die Polizei am Montag ein Haus in Gwalmandi, Anarkali, in Lahor durchsucht. Das Haus war unbewohnt. Munition, ein Revolver, ein Degenstock, Vervielfältigungsmaterial, und gelb, rot und blau gestreifte Stoffe wurden vorgefunden. Dies sind die Farben der „Neuen Nationalisten". Am Abend desselben Tages wollte ein Mann das Haus betreten, und wurde von der beobachtenden Polizei festgenommen.

Verhaftung von Dakoits.

In Verbindung mit dem politischen Raubüberfall von Belliaghata sind einige Verhaftungen vorgenommen. Die Polizei hält mit Nachrichten zurück. 6 Bengali-Studenten sind in Sachen des politischen Raubüberfalles in Nattore verhaftet.

Heute fand eine polizeiliche Haussuchung in einer Speisewirtschaft in der Fakir Chand Miter-Straße statt. 4 junge Bengalis wurden verhaftet. In ihrem Besitz befand sich eine Anzahl Sechskammerrevolver.

Am Sonntag wurden in Alrei in Verbindung mit dem Raubüberfall von Nattore 6 Bengali-Studenten verhaftet.

5. März.

Versuch zur Bildung von Verteidigungsabteilungen für Dörfer.

20. Februar.

Das erneute Vorkommen von Dakoities in den Distrikten Bengalens hat zum Eingreifen der Polizeibehörden Veranlassung gegeben. Der Polizeisuperintendent des Huglibezirkes versucht, Abteilungen zu bilden, die bei etwaigen Überfällen der Dörfer gemeinsam die Verteidigung übernehmen sollen.

Pioneer Mail.

Urteil im Radscha-Basar-Bomben-Prozeß.

Am 25. Februar wurde das Urteil von dem Sondertribunal des Obersten Gerichtshofes in Sachen der Berufung im Radscha-Basar-Bomben-Prozeß gesprochen.

Die Berufung Amrita's alias Sasanka wurde verworfen, die von Dinesh, Saroda, Chandar Sekhar und Upendra alias Kalipado wurden zugelassen, die gegen sie erlassenen Urteile aufgehoben, und ihre Haftentlassung angeordnet. Die Berufung der Krone gegen die Freisprechung des Khagendra alias Sures wurde verworfen.

Pioneer Mail.

Ein Polizeiinspektor ermordet.

28. Februar.

Der Polizeiinspektor S. C. Mukherji, der die Taxameter-Überfälle bearbeitete, wurde heute morgen während des Dienstes auf Cornwallis Square von vier mit Revolvern bewaffneten jungen Leutn erschossen, seine Ordonnanz wurde verwundet. Die Mörder entkamen; sie scheinen Studenten aus den besseren Klassen gewesen zu sein. Nach den Geschossen zu urteilen, waren die benutzten Waffen Mauserpistolen.

Wegen Verdachts der Teilnahme an diesem Verbrechen wurden 5 Verhaftungen vorgenommen. Einer der Verhafteten ist ein Student namens Hem Chunder Mukherji. Pioneer Mail.

Ein Zug beschossen.

25. Februar.

Die Kriminal-Untersuchungs-Abteilung erhielt Nachricht von einem neuen politischen Verbrechen. Ein Personenzug von Canning nach Belliaghata wurde um 7 Uhr abends dicht hinter der Station Sonarpur beschossen. Der Zugführer berichtet, daß jemand aus einiger Entfernung anscheinend mit einem Revolver auf die erste Klasse des Zuges feuerte und sogleich darauf im Walde verschwand. Pioneer Mail.

Unruhen im Moplah-Distrikt.

2. März.

Seit einigen Wochen kommen viel Unruhen im Moplah-Gebiet des Ernad-Bezirkes von Malabar vor, die am Sonnabend ihren Höhepunkt in einem Attentat fanden, das durch eine kleine Bande auf das Leben des Distrikt-Richters verübt wurde. Es wird berichtet, daß während seines Besuches im Ernad-Gebiet auf den Richter geschossen, das Ziel aber verfehlt wurde. Truppen und Polizisten haben die Verfolgung aufgenommen. Pioneer Mail.

Eine weitere Haussuchung.

Die Polizei nahm am 24. 2. eine weitere Haussuchung in Lahor vor. 5 Bomben, Chemikalien und eine Vorderlader-Pistole wurden gefunden.

Pioneer Mail.

Indische Soldaten vor dem Kriegsgericht.

Am 8. 2. wurde vor einem Kriegsgericht in den Lahor-Baracken gegen die 3 Reiter: Sucha Singh (Reservist), Surain Singh und Maharaj Singh wegen Fahnenflucht verhandelt. Über den Tatbestand wird folgender Bericht bekannt gegeben: Die 3 Reiter wurden am 28. November 1914 fahnenflüchtig und wurden am 15. Dezember in der Nähe der Sarhali Polizeistation verhaftet. Alle 3 wurden schuldig befunden; der erstgenannte wurde zu 5 Jahren und die beiden anderen zu je 2 Jahren Zuchthaus verurteilt.

Pioneer Mail.

12. März. **Verhaftung von politisch Verdächtigen.**

4. März.

Infolge der Haussuchung in der Sukea-Straße am 3. und 4. März sind 17 Bengalis der besseren Stände im Zusammenhang mit dem am vergangenen Sonntag auf Cornwallis Square verübten Attentat verhaftet worden. Unter den Verdächtigen und Verhafteten vom 4. März befinden sich 2 Bengali-Professoren, verschiedene Studenten und ein Schüler. Einer der Verhafteten ist der in dem bekannten Waffendiebstahlprozeß freigesprochene, nach erneuter Verhaftung in Sachen des Gaarden-Reach-Überfalles gegen Kaution freigelassene Baidga Nath Biswas.

Ein neuerdings in einem Hause der Mechna-Basar-Straße verhafteter junger Bengali, mit Namen Probhas Chundar Deb, soll an den Taxameter-Dakoities in Balliaghata und Garden Reach beteiligt sein.

Heute wurde bei dem Polizei-Direktor ein Antrag auf Freilassung gegen Kaution für Satesh Chunder Bose, einen politisch Verdächtigen, eingereicht. Der Antrag wurde abgelehnt. Girindra Nath Mukherji, der in Verbindung mit den politischen Verbrechen der letzten Zeit mit anderen verhaftet wurde, ist von dem Polizei-Direktor gegen Hinterlegung einer Sicherheit von 1000 Rupies freigelassen worden. Der Angeklagte ist ein hochgebildeter Mann und ist mehrere Jahre in Europa gewesen.

Die Kriminal-Untersuchungs-Abteilung hat in der vergangenen Nacht in der Nachbarschaft von Beadow Row eine Haussuchung veranstaltet. Über das Ergebnis bewahrt die Polizei Stillschweigen.

Im Zusammenhang mit den kürzlich erfolgten politischen Verbrechen in Kalkutta wurden weitere Verhaftungen vorgenommen. Der Verhafteten sind sämtlich politisch verdächtig, und ihre Namen sind aus einigen politischen Prozessen in Ostbengalen bekannt. Die beiden Hauptbeschuldigten Jalindra Mukherji und Chitya Priya Roy, die auf einen Stoffhändler und einen Polizeiinspektor geschossen haben sollen, sind noch nicht aufgefunden. Etwa 20 Mann sind bis jetzt verhaftet, und täglich werden Haussuchungen vorgenommen, um der übrigen Mitglieder der Bande habhaft zu werden.

Pioneer Mail.

12. März. **Preßvergehen in Birma.**

9. März.

Die Herausgeber der „Ober Birma Gazette" und des „Birma Magnet" sind vom Distrikt-Magistrat aufgefordert worden, Gründe anzugeben, warum ihnen nicht die Hinterlegung einer Sicherheit nach dem Preßgesetz auferlegt werden solle. Der erstere hat einen Artikel unter der Überschrift „Angebliche grausame Behandlung von Gefangenen" gebracht. Der letztere hat einige sarkastische Bemerkungen über die Handlungsweise des Untersuperintendenten der Polizei gemacht und dazu bemerkt: „Nach all dem wird Mandalay nicht mehr seine Stimme im Zorn erheben können über die grausame Art, in der Belgier durch Deutsche gepeinigt werden." Beide beantragten Vertagung, und die Verhandlung wurde auf den 24. März verlegt.

Pioneer Mail.

Verhaftung von Aufständischen in Singapur.

10. März.

Bei der Ankunft des Dampfers Edevana im Hafen von Kalkutta wurden 5 Fahrgäste unter Verdacht der Beteiligung am letzten Aufruhr in Singapur verhaftet. Es heißt, daß in ihrem Gepäck 3 Revolver gefunden wurden. Alle 5 sind bis zum Eintreffen einer Begleitmannschaft und des Ausweisungsbefehles aus Singapur in Polizeigewahrsam genommen.

Pioneer Mail.

Verhaftung der mutmaßlichen Mörder von Cornwallis Square.

3. März.

Dem Zentral-Polizeigericht von Kalkutta unter dem Vorsitz des Obersten Richters wurden 8 Männer unter der Anklage des Mordes und der Beihilfe zum Morde in Verbindung mit dem Verbrechen auf Cornwallis Square vorgeführt. Chityo Preo Roy, der angeblich den tödlichen Schuß abgegeben hat, ist noch nicht gefaßt worden. Der Vertreter der Anklage behauptet, daß 6 von den Angeklagten zu der Madaripur Räuberbande gehören und an dem Mord des Inspektors beteiligt sind. Die Verhandlung ist für den 16. angesetzt.

Pioneer Mail.

Ein Lehrer ermordet.

4. März.

Der Rektor der Commilla-Hochschule wurde am 3. März abends 6 Uhr auf der Straße in der Nähe seines Hauses erschossen. Sein Diener und ein Kutscher, welche die Täter anscheinend festnehmen wollten, wurden angeschossen und liegen im Krankenhaus. Die Schüsse wurden aus Revolvern gefeuert. Zwei Studenten, die der Ermordete neulich wegen Verbreitung einer Hetzschrift mit dem Titel „Treue und das Korps für freiwillige Krankenpflege" angezeigt hatte, sind verhaftet worden.

Pioneer Mail.

19. März. **Ein Waffen-Gesetz-Prozeß.**

15. März.

Während einer Haussuchung in der Fakier-Chand-Mitter-Gasse wurden Radhanath Parawanik und 3 andere junge Leute verhaftet und eine geladene Mauserpistole und Patronen gefunden, die zu den bei der Firma Rodda & Co. gestohlenen Waffen gehören sollen. Die Verhafteten sind nach dem Waffen-Gesetz unter Anklage gestellt. Pioneer Mail.

26. März. **Ein Verdächtiger verhaftet.**

21. März.

Am 21. März hat die Kriminal-Untersuchungs-Abteilung den Sri Chandra Ghose, einen politisch Verdächtigen aus Chandrnagare, verhaftet. Der Verhaftete war im Alipur-Bomben-Prozeß angeklagt und wurde freigesprochen. Die Polizei hat ihn in Verdacht, an verschiedenen Verbrechen der letzten Zeit teilgenommen zu haben. Pioneer Mail.

Verhaftung eines Redakteurs.

Wie erinnerlich, wurde vor einigen Monaten Moulwi Zafar Ali Khan, Redakteur der Zeitung „Zemindar", durch die Lokal-Regierung aus Lahor ausgewiesen, sein Geburtsort ihm zum Aufenthalt bestimmt und jede Verbindung mit seiner Zeitung und jede Teilnahme an politischen oder öffentlichen Angelegenheiten untersagt. Weiter wurde Zafar Ali Khan angewiesen, zwei Sicherheiten von je 10 000 Rupies zu hinterlegen. Pioneer Mail.

Anwendung des indischen Verteidigungsgesetzes.

In einem Extrablatt der „Gazette of India" erscheint eine Bekanntmachung, welche die Anwendung des indischen Verteidigungsgesetzes, Sektion 3 W, 11 in den folgenden Distrikten des Pandschab anordnet.

Lahor Division: Lahor-, Amritzar-, Gurdaspur-, Sialkot- und Gudschranwala-Distrikt.

Jallander Division: Kangra-, Hoshiarpur-, Ludhiana-, Jallander-, Firospur-Distrikt.

Multan Division: Multan-, Jhang-, Lyallpur-, Montgomery-, Dera Ghazi Khan- und Muzafornagarh-Distrikt. Pioneer Mail.

Urteil im Bombenprozeß von Mussalmanpara.

22. März.

Am 22. März hat das Sondertribunal des Obersten Gerichthofes sein Urteil in Sachen des Mussalmanpara Bomben-Attentats gegen den Angeklagten Nagendra Nath Sen gefällt.

Der Ober-Richter führte aus: Am Abend des 25. November 1914, etwa um 7.30 Uhr, explodierten 2 Bomben in der vom Harrison Road abzweigenden Mussalmanpara-Gasse. Dadurch wurde ein Polizeioffizier getötet, zwei andere und ein Mann namens Ghosal schwer verwundet. Die Anklage nimmt an, daß die Bomben von 3 oder 4 jungen Bengalis, zu denen der Angeklagte gehörte, geschleudert wurden. Demgemäß werden acht Anklagepunkte gegen ihn vorgebracht. Daß die Bomben geworfen wurden, und daß der Polizei-superintendent der Kriminal-Untersuchungs-Abteilung das Ziel des Angriffes war, steht außer Zweifel.

Nach der Besprechung der Zeugenaussagen bemerkte der Ober-Richter: Es ist offensichtlich, daß der Beweis der Schuld nicht erbracht ist. Selbst der Staatsanwalt Sir Satyendra Nath hat dies zugegeben. Wir stellen demnach ausdrücklich fest, daß wir nach unserer Meinung die Schuld des Angeklagten nicht nur bezweifeln, sondern daß wir es ablehnen, ihn für schuldig zu halten. Der Gerichtshof spricht darum den Angeklagten frei und verfügt seine Freilassung.

Pioneer Mail.

2. April. **Moulwi Bazar Attentats-Prozeß.**

2. April.

Der Unter-Komissar hat 72 Belastungs-Zeugen im Moulwi Bazar Bomben-Attentat vernommen. Major Turner sagte als Sachverständiger für Sprengstoffe aus, daß nach der Untersuchung der Sprengstücke festgestellt wurde, daß die Bomben denen glichen, die in Delhi, Meymensingh, Madaripur, Lahor und an anderen Orten benutzt worden waren. Ein Buchhalter der Firma Manton & Co. sagte aus: Die Bücher der Firma weisen aus, daß der Revolver Nr. 9427 vermißt wird. Verschiedene Revolver sind im Jahre 1905 abhanden gekommen. Der dem Untersuchungsgericht vorliegende Revolver trägt die Nr. 9427.

Pioneer Mail.

Eine amtliche Bekanntmachung.

Die folgende Bekanntmachung wird der Presse aus Simla zur Veröffentlichung übergeben: Neuere Berichte deuteten an, daß ein Heer aus Sadrans und einigen Mangals sich an der Nordwestgrenze versammelt hat, mit der Absicht, einen Angriff auf das Tochi-Tal auszuführen. Am 25. 3. überschritt eine Truppe von 800 bis 1000 Mann die Durand-Linie und wurde etwa 6 Meilen vom Miranshah-Posten, wo sie Schanzen auf den benachbarten Anhöhen aufwarf, bemerkt. Als am 26. 3. eine kleine Abteilung des Miransah-Lagers beschossen wurde, rückte ein mobiler Truppenteil unter dem Kommando des Brigade-Generals V. B. Jane und die Nordwaziristan-Miliz vom Miranshah-Lager aus und griff den Feind an. Die anschließenden Operationen endeten mit einem vollen Erfolg. Der Feind wurde über die Durand-Linie zurückgetrieben und hatte schwere Verluste.

Pioneer Mail.

Der Barisal-Verschwörungsprozeß.

29. März.

Es wird uns aus Barisal berichtet: Die Voruntersuchung in Sachen des Barisal-Verschwörungsprozesses wurde am Donnerstag abgeschlossen 5 Angeklagte: Madan Mohan Bhawnick, Romesh Chandra Chawdhury, Khagendra Nath Chawdhury, Pratul Ganguli und Kali Charan Chakravarty wurden dem Schwurgericht überwiesen. Das Urteil wird später bekannt gegeben werden.

Pioneer Mail.

Attentatsprozeß von Rangpur.

Der Beamte der Subdivision Rangpur führt die Voruntersuchung im Attentatsprozeß von Rangpur, in dem Uma Nath Ghalak und 5 andere junge Bengalis des Mordes, des versuchten Mordes, der schweren Körperverletzung und anderer Verbrechen in Verbindung mit dem Attentatsversuch gegen den Polizeisuperintendenten angeklagt waren. Die Ursache dieses Prozesses ist der Mordversuch am 16. Februar gegen den Polizeisuperintendenten Rai Sahib N. K. Bose.

Pioneer Mail.

Ungesetzlicher Besitz von Waffen.

Am 29. März standen vor dem II. Richter Radha Charan und 3 andere junge Bengalis, die auf Grund des Waffengesetzes wegen ungesetzlichen Besitzes einer Mauserpistole angeklagt waren. Nach der Beweisaufnahme sagte der Kronanwalt, daß die Angeklagten auch wegen Verschwörung unter Anklage gestellt werden.

Vermißte Pistolen und Munition.

30. März.

Der I. Richter der Hauptstadt Kalkutta fällte am 30. 3. das Urteil in Sachen des Diebstahls von 50 Mauserpistolen und 46 000 Patronen, die am 26. August 1914 aus dem Geschäft von Rodda & Co. gestohlen worden waren. Das Urteil umfaßte 131 Seiten und behandelt die Aussagen von 131 Zeugen. Der Richter sprach Hari Das Datt, Bhudjanga Bhusan Datt, Nagendra Nath Banerji und Kali Das Bose unter Sektion 120 B. I. S. C. (Verschwörung) und Sektion 19 F. des Waffengesetzes (Besitz von Waffen ohne Erlaubnisschein) und Sektion 109 I. P. C. (Teilnahme und Beihilfe) schuldig und verurteilte sie zu je 2 Jahren Zuchthaus.

Singapur-Meuterei.

31. März.

Am vergangenen Mittwoch Abend wurde in Gegenwart einer großen Volksmenge in Singapur das Urteil des Kriegsgerichtes über einige indische Offiziere und Mannschaften von der 5. Leichten Infanterie und den Malay States Guides wegen Teilnahme an der jüngst stattgefundenen Meuterei verkündet:

„Subadar Dunde Khan, Jemadar Khisti Khan, Havildar Rahmat Ali (1890), Sepoy Hakim Ali (2311) und Havildar Abd-ul-Ghanny wurden der Anstiftung und der Teilnahme an einem Aufruhr schuldig befunden und zum Tode durch Erschießen verurteilt. Alle diese Soldaten der indischen Armee haben Sr. Majestät dem König ihren Soldateneid gebrochen. „So waltet Gerechtigkeit." Die beiden Erstgenannten waren die Anführer.

Der Streik der Studenten der Medizin in Lahor.

31. März.

Die den streikenden Studenten der Medizin in Lahor gestellte Bedenkzeit ist verstrichen. Die „Civil and Military Gazette" gibt einen Überblick über die dem Streik zugrunde liegenden Tatsachen. Bis zum 23. 2. waren von 117 Studenten 75 beteiligt. Am 24. stieg die Zahl auf 103. Am 27. wurden die streikenden Studenten vom Rektor benachrichtigt, daß die Namen aller Studenten der Medizin, die nicht bis zum 3. März mittags 12 Uhr in ihre Hörsäle zurückgekehrt sind, aus den Listen gestrichen, alle restlichen Stipendien für verfallen erklärt und alle Inhaber eines Kautionsscheines zur Hinterlegung ihrer Kautionen angehalten werden würden. Kaum einer der Studenten kehrte zurück, und die Verfügung trat in Kraft.

Inzwischen hatte der General-Direktor des indischen Medizinal-Wesens den Obersten Bamber, General-Inspektor des Zivil-Krankenhauswesens, beauftragt, die Ursachen des Streikes zu untersuchen. Nach Kenntnisnahme des von Oberst Bamber eingereichten Berichts erließ der General-Direktor einen Befehl, wonach die Studenten bedingungslos zurückzukehren und sich der Strafe, die der Rektor ihnen auferlegen würde, zu unterwerfen hätten; anderenfalls würde der Beschluß des Rektors, die Namen von den Listen wegen grober Ungebühr, zu streichen, aufrecht erhalten und die Einzahlung der Kaution gefordert werden.

Auf diesen Befehl hin meldeten sich 13 Studenten zur Wiederaufnahme und wurden wieder in die Militär-Klasse aufgenommen. Der Rektor bat dann den General-Direktor um Erlaubnis, auch die Studenten, die sich jetzt noch melden würden, wieder aufnehmen zu dürfen, worauf der 27. März als letzter Termin für die Wiederaufnahme festgesetzt wurde. Da keiner von den übrigen Studenten von der zugebilligten Bedenkzeit Gebrauch machte, haben sie jede Aussicht auf Wiederaufnahme verloren.

Die „Civil and Military Gazette“ fügt hinzu: Die Klagen der Studenten wurden entgegenkommend angehört und würden zweifellos im Laufe der Zeit abgestellt worden sein. Die Frage der ungeeigneten Uniform erscheint so unbedeutend, daß man nicht annehmen kann, daß die Studenten keine anderen Klagen vorzubringen gehabt hätten. Auf jeden Fall war die Pflichtverweigerung für einen militärischen Studenten eine so grobe Disziplinverletzung, daß darüber nicht leicht hinweggegangen werden durfte.

Weitere Verhaftungen im Lahor-Verschwörungsprozeß.

In Verbindung mit der Untersuchung in Sachen des Lahor-Verschwörungsprozesses wurden Dienstag nacht Kedar Nath und Dewan Chand in Lahor verhaftet.

Hinrichtung von Revolutionären.

Von den 7 im Eirospur-Mordprozeß zum Tode Verurteilten sind 3 am 25. 3. im Montgomery-Gefängnis, 2 im Lahor-Zentralgefängnis und die anderen beiden am 27. in Lahor hingerichtet worden.

Pioneer Mail.

Verhaftung von zurückgekehrten revolutionären Emigranten.

Infolge der Nachforschung unter den nach dem Pandschab zurückgekehrten, der Verschwörung verdächtigten Auswanderern wurde ein Mahratt, namens Vishnu Ganesh Pingle, in der Nacht des 23. 3. in Mirat verhaftet. In seinem Besitz wurden 10 Bomben und einige Flaschen griechisches Feuer gefunden. Der Verhaftete ist vor einiger Zeit aus Amerika zurückgekehrt und wurde schon seit längerer Zeit von der Polizei gesucht.

Pioneer Mail.

Abwehrmaßregeln gegen Dakoities.

Der Polizeisuperintendent des Hugli-Distriktes will gegen die zunehmende Zahl von Dakoities Verteidigungsabteilungen zum Schutze der Dorfbewohner bilden.

Indiaman.

April. **Der Verschwörungsprozeß von Barisal.**

3. April.

Der Richter von Barisal hat Madan Mohan Bhaumik und 5 andere wegen Verschwörung unter Sektion 121 a I. P. C. an das Schwurgericht verwiesen.

Dies ist ein Nebenprozeß des im vergangenen Jahre verhandelten, der zu der Verurteilung von 12 Angeklagten zu Zuchthaus führte. Die jetzt Angeklagten waren unauffindbar und konnten nicht zur Untersuchung gebracht werden.

Sie sind der Anreizung zur Empörung gegen den Kaiser und König, den Herrscher von Britisch-Indien, begangen in den Jahren 1908 bis Dezember 1914 in Dakka, Meimensingh, Comilla, Barisal und anderen Orten angeklagt.

Im Verlauf des ziemlich langen Überweisungsbeschlusses sagt der Richter: In erster Linie haben die Enthüllungen des Angebers Rajani Kanta Das, die dieser über die Beteiligung junger Leute aus Barisal an Dakoities im September 1912 machte, zur Einleitung des Verfahrens geführt. Die Auffindung von Munition, Silbersachen und belastenden Papieren im Koffer eines anderen Angebers, und die Beschlagnahme weiterer belastender Schriftstücke bei Haussuchungen erwies das Bestehen einer Geheimgesellschaft.

Die einzelnen Morde.

Nachdem der Richter einen eingehenden Überblick über die Geheimgesellschaft gegeben, fährt er fort: Wir kommen nun zu den tatsächlichen Ergebnissen der Tätigkeit der Geheimgesellschaft. Zwei der Mörder haben Zeugnis abgelegt über einen Bomben-Attentatsversuch, einen Waffendiebstahl und 17 Dakoities oder Vorbereitungen dazu. Zwei von den Überfällen hatten einen Mord zur Folge. Der erste Mord wurde an einem Mitgliede der Geheimgesellschaft aus inneren Gründen ausgeübt. Der zweite wurde an einem Polizeiwachtmeister in Dakka am 24. September 1912 begangen. Der Angeklagte Trailokhya Nath Chakravarty wurde in der Nähe des Tatortes am folgenden Tage verhaftet.

Der Bomben-Attentatsversuch.

Bei dem Bomben-Attentatsversuch explodierte in der Nacht des 27. März im Garten des Richters Gordon in Moulwi Bazar eine Bombe, die von dem Mitgliede Jagendra Mahan Chakravarty dorthin gebracht war, um Gordon zu töten. Der Mann wurde selbst durch die Explosion getötet. Er wurde nach dem Tode photographiert und von Pryanath als der Genannte festgestellt. — Am 6. Juni 1911 begaben sich drei Mitglieder der Gesellschaft nach dem Hause des Fayi Hayi von Chandpur im Distrikt Meimensingh unter dem Vorgeben, Beiträge für den Fußballklub zu sammeln. Da ihr Betragen verdächtig war, wurden sie festgenommen und unter Sektion 109 C. P. C. eingeliefert. In der Untersuchungs-Verhandlung wurde der Name eines der Männer, der eine Hasenscharte hatte, als Jagendra Mohan Chakravarty festgestellt. Die nach dem Bomben-Attentat in Moulwi Bazar aufgefundene Leiche wies ebenfalls eine Hasenscharte auf.

Der Waffendiebstahl.

Am 20. Juli 1910 wurde aus dem Hause des Upendra-Chandra Chaudhury von Golakpur im Meimensingh-Distrikt eine Kiste mit 6 Gewehren gestohlen, von denen nur eins wiedergefunden wurde.

Der Richter beschrieb dann Versuche, Vorbereitungen und 17 ausgeführte Dakoities. Nach Durchsicht des Beweismaterials gegen die einzelnen Angeklagten sagte der Richter zum Schluß:

Nach all dem liegt hier ein prima facie Fall gegen alle 5 Angeklagten wegen Aufreizung zur Empörung gegen den Kaiser und König, um ihm die Herrschaft über Indien zu entreißen, vor. Die Anklage gründet sich auf die Sektion 121 a I. P. C., und die Angeklagten werden dem Schwurgericht zur Aburteilung überwiesen.

Pioneer Mail.

16. April. **Dakoity in Ostbengalen.**

13. April.

Ein Korrespondent aus Komilla berichtet über ein verwegenes Dakoity, das eine Bande von bewaffneten jungen Männern auf das Haus eines Geldverleihers im Dorfe Balda verübt hat. Die Räuber erbeuteten eine größere Summe Geldes.

Berufung im „Comrade"-Prozeß.

Die Hauptpunkte im Urteil des Oberrichters am Obersten Gerichtshof des Pandschab in Sachen der „Comrade"- und „Hamdard"-Druckerei, die wegen der Beschlagnahme der hinterlegten Sicherheit Berufung eingelegt hatten, sind:

Der Antrag gründet sich auf Sektion 17 des indischen Preßgesetzes von 1910 um die Verordnung des General-Gouverneurs vom 2. November 1914 gegen den Antragsteller Farok Ali, Verwalter der „Comrade"- und „Hamdard"-Druckerei in Delhi, niederzuschlagen. Diese Verordnung erklärt die hinterlegte Sicherheit von 2000 Rupies unter Sektion 4 (1) wegen des Artikels „Die Wahl der Türken" im „Comrade" vom 26. September 1914 für verfallen und beschlagnahmt alle Exemplare der Zeitung „Comrade" desselben Datums.

Der Artikel ist über 20 Druckseiten lang und von der Regierung 1. wegen des Tones des ganzen Artikels und 2. wegen einzelner Teile, die in der Liste angedeutet werden, beanstandet worden. Der wirkliche Antragsteller ist nicht der Druckerei-Besitzer, sondern der Redakteur Muhammed Ali, der Verfasser des Artikels.

Der Verfall der Kaution wird auf Grund des letzten Teiles der Bestimmung c der Sektion 4 (1) des Preßgesetzes bestimmt. Die Anklage behauptet, daß der Artikel geeignet ist, direkt oder indirekt, durch Andeutung, Suggestion oder auf andere Weise Unzufriedenheit gegen Se. Majestät und die gesetzmäßige Regierung Britisch-Indiens zu erregen.

Im Antrag wird ausgeführt, daß der Artikel nichts weiter als eine offene Kritik der auswärtigen Politik der Regierung in England sei, und daß der Verfasser, soweit er für eine andere Politik eintrat, durch das aufrichtige Bestreben geleitet worden sei, die englische und die türkische Regierung vor dem Unglück des Krieges zu bewahren, der damals auszubrechen drohte und 6 Wochen später tatsächlich ausbrach.

Wenn man den Artikel sorgfältig als Ganzes betrachtet, kann man keineswegs von dem Vorgehen der Regierung überrascht sein. Es finden sich in dem Artikel viele Sätze, die sich in keiner Weise mit dem angeblichen guten Glauben des Verfassers in Einklang bringen lassen. Mit Überlegung vertritt er in dem Artikel Anschauungen, die geeignet sind, Unzufriedenheit gegen die Regierung in England und Indien zu erregen.

Der Antrag auf Aufhebung der Verfügung muß darum verworfen werden.

Pioneer Mail.

Vorgehen gegen die Presse in Bombay auf Grund des Preßgesetzes.

13. April.

Am 13. April wurde im Esplanade Polizei-Gericht vor dem ersten Richter der Präsidentschaft die Anklage gegen Narayan Vasudes Mahadeo, Drucker und Herausgeber des „Sandesh", Hakim Abd-ul-Ahmed Faruk vom „Azad Punch" und Mahomed Maksud vom „Khan Bahadur Punch" verhandelt. Kahi Kabir-ud-din, Vertreter des Blattes „Azad Punch", äußerte die Ansicht, daß seit der Auferlegung der Sicherheit von 1000 Rupies nichts vorgekommen sei, das die Erhöhung der Sicherheit rechtfertige. Der Richter war jedoch anderer Meinung und ordnete die Hinterlegung einer Sicherheit von 2000 Rupies an. — In Sachen des „Khan Bahadur Punch" führte Rechtsanwalt Azad für einen Klienten den Beweis, daß die Übersetzung des beanstandeten Artikels unrichtig sei. In dieser Sache wurde die Hinterlegung einer Sicherheit von 1500 Rupies angeordnet. = In Sachen des „Sandesh" wurde eine Sicherheit von 1500 Rupies verlangt.

Pioneer Mail.

Bemerkungen über die Lage in Indien.

Die Stimmung im Pandschab ist augenscheinlich recht unruhig. Öfters werden Mordtaten verübt, die alle anscheinend nach einem bestimmten Plan ausgeführt werden. Dies und die Beunruhigung über die hohen Getreidepreise ist nicht ohne Einfluß auf die öffentliche Sicherheit gewesen.

In Bengalen ist die Lage durchaus nicht günstig. Weitere Attentate, wie das auf den Lehrer in Komilla, zeigen, daß die anarchistischen Banden nicht nur in Kalkutta ihr Wesen treiben. Ein Sondergerichtshof hat die Untersuchung gegen den Studenten, der wegen des Bomben-Attentats gegen Basanta Kumar Chatterji verhaftet war, begonnen.

Am schlimmsten scheinen die Verhältnisse in Ostbengalen zu liegen, wo durch revolutionäre Einflüsse nicht wenige angesteckt worden sind. Es gibt große Gebiete, in denen der Geist des Abfalls herrscht, dem bis jetzt die Behörden nicht ernstlich entgegengetreten sind.

The Indiaman.

Unruhen und Verbrecher.

„Anarchistische Verbrechen sind nicht nur Angelegenheiten der Provinzial-Regierungen, sondern der Obersten Regierung von Indien selbst. Einer der Zwecke des kürzlich erlassenen indischen Verteidigungsgesetzes ist es, die Zentralregierung zu unterstützen. Wie erinnerlich, gibt es der Zentralregierung Macht, Übertretungen einem Sondergerichtshof von 3 Richtern zuzuweisen, gegen dessen Entscheidungen es keine Berufung gibt."

The Indiaman.

Aufrührerische Santals.

12. April.

Ein merkwürdiger Bericht ist in Kalkutta eingelaufen, wonach einige Santals (nichtarische Ureinwohner an den nördlichen Ausläufern des Vindhyagebirges) aus dem Dinajpur-Distrikt, einer Gegend, die schon in früheren Zeiten wegen der häufig vorkommenden Raubüberfälle bekannt war, Unruhen angezettelt haben. Barton, der Polizeisuperintendent, hat das Dorf, wo die Unruhen zuerst ausbrachen, mit einer Polizeiabteilung aufgesucht und mit dem Gemeindevorstand Rücksprache genommen. Bei dieser Gelegenheit warf ein Santal dem Polizeisuperintendenten ein irdenes Gefäß mit einem Bienenschwarm ins Gesicht; die Bienen zerstachen ihn, und außerdem wurde er durch einen Pfeil am Bein verwundet. Die Aufrührer wurden nach dem Eintreffen von Verstärkungen umstellt, und 25 von ihnen verhaftet.

Pioneer Mail.

Verhaftung eines zurückgekehrten Emigranten.

Ein Rückwanderer, der sich Natha Singh nennt und in Jaisinghpala wohnt, wurde in Bombay verhaftet. In seinem Besitz befand sich ein Koffer mit doppeltem Boden, in dem ein Revolver, eine automatische Pistole und eine größere Menge Munition gefunden wurde. — In Verbindung mit den revolutionären Bestrebungen der Rückwanderer wurden neulich 2 Koffer, die an einen wegen Beteiligung an den Ferozshah-Mordtaten Gehängten geschickt waren, in Delhi untersucht. Beide Koffer hatten falsche Böden, in denen Waffen und Munition verborgen waren.

Pioneer Mail.

Die Lage in Indien.

Die politischen Dakoities, die seit einiger Zeit die Ruhe in Bengalen und im Pandschab gestört haben, sind in erster Linie eine innere Angelegenheit Indiens und ihre Unterdrückung ist vor allem Sache der indischen Politik. Da sie aber auf die Schädigung des Ansehens der englischen Regierung in Indien abzielen und ihr Ursprung wahrscheinlich auf Verschwörungszentralen außerhalb Indiens zurückgeführt werden muß, so sind sie als Teil des politischen Feldzuges anzusehen, den die Deutschen gegen Großbritannien führen. Dieser Feldzug ist seit Anfang März im Gange und hat sich jetzt soweit entwickelt, daß der zugrunde liegende Plan übersehen werden kann. Es ist ein zwiefacher Feldzug, der sich auf die Unterseeboot-Blockade und den Heiligen Krieg gründet.

The Indiaman.

28. April.

Die Vernehmung des jungen Mannes, der in Sachen des Bomben-Attentats gegen den zweiten Polizeisuperintendenten der Kriminal-Untersuchungs-Abteilung verhaftet wurde, hat zur Freisprechung des Angeklagten geführt. Das Verbrechen wurde von vier jungen Leuten verübt, von denen einer die Bomben warf.

The Indiaman.

Wir hören, daß die Regierung von Bengalen die Serais Acte von 1867 in verschiedenen Teilen der Provinz in Kraft setzen will. Nach dem Gesetz ist jeder Verwalter eines Hotels, eines Kasinos oder einer Speisewirtschaft verpflichtet, die Anwesenheit von Fremden in seinen Räumen zu melden.

The Indiaman.

Wie erinnerlich, hatte die Provinzial-Regierung dem Moulvi Zafar Ali, früheren Redakteur der Zeitung „Zamindar" sein Geburtsdorf als Wohnsitz angewiesen, ihm den Verkehr mit seiner Zeitung untersagt und die Teilnahme an jeglichen öffentlichen Angelegenheiten verboten. Nach dem neuen Gesetz, das die Verteidigung gegen Feindseligkeiten von außen verordnet, ist ihm die Hinterlegung von 2 Sicherheiten von je 10 000 Rupies für die strikte Innehaltung der früheren Verordnung auferlegt.

The Indiaman.

Folgende Einzelheiten über die Strafexpedition nach Nordbirma sind jetzt bekannt geworden. Infolge der Mordtaten des Kachinstammes rückte Hauptmann Thyne mit 200 Mann im Januar nach Thama aus. Später folgte Hauptmann Burds Abteilung mit 300 Mann und 2 Gebirgsgeschützen. —

The Indiaman.

Der Staatssekretär für Indien gibt folgendes bekannt: Heerhaufen des mohammedanischen Grenzstammes der Mohmands, ungefähr 4000 Mann stark, haben unter Führung eines fanatischen Mullah die englische Grenze gegenüber Shabkadr an der Nordgrenze des Peshawar Tales bedroht. Die mobile Kolonne von Peshawar rückte am 18. 4. unter Generalmajor Young aus und griff die Mohmands in der Richtung auf Hafiz Kor an. Das Gefecht war schwer und dauerte mehrere Stunden.

The Indiaman.

Die Arbeit des Sondergerichtshofes.

Der Sondergerichtshof, der unter dem Reichsverteidigungsgesetz zur Aburteilung von Prozessen in Multan eingesetzt war, hat gegen 150 Angeklagte zu verhandeln und begann seine Sitzungen am Montag.

Der Sondergerichtshof von Lahor beginnt seine Sitzungen am 28. d. M. oder ein oder zwei Tage später. —

Pioneer Mail.

Beschlagnahme von nationalistischen Büchern.

Die in indischen Sprachen geschriebenen Bücher „Neue Ära" und „Neue Ideen der neuen Ära" von Har Dayal sind von der Regierung des Pandschab beschlagnahmt worden.

Pioneer Mail.

Verhaftung eines Lehrers.

19. April.

Die Polizei von Baranagare verhaftete den Ortsschullehrer Ashutosch Mitra in Verbindung mit einem Dakoity in Baranagare. Weitere Verhaftungen werden erwartet.

Pioneer Mail.

30. April. **Verhandlung in Sachen der Lahor-Verschwörung.**

26. April.

Der unter dem indischen Verteidigungsgesetz von 1915 errichtete Sondergerichtshof hat in Lahor mit der Verhandlung eines wichtigen Prozesses begonnen. Die Eröffnungsansprache des Kronanwalts beleuchtete den verwegenen Charakter der Verschwörung und ihren Ursprung in Amerika.

Dies ist der erste Prozeß seiner Art unter dem genannten Gesetz. Er begann am 25. 4. 10 Uhr vormittags in dem Zentralgefängnis von Lahor vor den ernannten Sonderrichtern. Die Anklage wurde von Bevan Petman, Regierungsadvokat, unter Assistenz von Sheikh Taj-ud-din Kuraishi, vertreten. Die Angeklagten, von denen 62 anwesend waren, während die übrigen 19 noch nicht gefaßt sind, werden von den Rechtsanwälten Beechey, Raghu Nath Sahai, Labu Ram, Mukundat Puri, Devaraj Sahani, Hukumat Rai, Bishon Nath und Dr. Shuja-ud-din und Alam vertreten. Einige der Rechtsanwälte waren vom Gericht zur Verteidigung derjenigen Angeklagten bestellt, die außerstande waren, einen Vertreter zu stellen.

Die Verhandlungen wurden durch den Präsidenten mit der Verlesung folgender Bekanntmachungen und Verordnungen der Regierung eröffnet: 1. Die in der „Pandschab Government Gazette" veröffentlichte Bekanntmachung 509 vom 15. 4. 15 ernennt die richterlichen Kommissare und überträgt ihnen die Rechtsprechung in den Steuerbezirken von Lahor und Jullunder. — 2. Eine Verordnung des Provinzial-Gouverneurs weist die Kommissare an, die Verhandlungen im Zentralgefängnis von Lahor abzuhalten, und setzt den ersten Termin auf Montag, den 26. April 1915, fest. — 3. Eine Verordnung des Provinzial-Gouverneurs unter Sektion 558 der Prozeßvorschriften bestimmt, daß Englisch die Verhandlungssprache sein soll, ausgenommen bei Aussagen von Zeugen, die nach Anordnung der Kommissare in Urdu oder Pandjabi gemacht werden können. — 4. Eine Verordnung der Provinzial-Regierung, die die einzelnen Fälle den Kommissaren zur Aburteilung überweist. — 5. Eine Verordnung der Provinzial-Regierung mit dem Auftrag und der Genehmigung der Regierung, an den Polizeisuperintendenten von Lahor unter Sektion 7 des Sprengstoffgesetzes eine Anklage einzureichen.

Der Präsident verlas ferner eine Bekanntmachung aus der „Pandschab Government Gazette" vom 23. 4. 15, die eine Berichterstattung über die Verhandlungen vor den Sonderkommissaren enthielt.

Darauf verlas Bevan Petman die Anklageschrift, die mit einer längeren Darlegung beginnt. Er führte aus, der Prozeß würde eine große Anzahl von Tatsachen und Einzelheiten zutage fördern. Die Verschwörung habe den Zweck gehabt, Krieg gegen S. Majestät den Kaiser und König zu führen, mit Gewalt die gesetzmäßige Regierung von Britisch-Indien zu stürzen, die Europäer zu vertreiben und eine nationale Regierung zu errichten. Als Mittel zur Erreichung dieses Zweckes sollten angewandt werden:

1. Verführungen der indischen Soldaten zum Treubruch gegen ihren König, Aufreizung zur Meuterei und zum Beitritt zur offenen Revolution und Verleitung zur Waffen- und Munitionsbeschaffung.

2. Beschaffung von Waffen und Munition, Werbung von Mannschaften und Sammlung von Geld zum Ankauf von Waffen und Munition.

3. Beschaffung von Geldern zu dem gleichen Zwecke durch Berauben der Regierungskassen, Überfälle und der damit unvermeidlich verbundenen Mordtaten.

4. Ermordung von Polizei- und anderen Beamten, die sich der Ausführung der Verschwörung entgegenstellen würden, und aller anderen Europäer, sobald die Rebellion ihren Anfang genommen hat.

5. Zerstörung von Eisenbahnzügen und Eisenbahnbrücken.

6. Überfall und Ermordung aller europäischen Truppen Sr. Majestät.

7. Herausgabe und Verbreitung von Aufruhrschriften, Abhaltung von aufrührerischen Ansprachen und Ermahnungen an die Rebellen.

Das Entstehen dieser Verschwörung soll von den Angebern beschrieben werden, die schildern werden, wie sie Indien verließen, nach Amerika reisten, dort Pläne für den Aufstand ausarbeiteten, wie sie die Verschwörung auf den Fernen Osten ausdehnten und die Truppen in Hongkong und Indien zu beeinflussen und zu verführen versuchten, wie sie Dakoities und Mordtaten in verschiedenen Distrikten verübten, Bomben anfertigten, Tempel innerhalb und außerhalb Indiens als Versammlungsstätten, wo die Pläne für Aufruhr und Rebellion entworfen und besprochen wurden, benutzten.

Der Staatsanwalt wies dann kurz auf Har Dayal als Führer der Aufruhrpropaganda in Amerika und Kanada, einschließlich der Herausgabe der Aufruhrzeitung Ghaddar in Gurmukhi, Hindi und Urdu und des Heftes von Aufruhrliedern „Ghadar di gunj" hin. Er hielt auch aufreizende Ansprachen in Inderversammlungen in Amerika, die mitunter auch von einigen Amerikanern besucht wurden und in denen man Gelder für den Druck und die Verbreitung von Aufruhrschriften sammelte. — Nawab Khan, einer der Angeber, wird berichten, wie er im Jahre 1909 nach Amerika ging, dort den vom Pandschab geflüchteten Thakur Das traf, der ihm erzählte, daß er sich dem Singh und dem Sufi Amba Parshad in Persien angeschlossen und daß er selbst dort den Namen Ghulam Hussein angenommen habe. Bhai Permanand war einer der Führer in der Propaganda von 1909, dem wichtigsten Jahre in dem von Adjiet Singh und Sufi Amba Parshad organisierten Feldzuge zur Verbreitung von Aufruhrschriften. Bhai Permanand wohnte bei Singh. Als ihre Wohnung durchsucht wurde, fand die Polizei in seinem Koffer ein Handbuch über die Anfertigung von Bomben und umfangreiche Notizen für einen Plan zur Vertreibung der Engländer und zur Errichtung einer nationalen Regierung mit dem Maharaja von Nepal als Großherrn der indischen Fürsten. Ihm konnte jedoch kein tatsächliches Verbrechen nachgewiesen werden; es wurde ihm deshalb eine Sicherheitsleistung von 900 Rupies für Wohlverhalten auferlegt. Im April 1910 ging er nach Amerika und schloß sich Har Dayal an.

Sodann berichtete der Staatsanwalt über die Bestrebungen der Verschwörer in Amerika, wie sie Versammlungen abhielten, Gelder sammelten und die berüchtigte Aufruhrzeitung „Ghaddar“ gründeten.

Die Zeitung wurde ursprünglich in Urdu geschrieben, begann aber im Januar 1914 auch in Gurmukhi und Gudscherati zu erscheinen. „Ghaddar di gunj“ erschien in Pandschabi mit Gurmukhi Schriftzeichen und enthielt aufreizende Lieder. Ghaddar Sandasa (Auszüge aus dem Ghaddar und Ilam-i-jung) kamen danach heraus. Im Januar 1914 wurde im Gurdwara (Tempel) von Stockton eine große Konferenz abgehalten, die von Indern aus verschiedenen Staaten, darunter auch Kanada und Mexiko, besucht war.

Im Juli 1914 warben sie Leute für einen Aufstand in Indien an; und dies war gerade zu der Zeit, als die englischen Beziehungen zu Deutschland kritisch zu werden begannen. Im August 1914 nach der Kriegserklärung wurde eine Versammlung in St. Franzisko abgehalten. Dort sagte einer der Redner: Das Mutterland riefe die Inder, hinüberzukommen und ihr Land von den Engländern zu befreien.

Der Staatsanwalt fuhr dann fort, von den verschiedenen Schiffen zu sprechen, auf denen die Rückwanderer zurückkehrten. In Hongkong wurde ein Versuch gemacht, die Soldaten eines gewissen Regiments zur Meuterei zu verführen. Er erwähnte den Budge Budge-Aufruhr und den Widerstand der Rückwanderer gegen die Abschiebung von Hongkong in Gruppen von nicht mehr als 20 Mann, und wie in Penang 4 Abteilungen an Land gingen, um nach Gewehren und anderen Waffen zu forschen.

Der Staatsanwalt wandte sich dann zu den Unternehmungen der Rückwanderer in Indien. Der Budge Budge-Aufruhr öffnete der Regierung die Augen. Sie erließ verschiedene Verordnungen über die Behandlung der Rückwanderer, ließ einige von ihnen verhaften und verhinderte dadurch die Ausführung ihrer Pläne. Einige unternahmen es jedoch nach ihrer Freilassung, Versammlungen abzuhalten, sich an Dakoities und Mordtaten und an der Anfertigung von Bomben zu beteiligen. Er gab sodann eine Darstellung der in Moga, Sahneiwal, Mansuran, Thaner, Chabba und Rabban verübten und geplanten Dakoities.

Darauf beschrieb Staatsanwalt Petman, wie die Angeklagten versucht hätten, an verschiedenen Orten indische Soldaten für ihre Sache zu gewinnen. Kartar Singh, der später nach seiner Verhaftung zum Angeber wurde, ließ Aufruhrflaggen anfertigen, die beim Ausbruch der Rebellion, die für den 21. Februar in Lahor, Firospore und an anderen Orten gleichzeitig festgesetzt war, benutzt werden sollten. Boten wurden nach allen Richtungen entsandt, um den Tag des Ausbruches bekannt zu geben und Mannschaften zu werben.

Der Staatsanwalt machte über die Aussendung der Boten eingehende Angaben. Als die Verschwörer Verdacht gegen den Polizisten Kirpal Singh schöpften, der sich äußerlich den Verschwörern angeschlossen hatte und später mit dem Leben davon kam, wurde das Datum des Ausbruches auf den 19. Februar 1915 verlegt. Inzwischen hatte der zweite Polizeisuperintendent Liaquat Hayat von Amritzar durch Kirpal Singh, den er zum Anschluß an die Verschwörer veranlaßt hatte, Nachricht über die Pläne der Verschwörer erhalten. Am 18. Februar 1915 um Mitternacht überbrachte Kirpal Singh die Nachricht von der Zusammenkunft am 19. und dem für den nächsten Tag geplanten Ausbruch. Am selben Tage drang jedoch die Polizei in ein Haus am Moebi Ghat, Lahor, ein und verhaftete 7 der Angeklagten. In dem Hause wurden 3 gebrauchsfertige Bomben, ein Dolch, ein Revolver, Material für Bomben und Bücher gefunden. Hierbei riß sich Kala Singh von dem Inspektor los und wollte nach dem Raum stürzen, in dem diese Gegenstände aufbewahrt waren. Er wurde aber wieder ergriffen, ehe er Schaden anrichten konnte. Infolge dieser Verhaftungen und da die Behörden gewarnt und vorbereitet waren, wurde der Ausbruch zunichte, obwohl Ansammlungen von Verschwörern, besonders in Firozpore, stattfanden. Das Haus wurde beobachtet und am Morgen des 20. Februar 1915 wurden 2 weitere Verschwörer, als sie in das Haus eintreten wollten, verhaftet. Am anderen Tage wurde noch einer in gleicher Weise festgenommen. Dies waren Boten, die zur Werbung von Mannschaften ausgeschickt waren und die von den inzwischen in Lahor vorgenommenen Verhaftungen nichts wußten. — Es wurde darauf noch eine Haussuchung in Gowal Mandi in Lahor vorgenommen, wobei folgende Gegenstände gefunden wurden: Revolverpatronen für verschiedene Kaliber, Zündhütchen, Zangen und Feilen, Vervielfältigungsapparate, Aufruhrschriften, ein Degenstock, Flaggen mit verschiedenen Papieren und zwei Schreiben von der Hand Rash Behari Bose, sowie ein Atlas. Am selben Tage wurde Jamna Singh Das, der zwecks Untersuchung des Arrah-Mordes gesucht wurde, verhaftet. Am 23. 2. wurden noch weitere Verschwörer verhaftet, als sie in das Haus eintreten wollten. Bei dem einen wurde eine Karte des Pandschab gefunden, auf der verschiedene Plätze, besonders Militärbarackenlager, angestrichen waren. Am 24. 2. wurde ein Haus in Gumti-Bazar und ein anderes in Watchwoli, Lahor, durchsucht, wo folgende Gegenstände gefunden wurden: 4 Bengali-Bomben, eine Pistole, Patronen für verschiedene Kaliber, eine Flasche mit Phosphorlösung oder griechischem Feuer und Chemikalien für Bomben. In einem weiteren Haus in Gowal Mandi in Lahor wurden Kleidungsstücke von Rash Behari Bose gefunden.

Des weiteren führte dann der Staatsanwalt Petman eingehend aus, was die einzelnen Angeklagten getan und welchen Anteil sie an der Verschwörung hatten. Die Anklage gründet sich auf Sektion 121, 121a, 122, 122—109,

123, 124a, 124a—107, 131, 132, 302, 303—109, 120b, 395, 305—397, 396, 302, 412, 414 des Indischen Strafgesetzbuches und auf Sektion 3, 4, 5 und 6 des Gesetzes 6 von 1908.

Am 18. Juni verlas der Sonderkommissar vor 29 unter den verschiedenen Sektionen des „Indian Penal Code" und des „Sprengstoff-Gesetzes" Angeklagten die Anklageschrift wegen Verschwörung zum Aufstand gegen S. Majestät den Kaiser und König wegen Beihilfe zur Veranstaltung von Versammlungen für Soldaten, wegen Versuches, Truppen zum Meutern zu verführen, Veröffentlichung von Aufruhr- und Hetzschriften, Anwerbung von Mannschaften, Sammlung von Geld und Waffen, Bomben, Chemikalien zur Anfertigung von Bomben und wegen Verübung von Dakoities, die zum Teil zu Mordtaten führten.

Sämtliche Angeklagten erklärten sich für nicht schuldig.

Am 20. wurde den übrigen 32 die Anklageschrift vorgelesen. Ein Angeklagter wurde nur der Teilnahme an der Rabbon-Dakoity angeklagt. Die Anklage gegen Bhai Paramanand ist noch nicht formuliert. — Auch diese Angeklagten erklärten sich für nicht schuldig.

Am 19. Juni hatten die Kommissare den ersten Teil ihrer Arbeiten abgeschlossen. Es wird sich empfehlen, eine Übersicht darüber zu geben: Das Belastungsmaterial im Verschwörungsprozeß von Lahor zeigt, daß wir es mit einem der bemerkenswertesten politischen Prozesse der letzten Zeit in Indien zu tun haben, bemerkenswert wegen des Ursprunges, der Beweggründe, der Eigenart und des Umfanges der Verschwörung, der Anzahl der Beteiligten, der Art der ihnen zur Last gelegten Verbrechen, wegen der Ausdehnung, die die Bestrebungen im Lande genommen haben, wegen der Versuche, die Truppen zur Meuterei zu verführen und sich die Mitwirkung der auffässigen Elemente für den Umsturz der bestehenden Ordnung der Dinge zu sichern. — Vom 26. 4. bis zum 19. Juni hielt die Kommission täglich Sitzungen und vernahm 405 Belastungszeugen. Von den 82 Angeklagten sind bis jetzt 16 noch nicht gefaßt; 2 sind erst kürzlich verhaftet und sollen gesondert vernommen werden. Von den übrigen 64 wurde einer gegen Zusicherung von Straffreiheit zum Angeber. 2 sind freigelassen. Die Anklage gegen einen ist noch nicht formuliert.

Bhai Parmanand wurde am 7. Juli wegen folgender Vergehen unter Anklage gestellt: wegen Beihilfe zum Aufruhr gegen den Kaiser und König (Sektion 121, I. P. C.), wegen Verschwörung gegen den Kaiser und König (Sektion 121 I. P. C.), wegen Beihilfe, Soldaten in der Armee des Kaisers und Königs zur Meuterei verführt zu haben, mit dem Erfolg, daß einige Reiter an verschiedenen Orten meuterten (Sektion 132 I. P. C.), wegen Beihilfe, Soldaten der Armee des Kaisers und Königs an verschiedenen Orten zu Treubruch und Pflichtverletzung zu verleiten (Sektion 132 I. P. C.), wegen Anwerbung von Mannschaften, Sammlung von Geldern, Waffen,

Munition und Chemikalien für Anfertigung von Bomben, Veröffentlichung von Aufruhrschriften und Verübung von Raubüberfällen (Sektion $\frac{123}{109 \text{ und } 111}$), wegen des Druckes und der Verbreitung von Aufruhrschriften $\frac{124}{(109 \text{ und } 111)}$, und wegen des Versuches, Haß, Verachtung und Auflehnung gegen S. Majestät und die gesetzmäßige Regierung Indiens durch Verfassen des Buches „Tarikh-i-Hind" (Sektion 124a) zu erregen. Die Anklageschrift wurde dem Angeklagten vorgelesen. Er erklärte sich für nicht schuldig und beantragte die Vernehmung seiner Entlastungszeugen.

Die Tätigkeit der Angeklagten in Indien.

Am 1. Mai berichtete der Angeber Ammar Singh über die Tätigkeit der Angeklagten nach der Landung in Indien. Er machte Angaben über die Erfahrungen im Panschab, über ihren Besuch bei Bhai Parmanand, um sich die Adresse von Jagget Ram zu verschaffen, über ihre Zusammenkünfte auf den Bazaren von Lahor, über den gemeinschaftlichen Besuch des Nanaka-Marktes und ihren Anschluß an die Rückwanderer, und über die Zusammenkunft in Cheharta und Ladowal am 6. und 17. November. Jagett Ram hatte ihm mitgeteilt, daß auf der Zusammenkunft in Ladowal bekannt wurde, nicht nur ihre Freunde, sondern auch die Fahrgäste der Komagata Maru seien in das Mutton-Gefängnis gebracht und dort vernommen worden. Die Versammlung stimmte infolgedessen dafür, jetzt mit aller Macht einen Aufstand herbeizuführen und Geld und Waffen für die Organisation eines „großen Aufstandes" zu sammeln. Die Teilnehmer zerstreuten sich nach verschiedenen Richtungen bis zur nächsten Zusammenkunft, die in Moga am 19. November stattfinden sollte, und an die sich eine Propagandatätigkeit unter dem Volk und besonders unter den Soldaten anschließen sollte. In Moga wurden die Beschlüsse noch einmal durchgesprochen und die Frage der Geldbeschaffung erwogen. Einige waren der Meinung, daß die Verübung von Dakoities der einzige Weg zur Beschaffung von Geld sei. Andere wandten ein, daß es unratsam sei, sich gegen die eigenen Landsleute zu wenden; sie wollten sich auf ihre eigenen Beiträge und die Plünderung der Regierungskassen beschränken. Schließlich kam man überein, daß man sich einstweilen auf die Beschaffung von Geld durch Anleihen und Beiträge von Mitgliedern beschränken würde.

Nadhan Singh machte sich anheischig, die für den Ankauf von Waffen und andere Bedürfnisse erforderlichen Mittel zusammenzubringen. Es wurde beschlossen, unter dem ganzen Volk einschließlich der Truppen für die Sache zu wirken.

Die nächste Zusammenkunft fand am 22. und 23. November in Phagwara auf freiem Felde statt und war besonders von den Führern besucht. Es wurde berichtet, daß 2 Mitglieder nach Kalkutta gesandt seien, um Waffen zu kaufen, und Vorkehrungen wurden für die Sendung und die Empfangnahme getroffen. Die Reise nach Kalkutta blieb jedoch erfolglos. Kartar Singh teilte dem Zeugen mit, daß darauf Jagget Ram zur Beschaffung von Waffen nach Peschawar gesandt worden sei, und daß er selbst mit einem Soldaten in Lahor gesprochen habe, der ihnen helfen wollte, wenn sie mit einigen anderen einen Überfall auf das Waffenmagazin veranstalten würden. Jagget Ram wurde darauf in Peschawar verhaftet.

Eine wichtige Zusammenkunft fand dann in Moga statt, wo fast alle Führer anwesend waren und der Beschluß gefaßt wurde auseinanderzugehen, um weitere Mannschaften anzuwerben. In einer Zusammenkunft in Mallanpur wurde beschlossen, die telegraphischen Verbindungen nach dem Militärlager von Lahor zu zerschneiden und die nächsten Eisenbahnen zu zerstören. Inzwischen wurden weitere Rekruten für den Aufstand angeworben und Vorbereitungen für einen Angriff auf das Militärlager von Lahor, für den das Datum festgesetzt war, getroffen.

Der Soldat, der ihnen Hilfe versprochen hatte, hatte jedoch das Lager wegen Urlaub oder Versetzung verlassen. Die Unternehmung mußte unterbleiben. Boten wurden ausgeschickt, die Verschwörer von dem Marsch auf das Lager abzuhalten. Zur Ausführung dieses Planes hatte sich eine Abteilung von 30 Mann in Ferozpur versammelt. 15 Mann verließen Ludhiana per Bahn und andere kamen in Wagen. Diese Abteilung geriet in Streit mit der Polizei, der zur Erschießung des Polizeiunterinspektors und eines Zaildars in Firosishah führte.

Während der Monate November und Dezember 1914 fand ein ständiger Verkehr der Verschwörer zwischen Lahor, Amritzar, Ludhiana, Hoshiapur, Nawandshahar, Jullunda, Phagwara, Kapurthala, Umballa und Benares statt. In Jullunder trafen die Angeklagten am 30. November mit einem Bengali zusammen, der sie fragte, wieviel Anhänger sie hätten. Auf ihre Antwort, daß Anhänger genug da wären, ihnen aber Waffen fehlten, gab er ihnen den Rat, Bomben anzufertigen, da Waffen nicht zu haben seien.

Das Versprechen der Bombenlieferung.

Wenn sie ihm das nötige Geld beschaffen könnten, würde er die Anfertigung von Bomben übernehmen. Dies versprachen sie. Der Bengali gab dem Kartar Singh einen Revolver und 6 oder 7 Patronen. Ungefähr um diese Zeit ging Parmanand II nach Karputhala, um mit dem Mahratten Pingley, der in Amerika gewesen war, zusammenzutreffen. Pingley teilte ihnen mit, daß ein Bengali von der Bengali-Abteilung mit ihnen zusammenarbeiten würde.

Ende Dezember wurde in einem Gurdwara eine Zusammenkunft abgehalten, auf der das Zusammenarbeiten mit der Abteilung von Bengalen beschlossen und die Ermahnung zur Propaganda unter den Soldaten und zur

Waffenbeschaffung erneuert wurde. Später wurde Dr. Mathura Singh beauftragt, Bomben anzufertigen und dafür Chemikalien anzukaufen. An die Rags Gießerei wurde ein Auftrag auf Anfertigung von 4 Zentner Bombenhülsen erteilt. Der Gießereibesitzer gab jedoch etwas später das Geld zurück, da das Waffengesetz in ihm den Verdacht erweckt hatte, daß die Schalen wirklich zur Anfertigung von Bomben verwandt werden sollten.

Sie versuchten nun Dakoities mit Hilfe von Tintenfaßbomben, die jedoch erfolglos blieben. Kehar Singh und Basakha Singh, Rückwanderer aus Amerika, stifteten 100 Rupies für das Unternehmen. Um diese Zeit traf der Bengali ein, der sich Satindra Chander nannte, aber von der Anklage für Rash Behari Bose gehalten wird. Er schlug vor, ein Haus in Lahor und ein anderes in Amritzar zu mieten, in denen Pottasche und Knallsäure zur Anfertigung der Bomben aufbewahrt werden sollte.

Die Geldmittelfrage.

In einer wichtigen Zusammenkunft in Amritzar brachte Satindra Chander die Geldmittelfrage wieder zur Sprache. Nadhan Singh bot finanzielle Hilfe an. Kartar Singh sagte, er könne ein Dakoity veranstalten und Geld beschaffen. Satindra Chander empfahl die Beeinflussung der Soldaten durch Druckschriften; dazu sei aber eine Presse nötig. Er erbot sich, selbst nach Lahor zu kommen, um Bomben anzufertigen. Kartar Singh wurde beauftragt, die Opfer der Dakoities auf irgendeine Weise davon in Kenntnis zu setzen, daß das Geld für die Sache des Vaterlandes gebraucht, und daß Gewalt nur im Weigerungsfalle angewandt werden würde.

In dieser Versammlung erbot sich Jeggat Singh, durch Aufnahme einer Hypothek auf seinen Grundbesitz zu helfen.

Die Vorbereitungen für den allgemeinen Aufstand.

Mula Singh teilte dem Zeugen mit, daß in den Militärbaracken von Lahor 2 Mitglieder ihrer Partei, Madhan Singh, ein Prediger der Khalsa-Sekte, und Balwant Singh, ein Reiter, seien. Ein anderer Soldat habe gesagt, wenn die Armee über die Ziele und Zwecke der Bewegung genau unterrichtet würde, dann würde sich jeder einzelne Soldat anschließen.

Satindra Chander teilte ihnen mit, daß der allgemeine Aufstand für den Panjab, die Grenzprovinzen, die Vereinigten Provinzen und andere Orte für den 21. Februar 1915 festgesetzt sei, und daß daher der Angriff auf das Militärlager von Lahor an diesem Tage unternommen werden müsse. Mula Singh schlug dem Satindra Chander vor, auch mohammedanische Agitatoren heranzuziehen, um die Mohammedaner in Lahor zu gewinnen. Satindra erwiderte, daß er sich bereits mit der Angelegenheit beschäftige. Boten wurden nach allen Richtungen mit dem Auftrage ausgeschickt, vom 14. Februar an zu agitieren.

Am 16. 2. 15 wurde wieder eine wichtige Zusammenkunft abgehalten, nach der Jugget Singh und Kharak Singh nach dem Gallo-Bezirk, Kartar nach dem Umballa-Bezirk, Pingley nach Ferozpur, Nadhan Singh, Harnam Singh aus Jhelum und Gurmuk Singh nach Rawalpindi, bzw. Jhelum und Hoti Mardan, zur Anwerbung von Anhängern gesandt wurden. Diese Leute führten Exemplare des Buches „Ghadd di gunj" und Flaggen mit sich. — Späterhin verlegte Satindra Chander nach Rücksprache mit Dr. Mathura Singh, Nadhan Singh und anderen das Datum des Aufstandes vom 21. auf den 19. Februar 1915.

Um diese Zeit hatten die Angeklagten Verdacht gegen Kirpal Singh geschöpft und Sajjan Sing wurde beauftragt, ihn zu beobachten. Inzwischen hatten sich einige Verschwörer im Hause am Schustertor versammelt, unter denen der Verräter Kirpal Singh war. Der Zeuge sagte ihm offen, daß man Verdacht gegen ihn geschöpft habe; Kirpal Singh beteuerte jedoch seine Unschuld. Indessen kam Balwant Singh zu Satindra Chander und meldete, daß Kharak Singh Anhänger geworben habe. Beim Fortgehen trug der Zeuge dem Hirda Ram auf, ein Auge auf Kirpal Singh zu haben. Der Zeuge kam bald darauf in das Haus am Schustertor zurück und forderte die Anwesenden auf, sich zu zerstreuen und die anderen zu warnen. Kaum war er eingetreten, so begab sich Kirpal Singh auf das Dach, und im selben Augenblick wurden die Versammelten von der Polizei umstellt. Das Haus wurde durchsucht, und jeder Gegenstand darin beschlagnahmt.

Das Urteil des Sondergerichtshofes.

Der für die Aburteilung in Sachen der Lahore-Verschwörung unter dem Reichsverteidigungsgesetz ernannte Sondergerichtshof begann seine Verhandlungen am 26. April 1915 und fällte das Urteil am 13. September 1915 im Zentralgefängnis vor Lahor: Von den ursprünglich 63 Angeklagten wurden 2 während der Untersuchung entlassen. Gegen 61 wurde verhandelt und folgendes Urteil gesprochen:

24 werden zum Tode verurteilt.

27 zu lebenslänglicher Verbannung nach den Andamanen. Für elf wird ein Gnadengesuch befürwortet.

6 zu Gefängnisstrafen von verschiedener Dauer.

4 werden freigesprochen.

Pioneer Mail.

Weitere Dakoities in Ostbengalen.

27. April.

Aus Balda im Tipperah-Polizeidistrikt, etwa vier Meilen von der Polizeistation entfernt, wird über ein politisches Dakoity, das von etwa zwei Dutzend

Bengalis verübt wurde, berichtet. Die Dakoits waren mit Mauserpistolen und Dolchen bewaffnet. Sie durchsuchten das Haus des Upendra Chaudhri mit Hilfe von Acetylen-Lampen. Die Dorfbewohner und die Polizei leisteten Widerstand, wobei einer der ersteren erschossen wurde. Obgleich ein Mitglied verwundet war, gelang es den Dakoits zu entkommen.

Pioneer Mail.

Ungesetzlicher Besitz von Waffen.

Radha Charan und 3 jugendliche Bengalis waren vor dem zweiten Richter in Kalkutta am 29. 3. wegen ungesetzlichen Besitzes einer Mauserpistole angeklagt. Gegen den Genannten wird auch die Anklage wegen Verschwörung erhoben werden. Die Waffe war eine von den 50 Pistolen, die der Firma Rodda & Co. gestohlen waren.

Indiaman.

Ausdehnung des Reichsverteidigungsgesetzes.

Der Berichterstatter der Morningpost telegraphiert am 26. April, daß die Sektionen des Verteidigungsgesetzes von Indien, welche die Errichtung von Sondergerichtshöfen für die summarische Aburteilung vorsehen, jetzt in siebzehn Distrikten von Bengalen in Kraft getreten sind; hiervon gehören zwölf zu Ost-Bengalen, einschließlich des ganzen Dalla-Gebietes, und fünf zum eigentlichen Bengalen. Die Anwendung dieses Gesetzes ist die Folge einer großen Anzahl von Überfällen, die besonders schlimm im Backergunge-Gebiet gewesen sind.

Indiaman.

7. Mai.

Der Radjshahi Dakoity-Prozeß.

Der Richter von Nattor ist gegenwärtig mit der Untersuchung in Sachen des Radjshahi-Dakoity beschäftigt.

Am 20. Februar wurde ein Überfall, angeblich durch einige Bengali-Jünglinge, auf das Haus eines wohlhabenden Einwohners des Dorfes Dharoil im Nattore-Distrikt verübt. Am folgenden Tage wurde Sahib Mohan Moitra mit 5 anderen jungen Leuten unter dem Verdacht an diesem Überfall beteiligt gewesen zu sein, verhaftet. Die Verhafteten sind alle Studenten. Nach einer langen und eingehenden Untersuchung wurden die Behörden davon unterrichtet, daß das Beweismaterial gegen die Angeklagten zur Einleitung eines Verfahrens wegen Dakoity nicht ausreichen würde. Demgemäß werden die 6 jungen Leute unter Sektion 109 I. P. C. angeklagt.

Pioneer Mail.

Ein Angeber ermordet.

Es wird berichtet, daß Chanda Singh, der die Polizei zu dem Versteck des Rückwanderers Pyare Singh führte, von einem unbekannten Menschen, vermutlich einem Komplizen des Pyare Singh, der sich jetzt in Untersuchungshaft befindet, erschossen worden ist.

Pioneer Mail.

21. Mai.

Sondergerichtshof im Pandschab.

Der Sondergerichtshof von Multan war bei Abgang der Post bereits eröffnet. Er verhandelte gegen 2 Angeklagte. Ein anderer Sondergerichtshof ist in Lahor errichtet. —

Indiaman.

Hinrichtung von Revolutionären.

Die 4 wegen Beteiligung an der Delhi-Verschwörung und wegen des Bombenattentats in den Lawrence-Gärten Verurteilten, die auch des Attentats auf Lord Hardinge verdächtig sind, wurden heute vor acht Tagen in Delhi hingerichtet.

Indiaman.

Internierung zweier volkstümlichen Redakteure.

Unter dem Verteidigungsgesetz für Indien ist den Redakteuren des „Comrade" und „Hamdard", Muhammad Ali und Shaukat Ali ein Befehl zugestellt, nach welchem sie sich in den Grenzen der Provinz Delhi aufzuhalten und vom 22. d. M. ihren Wohnsitz innerhalb des angegebenen Bezirks von Mehrauli zu nehmen haben, von dem sie sich nur mit Genehmigung des Distrikts-Richters entfernen dürfen. Sie haben sich von politischen Versammlungen fern zu halten.

Pioneer Mail.

Sechs Anklagen unter dem Waffengesetz schweben gegen Rückwanderer vor dem assistierenden Distrikt-Richter von Gurdaspur.

Pioneer Mail.

Revolutionäre Bestrebungen in Indien.

Es war zweifellos ein reiner Zufall, daß der deutsche Mißerfolg im Golf-Gebiet beinahe auf den Tag mit dem Einfall eines starken Heerhaufens von Mohmans in das Khaiber-Gebiet zusammenfiel. Aber der Zusammenfall beweist, daß während des verflossenen Winters nach allen Richtungen Ränke gesponnen sind, um den Engländern für den kommenden Frühling soviel Schwierigkeiten wie möglich zu machen. . . . .

Alle diese Tatsachen muß man im Auge behalten, wenn man sich ein Urteil über die Lage in Indien, besonders über die Ausbrüche der anarchistischen

Bestrebungen in Bengalen und im Pandschab bilden will. . . . . . Es liegen Beweise vor, daß die ersten Anregungen zum Anarchismus in Bengalen von außen gekommen sind. . . . .

Die Behörden haben die ganze Angelegenheit sicher falsch angefaßt. In Sachen des Dakoity von Garden Reach wurden 2 der Angeklagten in Freiheit gesetzt; eine Tatsache, die das Ansehen der Polizei noch weiter schädigen wird. . . . .

Im Backergunj-Distrikt haben die Behörden vollständig versagt. Es vergeht kaum ein Tag ohne einen schweren Überfall, oft verbunden mit Mordtaten. Die Dakoits gehen meist gut bewaffnet bandenweis vor, und setzen durch Bombenwerfen ihre Opfer in Furcht und Schrecken. Der bemerkenswerteste Fall ist der von der Diamond Harbour-Subdivision. . . . . . Wir brauchen nur hinzuzufügen, daß dies eins der drei schweren Dakoities war, die innerhalb dreier Tagen in dieser Gegend vorkamen.

Wir könnten noch viele Fälle dieser Art anführen. Die Zeitungen von Kalkutta sind voll davon. Es ist klar, daß derartige Vorkommnisse sich weder mit einer guten, noch überhaupt mit irgendeiner Regierung vereinbaren lassen.

Eine durchaus andere Lage ist im Pandschab entstanden. . . . . Es liegen Beweise von einer von Übersee geplanten Verschwörung vor, die nicht nur von Reisenden des Komagata Maru, sondern auch von anderen Agenten verbreitet wird.

Indiaman.

28. Mai. **Internierung eines aus Amerika zurückgekehrten Studenten.**

Wie wir erfahren, ist Satyendra Nath Sen, der im vergangenen Oktober aus Kalifornien zurückkehrte, in Magura verhaftet und von Lahor nach Kalkutta transportiert worden, wo er auf Grund des Gesetzes V 1914 im Gefängnis von Alipur in Haft gehalten wird. — Weiter wird berichtet, daß verschiedene andere Bengalis, Surendra Mohan Bose aus Rewa, Purna Chandra Dew, Srih Chandra Ghosh und Surendra Nath Banerji von Chandernagare unter demselben Gesetz in verschiedenen Gefängnissen in Haft gehalten werden. —

Ein indischer Kaufmann in Singapur hingerichtet.

21. Mai.

Ein Aufsehen erregender Fall kam neulich zur Aburteilung vor ein Feldkriegsgericht, das im Obergericht in Singapur tagte. Es handelte sich um eine Anklage gegen Kassam Ismail Mansur, Mitglied der bekannten indischen Kaufmannsfamilie, die alte Beziehungen zu Bombay und Singapur hat; er selbst besaß früher Verbindungen mit Rangun. Die Anklage der Militärbehörde beschuldigte ihn des Verrates militärischer Geheimnisse und des Versuches, das Volk gegen den König aufzuhetzen. Der Staatsanwalt legte dem Mansur in der Eröffnungsansprache neun verschiedene Fälle, in denen er sich des Hochverrates schuldig machte, zur Last. Das zehnte Vergehen, Verrat militärischer Geheimnisse, steht wie Hochverrat unter Todesstrafe. Das elfte, Versuch der Aufhetzung gegen den König, ist mit den ersten neun Anklagepunkten verwandt und wird ebenfalls mit dem Tode bestraft.

Der Angeklagte wurde in allen Punkten für schuldig befunden. Das Urteil lautete auf „Hinrichtung durch den Strang". Der Angeklagte wurde in das Gefängnis zurückgeführt, und das Urteil vollstreckt.

Pioneer Mail.

Internierung eines Nationalisten.

26. Mai.

Purna Chandra Das aus Ishibpur, Distrikt Faridpur, ist auf Befehl der Regierung von Bengalen und der Nachrichtenabteilung des Kriminal-Untersuchungs-Departements in Cose Bazar, Chittagong, interniert worden.

Pioneer Mail.

Das Pabna-Dakoity.

Ashutosh Lahiri aus der Magister Artium-Klasse der Kalkutta-Universität wurde gestern abend der Teilnahme an dem Pabna-Dakoity verdächtigt, in Bogra verhaftet.

Das ist die sechste Verhaftung in diesem Fall.

Polizeiliche Haussuchungen.

Am 24. April morgens wurden auf Sonderbefehl des Distriktsrichters die Häuser Rash Behari Sukuls, eines Angestellten des Preßbureaus der Kriminal-Untersuchungs-Abteilung, und des Mahadav Bhatt in Allahabad von der Polizei durchsucht.

Am selben Tage wurden in Cawnpur 5 Häuser von der Ortspolizei unter Mitwirkung von Beamten der Kriminal-Untersuchungs-Abteilung durchsucht. Die durchsuchten Häuser waren bewohnt: 1. von dem Redakteur des „Pratap", 2. dem Besitzer der Zeitung „Pratap", 3. der „Pratap"-Druckerei, 4. einem Studierenden und einem Lehrer einer Ortsschule, sowie dem früheren Redakteur eines eingegangenen Blattes.

Indiaman.

Warnung an Gemeindevorsteher.

Bei einer öffentlichen Versammlung in Muzaffargarh erklärte der Regierungskommissar Halifax den Gemeindevorstehern und den Dorfältesten, daß sie für Unruhen in ihren Dörfern verantwortlich gemacht werden würden. Er teilte ihnen mit, daß im Muzaffargarh-Distrikt 1600, im Jhang-Distrikt über 400 und im Mattan-Distrikt ungefähr 200 Verhaftungen vorgenommen werden mußten. Der Sondergerichtshof würde am 29. April in Multan zusammentreten und mit der Verhandlung dieser Fälle beginnen.

Indiaman.

4. Juni. **Einige merkwürdige Briefe im Singapur-Hochverratsprozeß.**

28. Mai.

Im Laufe der Verhandlung verlas der Staatsanwalt Sir Evelyn Ellis ein merkwürdiges, den Angeklagten belastendes Schreiben. Der Brief soll von dem Angeklagten an seinen Sohn zur Beförderung an den türkischen Konsul in Rangun mit einem Begleitschreiben gesandt worden sein. Er lautet: „Hier ist ein Brief für Ahmed Madani beigefügt, den Du lesen kannst und wenn Du es für ratsam hältst, dann sende ihn in einem Umschlag mit englischer Adresse durch die Post. Du solltest ihn nicht persönlich überreichen. Dieser Ahmed Madani ist türkischer Konsul; oder wer ist Konsul? — Das hiesige Regiment ist aufsässig geworden. Es ist selbst zur Meuterei bereit. Darum laß unsere Namen nicht bekannt werden. Handle heimlich und schütze Dich.

Der erwähnte Brief ist augenscheinlich von 2 Mann vom Regiment der Malay States Guides unterschrieben.

Ahmed Madani sollte imstande sein, an den türkischen Konsul in Bombay oder direkt nach Konstantinopel zu schreiben, daß die Sendung eines Kriegsschiffes nach Singapur versucht werde. Der Leiter der deutschen Firma Behn, Mayer & Co. war türkischer Konsul in Singapur; aber alle Deutschen sind dort jetzt verhaftet und auf dem Hügel gegenüber Singapur untergebracht. Sie sind also hilflos."

Pioneer Mail.

Dakoity in Multan.

31. Mai.

Ein Zeuge in dem Prozeß des Überfalls von Lohabhir, der jetzt vor dem Sondertribunal in Multan verhandelt wird, sagte bei der Vernehmung: Ich habe von politischen Überfällen im westlichen Pandschab gehört. Die dort benutzten Feuerwaffen und Bomben wurden gekauft, und das Geld wurde von reichen Leuten für die Propaganda erpreßt. Es waren alles politische Überfälle.

Pioneer Mail.

Der Sondergerichtshof von Barisal.

31. Mai.

Man erfährt aus Barisal, daß die Regierung von Bengalen den Befehl zur Errichtung eines Sondergerichtshofes unter dem Gesetz für die Verteidigung

Indiens gegeben hat, vor dem die im Distrikt Backerganj vorkommenden Dakoities verhandelt werden sollen.

Pioneer Mail.

Die Tätigkeit der Sondergerichtshöfe.

Die Verhandlungen vor dem Sondergericht in Multan und Lahor verdienen fortlaufend die allergrößte Beachtung. Als die Post abging, wurde in Multan der zweite von den 17 anstehenden Prozessen verhandelt.

Indiaman.

Wichtigkeit der Verschwörung von Lahor.

Zwei Punkte in der Lahor-Verschwörung verdienen besondere Beachtung. Der erste ist, daß 2 Unteroffiziere und 2 Soldaten vom Kriegsgericht in Mirat zum Tode verurteilt und erschossen sind, weil sie die Verschwörung gegen den Staat nicht gemeldet haben. — Beim zweiten Punkt handelt es sich um die Berichterstattung über die Verhandlungen in Lahor. Die in der Verhandlung zutage geförderten Tatsachen sind derart, daß die Veröffentlichung von ausführlichen Berichten unklug und gefährlich sein würde.

Indiaman.

Ausdehnung des Verteidigungsgesetzes.

Reuters Berichterstatter telegraphiert unterm 31. Mai aus Kalkutta, daß die Regierung die Ausdehnung des Indischen Verteidigungsgesetzes auf den Backergunge-Distrikt in Ostbengalen, wo seit einigen Monaten mohammedanische Banden ihr Wesen treiben, angeordnet hat.

Indiaman.

Dakoities in Ostbengalen.

Während der ersten 3 Wochen des April sind im Backergunge-Distrikt allein nicht weniger als 22 schwere Dakoities und in den letzten 3½ Monaten etwa 85 solcher Überfälle verübt worden.

Indiaman.

Dakoity in Birma.

Dakoities durch bewaffnete Banden werden weiter in Birma ausgeführt, und trotz aller Bemühungen der Polizei haben die Dakoities nichts von ihrer Verwegenheit eingebüßt.

Indiaman.

Gedanken über die Lage in Indien.

Der „Pioneer“ bemerkt nach dem „Indiaman“ vom 4. Juni: Ausbrüche von Gesetzlosigkeit, die die Polizei nicht voraussehen und nicht verhindern kann, sind unglücklicherweise an der Tagesordnung. Die bewaffneten Banden müssen um jeden Preis vernichtet werden....... Sie sind sehr zahlreich geworden und müssen sicher aus Hunderten von Leuten bestehen...... Ihre Unternehmungen scheinen sich nicht verringern zu wollen....... Wenn irgendeine Besserung bemerkbar geworden wäre, dann hätte wahrscheinlich das ordentliche Gericht ausgereicht; aber die Dinge sind schlimmer statt besser geworden. Die Zeit des Abwartens ist jetzt vorbei.

Indiaman.

11. Juni.

Die Verhandlung gegen bewaffnete zurückgekehrte Emigranten.

Die Verhandlung gegen die Rückwanderer, die sich im Besitz von Waffen befanden und seiner Zeit in Gurdaspur aufgespürt wurden, ist jetzt abgeschlossen. Wie erinnerlich, ergaben die polizeilichen Nachforschungen, daß die Leute 2 Dakoities in Srigobindpur verübt hatten. Die Mitglieder der Bande sind unter dem Waffengesetz zu Gefängnisstrafen von 3 bis 7 Jahren und zu 7 bis 21 Jahren unter Sektion 397 I. P. C. verurteilt worden.

Pioneer Mail.

Hilflosigkeit der Polizei in der Verhinderung von Dakoities.

Die Dakoities dauern an. Die Polizei scheint hilflos zu sein. Die Verbrecher, welche die politischen Überfälle in Nadia, Palena und Faridpur ausgeführt hatten, setzten später über den Padwa-Fluß und marschierten auf das Dorf Palni, wo sie ein weiteres Dakoity verüben wollten. Die Polizei trat ihnen jedoch hier entgegen, und ein Kampf entspann sich. Beide Parteien waren mit Gewehren und Mauserpistolen bewaffnet. Drei Polizisten wurden verwundet, und einer der Räuber wurde erschossen.

Indiaman.

18. Juni.

Ansprache des Leutnant-Governor.

In einer Ansprache gab Sir Michael O'Dwyer einen Überblick über die geleistete Arbeit und teilte mit, daß 400 Dakoits bereits abgeurteilt worden sind.... Die große Anzahl der Verurteilten beweist den Ernst der Lage. Die Zustände sind derartig, daß sie tatsächlich einer Rebellion gleich kommen.

Indiaman.

Angriff auf einen Militärposten.

Der Berichterstatter der „Morning Post" teilt mit, daß am Sonnabend in dem Amritzar-Distrikt des Pandschab ein schwerer Überfall auf die militärische Brückenwache bei Amritzar durch eine Bande von 40 Mann verübt wurde. 1 Posten wurde erschossen, 2 wurden verwundet und 1 Unteroffizier wird vermißt. Die Dakoits nahmen 6 Gewehre und Bajonette und etwas Munition und entkamen nach dem Staate Kapurthala.

Indiaman.

Sondergerichtshof in Bengalen.

12. Juni.

Sondergerichtshöfe sind in Dakka, Chittagong, Rajshahi, Bardwan und für den Bezirk der Hauptstadt errichtet, vor denen Prozesse unter Sektion 4 des Verteidigungsgesetzes verhandelt werden sollen.

Pioneer Mail.

Ein politisch Verdächtiger interniert.

11. Juni.

Der politisch verdächtige Rabindra Nath Sen aus Jamalpur im Meimensingh-Distrikt ist unter dem Verteidigungsgesetz in Midnapur interniert. Vor einiger Zeit war ihm vom Richter von Jamalpur unter Sektion 109 C. P. C. die Zahlung einer Sicherheit für Wohlverhalten auferlegt.

Pioneer Mail.

Eine weitere Internierung.

Einem Dakka-Bericht zufolge ist Hem Chandra Ghose alias Dona in seinem Hause in Goya in Barisal interniert worden.

Pioneer Mail.

25. Juni.

Noch eine Internierung.

22. Juni.

Mani Bhusan Ghose, einer der im Burigram-Dakoity-Prozeß Freigesprochenen, ist durch Verordnung der Regierung von Bengalen unter dem Verteidigungsgesetz im Stadtbezirk von Satkhira im Distrikt der 24 Parganas interniert worden.

Pioneer Mail.

Beschlagnahme von Waffen.

Eine wichtige Bestätigung der Zeugenaussagen im Sondergerichtshof von Lahor, betreffend die Absichten der Führer der Verschwörung, Waffen nach Indien einzuführen, wurde durch einen Beamten des Zollamtes von Kalkutta erbracht. Er berichtet über die Ankunft von 2 Sendungen an einen K. Ram, die mit einem japanischen Dampfer eintrafen. Sie wurden Ende März beschlagnahmt, nach Delhi weitergesandt und in Gegenwart des General-Direktors der Kriminal-Untersuchungs-Abteilung geöffnet. Man fand darin Gewehre, 1500 Gewehrpatronen, etwas Revolvermunition, Zangen, Patronengürtel und andere Werkzeuge derselben Art, wie die in den verübten und geplanten Raubüberfällen verwendeten.

Aussage von Offizieren über die Verhaftung Pingleys.

Zwei Offiziere berichteten Einzelheiten über die Verhaftung des Angeklagten Pingley in Mirat. Seine Wohnung war ein regelrechtes Anarchisten-Arsenal.

Es ist bis jetzt noch nicht klar, ob diese Verschwörung im Zusammenhang mit der Singapur-Meuterei steht. Aber Verrat war im Spiele, und der Verräter wurde vom Kriegsgericht zum Tode verurteilt und gehängt.

Indiaman.

Regierungsmaßnahmen zur Verhaftung von Nationalisten.

.... Wir berichten inzwischen mit Befriedigung, daß die Regierung von Bengalen sich endlich der gesetzlichen Befugnisse, die ihr das Verteidigungsgesetz gibt, gegen die Nationalisten bedient. Sechs Nationalisten sind interniert worden.

Indiaman.

Gesetzlosigkeit in Multan.

Es ist wahrscheinlich, daß in der Multangegend Gesetzlosigkeiten nicht vorgekommen wären, wenn sich nicht Zweifel an die Macht der britischen Regierung unter dem Volke verbreitet hätten. Gerüchte, versteckte Notizen in den Zeitungen, vielleicht Erzählungen übelwollender Leute, die die Empörung durch die Worte: „Die Deutschen kämpfen" entfachen wollten, haben zur Erweckung dieser Stimmung beigetragen. Man wird nicht sagen können, daß die Geldverleiher jemals absichtlich derartige Gerüchte verbreitet haben, aber sie haben nichts getan, um die Unwissenden zu belehren. Im Gegenteil haben sie ihnen durch die Einwechselung ihres Papiergeldes in Silber den Eindruck erweckt, daß sie sich auf irgend etwas Ungewöhnliches vorbereiten. Auf diese Weise verbreitete sich das Gerücht, daß die Deutschen im Anzuge seien.

Voll von Rachedurst und in der Annahme, daß die Regierung nicht mehr die alte Stärke habe, glaubten die Leute die ersehnte Gelegenheit gekommen. Zuerst begannen die Bauern und die Arbeiter in Ahmedpur mit der Verübung von Dakoities. Nach den Dakoities in Ahmedpur wurden in einem verhältnismäßig kleinen Gebiet in schneller Folge 15 weitere verübt. Selbstverständlich war die Polizei diesen unerwarteten Ausbrüchen der Volksleidenschaft gegenüber machtlos. Ihre Reserven waren zeitweise zur Niederhaltung von Unruhen durch die zurückgekehrten Sikh Emigranten im Zentrum der Provinz nach dort verlegt. Nach dem Durchmarsch einer Territorialabteilung durch die südwestlichen Teile der unruhigen Gebiete hörten die Überfälle auf.

Indiaman.

Dakoity in Tipperah.

18. Juni.

Ein schwerer Überfall ist neulich im Gerichtsbezirk der Sarail-Polizeistation im Tipperah-Distrikt verübt. Die Bande bestand aus etwa zwei Dutzend jungen Bengalis der besseren Stände, die sich maskiert hatten und mit Pistolen und anderen Waffen ausgerüstet waren.

Pioneer Mail.

Außerordentliche Anzahl von Dakoities.

Ein amtlicher Bericht zeigt, daß im April 1915 schwere Dakoities in Bengalen verübt wurden. An der Spitze steht der Backergunge-Distrikt mit 45 Fällen, Midnapur weist 19, die 24 Pargannahe weisen 15 und die anderen Distrikte zusammen 37 Fälle auf.

Indiaman.

10. Juli.

Beschlagnahme von Aufruhrschriften.

7. Juli.

Die beiden Flugschriften „Swadhin Bharat" (Freies Indien) in Bengali und „Liberty arise and stop not till the goal is reached" (Freiheit stehe auf! Halte nicht, bis das Ziel erreicht) in englischer Sprache sind beschlagnahmt worden.

Pioneer Mail.

Zeitungsverbot in Ceylon.

7. Juli.

Die Kolonialregierung von Ceylon hat die Zeitung der Buddhisten-Gesellschaft „Sarasabi Sandaresa" bis auf weiteres verboten. Das Verbot ist unter dem Kriegsrecht erlassen.

Pioneer Mail.

Wieder ein Dakoity.

2. Juli.

Elf Verhaftungen wurden neulich in Verbindung mit dem Dakoity an der Ghazipur-Grenze des Backergunge-Distriktes vorgenommen. Die Verhafteten wurden unter starker Polizeibedeckung nach Barisal gebracht.

Pioneer Mail.

17. Juli.

Angriff auf einen Eisenbahnzug.

9. Juli.

Am 8. Juli wurde ein Angriff auf den Waltair-Schnellzug auf der Madrasstrecke unternommen. Ein gleicher Versuch wird vom 9. Juli gegen den Bombay-Eilzug auf der Bengal-Nagpur-Eisenbahn gemeldet.

Pioneer Mail.

Die Jhannsi-Morde.

Wir haben folgenden Bericht über die Mordtaten in Jhannsi erhalten:

Major Gale von der 8. Kavallerie und Oberleutnant Courtnay von der Indischen Reserve-Armee besichtigten am 28. Juni 8 Uhr morgens die Ställe in den Baracken der 5. Trupp Kavallerie. Während der Besichtigung wurden sie von 2 Reitern des Regiments, von denen der eine mit einem einläufigen 544 Snider-Gewehr und der andere nur mit einem Säbel bewaffnet war, angegriffen. Die beiden Soldaten kamen aus dem Moradabad-Distrikt. Der ältere, Mohammad Jan, ist Stellvertretender Gefreiter und der jüngere, Mohammad Siddiq, ist Kavallerist. Augenscheinlich neigten diese beiden Leute schon früher zu Fanatismus und hielten sich infolgedessen von den Kameraden fern. Major Gale hatte bereits eine Abteilung besichtigt und wollte eben zu einer anderen weitergehen, als die beiden aus ihrem Aufenthaltsort hervorstürzten und Mohammed Siddiq von hinten einen Schuß auf ihn abgab, der ihn auf der Stelle tötete. Oberleutnant Courtnay, der an seiner Seite ging, versuchte, den auf ihn losstürzenden Soldaten zu entkommen. Er stürzte jedoch zu Boden und wurde von den beiden derart verletzt, daß er am selben Abend starb. Danach stürmten die Mörder nach der Offiziersmesse, um den Obersten Chaplin niederzuschießen, verfehlten jedoch um wenige Zoll ihr Ziel. Von hier gingen sie zu den Artilleriebaracken und begegneten unterwegs dem Regimentsadjutanten, Captein Hudson. Siddiq feuerte auf ihn und verwundete ihn leicht an der Seite. In der Nähe des Pferdelazaretts trafen sie auf einen Bombardier und einen Sergeanten der 79. Batterie (Engländer), erschossen den Bombardier und verwundeten den Sergeanten. Von hier liefen sie nach dem Geschäftszimmer des Brigadestabes, wo sie in dem Augenblick ankamen, als Captein Cooper von den Stations-Stabsoffizieren der Royal West Kents vor ihnen in den Weg einbog; er erhielt einen Rückenschuß und starb augenblicklich. Während der Zeit hatten Oberst Chaplin und Captein Kay sich mit Gewehren bewaffnet und kamen mit einer Anzahl von Offizieren und Mannschaften des Regiments an; gleichzeitig erschienen einige Artilleristen. Alle eröffneten Feuer auf die Mörder und erschossen sie auf der Stelle. Soweit feststellbar, war das Verbrechen der Ausfluß reinen Fanatismus.

Pioneer Mail.

Ausgesetzte Belohnung.

12. Juli.

In Sachen der Singapur-Meuterei! Eine Belohnung von 4000 Mark wird für die Verhaftung und eine solche von 1000 Mark für zweckdienliche Angaben in Sachen des Korporals Osman Khan, der von den Malay States Guides desertierte, ausgesetzt. Der Gesuchte war einer der Vertrauten Mansurs und ein Führer der Singapur-Meuterei. Möglicherweise ist er nach Birma entkommen.

Pioneer Mail.

Internierung eines Predigers.

Dem Pandit Munshi Ram, einem Prediger des Arya Samaj, ist der Aufenthalt, das Predigen und Arbeiten für Zeitungen im Lahor- und Amritzar-Distrikt verboten.

Pioneer Mail.

Die Tumulte in Ceylon.

15. Juli.

Das Kriegsgericht in Kandy, daß am 2. und 3. ds. Monats über die Tumulte der letzten Zeit verhandelte, hat den Rechtsanwalt Rasapaks zu lebenslänglicher Zuchthausstrafe wegen Hochverrats und Zerstörung von Häusern und Läden während des Aufruhrs verurteilt.

4 andere Angeklagte wurden wegen Hochverrats und Sachbeschädigung zu 14 Jahren Zuchthaus verurteilt.

Am 10. Juli wurde im Wilikuda-Gefängnis in Kolombo das Todesurteil an 6 Angeklagten vollstreckt. Einer wurde erschossen, die übrigen gehängt.

Pioneer Mail.

24. Juli.

Versuchte Beschädigung der Festungsgeschütze in Delhi.

Am 30. Juni wurde im Fort von Delhi Shri Kischun alias Lachman aus Sabbalpur bei dem Versuch, die dortigen Geschütze zu beschädigen, verhaftet. Er wurde vom assistierenden Distrikt-Richter am Sonnabend unter Sektion 380 und 451 I. P. C. zu 4 Jahren Zuchthaus verurteilt.

Pioneer Mail.

7. August.

Verhaftung von politisch Verdächtigen.

4. August.

Der politisch Verdächtige, Bepin Behari Ganguli aus Halisahor im Alipur-Distrikt, wurde neulich in Agarpara verhaftet, weil er im Besitze eines Revolvers war. Sein Name wurde in Verbindung mit politischen Verbrechen der letzten Zeit erwähnt. — Ein anderer politisch Verdächtiger, Purna Chandra Chakravarti, wurde neulich in Dakka verhaftet.

Pioneer Mail.

14. August.

Sicherheitsleistung unter dem Preßgesetz.

Pandit Madan Mohan Malawiya wurde auf Grund des Preßgesetzes verurteilt, eine Sicherheit von 2500 Rupies zu hinterlegen. Er ist der Leiter der Abhudadya-Druckerei, in der die Hindi-Monatsschrift „Maryada", die englische Monatsschrift „Crucible" und die Zeitung „Abhudaya" gedruckt werden.

Pioneer Mail.

Ermordung eines Belastungszeugen.

Aus dem Amritzar-Distrikt wird die Ermordung des Geldverleihers Kapur Singh, der neulich in einem Verschwörungsprozeß als Belastungszeuge vor dem Sondergerichtshof von Lahor auftrat, gemeldet. Nach späteren Nachrichten scheint es sich um einen Racheakt wegen einer den Behörden gemachten Anzeige in Sachen des Aufruhrs vom vorigen Dezember durch einen der Beteiligten zu handeln.

Pioneer Mail.

Verhaftung eines politisch Verdächtigen.

9. August.

Unter Sektion 109 C. P. C. ist ein Verfahren vom Obersten Richter von Dakka gegen Purn Chakravart, einem lange Zeit unauffindbar gewesenen politisch Verdächtigen, eingeleitet. Er wurde neulich in Purana Paltan verhaftet und konnte sich nicht genügend ausweisen.

Pioneer Mail.

Verurteilung eines Rechtsanwalts.

Der Richter von Khulna hat den Rechtsanwalt Nagendra Nath Sen unter Sektion 19 (F) des indischen Waffengesetzes wegen unerlaubten Besitzes einer Waffe zu einer Geldstrafe von 100 Rupies verurteilt.

Pioneer Mail.

Hinrichtung von Terroristen.

Vier von den wegen des Mordes an der Amritzar-Brücke Verurteilten, Atma Singh, Harnam Singh, Kala Singh und Chandan Singh wurden am 6. d. M. und ein fünfter am 12. im Zentral-Gefängnis von Lahor hingerichtet. Sie waren von dem Sondergericht verurteilt worden.

Pioneer Mail.

21. August.

Gesetzlosigkeit in Bengalen.

19. August.

Der Sikh Narayan Das, der vor einiger Zeit aus Hongkong zurückgekehrt war, ist auf Befehl der Regierung von Bengalen unter dem indischen Verteidigungsgesetz interniert worden. —

In Verbindung mit den Dakoities der letzten Zeit in Ostbengalen, besonders in Barisal, ist die Kriminal-Untersuchungs-Abteilung von Bengalen eifrig bemüht, die Angeklagten zu verhaften. Es werden 47 Personen gesucht, von denen 16 bereits in verschiedenen Teilen Bengalens verhaftet worden sind.

Am 18. August wurde in Kalkutta ein Mann mit Namen Chakravarti verhaftet. Bei der Durchsuchung seines Hauses fand die Polizei, wie uns berichtet wird, 6 Revolver, die der Verhaftete angeblich von einem Europäer gekauft hat, der von einer hiesigen Firma 17 Revolver erstanden und sie an Bengalis wiederverkauft haben soll.

Pioneer Mail.

Die Dakoities von Barisal.

14. August.

Ein Bericht aus Barisal vom 12. August meldet, daß die Zahl der Dakoities noch immer nicht abnimmt und daher besondere Maßnahmen zu ihrer Unterdrückung getroffen werden sollen. Der Sondergerichtshof verhandelt die einzelnen Fälle so schnell wie möglich. Zur Aburteilung von gewalttätigen Personen wird jetzt die Sektion 110 des I. P. C. herangezogen. — In 30 Orten des Distrikts sind bereits 120 Fälle untersucht und Verfahren eingeleitet worden. Von 700 Verdächtigen sind 500 verhaftet und in Untersuchungshaft genommen worden.

Pioneer Mail.

Beschlagnahme einer Broschüre.

Eine Urdu-Broschüre unter dem Titel „Wa ma alaena illa al-Bàlag" (Meine Aufgabe ist nur Nachrichtenverbreitung) wurde beschlagnahmt, weil sie Worte enthält, die fälschlich S. Majestät des Angriffes auf die muhammedanische Religion anklagen.

Pioneer Mail.

Internierung eines Studenten.

19. August.

Ein Student von Sialkot, Mitglied der Khuddam-i-Kaaba-Gesellschaft, wurde in Parachinar interniert. Er war einer der mohammedanischen jungen Leute, die an die (Nordwest)-Grenze gehen wollten, von den Behörden aber festgehalten wurden.

Pioneer Mail.

Einziehung einer Kaution.

Nach dem Verfall einer Kaution von 2000 Rupies, die von der Zeitung „Arya Muzafir" gestellt worden war, ordnete die Regierung die Hinterlegung einer weiteren Kaution von 4000 Rupies an, was die Schließung der Druckerei zur Folge hatte.

Pioneer Mail.

Gefängnisstrafe für einen reichen Grundbesitzer.

Einem reichen Großgrundbesitzer von Munshiganj ist unter Sektion 110 C. P. C. die Hinterlegung einer Sicherheitssumme von 20000 Rupies in 5 Teilen von je 4000 Rupies für Wohlverhalten auferlegt worden. Infolge der Nichtbeibringung ist der Angeklagte in Haft genommen.

Pioneer Mail.

28. August. **Kriegsgericht in Lahor.**

20. August.

Heute wurde gegen 18 Mann des 23. Kavallerie-Regiments wegen versuchter Meuterei und Verschwörung gegen die Regierung von Britisch-Indien eine Kriegsgerichtssitzung abgehalten. — Im Lahor-Verschwörungsprozeß ist des öfteren erwähnt, daß die Verschwörer versucht haben, Empörung unter den Mannschaften dieses Regiments, das in Lahor stand, zu erregen. Es heißt jetzt, daß einige der Verschwörer sogar in das Regiment eingetreten sind.

Pioneer Mail.

Urteil gegen einen Nationalistenführer in Ceylon.

In Sachen des Ceylon-Aufruhrs. — Hewawitaraka, ein reicher Buddhist, Teilhaber eines der größten Möbelgeschäfte in Kolombo, ist wegen Hochverrats von einem Kriegsgericht zu lebenslänglicher Zuchthausstrafe verurteilt. Er ist der Bruder des bekannten Anagarika Dharmapala, dessen Haus in Kalkutta vor einiger Zeit polizeilich durchsucht wurde.

Pioneer Mail.

Verfahren unter dem Preßgesetz.

25. August.

Am 25. August wurde vor dem Polizeigericht auf der Esplanade in Bombay unter Vorsitz des Obersten Richters der Hauptstadt gegen Gajanan Krishna Desai, den Besitzer der Durga Presse in Chandanwadi und Herausgeber des Mahratti-Blattes „Vinod", verhandelt. Der Vorgeladene wurde aufgefordert, sich zu rechtfertigen und die Gründe, weswegen er gegen die unter dem Preßgesetz von 1910 in Aussicht genommene Auferlegung einer Sicherheit protestiere, darzulegen. Die Anklage behauptete, daß der „Vinod" im Juli verschiedene politisch anstößige Bemerkungen gebracht hat, trotzdem Desai in seiner ursprünglich hinterlegten Druckerklärung angegeben hatte, daß das Blatt nur Witze bringen würde.

Der Richter verurteilte den Angeklagten zur Hinterlegung einer Sicherheit von 1000 Rupies für das Blatt „Vinod" und einer solchen von 1000 Rupies für die Durga-Druckerei.

Pioneer Mail.

Verhaftung von Aufrührern.

24. August.

In letzter Zeit sind verschiedene Aufrührer indischer Nationalität in Maymyo in Ober-Birma verhaftet worden. Einer wurde von 2 Sikhs festgenommen, als er zu ihnen von Aufruhr sprach. Er war bewaffnet und führte Aufruhrschriften und Gold bei sich.

Ein anderer, der angeblich kürzlich von Amerika zurückgekehrt ist, wurde in Mandalay festgenommen. Er war mit geladenen automatischen Pistolen bewaffnet und versuchte den Polizeisuperintendenten Whittingstal bei der Verhaftung zu erschießen. Man fand bei ihm einen ausgearbeiteten Reiseplan für den Besuch verschiedener Orte, über die Einzelheiten angegeben waren. Auch er führte Gold bei sich.

Pioneer Mail.

Verhaftung eines politisch Verdächtigen.

25. August.

Ein politisch Verdächtiger, Ashutosh Rai, B. A., wurde von einem Beamten der Kriminal-Untersuchungs-Abteilung veranlaßt, nach der Dorasouko-Polizeistation zu kommen, wo er durchsucht und darauf verhaftet wurde. Nach den Berichten sind Schriftstücke mit Namen und Adressen von Studenten sowie Aufruhrschriften bei ihm gefunden worden.

Pioneer Mail.

Internierung eines freigesprochenen Revolutionärs.

Mehta Mand Kishore Yhowas, der im Lahorprozeß freigesprochen war, ist unter dem Verteidigungsgesetz interniert worden.

Pioneer Mail.

Todesurteil gegen Rebellen in Birma.

19. August.

Vier Angeklagte in Sachen der Watwang-Rebellion, die besonders an dem Aufstande im Putach-Distrikt beteiligt waren, sind zum Tode verurteilt.

Pioneer Mail.

Beamtenmorde.

Aus dem Dorfe Agarpara, 8 engl. Meilen von Kalkutta, wird die Ermordung eines Bengali-Stadtkommissars und zweier Polizisten gemeldet. Es heißt, ein junger Bengali habe den ersteren erschossen, und als ihn die beiden Polizisten bei dem Besteigen des Autos festnehmen wollte, die Waffe gegen diese gerichtet. Der Ermordete soll der Hauptzeuge in einem Straßenraubprozeß, der in Barrackpur schwebt, gewesen sein.

3. September. **Maßnahmen der holländischen Regierung gegen die indischen Nationalisten.**

In einer Drahtmeldung aus dem Haag an die Sumatra-Post heißt es, daß die Regierung von Niederländisch-Indien Maßnahmen getroffen hat, um zu verhindern, daß die holländischen Kolonien als Mittelpunkt einer revolutionären Propaganda gegen das „befreundete England" benutzt werden.

Straits Budget.

Verhaftung eines indischen Nationalisten durch die holländische Regierung.

Sorabaya, 26. August.

Ein britisch-indischer Untertan, A. Selaman, angeblich ein Anarchist, wurde in Batavia unter dem Verdacht, Propaganda gegen die englische Regierung versucht zu haben, verhaftet. Das Gericht stellte dem Angeklagten frei, zwischen Landesverweisung oder Verbannung nach Koepang zu wählen. Der Angeklagte wählt das letztere und wurde mit einem Regierungsschiff nach Koepang gebracht.

Straits Budget.

4. September. **Verhaftung von politisch Verdächtigen.**

27. August.

Am 27. August wurde ein Internierungsbefehl gegen Makhan Datt Sen, einen unter Polizeiaufsicht stehenden politisch Verdächtigen, erlassen. Als Aufenthalt ist ihm Jeknak in Chittagong-Distrikt angewiesen. Er hat sich dort am 30. d. M. bei dem Polizeisuperintendenten zu melden. — Ferner haben 2 weitere Verdächtige Internierungsbefehle am 24. erhalten.

Am 29. wurden auf der Eisenbahnstation Howrah 2 politisch Verdächtige, Indra Nath Nandi und S. N. Nandi, verhaftet. Der erstere wurde nach Feststellung der Personalien gegen eine Kaution von 50 Rupies freigelassen.

Pioneer Mail.

Verhaftung eines weiteren Revolutionärs.

28. August.

Nach einem Dakkabericht vom 28. August wurde Chni Laal Chakravarti, der nach Jessore gesandt war, um das Volk gegen die Regierung aufzuhetzen, verhaftet. Er hatte versucht, sich mit den Studenten des Ortes anzufreunden und soll vor etwa einem Monat einige hundert Flugblätter revolutionären Inhalts an Regierungs- und Privathäuser angeklebt haben.

Pioneer Mail.

Aufruhrversuch.

Der Militärrichter von Fyzabad hat Harnam Singh von Pantiala, einen pensionierten Havildar vom 9. Bhopal-Infanterie-Regiment, der zur Zeit der Verhaftung Regimentslieferant auf dem Bazar von Fyzabad war, zur Aburteilung dem Schwurgericht überwiesen. Er ist unter Sektion (2) A und 123 des Strafgesetzbuches angeklagt.

Ein gewisser Sucha Singh, dessen Vater bei seinem Regiment in Frankreich dient, reiste im Februar nach Ludhiana, um Anhänger für die Verschwörung gegen die Regierung im Pandschab anzuwerben. Nachdem er Mirat, Benares und andere Orte besucht hatte, kam er nach Fyzabad und versuchte, Harnam als Anhänger für die Verschwörung zu gewinnen. Er hoffte, durch ihn auch weitere Mitglieder aus den Mannschaften des Regimentsdepots in Fyzabad zu werben. Später übersandte er ihm durch einen jungen Menschen, Sudjan Singh, ein Paket Aufruhrschriften und eine Revolutionsflagge (rot-blau-gelb) und teilte ihm gleichzeitig mit, daß der Aufstand demnächst ausbrechen würde, und daß er dann die Flagge erheben solle.

Die Anklage legt Harnam Singh zur Last, nicht nur die Anzeige über die Verschwörung unterlassen zu haben, wozu er nach Sektion 44 der Strafprozeßordnung verpflichtet gewesen sei, sondern der Aufforderung Sucha Singh's Folge geleistet habe und der Verschwörung selbst beigetreten sei.

Pioneer Mail.

Eine weitere Internierung.

Metha Nand Kishore von Lahor ist durch Internierungsbefehl der Provinzial-Regierung Chaubara im Steuerbezirk Leiha des Distriktes Musaffargarh als Wohnsitz angewiesen worden.

Pioneer Mail.

Übertretung des Internierungsbefehls.

Der Distrikt-Richter von Sialkot hat einen Mann, namens Sher Singh, wegen Übertretung eines Internierungsbefehls bestraft, weil er einen Markt außerhalb seines vorgeschriebenen Bezirkes besucht hatte.

Pioneer Mail.

Der Aufstand an der Nordwestgrenze.

An der Nordwestgrenze des Buner-Gebietes wurde am Morgen des 26. August vom Rustam-Lager aus eine erfolgreiche Erkundung nach dem Ausgang des Ambeyla-Passes bei Sutwrkawi unternommen. Wir hatten nur 2 Verwundete. Von den Feinden wurden 34 getötet, darunter einige Hindustani-Fanatiker. Bei unserer Rückkehr zum Lager wurde kein feindlicher Verfolgungsversuch unternommen. Seit dieser Unternehmung verhalten sich die Bunerwals ruhig. Während der Nacht des 28./29. hat eine starke Streitmacht von Leuten des Swati-Stammes mehrere entschlossene Angriffe auf unsere Vorposten im unteren Swat-Tale bei Chakdara gemacht. Alle Angriffe wurden unter schweren Verlusten für den Feind abgeschlagen, während auf unserer Seite nur 3 Verwundete waren. Bei den Nahkämpfen wurden dem Feinde 2 Fahnen abgenommen. Am Morgen des 29. rückte eine unserer Abteilungen aus und griff den Feind, der die Feste Khar und den Eingang des Sawosai-Tales besetzt hielt, an. Die Feinde wurden zerstreut, wobei sie erhebliche Verluste erlitten, und die Feste Khar von einer Abteilung der Guides-Kavallerie vollständig niedergebrannt wurde.

Pioneer Mail.

Ein in Simla in der vorigen Woche ausgegebener kurzer Bericht meldete, daß eine englische Patrouille eine große Streitmacht der Bunerwals unter Verlust von 2 Toten unsererseits vertrieben habe.

Pioneer Mail.

11. September.

Weitere Grenzoperationen werden in dem nachfolgenden Bericht aus Simla gemeldet: Während der letzten Tage sind Nachrichten über die Ansammlung einer Mohmand-Streitmacht im unteren Gandab-Tal eingegangen. Am 5. September wurde ihre Stärke auf 10000 Mann geschätzt. Früh am Morgen desselben Tages rückte Generalmajor Campbell, der Führer der 1. Division, zum Angriff auf die Feste Hafiz Khar aus. Der Feind kämpfte mit Entschlossenheit, wurde jedoch an jedem Punkte unter schweren Verlusten zurückgetrieben und zog sich in die Berge zurück.

Pioneer Mail.

Weitere Internierung von Nationalisten.

8. und 9. September.

Die Nachrichtenstelle der Kriminal-Untersuchungs-Abteilung von Bengalen hat Nirmal Kanta Roy in Kalkutta einen Verbannungsbefehl zugestellt und ihn nach Dakka verwiesen.

Radhi Mohan Acharya ist in seinem Hause in Baliati interniert worden.

Bejoy Krishna Roy wurde unter dem Verteidigungsgesetz verhaftet und auf Regierungsbefehl interniert.

Pioneer Mail.

18. September. **Ein Grundbesitzer interniert.**

Priya Nath Roy, ein reicher Grundbesitzer von Meimensingh, ist in seinem Heimatdorf Dhanhal, Polizeibezirk Sari Sabari bei Meimensingh, interniert worden.

Pioneer Mail.

Verlegung des Verbannungsortes.

Ganeshi Lal Khasta und Lackhmi Narayan sind von Delhi zur Internierung nach Benares gebracht worden.

Pioneer Mail.

Bewaffnete Dakoits.

Eine Meldung vom 10. September aus Meimensingh besagt, daß am vergangenen Dienstag, abends 8 Uhr 50, 50 junge mit Revolvern bewaffnete Leute einen äußerst verwegenen Überfall im Chandra Kona Bazar verübten. Sie verlangten Gewehre, die ihnen ohne nennenswerten Widerstand überlassen wurden. Bisher hat man von den Dakoits keine Spur.

Pioneer Mail.

Schwierigkeiten eines Nationalisten.

Beim Obersten Gerichtshof wurde am 14. September ein Antrag auf Annahme einer Sicherheit für einen politisch Verdächtigen eingereicht. Es handelt sich um Dinesh Chandra Banerji aus Faridpur. Er wurde von der Polizei wegen schlechten Lebenswandel verfolgt, und der Richter von Madaripur verurteilte ihn zur Hinterlegung einer Sicherheit für Wohlverhalten. In der darauffolgenden Nacht wurde ein Dakoityversuch in Madaripur gemacht, und im Zusammenhange hiermit Dinesh unter verdächtigen Umständen verhaftet. Der Prozeß wurde jedoch niedergeschlagen, und 2 Brüder des Dinesh erklärten sich zur Übernahme der Bürgschaft für ihn bereit, die der Richter jedoch ablehnte. Der Distrikt-Richter wurde aufgefordert, die Gründe für die Ablehnung der Sicherheiten der beiden Brüder anzugeben.

Pioneer Mail.

25. September.

Besitz gestohlener Patronen.

Am 20. September wurde vor dem Polizeigericht von Howrah der junge Bengali Manmohan Das Gupta vernommen. Es waren am 12. d. M. bei ihm 926 Patronen für Mauserpistolen, die von der Firma Rodda & Co. gestohlen waren, gefunden worden.

Pioneer Mail.

Der Verschwörungsprozeß von Benares.

20. September.

Bimal Chandra Mukherji, B. A., ein Student aus Allahabad, wurde am Sonnabend von der Polizei verhaftet. — Bis jetzt sind im Benares-Verschwörungsprozeß 33 Personen angeklagt und 12 Verhaftungen vorgenommen worden.

Pioneer Mail.

Urteil unter dem Waffengesetz.

17. September.

Der Richter hat Narayan Singh unter Sektion 20 des Waffengesetzes zu 7 Jahren Gefängnis verurteilt. Der Verurteilte wurde seiner Zeit in Maymyo in Birma verhaftet, als er den Hilfspolizeisuperintendenten Whittingstall zu erschießen versuchte. Es wurden eine geladene Browningpistole und 144 Patronen bei ihm gefunden. Sein Genosse Jawan Singh wurde schon früher von 2 Sikhs der Derajyet-Gebirgsbatterie verhaftet, als er auf einer Straße in Maymyo revolutionäre Reden hielt.

Pioneer Mail.

Ein Druckereibesitzer verhaftet.

22. September.

Am 22. 9. hat der Richter von Kalkutta den Besitzer der Osmani-Druckerei, Sejjid Mohammed Osman, zu 2 Jahren Gefängnis verurteilt, weil er kleine aufreizende Landkarten in Hindi ohne Angabe der Druckerei hergestellt hatte. Einige dieser Blätter wurden auf dem Bahnhofe von Howrah verteilt, was zu einer Durchsuchung der Druckerei führte, wobei 990 Exemplare vorgefunden wurden.

1. Oktober. **Verhinderung der Anwerbung von Soldaten.**

Neulich wurde vor dem Richter von Tanjore ein interessanter Prozeß verhandelt, in dem Captein H. Worris eine Anklage gegen Doraisami Rajaperiyan von Oluvur wegen Störung eines Beamten in der Erfüllung seiner Pflichten vorbrachte. Der Tatbestand war folgender: Arunachala Rojaperiyan aus dem genannten Dorfe war im Mai als Soldat eingetreten und erhielt Heimurlaub, um seine kranke Mutter zu besuchen. Als er bei Ablauf des Urlaubs nicht wieder antrat, wurden 2 Rekrutierungsoffiziere abgesandt, um ihn zurückzubringen. Er war nicht im Dorfe und ist noch heute flüchtig. Doraisami Rajaperiyan ist den Offizieren entgegengetreten und hat ihnen gesagt, sie sollen nicht zur Rekrutenwerbung in das Dorf kommen, und ihnen mit Prügel gedroht, falls sie doch wiederkämen.

Indiaman.

2. Oktober. **Der Sondergerichtshof von Barisal.**

24. September.

Der Sondergerichtshof von Barisal hat am 23. September den 29. Dakoityfall aufgenommen, der im Dorfe Khalisankhali verübt wurde.

Am 24. wurde das Urteil im 28. Prozeß durch den Spezial-Kommissar wegen des Manshishpur-Überfalls gesprochen. Die Angeklagten Menajuddi und Gasri wurden zu je 5 Jahren Zuchthaus verurteilt.

Außerdem finden gegenwärtig beim selben Sondergericht auch die Vernehmungen im dreißigsten Dakoity-Prozeß — bekannt als „Boderpur"-Dakoity — statt, in dem die Angeklagten des Dakoity, des Aufruhrs und schwerer Körperverletzung beschuldigt werden.

Pioneer Mail.

Verbot der Veröffentlichung nichtamtlicher Kriegsnachrichten.

Durch einen Befehl unter dem indischen Verteidigungsgesetz wird dem Drucker und Herausgeber der Zeitung „Akhbar-i-Am" das Drucken und Veröffentlichen irgendwelcher Nachrichten über den Krieg, außer den durch den Staatssekretär oder Reuters Telegraphen-Bureau verbreiteten, verboten. Dieser Befehl wurde infolge einer Reihe von Artikeln in den Ausgaben vom 19., 20. und 21. August erlassen, in denen mit der Möglichkeit eines deutschen Einfalles in England gerechnet wurde.

Pioneer Mail.

Ausdehnung des Verteidigungsgesetzes.

Das indische Verteidigungsgesetz wird auf den Balassor-Distrikt von Bihar und Orissa ausgedehnt.

Pioneer Mail.

Verurteilung auf Grund des Waffengesetzes.

24. September.

Die von Hira Lal Bishwas eingelegte Berufung gegen seine Verurteilung zu 2 Jahren Gefängnis durch den Richter der Stadt Kalkutta wegen unerlaubten Besitzes einer Mauserpistole wurde vom Obersten Gerichtshofe am 24. September verworfen.

Pioneer Mail.

Die Lage im Pandschab.

25. September.

Der Leutnant-Governor des Pandschab, Sir Michael O'Dwyer, hielt in der Gesetzgebenden Körperschaft der Provinz am Sonnabend eine bedeutsame Ansprache: „Als ich das letzte Mal zu Ihnen sprach, war die revolutionäre Bewegung im Pandschab noch in der Entwicklung. Ihre Ausdehnung war damals selbst der Regierung nicht bekannt. . . . Die dann und wann erscheinenden Preßberichte werden Ihnen kaum das richtige Bild über den Ernst und die Größe unserer Aufgabe gegeben haben. Ich werde mir daher erlauben, Ihnen eine zusammenfassende Darlegung über die verschiedenen Verbrechen und die Ergebnisse der Untersuchungen zu geben" . . . . Der Präsident las dann die Urteile im Lahor-Verschwörungsprozeß auszugsweise vor und zeigte, wie weitverbreitet und ernst die Bewegung war, die zu den Unruhen im Pandschab geführt hat.

Er fuhr dann fort: „Es ist kaum nötig zu sagen, daß diese von November 1914 bis Juli 1915 über den ganzen mittleren Pandschab hin verübten Verbrechen, die auch jetzt noch keineswegs aufgehört haben, nicht zur Unruhe und Unsicherheit, sondern in vielen Fällen Schrecken und sogar Panik verbreiteten, und wenn nicht energische Maßnahmen dagegen ergriffen worden wären, so hätten sich, wie die Verschwörer beabsichtigten, in der ganzen Provinz Zustände gebildet, wie sie zur Zeit des großen Aufstandes (1857) herrschten, nämlich Ohnmacht der Obrigkeit, weitverbreiteter Terrorismus, Meutereien, Raub und Mord, nicht nur gegen Beamte der Regierung, sondern auch gegen regierungsfreundliche Untertanen. —

Sie werden vielleicht genaueres über die Rückwanderer aus Amerika zu erfahren wünschen. Alle Personen, die seit Ausbruch des Krieges aus Amerika und dem Fernen Osten, wo die revolutionäre Bewegung organisiert wurde, zurückgekehrt sind, werden im Landungshafen aufgefordert, sich bei der Polizeibehörde in Ludhiana zu melden. Es haben sich so im Ganzen etwa 6000 Personen gemeldet. Ihre Vergangenheit wurde möglichst festgestellt und danach ihre weitere Behandlung verfügt. Etwa 250 der gefährlichsten unter ihnen sind zeitweilig unter dem Einwanderungsgesetz als Zivilgefangene interniert, etwa 1700 ist ihr Heimatsort als Wohnsitz angewiesen worden, oder sie haben eine Sicherheit hinterlegen müssen, und ungefähr 4000 haben volle Bewegungsfreiheit behalten. Von diesen haben sich später einige als gefährliche Verschwörer erwiesen und sind teils bereits vom Arme des Gesetzes ergriffen worden, teils werden sie noch von der Polizei verfolgt.

Pioneer Mail.

8. Oktober. **Sondergerichtshof in Barisal.**

Vor dem Sondergerichtshof von Barisal haben die Verhandlungen in Sachen eines weiteren Dakoity begonnen. Den 3 Angeklagten wird Dakoity und Brandstiftung in Madhapura zur Last gelegt.

Indiaman.

Untersuchung politischer Vergehungen in Bengalen.

Die Polizei ist lebhaft mit Nachforschungen über politische Vergehen in den ländlichen Bezirken von Bengalen beschäftigt. Mehrere Verhaftungen unter verschiedenen Anklagen wurden vorgenommen.

Indiaman.

Diebstahl einer Patronenkiste.

Am 2. September wurden 50 Kisten Patronen auf einem Wagen von Dum Dum nach dem Hafen von Kalkutta zur Verladung nach Rangun gebracht. Bei dem Eintreffen des Wagens am Eingange zum Hafen gelang es 2 jungen Leuten, 3 Kisten wegzunehmen. Sie wurden bemerkt und verfolgt. Nach ihrer Verhaftung wurden sie dem Jugendgericht zur Aburteilung zugeführt.

Indiaman.

Summarisches Standgerichtsurteil.

Im August wurde in Dagshoi über 16 Kavalleristen, einen Gefreiten und einen Obergefreiten vom 23. Kavallerie-Regiment der Grenzarmee Kriegsgericht gehalten. Die Anklage lautete auf Verschwörung zur Herbeiführung einer Meuterei in einem Regiment, auf Anfertigung von Bomben im Zusammenhang damit, auf Zerschneidung von Telegraphendrähten und Abhalten von Versammlungen zur Besprechung der Pläne. 8 weitere wurden unter der Anklage vorgeführt, daß sie von der Verschwörung der Gadar-Partei zum Umsturz der Regierung gewußt und ihren Offizieren davon keine Meldung gemacht hatten.

17 der Angeklagten wurden der ersteren Anklage für schuldig befunden und zum Tode durch den Strang und der 18. unter der zweiten Anklage zu lebenslänglicher Verbannung nach den Andamanen verurteilt.

Indiaman.

Dakoity im Yhang-Distrikt.

Der Sonderrichter Keough hat seine Arbeit in Sachen der Dakoities im Yhang-Distrikt beendet. Es waren ursprünglich 490 Personen angeklagt. Von diesen wurden 301 verhaftet und 191 waren unauffindbar. Der Richter hat 24 Fälle zur Aburteilung gebracht.

Indiaman.

Rebellion in den Shan-Staaten.

4 Shans sind wegen Rebellion zum Tode verurteilt worden. Die Angeklagten hatten das Land Kachin unter Führung des ersten Angeklagten durchzogen und die Bewohner zur Rebellion aufgefordert. Ihr Versuch führte zur Zusammenrottung der Kachins bei Watwang, infolge deren ein Angriff auf das Verpflegungsmagazin von Shingpoi unternommen wurde. Dabei kam es zu einem Gefecht zwischen den durch die Angeklagten verführten Cagg Kachin-Rebellen und den indischen Truppen, von denen 4 verwundet wurden.

Indiaman.

Prozeß gegen Zeitungen in Ceylon.

Der Sondergerichtshof von Kolombo begann unter dem Vorsitz des Oberrichters die Verhandlung gegen die Redakteure von indischen Zeitungen, die wegen Aufruhr angeklagt sind.

Indiaman.

Die Ansprache des Vizekönigs.

1. Oktober.

Am 1. Oktober sagte der Vizekönig Lord Hardinge in einer Ansprache im Königlichen Gesetzgebenden Rat: „Ich bedaure mitteilen zu müssen, daß unsere Posten an der (Nordwest-) Grenze wiederholt von größeren Trupps unwissender und fanatischer Stämme aus dem Grenzgebiet angegriffen worden sind."

Die Frage der Verhinderung von Dakoities in Bengalen.

6. Oktober.

Hinsichtlich der Anregung einiger indischer Zeitungen, daß zur Unterdrückung der politischen Dakoities den Dorfbewohnern das Recht des Waffentragens verliehen werden sollte, sagt die Zeitung „The Englishman": „Der übliche Ruf nach Aufhebung des Waffengesetzes wird wieder laut, damit alle

Dorfbewohner Waffen besitzen können. Ein Augenblick Überlegung muß jedoch jeden überzeugen, daß es kein geeigneteres Mittel, als die Aufhebung des Waffengesetzes gibt, den Dakoits Waffen und Munition in die Hände zu liefern, so daß sie das Volk noch mehr als bisher würden terrorisieren können. Jetzt ist sicherlich nicht die Zeit, unter dem Volk Waffen zu verbreiten. . . . . Der Krishnagar-Überfall hat gezeigt, daß es noch eine große Menge von jungen Leuten gibt, die im Interesse ihres Landes interniert werden sollten.

Es ist besser, die Verdächtigen zu internieren, was ja nicht die geringste Härte für sie bedeutet, als daß sie die Freiheit behalten, Dakoities verüben und damit das ganze Land in Schrecken setzen."

Pioneer Mail.

9. Oktober. **Unerlaubtes Waffentragen in Französisch-Indien.**

5. Oktober.

Vor dem französischen Gerichtshof wurde neulich der Prozeß gegen Nar-esh Chandar Sen von Chandarnagore, in dessen Hause bei einer Haussuchung durch die französische Polizei einige Dolche und 2 Gewehre ohne Waffenschein gefunden wurden, verhandelt. Der Richter erklärte ihn für schuldig und verurteilte ihn zu einem Jahr Gefängnis und einer Geldstrafe von 500 Franken. Die Gefängnisstrafe ist ihm jedoch unter dem Gesetz über die Erstbestraften erlassen.

Pioneer Mail.

Berufung gegen ein Urteil unter dem Preßgesetz.

1. Oktober.

Am 1. Oktober vertrat Rechtsanwalt Mozumdar vor den Richtern Greaves und Walmsley eine Berufung des Besitzers der Afghan-Druckerei, Sayd Mohammed Osman, gegen das Urteil des Ersten Richters von Kalkutta, wonach er zu 2 Jahren Zuchthaus wegen Druckes einer Aufruhrschrift ohne Angabe der Druckerei und des Verfassers verurteilt war. — Die Richter ließen die Berufung gegen die Höhe des Strafmaßes zu.

Pioneer Mail.

Verurteilung unter dem Verteidigungsgesetz.

In Beantwortung einer Anfrage Dadabhoys legte Sir Reginald Craddock einen Bericht über die Maßnahmen unter dem indischen Verteidigungsgesetz vor. Der Bericht ergibt, daß 3239 angeklagt worden waren. Davon wurden 2738 während der Untersuchung entlassen, 83 freigesprochen und 206 verurteilt, während 212 Prozesse noch schweben.

Pioneer Mail.

Verhaftung von Revolutionären.

Harnam Singh, ein Sikh, wurde in Kalkutta wegen Teilnahme an der Lahorverschwörung verhaftet und gestern dem Richter als einer der seit längerer Zeit Gesuchten vorgeführt.

Pioneer Mail.

Verwegene Dakoity in Shibpur.

Wir haben einen aufsehenerregenden Bericht über einen Überfall im Dorfe Shibpur, im Birbhum-Distrikt, erhalten.

30 mit Gewehren bewaffnete Dakoits kamen am 29. um Mitternacht im Dorfe an. Die Eisenbahn-Telegraphendrähte waren bei Muragacha und Bhabta zerschnitten worden, um die Absendung von Nachrichten nach Krishnagar oder Bahrampur zu verhindern. Die Dakoits beschossen das Haus eines reichen Einwohners und zogen mit einer Beute von 126 000 Rupies nach einem aufregenden Kampfe mit den Dorfbewohnern ab. Während des Kampfes wurde von Schußwaffen ausgiebig Gebrauch gemacht.

Pioneer Mail.

Der Barisal-Sondergerichtshof.

Der Sondergerichtshof sprach das Urteil im Dakoity-Prozeß von Shiweshwar. Danach kam als Nr. 32 der Sonbania-Überfall zur Verhandlung.

Pioneer Mail.

Dakoity an der Nepal-Grenze.

Der Bericht der Polizeiverwaltung von Bihar und Orissa erwähnt Dakoities an der Nepal-Grenze im Kissenganj-Distrikt. Die ergriffenen Maßregeln haben sich als sehr wirksam erwiesen. Besonders zweckmäßig war das bessere Zusammenarbeiten mit den Nepal-Behörden, die Einstellung von Gurkha-Polizisten und die Einrichtung einer Kette von Patrouillenposten, die von den Dakoits nicht durchbrochen werden konnte. Eine Bande mußte, um nach Purniea zu gelangen, den Darjiling-Distrikt passieren. 11 Überfälle wurden vor der Einrichtung der Patrouillen-Posten verübt.

Pioneer Mail.

13. Oktober.

Dakoities in den Zentralprovinzen.

Unter dem Vorsitz des Oberkommissars der Gesetzgebenden Körperschaft der Zentralprovinzen fand am 25. August eine Versammlung statt. Auf eine Anfrage des Mitgliedes B. Sukul, wieviel Dakoities im Damoh-Distrikt seit Juli 1914 verübt worden seien, antwortete King: „In der Zeit vom November 1914 bis Mai 1915 sind 29 Fälle vorgekommen. Sie wurden zum

Teil von Untertanen der selbständigen Staaten und teils von berüchtigten Leuten aus dem Distrikt verübt. Alle sind zweifellos auf falsche Gerüchte über den Krieg zurückzuführen.

Indiaman.

Strafpolizei im Bijopur-Distrikt.

In einer neueren Ausgabe der Gouvernement Gazette von Bombay wurde bekannt gemacht, daß eine Strafpolizeiabteilung in die Dörfer Armingad und Sulibhavi im Hungund-Bezirk des Bijapur-Distriktes für ein Jahr gelegt worden ist. Als Grund wird das aufsässige Verhalten der Einwohner angegeben. Die Kosten von 2077 Rupies werden durch eine Sondersteuer von den Einwohnern von Hatgar, Bijaypur und Linggayet in Amingad und den Einwohnern in Sulibhavi erhoben.

Indiaman.

16. Oktober. **Aufstand an der Nordwestgrenze.**

Am Morgen des 8. Oktober wurde eine Streitmacht von Leuten des Mohmandstammes festgestellt, welche die kleinen Anhöhen von Hatta bis Darwasagarh in einer Ausdehnung von 8 engl. Meilen besetzt hielt. Die Gesamtstärke wurde auf 9000 Mann geschätzt. . . . . . Die englischen Verluste betragen gegenwärtig 60 Mann, darunter sind 3 englische und 1 indischer Offizier verwundet und 4 indische Soldaten tot.

Pioneer Mail.

Ansprache des Vizekönigs im United Service Club.

8. Oktober.

Der Vizekönig Lord Hardinge sagte in einer Ansprache im U. S. C. über die Grenzkämpfe: „Wir haben Schwierigkeiten gehabt und werden noch weiter mit solchen zu rechnen haben. Ich brauche die Versammelten nur an die Reihe von ernsten Grenzkämpfen seit Beginn des Krieges zu erinnern."

Pioneer Mail.

Polizeibericht über die revolutionären Bestrebungen in Bengalen.

12. Oktober.

In einem Bericht über die Polizeiverwaltung von Bengalen im Jahre 1914 schreibt die Regierung: Die Anzahl der revolutionären Verbrechen betrug 12, gegen 13 im Jahre 1913. Davon waren 6 vollendete Dakoities, 1 Dakoityversuch, 4 Morde und 1 Mordversuch. Die Dakoities fanden bis auf eins, das in den 24 Parganas verübt wurde, in Ostbengalen statt. Zweifellos wurden die Bestrebungen der Revolutionäre durch den Ausbruch des Krieges gefördert, und eine ungewöhnliche große Anzahl von Aufruhrschriften wurde verbreitet.

Pioneer Mail.

Diebstahl von Pistolen und Munition.

Ein bedauerliches Vorkommnis passierte im August 1914 in Kalkutta. Eine Sendung von 50 Mauserpistolen und 46000 Patronen an die Firma Rodda & Co. wurde auf dem Wege vom Hafen gestohlen. Etwa die Hälfte der Patronen sind wiedergefunden; aber die Tatsache, daß Mauserpatronenhülsen fast bei allen Dakoities und Attentaten der letzten Zeit gefunden wurden, beweist, daß Waffen und Munition unter den Mitgliedern der revolutionären Partei verteilt worden sind.

Es wurden einige Verhaftungen wegen 3 Mordtaten, die im vergangenen Jahre verübt wurden, vorgenommen; die Angeklagten wurden jedoch schließlich freigesprochen. Die Erfolge der Polizei im Kampfe mit den anarchistischen Verbrechen dürfen jedoch nicht nach derartigen Ergebnissen beurteilt werden. — Nach langen geduldigen Nachforschungen sind am Ende des Jahres verschiedene Verhaftungen vorgenommen, und wichtige Dinge entwickeln sich in Bengalen und in anderen Provinzen.

Mord und Raubüberfall.

... Die Steigerung machte sich besonders bei den Mordtaten und den Dakoities bemerkbar .... Die Steigerung der Verbrechen ist jedoch fraglos dem allgemeinen Gefühl der Unsicherheit und Ungewißheit, das der Krieg hervorgebracht hat, zuzuschreiben. ... Vor dem Kriege waren die Dakoities im Abnehmen, aber im letzten Vierteljahr hatten wir 113 Fälle gegenüber 75 Fällen im letzten Vierteljahr 1913.

Pioneer Mail.

Der Mattan-Prozeß.

8. Oktober.

Die von Rahim Bakshi eingelegte Berufung gegen seine Verurteilung zu 200 Rupies Geldstrafe unter dem Waffengesetz wegen des Besitzes eines gezogenen statt eines Gewehres mit gebohrtem Laufe wurde von dem Schwurgericht in Mattan verworfen.

Pioneer Mail.

Ermordung von Polizeioffizieren.

9. Oktober.

Nach einem Telegramm von Meimensingh ist der Polizeisuperintendent Jatindra Nath Mohan Ghose, der seit August in Meimensingh war, am Sonnabend Abend erschossen worden. Jatindras Gattin wurde von den Räubern aufgefordert, aus dem Wege zu gehen. Der kleine 5 Jahre alte Sohn, der auf dem Schoße seines Vaters saß, wurde mit erschossen.

Pioneer Mail.

Ein anderer Mord wurde an einem Polizeioffizier Gaffar Imam im Belgaum-Distrikt verübt. Der Tatort ist die kleine Stadt Suldhal, 2 Stationen von Belgaum.

Pioneer Mail.

22. Oktober. **Verurteilung eines Druckereibesitzers.**

Am 22. September hat der Erste Richter von Kalkutta den Besitzer der Osmani-Druckerei, Say Mohammed Osman, zu 2 Jahren Gefängnis verurteilt, und zwar wegen des Druckes gewisser hetzerischer Hindi-Flugblätter ohne Angabe der Druckerei.

Indiaman.

Weitere Verhaftung von Revolutionären.

Als die Post von Indien abging, waren im Benares-Verschwörungsprozeß bereits 12 Verhaftungen vorgenommen. Angeklagt sind im Ganzen 33 Personen.

Verhaftung von Dakoits.

Die Polizei von Faridkot hat einen Uttamsingh alias Raghusingh von Banskalan, der an einem Raubüberfall im Ludhiana-Distrikt beteiligt gewesen sein soll, und einen Ishvarsingh alias Puransingh von Dhudiko im Firospur-Distrikt, für dessen Festnahme die Provinzial-Regierung einen besonderen Haftbefehl erlassen hatte, verhaftet. In Frage kommt für die Fälle Sektion 3 des Fremdengesetzes. Im Besitz der Verhafteten befand sich ein geladener Fünfkammer-Revolver und eine geladene siebenschüssige Magazin-Pistole sowie Patronen.

Indiaman.

Verurteilung unter dem Waffengesetz.

Am 20. September hat der Erste Richter von Mandalay (Birma) den Narain Singh zu 7 Jahren Zuchthaus unter Sektion 20 des Waffengesetzes verurteilt. Der Mann hatte bei seiner Verhaftung eine geladene Browning-Pistole und 144 Patronen in seiner Tasche. Außerdem wurde in seinem Besitz ein Bild des Sultans und Hetzliteratur gefunden. Bei der Verhaftung versuchte er, den Polizeisuperintendenten Williams zu erschießen. Er war ein Komplize des Alwan Singh, der schon einmal verhaftet worden war, als er auf dem Wege nach Maymyo sich hetzerisch betätigte. Auch er war mit geladenen automatischen Pistolen bewaffnet.

Indiaman.

Deutscher Versuch, Waffen nach Indien einzuschmuggeln.

Es wurde die aufsehenerregende Entdeckung gemacht, daß die Deutschen versuchen, durch chinesische Angestellte Waffen nach Indien einzuschmuggeln.

Als die verhafteten Chinesen vor den Gemischten Gerichtshof gebracht wurden, beanspruchten die deutschen Beisitzer in einem Schreiben das Recht der deutschen Jurisdiktion, dem von den englischen Beisitzern widersprochen wurde.

Straits Budget (Singapor).

Kämpfe bei Balasor.

Die Post bringt uns jetzt Einzelheiten über die Balasor-Affäre, die einige englische Blätter auf Grund der telegraphischen Berichte mit der Belagerung in der Sidney Straße verglichen haben.

Eine Bande junger Bengali-Flüchtlinge wurde in einem kleinen selbständigen Staat gestellt. Der Staat wurde umzingelt. Einige Dorfbewohner fielen über die Bande her. In der Meinung, daß die Bande, weil sie einige Schreckschüsse abgegeben hatte, nur mit Platzpatronen ausgerüstet sei, griffen die Dorfbewohner an und wurden mit einem Kugelregen empfangen, in dem einer getötet und 3 verwundet wurden. Der Rest verfolgte die Räuber, die sich schließlich in einer Zareba festsetzten, wo sie von dem Richter und einer Abteilung bewaffneter Polizei gestellt wurden. Nach einer gegenseitigen Beschießung von ¾ Stunden wollten sich 2 der Räuber ergeben ..... Die Waffen, welche die Bande benutzte, gehörten zu den der bekannten Firma in Kalkutta gestohlenen. Der Diebstahl hat seiner Zeit sehr großes Aufsehen erregt.

Indiaman.

Revolutionäre Bestrebungen in Bengalen.

Untersuchungen von Aufruhr und Dakoities werden in verschiedenen Teilen Bengalens fortgesetzt. Am 18. September haben die Sonderkommissare im Agarpara Dakoity-Prozeß die Angeklagten verurteilt. — 2 Prozesse sind von dem Barisal-Sondergerichtshof erledigt. Im Prozeß Nr. 26 wurden Karwali und andere schuldig befunden und verurteilt. — Im 29. Prozeß ist ein Nabhatali auf Grund des Waffengesetzes angeklagt.

Indiaman.

23. Oktober.

Unter dem Verdacht der Teilnahme an der vor 14 Tagen stattgefundenen Ermordung des zweiten Polizeisuperintendenten in Meimensingh wurden 4 Personen verhaftet.

Pioneer Mail.

Verhandlung der Nebenprozesse zu dem Verschwörungsprozeß von Lahor.

Wie wir hören, ist die Verhandlung in Sachen der Nebenprozesse der Lahorverschwörung endgültig auf den 25. Oktober festgesetzt. Die Zahl der Angeklagten soll ungefähr hundert betragen. 12 davon sind noch nicht gefaßt. Beinahe alle Angeklagten sind Rückwanderer aus Amerika.

Pioneer Mail.

Urteil im Prozeß wegen der Tumulte in Balasor.

Die Sonderkommissare haben am Sonnabend das Urteil in dem Prozeß gefällt, der s. Zt. so großes Aufsehen erregte. Manaranjan und Nanendra, 2 der Angeklagten, wurde zum Tode, ein dritter, Jyotish, zu lebenslänglicher Verbannung verurteilt. — Wie erinnerlich, gehörten die Angeklagten zu einer Bande, die einer unter dem Befehl des Distrikts-Beamten stehenden Polizeiabteilung ein heftiges Gefecht lieferte.

Pioneer Mail.

Vermehrung der Polizei in Bengalen.

Die Zustände in Bengalen rechtfertigen durchaus die Forderung des General-Inspektors der Polizei auf Ernennung von 8 weiteren Polizeisuperintendenten.

Pioneer Mail.

Der Raubüberfall von Shibpur.

19. Oktober.

Wegen Verdachts der Teilnahme an dem Raubüberfall in Krishnagor sind bis heute 19 Personen verhaftet. Die Leiche eines ermordeten Polizisten wurde bei dem Paranpurghat aus dem Wasser gezogen.

Pioneer Mail.

Die Ermordung eines Polizeibeamten in Meimensingh.

In Verbindung mit der Ermordung des Polizeisuperintendenten von Meimensingh sind dort 4 Verdächtige verhaftet, und zwar zwei Schreiber aus dem Landvermessungsbureau, ein Student aus dem Backerganj-Distrikt und ein Lehrer der Ortsschule.

Außer diesen vier werden noch 3 Verdächtige, ebenfalls Beamte des genannten Vermessungsbureaus, auf der Sealdan-Station in Kalkutta festgehalten.

Pioneer Mail.

29. Oktober.

Ausdehnung des Indischen Verteidigungsgesetzes.

Das Landesverteidigungsgesetz ist auf Balasor ausgedehnt.

Indiaman.

30. Oktober.

Sondergerichtshof von Barisal.

Der Sondergerichtshof von Barisal verhandelt gegenwärtig den 34. Dakoity-Prozeß.

Ein Inspektor der Kriminal-Untersuchungs-Abteilung erschossen.

Ein weiteres arnachistisches Verbrechen, dem wieder indische Beamte der Kriminal-Untersuchungs-Abteilung zum Opfer fielen, wird aus Kalkutta berichtet. Inspektor Girindra Nath Banerji und Unterinspektor Upendra Nath Chatterji befanden sich bei einer Abschiedsfeier bei einem versetzten Kollegen Während des Festes, gegen 10 Uhr 30, stürzten plötzlich vier oder fünf gutgekleidete junge Inder in das Haus und schossen mit Revolvern auf ihre Opfer. Inspektor Girindra Nath war auf der Stelle tot. Die Eindringlinge verfolgten dann den Unterinspektor und verwundeten ihn schwer. Die Mörder entkamen wie meistens bei Verbrechen, die in den letzten Jahren in Bengalen verübt wurden.

Inspektor Girindra Nath Banerji ist der fünfte Untersuchungsbeamte, der von Anarchisten in Kalkutta ermordet wurde. Die anderen sind:

Polizeisuperintendent Shams-ul-Alam, erschossen im Reichsgericht,

Inspektor Nando Lal Banerji, ermordet in Serpentine Lane,

Inspektor Nirpendra Nath Ghose, ermordet in Chitpur Road,

Unterinspektor S. C. Mukherji, erschossen in der Nähe der Haduatola in Cornwallis Street.

Außer diesen sind 3 Wachtmeister in Kalkutta ermordet. Bis auf den Mörder des Shams-ul-Alam ist nur ein einziger der Täter ergriffen worden.

Pioneer Mail.

Verhaftung angeblicher Anarchisten.

25. Oktober.

Am 25. Oktober wurden dem Unterkommissar der Polizei, Ghanendra Nath Das, Amar Nath Ghose und Hari Das Kir vorgeführt, von denen die beiden letzteren unter Verdacht der Beteiligung an den anarchistischen Verbrechen in der Masjid Bari Straße stehen. Der Kommissar ordnete die Untersuchungshaft für beide an.

Pioneer Mail.

Bericht über die Polizei von Bengalen.

In seinem Bericht über die Polizei von Bengalen sagt Hughes-Buller: Die Bewohner von Bengalen neigen ebenso wie die von Madras zu Gesetzesübertretungen; aber wir haben hier außerdem eine große Zahl politischer Verbrechen.

Pioneer Mail.

Politisch verdächtige Personen.

27. Oktober.

Ashutosh Das aus Arial bei Bikrampur im Dakka-Distrikt hat am 27. 10. einen Internierungsbefehl erhalten. Als Aufenthalt ist ihm sein Heimatsdorf angewiesen. — Der Erste Richter von Kalkutta hat die Verhandlung in Sachen des Lehrers der „Neu Indien-Schule", Asewini Kumar Ganguly, aufgenommen. Dem Angeklagten wird schlechter Lebenswandel und Verbindung mit der Anarchisten-Propaganda zur Last gelegt.

Pioneer Mail.

6. November. **Dakoity in Südindien.**

J. E. Moir, I. C. S. der Vertreter der Regierung, sprach am 30. November das Urteil im Lagarai Dakoity-Prozeß. 21 der Angeklagten wurden zu Zuchthausstrafen verurteilt.

Pioneer Mail.

Erhebung an der Nordwestgrenze.

Ein amtlicher Bericht sagt: Am Morgen des 27. Oktober rückten die Truppen von Chakdarra nordwärts aus, drangen in das Gebiet der Adinsai ein und griffen eine Streitmacht von 2000 Badschauris an, die sich dort am Abend zuvor versammelt hatte, um die Stämme vom Dir und dem obern Swat zum Aufstand zu bewegen. Der Feind wurde angegriffen, unter Artilleriefeuer genommen und gegen Katgala zurückgetrieben. Der Rückzug der Truppen auf Chakdarra wurde nicht gestört.

Pioneer Mail.

Der Verschwörungsprozeß von Benares.

30. Oktober.

Der Polizeisuperintendent von Benares hat im vergangenen Monat mit Genehmigung der Provinzial-Regierung eine Anklage unter Sektion 121, 121 a, 122, 123 und 124 a des Indischen Strafgesetzbuches bei dem Gericht des Distrikt-Richters eingereicht. In dem unter Sektion 131 I. P. C. beigefügten Bericht wird ausgeführt, daß verschiedene Einwohner von Benares und aus anderen Teilen Britisch-Indiens und aus Ländern außerhalb Britisch-Indiens an einer Verschwörung teilgenommen haben, deren Ziel der gewaltsame Sturz der gesetzmäßigen Regierung von Britisch-Indien und die Ausübung anderer Verbrechen gegen die genannte Regierung ist. Es wird angenommen, daß diese Verschwörung seit dem Jahre 1908 in Benares besteht. In dem Jahre bestanden in Benares 2 Geheimgesellschaften, die „Young Men's Association" und die „Sewak Samiti", sowie eine dritte, die unter dem Namen „Liga der Studenten-Vereine" damals ins Leben gerufen wurde. Der wahre Zweck dieser Geheimgesellschaften war, durch die Mitglieder Verschwörungen anzuzetteln und Auflehnung gegen die Regierung von Indien zu erregen.

a) Es wurden Versuche gemacht, die Soldaten der indischen Armee zum Treubruch gegen ihren Kaiser und König zu verführen.

b) Maßnahmen wurden getroffen zur Anwerbung von Mannschaften und zur Sammlung von Waffen und Munition.

c) Sprengbomben wurden beschafft und aufbewahrt.

d) Gefährliche Aufruhrschriften wurden zur Förderung der Verschwörungsziele unter dem Publikum verbreitet.

Zur Förderung ihrer Ziele haben die Angeklagten den Rash Behari Bose, einen bekannten Führer und Aufrührer, bei sich aufgenommen und verborgen gehalten. Die Absicht dieses Führers war, durch Verübung politischer Mordtaten und durch verbrecherische Anwendung von Gewalt die Regierung von Britisch-Indien zu überwältigen und Krieg gegen sie zu führen. Rash Behari Bose war ein flüchtiger Verbrecher, dessen Verhaftung als Mitglied einer verbrecherischen Verschwörung, die im Mai 1913 einen Mord in Lahor verübt hatte, angeordnet worden war. Die Tätigkeit der erwähnten Verschwörung wurde durch die längere Anwesenheit des Rash Behari Bose in Benares außerordentlich gesteigert. Er war ihr Führer und Leiter und führte Personen aus allen Teilen Indiens in die Gesellschaften der Verschworenen ein.

Besondere Angaben über die Anklagepunkte gegen die einzelnen Angeklagten werden später veröffentlicht werden. Wie verlautet, sollen von den 25 oder 35 Beschuldigten 15 oder 16 verhaftet sein. Es ist nicht unmöglich, daß im Verlauf der Verhandlungen noch Anklagen unter anderen Sektionen des Strafgesetzbuches erhoben werden.

Folgende Angeklagte sind bei der Verhandlung anwesend:

1. Ananda Charan Bhattacharji.
2. Bankim Chandar Mitra.
3. Damodar Sarup.
4. Dharam Singh (früherer Soldat).
5. Ganeshi Lal Khaste.
6. Goopal Singh Kharwa.
7. Jatindra Nath Sanyal.
8. Gadu Nath Sing (früherer Soldat).
9. Kalipado Mukharji.
10. Lachmi Narain.
11. Nalini Mohan Mukharji.
12. Partab Singh.
13. Rabindra Nath Sanyal.
14. Satendra Nath Sanyal.
15. Surendra Nath Mukharji.

Flüchtig sind:

16. Ashutosh Rai alias Gopash.
17. Ganesh Dhan Chandar Rai.

18. Girija Babu.
19. Manmatha Nath.
20. Narendra Nath Banerji.
21. Pashupati Nath.
22. Preoa Nath Bhattacharji.
23. Rash Behari Bose.
24. Vinayak Rao Kaple.

Diebstahl von Banknoten.

31. Oktober.

Wie berichtet wird, werden in der Regierungskasse 25 000 Rupies in Banknoten vermißt.

Pioneer Mail.

Internierung von Nationalisten.

31. Oktober bis 20. November.

Auf Veranlassung der Nachrichten-Abteilung des Kriminal-Untersuchungs-Departements von Bengalen in Kalkutta hat die Polizei von Bengalen einen 30 Jahre alten Bengali Freitag nacht auf dem Bahnhof Poradoh verhaftet. Der Mann, namens Jollindra Nath Lahiri, soll Grundbesitzer sein, und ist politisch verdächtig.

Progyendra Nath Saraswati, ein zurzeit in Benares wohnhafter Bengali, ist auf Grund eines Internierungsbefehls im Dorfe Wazipur im Barisal-Distrikt interniert worden.

Basanta Kumar Mozumdar, ein Grundbesitzer von Comillah, ist in einem Dorfe bei Barakpur interniert worden.

Jatindra Mohan Chatterji aus dem Dorfe Raipur im Polizeibezirk Jungibari im Dakka-Distrikt ist in seinem Heimatsdorf interniert worden.

In der Wohnung des Dr. Peari Sankar Das Gupta, Sukea-Straße 47, wurde eine Haussuchung vorgenommen. Es handelte sich um die Verhaftung eines politisch Verdächtigen, namens Wamendra Nath Das Gupta.

Pioneer Mail.

Die lästigen Brahni-Banditen.

31. Oktober.

Ein Berichterstatter der „Daily Gazette" meldet: Auf einem Durbar sprach der Collector (höherer Verwaltungsbeamter) über Sindhia und die schweren, durch die Brahni-Banditen veranlaßten Unruhen. Er teilte mit, daß eine große Truppe bewaffneter Polizisten zur Verteidigung herangezogen seien, und daß eine größere Anzahl von Waffenscheinen ausgegeben werden würde. Als der Führer der Brahni-Banditen Khan Mahommed erschossen war, hoffte man auf ein Aufhören der Beunruhigungen; aber vor einigen Tagen fand ein neuer Einfall in die Yochi Taluka statt, und eine bewaffnete Polizeiabteilung mußte dorthin gesandt werden. Für noch ernster hält der Collector die neulichen Einfälle in die Larkana, Rosadero, Bhadariy Talukas (Bezirke), und hat den Eindruck, daß in letzter Zeit derartige Verbrechen viel zu häufig vorkämen. — Ein Grundbesitzer wurde aller seiner Ehren für verlustig erklärt, weil er sich weigerte, der Polizei bei einem Überfall irgendwelche Hilfe zu leisten.

Pioneer Mail.

Die Moplah-Unruhen.

1. November.

Weitere Nachrichten vom Ernad-Gebiet zeigen, daß die Unruhen auf die Gegenden Pandakore-Wald und das Hügelgebiet beschränkt sind, in denen vor Jahren schon verschiedentlich Aufstände vorgekommen waren. . . . . Eine Abteilung der Ortsreserve ist soeben nach dem Bezirk ausgerückt. Die Malappuram-Sonderpolizei-Truppe soll bereits an Ort und Stelle sein.

Pioneer Mail.

Ein Waffenprozeß.

3. November.

Jaramat Ali Beg aus Dakka, der unter dem Waffengesetz zu 6 Monaten Zuchthaus und 50 Rupies Geldstrafe wegen unerlaubten Besitzes von Waffen, Patronen und Pulver von dem Richter von Dakka verurteilt worden war, ist auf seine Berufung vom Schwurgericht freigesprochen worden.

Angeblicher Angriff auf einen Werbe-Offizier.

3. November.

Der Zweite Richter von Ambasamudaram hat soeben einen interessanten Aufruhrprozeß verhandelt, in dem 20 Personen verschiedener Kasten aus Kodarangulum wegen Aufruhrs und Freiheitsberaubung einer Rekrutierungsabteilung unter Anklage gestellt waren. Der Tatbestand war folgender: Ein Soldat des 23. Leichten Infanterie-Regiments von Sikanderabad, gegenwärtig als Anwerber in Tinnevelly beschäftigt, ging am 14. September mit einem vor einiger Zeit angeworbenen Mann namens Manuel nach dem Dorfe Kodarangulum, um Truppen anzuwerben. Sie fanden dort 3 junge Leute, die sich zum Eintritt in die Armee bereit erklärten, aber die Entscheidung bis nach Sonnenuntergang des Tages aufschoben. Um nicht die Aufmerksamkeit der Eltern und Verwandten der Anzuwerbenden zu erwecken und ihr Dazwischentreten zu vermeiden, machten die Werber in dem Dorf für die Nacht Quartier. Während sie schliefen, wurden sie von den mit Knüppeln bewaffneten Angeklagten überfallen. Einer von den Werbern wurde gefesselt und gefangen gehalten. Der Richter bemerkte im Urteil: Die Handlungsweise der Angeklagten, die Werbe-Offiziere der Militärbehörde unter den Augen der Dorfobrigkeit und ½ Meile vom Bezirksamt angegriffen, mißhandelt und gefangen gehalten haben, verdient eine abschreckende Strafe. 6 von den Angeklagten werden zu je 4 Monaten Zuchthaus verurteilt.

Pioneer Mail.

Beschlagnahme einer Urdu-Flugschrift.

Die Regierung des Pandschab hat unter dem indischen Preßgesetz die Beschlagnahme des in Urdu geschriebenen Flugblattes „Tarani-i-Zaffar (Siegesgesang) verfügt.

Pioneer Mail.

Ein Waffenprozeß.

Die Richter Sir Banerji und Tudball haben am Donnerstag in der Berufungssache des Maunkhan, der unter Sektion 19 des Waffengesetzes von dem Richter von Moradabad zu 4 Monaten Zuchthaus verurteilt war, verhandelt. — Die Berufung wurde verworfen.

Pioneer Mail.

Nebenprozeß in der Lahor-Verschwörung.

29. Oktober.

Die Sonderkommissare sind für die Verhandlung des Nebenprozesses in der Lahor-Verschwörung auf Grund des Gesetzes 4 von 1915 wiederernannt und tagten am 29. Oktober. Die Verhandlungen im Lahorprozeß und 3 damit verbundenen Prozessen hatte die weite Verbreitung einer revolutionären Verschwörung und die Tatsache ergeben, daß viel mehr Personen als die Verhafteten und Beschuldigten an der Verschwörung beteiligt seien. Das Urteil wies ausdrücklich auf die weite Verbreitung der Verschwörung zum Umsturz der gesetzmäßigen Regierung von Indien und auf die Beteiligung noch anderer Personen außer den Beschuldigten an der ausgedehnten revolutionären Bewegung hin. Weitere Verbrechen sind denn auch durch Freunde der Verurteilten im Pandschab verübt. Demgemäß richtet sich der gegenwärtige Prozeß gegen 3 Gruppen von Angeklagten.

1. Abwesende beim Hauptprozeß, gegen die unter Sektion 512 des C. P. C. verhandelt wurde und die zum Teil inzwischen festgenommen sind.

2. Angebliche Genossen der Verurteilten des Hauptprozesses.

3. Personen, die wegen neuerer, seit dem letzten Verhör begangener Verbrechen angeklagt sind.

Die Gesamtzahl der Angeklagten beträgt 102, von denen 12 unauffindbar waren.

Die Anklage gründet sich auf Sektion 121, 121 a, 122, 122/09, 123, 124/09, 131, 132, 302, 302/9, 111, 120 b, 395, 395/09—396, 402, 412 und 414 des „Indian Penal Code". Die unter Sonderverordnung der Lokalregierung auf Grund von Sektion 195 C. P. C. eingereichte Anklage geht weiter als die Anklage im Hauptprozeß. Sie umfaßt alle Anklagepunkte desselben außer denen unter dem Sprengstoffgesetz und außerdem alle Anklagepunkte wegen der während des laufenden Prozesses von den Verschwörern, die noch nicht verhaftet sind, begangenen Verbrechen. Die Anklage wird mit einem Hinweis auf die revolutionären Bestrebungen in Amerika während der Jahre 1913—1914 eingeleitet. Sie hebt hervor, daß jedoch schon vorher, ungefähr seit 1911, in Vancouver und Kanada eine Anzahl auffässiger Inder gegen den Kaiser und König und die Regierung von Indien hetzten. Es wird dann weiter ausführlich hingewiesen auf die Reise der „Komagata Maru" und das Einsetzen der Bestrebungen seitens der Verschwörer, auf den Beschluß, vor August 1914 in Indien selbst eine Revolution ins Leben zu rufen, auf den Ausbruch des Krieges mit Deutschland, auf den organisierten Versuch, mit Hilfe von Emissären eine Mitwirkung der Inder in Shanghai, Hongkong und an anderen Hafenplätzen des Fernen Ostens herbeizuführen, auf die Rückkehr der Verschwörer von Amerika, Kanada und anderen Orten nach Indien, auf die Fortsetzung der Verschwörung an Bord des Schiffes, auf die Beschaffung von Waffen und Munition in Amerika, Kanada und während der Reise, und deren Einschmuggeln in Indien. Es wird angenommen, daß die Verschwörer nach ihrer Ankunft in Indien im Herbst 1914 und im Winter 1914/15 in der Mehrzahl nach dem Punjab gegangen sind, wo sie mit anderen Verschwörern, die vor ihnen nach dem Pandschab zurückgekehrt oder die früher in Indien verführt worden waren, zusammentrafen. Das Ziel und der Zweck aller Verschwörer war die militärische Erhebung gegen S. Majestät, den Kaiser und König, der gewaltsame Sturz der gesetzmäßigen Regierung, die Vertreibung der Europäer und die Aufrichtung des „Swadeschi Radsch", der nationalen Selbstregierung, im ganzen Lande.

Der Zweck der Verschwörung, sagt die Anklage, war, die indischen Soldaten innerhalb und außerhalb Indiens zur Meuterei und zum Beitritt zu der Verschwörung zu veranlassen. Vorbereitungen zum Angriff und zur Plünderung der Regierungskasse von Moga wurden gemacht, Dakoities und Mordtaten geplant und verübt, Angriffe auf Polizeistationen versucht, Waffen, Munition und Bomben beschafft und angefertigt, Versammlungen wurden abgehalten und Leute zur Erreichung der Ziele der Verschwörung zusammengebracht, ein Angriff auf die Walla-Kanalbrücke ausgeführt und ein anderer auf die Staatskasse von Kapurthala geplant. Einzelheiten über die Angriffe, die Dakoities, die versuchten und ausgeführten Mordtaten sind in der Anklageschrift enthalten, die angibt, daß als Datum für den allgemeinen Aufstand der 19. Februar 1915 festgesetzt war, an welchem Tage verschiedene Häuser in Lahor von der Polizei durchsucht und eine Anzahl von Mitgliedern verhaftet, in Untersuchung genommen und später verurteilt wurde. Wichtige Funde an Hetzschriften, Waffen, Munition, Bomben, Chemikalien für Bomben, revolutionären Plänen und Werkzeugen zur Zerschneidung von Telegraphendrähten, Aufbrechen von Schlössern und eisernen Geldkästen wurden gemacht, und die gefundenen Gegenstände von der Polizei beschlagnahmt. Trotz der Festnahme der meisten Führer der Verschwörung wurden die Bestrebungen fortgesetzt, und weitere Taten zur Erreichung des Zieles verübt.

Pioneer Mail.

12. November. **Weitere Verhaftungen im Lahor-Prozeß.**

Zwei wichtige Verhaftungen wurden in Kalkutta vorgenommen. Harnam Singh, ein Sikh, wurde in Verbindung mit dem Lahor-Prozeß verhaftet. Nach ordnungsmäßiger Feststellung seiner Personalien wurde er unter Bedeckung nach Lahor transportiert. Ein anderer verhafteter Sikh, Rutton Singh, war aus Patiala verschwunden, wo eine Anklage wegen Dakoity gegen ihn schwebte.

Indiaman.

13. November. **Der Barisal-Sondergerichtshof.**

5. und 9. November.

Der Barisal-Sondergerichtshof fällte die Urteile in den Dakoity-Prozessen von Kakradhar, Baraikhal und Shimulewar.

Pioneer Mail.

Einzelheiten über ein Dakoity werden aus Bhowanipur (Kalkutta) berichtet. Der angeblich politische Überfall fand in der Nacht zum Sonnabend statt. 4 mit Revolvern bewaffnete junge Leute drangen in das Haus Kasaripara Lane 16 ein und erpreßten unter Drohungen Geld.

Pioneer Mail.

Der Verschwörungsprozeß von Benares.

5. November.

Am Freitag begann die Verhandlung des Benares-Verschwörungs-Prozesses vor dem unter dem Indischen Verteidigungsgesetz errichteten Sondergerichtshof. Angeklagt sind 15 Personen, 9 weitere der Teilnahme Verdächtige sind flüchtig. Der Staatsanwalt wies in der Anklagebegründung nach, daß dieser Prozeß mit anderen derartigen Prozessen durch die Ankunft des bekannten Verschwörers Rash Behari Bose in Benares, der eine bedeutsame

Rolle im Delhi-Prozeß spielt, und des Pingley, der im Lahor-Prozeß zum Tode verurteilt wurde, im Zusammenhang steht.

Pioneer Mail.

Politisch Verdächtige.

Ein politisch verdächtiger junger Bengali, Kumud Bundhu Chakkervarti aus Bhanga im Faridpur-Distrikt, der in Dakka wegen Verdacht unter Sektion 109 I. P. C. verhaftet wurde, ist wieder freigelassen worden.

Manindra Lal Lahieri B. A. von Rangpur ist im Palena-Distrikt, Suresh Chandra Battacharga, Student des Hindu-College in Benares, in Jolam bei Cwanpor interniert worden.

19. November.

Verbot der Veröffentlichungen nationalistischer Schriften in den Straits Settlements.

„The Straits Budget" schreibt: „Es ist uns bekannt geworden, daß viele Personen unbewußt und ohne jede böse Absicht Übertretungen des Gesetzes über Aufruhrschriften von 1915 begehen. Wir veröffentlichen daher die nachstehende Warnung:

Es ist eine Übertretung des genannten Gesetzes, irgendeine der folgenden Druckschriften einzuführen oder zu besitzen:

1. Al-Hilal (Der Halbmond).
2. Comrade (Der Kamerad).
3. Al-Islam.
4. Das Freie Hindustan und alle anderen Schriften der Vereinigung für „das freie Hindustan".
5. Liberty (Freiheit).
6. Ghadar und alle von der Yugantar-Ashram-Ghadar-Gesellschaft oder ihren Hilfsgesellschaften herausgegebenen Schriften.
7. The Hindustan Student (Der hindustanische Student).
8. History of India (oder Tarikh-i-Hind).
9. Neem Hakeem, Khatne Yan (Der weiche Arzt ist eine Gefahr für das Leben).
10. Ghadar-di-Gunj.
11. Umschau.
12. Fetwah-i-Jihad mukada (Aufruf zum Heiligen Kriege).

Die Strafen unter dem erwähnten Gesetz sind schwer. Jeder Empfänger einer der vorgenannten Flugschriften oder Drucksachen hat dieselben sofort dem diensthabenden Beamten der nächsten Polizei-Station mit einer Darlegung der Umstände, unter welchen er sie erhalten hat, zu überreichen.

Straits Budget.

Fortgesetzte Dakoities in Bengalen.

Weitere Dakoities werden aus Bengalen berichtet, denen mitunter Verhaftungen verdächtiger Personen folgen.

Indiaman.

20. November. **Der Dakoity-Prozeß von Pragpur.**

13. November.

Ein Dakoity wurde am 30. April in Pragpur durch eine Bande junger Bengalis verübt. Bei der Verfolgung durch die Polizei wurden Schüsse gewechselt; einer der Dakoits wurde erschossen, aber niemand festgenommen. Später wurden die Angeklagten verhaftet, und 4 von ihnen vor dem Sondergerichtshof von Naddi zu 10 Jahren Verbannung verurteilt.

Pioneer Mail.

Das Indische Verteidigungsgesetz.

12. November.

Unter dem Indischen Verteidigungsgesetz werden Verordnungen bekannt gemacht, nach denen die Militär- oder irgendeine Behörde ermächtigt wird, nach ihrem Ermessen Bestimmungen und Verbote über die Schiffahrt oder das Anlegen von Schiffen in den Territorialgewässern, -strömen und -kanälen von Britisch-Indien im Interesse der öffentlichen Sicherheit zu erlassen. Die beauftragten Beamten sind berechtigt:

a) Jedes Schiff in den Territorialgewässern, Strömen und Kanälen anzuhalten und zu durchsuchen.

b) Jeden Platz zu durchsuchen, wenn Grund zu der Annahme vorliegt, daß er zu staatsfeindlichen Zwecken gebraucht worden ist, oder gebraucht werden könnte.

c) Jeden Gegenstand zu beschlagnahmen, wenn Grund zu der Annahme vorliegt, daß er zu staatsfeindlichen oder die öffentliche Sicherheit in Indien gefährdenden Zwecken benutzt wird oder benutzt werden könnte.

d) Jede Person zu verhaften, wenn Grund zu der Annahme vorliegt, daß sie staatsfeindlich oder die öffentliche Sicherheit in Indien gefährdend handelt oder handeln könnte.

2. Alle Beamten oder Personen, die unter dieser Verordnung ernannt werden, sind berechtigt, alle Mittel anzuwenden, um die Durchführung der erwähnten Maßnahmen zu erzwingen.

3. Alle Beamten oder Personen, die unter dieser Verordnung Verhaftungen vornehmen, sollen diese Tatsache sofort an die Provinzial-Regierung berichten und bis zum Empfang der weiteren Befehle die verhafteten Personen oder beschlagnahmten Dinge in Gewahrsam behalten. Es soll jedoch keine verhaftete Person

ohne Anordnung der Provinzial-Regierung länger als 15 Tage festgehalten, und ferner niemand länger als einen Monat in Gewahrsam behalten werden.

4. Mit den beschlagnahmten Gegenständen wird nach Anweisung der Provinzial-Regierung verfahren.

Pioneer Mail.

26. November. **Prozeß gegen einen nationalistischen Lehrer.**

Am 27. Oktober hat der Ober-Richter von Kalkutta den Prozeß gegen den Lehrer an der neuen indischen Schule, Ashwini Kumar Ganguli, wegen schlechten Lebenswandels und wegen Beteiligung an der anarchistischen Bewegung aufgenommen.

Indiaman.

27. November. **Maßnahmen der Polizei gegen die Nationalisten.**

18. November.

Vier Verhaftungen sind in Verbindung mit dem Raubüberfall in der Cornwallis Straße gestern Nacht vorgenommen. Die Tat wurde von 7 mit Revolvern bewaffneten Bengalis, die in einem Taxameter ohne Laternen und Nummern ankamen und Geld aus einem Laden raubten, vollführt.

Nanindra Nath Lahieri B. N. ist in seinem Heimatsdorf 20 Meilen von Pabna interniert. —

Narayan Sirkor, der Angeber im Krishnagar Dakoity-Prozeß, hat in seiner Aussage die Namen einer ganzen Anzahl von Studenten, die außerhalb des Wodia-Distrikts wohnen, angegeben und als Teilnehmer an einer Vereinigung zum Zwecke der Förderung der Ziele der anarchistischen Partei mit Hilfe von Raubüberfällen bezeichnet. Die Polizei ist eifrig bemüht, diese Leute zu verhaften. —

Im Taxameter-Dakoity-Prozeß von Garden Reach wurde der Hauptangeklagte zu Zuchthaus verurteilt.

Am Donnerstag Morgen wurden in Dakka mehrere Haussuchungen, besonders in Studenten-Kasinos, vorgenommen. In der Sakha-Druckerei in Patnatuli beschlagnahmte die Polizei 2 Revolver und über 300 Patronen. Der Eigentümer der Druckerei, ein Setzer und ein Mann, der in dem Hause wohnte, wurden verhaftet. — Die Polizei verhaftete auch einen Bewohner des Barisal-Kasinos von Farastganj. — Die Haussuchungen und Verhaftungen sollen im Zusammenhang mit den Dakoities der letzten Zeit stehen.

Pioneer Mail.

Internierung von Redakteuren.

Die Redakteure Mohamed Ali und Shaukat Ali, die bereits interniert waren, sind nach Chindwara überführt worden.

Pioneer Mail.

Ab-ul-Kalam Azad, dem früheren Redakteur des „Al-Hilal“ in Kalkutta, ist der Aufenthalt in den Vereinigten Provinzen untersagt worden.

Pioneer Mail.

4. Dezember. **Waffendiebstahl.**

1. Dezember.

Bei der Polizei gehen allerlei Klagen über vermißte Revolver und Pistolen ein. Mr. Simpson von der Gewehrfabrik in Cossipur meldet, daß ihm sein Revolver aus der Wohnung gestohlen worden sei. — In einem anderen Fall meldet W. F. Floyd den Verlust eines Welbey Revolvers während der Eisenbahnfahrt.

Pioneer Mail.

Internierung in den Vereinigten Provinzen.

29. November.

Tara Nath Roy Chawdhri aus dem Noakhali-Distrikt, gegenwärtig in Benares, ist unter Sektion 4 des Indischen Verteidigungsgesetzes aus Benares ausgewiesen.

Pioneer Mail.

Ein neues anarchistisches Verbrechen.

Ein politisches Verbrechen, das die Zahl der unaufgeklärten Vergehen um ein weiteres vermehrt, ist Dienstag Nacht in der Serpentine Lane in Kalkutta verübt worden. Ein Polizist und ein Koch wurden erschossen. Die Täter, 2 Bengalis, entkamen. Die einzige Tatsache, die auf den Beweggrund des Verbrechens hindeuten könnte, ist die Durchsuchung eines Hauses in einer sehr schmalen Gasse, die von der Serpentine Lane abgeht. Die Polizei fand 3 Personen, die als politisch Verdächtige verhaftet wurden.

Nach der Durchsuchung wurde ein indischer Polizist in der Nähe des Hauses postiert, der dann erschossen wurde. Ein Koch, der an der Gasse vorüberkam, wurde von den Angreifern für einen Verfolger angesehen und ebenfalls erschossen.

Pioneer Mail.

Der Barisal-Verschwörungsprozeß.

29. November.

Der Schwurgerichtsrichter hat am Montag im Nebenverfahren des Barisal-Verschwörungsprozesses das Urteil gefällt. Im Gegensatz zu den Geschworenen verurteilte der Richter den einen Angklagten zu 15 Jahren, die anderen vier zu 10 Jahren Verbannung.

Pioneer Mail.

Politisches Dakoity in Kalkutta.

Amtlicher Bericht: In der Corporation Straße wurde abends 7 Uhr 20 ein verwegener Überfall von bewaffneten Leuten der besseren Klasse verübt. Die Räuber, wahrscheinlich 5, kamen in einem Auto an, dessen Führer ein Sikh in Khaki mit einem Turban war. Der Wert der geraubten Gegenstände läßt sich noch nicht genau angeben. Der Polizeikommissar erbittet Mitteilung etwaiger Wahrnehmungen über den Wagen und setzt eine Belohnung von 2500 Rupies für Angaben aus, die zur Entdeckung der Dakoits führen.

Pioneer Mail.

10. Dezember. **Der Verschwörungsprozeß von Benares.**

Am 5. November wurden die Verhandlungen im Benares-Verschwörungsprozeß vor dem Schwurgericht unter dem Vorsitz der Richter von Allahabad, Benares und Luckow aufgenommen. 15 Angeklagte werden dem Gerichtshof vorgeführt, 9 sind flüchtig. Der Staatsanwalt wies in der Eröffnungsrede darauf hin, daß dieser Prozeß durch die Ankunft Rash Behari Bose und Pingleys in Benares im Zusammenhang mit anderen Prozessen steht. Die Verschwörung war das Ergebnis der revolutionären Propaganda der „Young Men's Association", die etwa 100 Mitglieder hatte. Es wurden geheime Zusammenkünfte veranstaltet und am Freitag eine Stunde „Sittenlehre" unter Vorlesung der Gita (ein Abschnitt des Mahabharata) abgehalten.

Indiaman.

18. Dezember. **Automobil-Banditen in Kalkutta.**

Das Wiederauftauchen von Automobil-Banditen in Kalkutta und die Schnelligkeit und Kühnheit, mit der die Überfälle in Mittelpunkten der Stadt ausgeführt werden, hat zu Sondermaßnahmen der Polizei Veranlassung gegeben. Die am Montag gemachte Mitteilung Kerr's im Gesetzgebenden Rat wird mit Erleichterung und Befriedigung aufgenommen werden.

Pioneer Mail.

Ein Aufruhrprozeß in Birma.

Der Richter am Schwurgericht in Mandalay hat in einer Sondersitzung am 14. Dezember einen sehr bemerkenswerten Prozeß verhandelt. Der Angeklagte, ein politischer Unruhstifter, war (1.) unter § 2, des Indischen Verteidigungsgesetzes, (2.) unter Sektion 124a I. P. C. und (3.) unter 131 I. P. C. wegen Verbreitung aufreizender Berichte zur Unterstützung der Feinde des Königs, wegen Aufruhr und wegen des Versuches, Soldaten zum Treubruch zu verleiten, unter Anklage gestellt worden.

In der Anklageschrift wird ausgeführt, daß der Angeklagte vor einiger Zeit aus Amerika zurückgekehrt sei und versucht habe, durch Verbreitung aufreizender und staatsfeindlicher Schriften die Soldaten der Gebirgsbatterie Maymyo zur Meuterei zu veranlassen. Am Nachmittag des 14. August d. J. kehrten der Jamadar Santa Singh und einige andere Soldaten der Gebirgsbatterie von einer Schießübung nach den Baracken zurück, als sie dem Angeklagten, der aus der entgegengesetzten Richtung kam, begegneten. Der Angeklagte grüßte den Jamadar, fragte, aus welchem Teil Indiens er käme und ob seine Begleiter aus Rekruten beständen. Der Jamadar verneinte das letztere. Dann fragte der Angeklagte einen anderen Soldaten, ob er schon etwas über die Zustände in Indien gehört habe. — Er fragte weiter, ob er wüßte, daß in Indien viele Parteien an der Arbeit seien. Der Soldat verneinte. Dann sagte der Angeklagte: Das Volk bereitet einen Aufstand gegen die Engländer vor. Ihr tätet wohl, dabei zu helfen und Euch auf die Seite Eures Landes zu stellen. Der Angeklagte sagte ferner: Die Engländer haben Eure Familien, die Angehörigen Eurer Kaste, geschädigt. Der Soldat antwortete darauf: „Sie wissen ja alles. Sie haben Gewehre und Magazine. Sie können die Regierung an sich reißen. Alles ist in Ihrer Hand." Auf die Bitte des Angeklagten wurde der Jamadar herbeigerufen, dem gegenüber sich dann der Angeklagte ähnlich äußerte. Darauf hat ihn der Jamadar verhaftet und nach der Gebirgsbatterie Maymyo abgeführt. Hier wurde der Angeklagte von dem Batterieführer visitiert, wobei die folgenden Gegenstände bei ihm gefunden wurden:

1. Zwei geladene Browning-Pistolen und Patronen. 2. Ein kleines abgegriffenes Buch mit grünem Umschlag teils in Arabisch, Urdu und teils in Türkisch, mit dem Titel „Jihan-i-Islam" (Islamische Welt), in Konstantinopel gedruckt. 3. 4 Exemplare des Fethwa in Arabisch. 4. Zwei Seiten einer Anweisung zur Anfertigung von Bomben, etwas Geld, eine Uhr und andere Artikel.

Der Richter sagte in seinem Urteil, es könne nicht der geringste Zweifel bestehen, daß der Angeklagte ein Mitglied der revolutionären Partei und mit der Absicht nach Birma gekommen sei, Mord, Meuterei und Aufruhr anzustiften. Er schloß: Der Schuldbeweis ist nach meiner Überzeugung für alle 3 Punkte der Anklage erbracht, und der Angeklagte muß demgemäß verurteilt werden. Die Geschworenen bejahten die Schuldfragen, und der Angeklagte wurde zum Tode verurteilt.

Pioneer Mail.

Die Rebellion in den Kachin-Bergen.

Die Festnahme des Sadaung, eines der Führer der Rebellen in den Kachin-Bergen der Mgaung-Provinz, wird jetzt berichtet. Die Verhandlung wird demnächst vor dem Schwurgericht der Kachin-Berge stattfinden.

Sicherheit für eine Marathi-Zeitung.

Bei dem Ersten Richter von Bombay wurde durch die Kriminal-Untersuchungs-Abteilung eine Berufung gegen eine frühere Verordnung gegen den Drucker und Herausgeber des Marathi-Wochenblattes „Vikshipta", Gajanan Damle, eingelegt. Es wird behauptet, daß in verschiedenen Ausgaben des Blattes im Oktober und November politische Artikel erschienen seien. Die Artikel seien anstößig. Das Gericht verurteilte den Beklagten zur Hinterlegung einer Sicherheit von 750 Rupies.

Pioneer Mail.

Verurteilung eines Studenten in Allahabad.

29. November.

Der Richter von Benares sprach am 29. November das Urteil in Sachen eines Studenten der M. A. und LLB.-Klasse in Allahabad, Bimal Chandra Mukherji, unter Sektion 189 I. P. C.

Das Gericht erklärte den Angeklagten der Bedrohung eines Beamten der Kriminal-Untersuchungs-Abteilung für schuldig und verurteilte ihn zu 3 Monaten Zuchthaus und zur Stellung einer Kaution von 2000 Rupies unter Sektion 106 C. P. C. für Wohlverhalten während der nächsten 3 Jahre und zur Stellung von zwei Sicherheiten von je 1500 Rupies für die gleiche Zeitdauer.

Pioneer Mail.

Verhaftung eines politisch Verdächtigen.

26. November.

Joseph Chandra Saha, ein politisch verdächtiger Student, der in Verbindung mit dem Taxameter-Dakoity in Cornwallis Straße verhaftet wurde, ist wieder in Freiheit gesetzt worden. — der politisch verdächtige Tarini Charan Nandi, ein Student der Rechte, der wegen Verbergung eines mutmaßlichen Teilnehmers an dem Dakoity in Krishnagar verhaftet wurde, ist ebenfalls wieder in Freiheit gesetzt. Nandi ist jedoch inzwischen unter Sektion 109 C. P. C. wieder verhaftet worden.

Pioneer Mail.

Ein neuer Dakoity-Fall in Kalkutta.

Ein amtlicher Bericht über einen bewaffneten Überfall in Chitpur besagt, daß gestern Abend 7 Uhr 10 sechs junge Leute in das Haus Sett Kagan Lane 13 eindrangen und den Hausbesitzer beraubten.

25. Dezember. **Ein weiterer Aufruhrprozeß in Birma.**

Der Richter von Jehasserim hat beim Obersten Gerichtshofe die Ernennung von 3 Kommissaren zur Verhandlung der Sache gegen den buddhistischen Aufrührer H. Sandaw Batha alias Mintha Hapomgya beantragt. Der Genannte wurde neulich vom Distrikt-Richter von Thaton dem Schwurgericht wegen Verleitung zur Auflehnung gegen die britische Regierung, Sektion 124a, sind wegen Veröffentlichung von Aufruhrschriften, § 2 des Indischen Verteidigungsgesetzes von 1915, zur Aburteilung überwiesen.

Pioneer Mail.

1916.

1. Januar. **Indischer Nationalkongreß.**

In der Ansprache des Präsidenten im Indischen Nationalkongreß bei der Tagung zu Bombay heißt es: „Meines Erachtens scheint die einzig befriedigende Form der von Indien angestrebten Selbstregierung die zu sein, die Präsident Lincoln so markant als „Regierung des Volkes durch das Volk" bezeichnet hat.

Pioneer Mail.

7. Januar. **Prozesse gegen Revolutionäre.**

„Wenden wir uns anderen Formen des Vorgehens zu, die von dem weitreichenden Begriff „politisch" gedeckt werden, so finden wir Berichte über politische Porzesse zu Lahor, Benares, Barisal und Puna. Der Verschwörungsprozeß von Lahor nimmt seinen gleichmäßigen, ruhigen Verlauf; über hundert Zeugen sind vernommen worden, doch haben ihre Aussagen nichts ergeben, was für das allgemeine Interesse neu wäre. Der Gerichtshof zu Barisal, von dem in der indischen Presse wenig berichtet wird, hat jetzt dreiundvierzig Prozesse erledigt, ist jedoch anscheinend noch lange nicht dem Abschluß nahe. Das hauptsächlichste Merkmal der Verhandlungen zu Puna scheint zu sein, daß Mitglieder einer Verschwörung sich der Hilfe verbrecherischer Stämme bedient haben, um die bei beiden gleichbeliebten Dakoities auszuführen.

Indiaman.

7. Januar. **Verhaftung zweier Revolutionäre.**

Gestern wurden zu Kidderpur, Kalkutta, zwei Männer wegen Beteiligung an einem außerhalb Bengalens verübten politischen Vergehen, verhaftet.

Indiaman.

7. Januar. **Waffendiebstahl.**

Es wurde über den Diebstahl einer Browningpistole nebst einigen Patronen, die dem Inspektor Sachor gehörten, berichtet. Ferner ist die zuständige Behörde bemüht, einen Fünfkammerrevolver aufzufinden, der nebst einigen Patronen und anderen Gegenständen aus dem Hause eines Herrn Simpson zu Dum-Dum gestohlen wurde.

Pioneer Mail.

8. Januar.

Jahresversammlung der „Allindischen Muslimen-Liga".

Die achte Sitzung der „Allindischen Muslimen-Liga" begann am 30. Dezember 1915 in Bombay zu tagen. Der Vorsitzende Masar ul Haque sagte in seiner Ansprache: „Wenn sich eine die Wohlfahrt Indiens oder die Gerechtigkeit für Indien betreffende Frage erhebt, so bin ich nicht nur in erster, sondern auch in zweiter und letzter Linie Inder; ein Inder und nur Inder, der keine Körperschaft und keine Einzelperson begünstigt, sondern auf der Seite derer steht, die den Fortschritt Indiens als Ganzes wollen, ohne Vorurteil und Rücksicht auf die Rechte und Interessen einzelner Individuen, und noch viel weniger auf die irgendeines Gemeinwesens, sei es nun das meine oder ein anderes. In allen Fragen meines Landes trete ich ein für guten Willen und enges Zusammenwirken zwischen den verschiedenen Gemeinschaften, den Blick nur auf eines gerichtet: die Wohfahrt des Vaterlandes . . . . . England hat Indien nicht stark und selbstbewußt und selbständig gemacht. Es hat Indien nicht zu einer von den anderen Völkern der Erde geachteten Nation gemacht. Es hat dem indischen Volke nicht geholfen, das Leben in vollem Umfange auszuschöpfen und hat es unterlassen, die Fähigkeiten der Bewohner Hindustans in ihrer ganzen Macht zu entwickeln . . . . Englands Verbindung mit Indien ist jetzt fast ein und einhalbes Jahrhundert alt, und die meisten Teile des Landes haben während dieser Zeit unmittelbar unter seiner Regierung gestanden, aber der Fortschritt, den Indien mit all seinen Reichtümern, materiellen, geistigen und wirtschaftlichen gemacht hat, war verhältnismäßig gering."

Pioneer Mail.

22. Januar.

Wieder ein Polizeibeamter ermordet.

Kalkutta, den 17. Januar.

Wiederum ist bei hellem Tage in einer belebten Straße Kalkuttas ein Mordanschlag auf einen Polizeibeamten verübt worden. Das Opfer war der Unterinspektor Madhu Sudhan Bhattacharji von der Kriminal-Untersuchungsabteilung, der zur Beobachtung gewisser unter Verdacht stehenden Personen bestimmt worden war.

Das Verbrechen wurde am Sonntag Morgen in der College Straße begangen. Der Unterinspektor stieg in der Nähe des Medical College Hospitals aus der Straßenbahn, als drei junge Bengalis eiligst herankamen und drei Revolverschüsse auf ihn abgaben. Der Beamte taumelte und fiel tot nieder. Die Täter entkamen. Es ist das dritte Verbrechen dieser Art, das in der College Straße in den letzten Jahren verübt wurde.

Pioneer Mail.

22. Januar. **Auffindung einer Bombe in Benares.**

Benares, 15. Januar.

Auf Informationen hin, die ein Beamter der Kriminal-Untersuchungsstelle erhielt, hat die Polizei drei Bengalis verhaftet, und zwar im Zusammenhange mit dem Auffinden einer Bombe von großer Explosionskraft. Die drei sind nicht ortsansässig, sondern angeblich vor kurzem aus Bengalen eingetroffen.

Pioneer Mail.

28. Januar. **Waffenschmuggel nach Indien.**

Zwei Männer, Vater und Sohn, sind zu Gefängnisstrafen verurteilt worden. Sonderbarerweise sind sie englischer Abstammung. Straits Budget schreibt darüber: „Am 10. Januar wurde zu Schanghai von Sir Havilland de Sausmarez über Sidmond Hay Abbaß und Oswald Abbaß, Vater und Sohn, wegen Vergehens gegen das Reichsschutzgesetz das Urteil gesprochen.

In dem gegen den Älteren gefällten Urteil heißt es: „Sie, Sidmond Hay Abbaß, sind des Verstoßes gegen § 50 des Reichsschutzgesetzes für schuldig befunden, und es ist gerichtlich festgestellt worden, daß Sie Handlungen begangen haben, welche die Reichsverteidigung schädigen sollten. Es handelt sich bei Ihnen um Lieferung von Waffen und Munition an die Feinde Ihres Landes. Das Beweismaterial hat ergeben, daß Sie in Gemeinschaft mit anderen es unternommen hatten, 15 000 Gewehre, 1000 Revolver und ungefähr anderthalb Millionen Schußmunition zu liefern, und ferner, daß mit Ihrem Wissen Waffen und Munition nach Indien, Ceylon und den Straits Settlements weiter gegeben werden sollten, um in einem Aufstande gegen die britische Regierung verwendet zu werden. Sie werden hierdurch zu fünfzehn Jahren Zwangsarbeit verurteilt." Das Urteil gegen den Sohn lautete auf zwei Jahre Zuchthaus.

Singapor Straits Budget.

29. Januar. **Gerücht von einem neuen Angriff auf einen Polizeibeamten.**

Kalkutta, 27. Januar.

Dem Vernehmen nach befand sich kürzlich ein Bengali-Unter-Inspektor der Kriminal-Untersuchungsabteilung zu Kalkutta in Gefahr, von einer Bande Anarchisten angegriffen zu werden.

Pioneer Mail.

4. Februar. **Lage an der Nordwestgrenze.**

Colonel Sir George Rooskeppel, Oberkommissar der Nordwest-Grenzprovinz, besprach in seinem Jahresbericht die Wirkung des Krieges auf das Grenzland. Es heißt darin:

„Von den angrenzenden Stämmen, mit denen wir seit langer Zeit heftige Kämpfe haben, stand kaum zu erwarten, daß ein Krieg mit der Türkei ihren Priestern nicht einen vorzüglichen Anlaß bilden würde, den Heiligen Krieg zu predigen.

In Hasara führten hindustanische Fanatiker einen Überfall auf einen Grenzposten aus, der an sich von keiner Bedeutung war, aber einen Teil eines viel weiter gehenden gegen uns gerichteten Planes bildete. Der Schalour Mulla (Priester) der Chagharzai zog eine Truppe Stammesleute zusammen und drohte mit einem Angriff auf Oghi. Dies Vorhaben wurde jedoch durch Absendung militärischer Verstärkungen unsererseits vereitelt. In Malakand begannen bei Ausbruch des Krieges der Badra Mulla und der Sarkanri Mulla von Asmar, sowie andere von geringerer Bedeutung eine Agitation in Bajaur, die jedoch erfolglos war. Bei den Orakzai bemühten sich die Priester, den Eintritt in das Heer zu verhindern, während die englandfeindliche Partei in Kabul nicht zögerte, Agenten mit der Instruktion auszusenden, unter den Afridis an der Kurram-Grenze Unruhen anzustiften. Diese Unruhen offenbarten sich im Oktober in einem offenen Angriff durch den Mardan Gajis auf Walaichia und späterhin durch das Stellen unmöglicher Forderungen von den Mangalen an die Regierung. Dies waren die weniger bedeutenden Ereignisse während der Krise.

Pioneer Mail.

4. Februar. **Zügellosigkeit in Sindh.**

In einer zu Heiderbad gehaltenen Rede konnte Lord Willingdon (Gouverneur von Bombay) befriedigende Auskunft über die Unterdrückung der wilden Zügellosigkeiten geben, die im vergangenen Jahre in einem Teile Sindhs vorgekommen waren. Die Verbrecher gehörten zum größten Teil der Sekte der Hurs an, die von jeher zu Gewalttätigkeit neigten und den Ausbruch des Krieges als willkommene Gelegenheit zur Ausübung neuer Taten betrachteten. Die Mehrzahl der Verbrecher sind den Gerichten überantwortet worden.

Pioneer Mail.

5. Februar. **Anwendung des Reichsverteidigungsgesetzes in Birma.**

Das oben genannte Gesetz ist mit Wirkung vom 28. Januar in den folgenden vier Bezirken Birmas in Kraft getreten: Stadt Rangun, Amherst, Yamethin und Mandalay.

Pioneer Mail.

5. Februar. **Von Studenten ermordet.**

30. Januar.

Am 29. Januar lief zu Kalkutta der Bericht über ein in Maldah begangenes Terroristenverbrechen ein. Das Opfer ist der Rektor der Bezirks-

Schule zu Maldah, der von einer Anzahl Studenten getötet wurde. Von den Tätern konnte bisher noch niemand verhaftet werden. Wie verlautet, wurde der Rektor am Freitag nachmittag auf dem Wege von der Schule von einem halben Dutzend mit Dolchen und Kukris (gebogenen Messern) bewaffneten jungen Leuten angegriffen und schwer verwundet. Er wurde nach dem Krankenhause geschafft, wo er bald nach seiner Aufnahme verstarb.

Pioneer Mail.

5. Februar. **Verhaftung eines bewaffneten Bengali.**

30. Januar.

Gestern Abend verhafteten zwei Beamte der Kriminal-Untersuchungsabteilung einen Studenten der Universität zu Kalkutta, der einer Terroristenbande angehörte. Die Verhaftung erfolgte an der Kreuzung der College Straße und Harrison Road. Der junge Mann, dessen Name nicht genau zu ermitteln war, soll den Beamten nachgefolgt sein, die ihn dann verhafteten. Er machte rasende, jedoch vergebliche Anstrengungen, sich aus ihren Griffen zu befreien. Unter seinem Hemd fand man einen geladenen Fünfkammer-Revolver verborgen. Später wurde seine Wohnung von Beamten der Kriminal-Untersuchungsabteilung durchsucht.

Pioneer Mail.

5. Februar. **Hetzschriften in Oriya.**

31. Januar.

Drei Studenten der Bezirks-Schule in Puri wurden unter dem Verdachte verhaftet, eine verbotene Schrift „Desher Katha" (Geschichtliche Tatsachen über unser Land) übersetzt und gedruckt zu haben. Die Polizei entließ alle drei mit einer Verwarnung, die Schulbehörden belegten zwei mit einer Geldstrafe von je 50 Rupies und stießen einen dritten aus der Schule aus.

Pioneer Mail.

5. Februar. **Revolutionäre Drohung.**

Kalkutta, 31. Januar.

Ein reicher Geldverleiher zu Chandpur erhielt am 23. Januar eine anonyme Postkarte, mit der Aufforderung, 35 000 Rupies an den Anarchistenfond zu zahlen.

Pioneer Mail.

5. Februar. **Selbstmord eines Nationalisten.**

Kalkutta, 31. Januar.

Ein junger Bengali, namens Kanay Dutt Bhupaya, der zusammen mit anderen Bengalis in Puna wegen Beteiligung an kürzlich in Kalkutta verübten politischen Verbrechen verhaftet und im Hauptpolizeiamte untergebracht worden war, wurde tot aufgefunden. Es heißt, daß er sich mittels einer seiner Kleidungsstücke erhängt habe.

Pioneer Mail.

12. Februar. **Verhaftung von Nationalisten.**

Kalkutta, 4. Februar.

Upundra Kishore Roy, Student des Ripon College, wurde auf Grund des Verteidigungsgesetzes ein Internierungsbefehl zugestellt, in dem er angewiesen wird, sich bei dem Polizeisuperintendenten von Rangpur zu melden.

Unter dem Verdachte der Teilnahme an dem politischen Morde zu Keshnagandsch im Bezirke Maimensingh hat die Polizei von Haurah einen jungen Bengali, namens Jarini Burman, verhaftet.

Pioneer Mail.

12. Februar. **Zeitungsverbote.**

Die Regierung des Pandschabs hat auf Grund des Verteidigungsgesetzes den Herausgebern dreier zu Kalkutta erscheinenden Zeitungen, nämlich Jkdam, Risalat und Tarjuman einen Befehl zugestellt, der die Verbreitung der Zeitungen im Pandschab verbietet.

Times of India.

12. Februar. **Nachforschungen in einem Dakoityversuch.**

Kalkutta, 8. Februar.

Die Polizei von Sibpur stellt jetzt in Sachen eines Dakoityversuches, der zu Santragachi von vier gutgekleideten Bengalis verübt wurde, Untersuchungen an.

Pioneer Mail.

12. Februar. **Verschwundene Munition.**

Kalkutta, 9. Februar.

Die Bahnpolizei von Howrah untersucht jetzt das geheimnisvolle Verschwinden einer mit Patronen gefüllten Kiste aus dem Gepäckraume des Bahnhofes zu Howrah, die Eigentum der Firma Lyon & Lyon war. Die Sendung, die an B. Gones, Nagpur, adressiert war, ging am Abend in der Paketstelle ein und wurde dort über Nacht behalten. Am nächsten Tage beim Eintragen der Sendungen wurde das Fehlen der Kiste bemerkt.

Pioneer Mail.

18. Februar. **Revolutionäre Umtriebe in Indien.**

Wiederum häufen sich in den indischen Blättern die Berichte über Verschwörungsprozesse. Ein in Kalkutta an einem Polizeibeamten begangener Mord weist darauf hin, daß sich noch viele gefährliche Verbrecher in Freiheit befinden. Ein Unterinspektor wurde bei Absteigen von der Straßenbahn in der College Straße erschossen und die Täter sind nicht ergriffen worden.

Indiaman.

18. Februar. **Verbot einer revolutionären Zeitung.**

Es ist ein Verbot veröffentlicht worden, Exemplare der Zeitung Intiquam (Rache) in persischer oder anderer Sprache nach Indien zu bringen.

Indiaman.

18. Februar. **Ein Polizeibeamter erschossen.**

Am 16. Januar wurde der Polizei-Unterinspektor Madhusudhan Bhattacharya von der Sonderabteilung der Kriminal-Untersuchungsstelle in Kalkutta von Anarchisten erschossen. Der Ermordete war mit der Untersuchung eines politischen Prozesses beauftragt worden und darum wurde ihm von zwei jungen Bengalis nachgespürt, von denen einer zwei Schüsse auf den Beamten abgab. Der erste Schuß ging fehl, der zweite jedoch traf und durchbohrte die Lunge. Der Täter entkam.

Indiaman.

18. Februar. **Ein neuer Dakoity-Fall.**

In Sulkea, Howrah, wurde am 17. Januar das Haus eines bekannten Grundbesitzers und Kaufmanns von Dakoits geplündert. Gegen acht Uhr abends erschienen vier junge Bengalis, die Herrn Pyne in „dringenden Geschäften" zu sprechen verlangten. Sobald sie sich im Innern des Hauses befanden, zogen sie Revolver hervor und zwangen den Hausherrn, ihnen Bargeld und Juwelen im Betrage von 7000 Rupies auszuhändigen. Die Dakoits entkamen. Man nimmt an, daß es sich um ein politisches Verbrechen handelt.

Indiaman.

18. Februar. **Ermordung eines Polizeispions.**

Sasasi Chuckerbutty, ein Bengali, der im Verdachte stand, ein Polizeispion zu sein, wurde am 18. Januar zu Badschitpur, Meimensingh, von Anarchisten erschossen. Der Mord wurde nahezu auf derselben Stelle verübt, an der Debendra Nath Biswas am 19. Dezember erschossen wurde. Weder damals noch jetzt hat man eine Spur des Verbrechens gefunden.

Indiaman.

18. Februar. **Verhaftung von Bombenfabrikanten.**

Zu Benares sind nach dem Auffinden einer Sprengbombe fünf Bengalis verhaftet worden. Die Verhafteten waren nicht ortsansässig, sondern sollen erst vor kurzem aus Bengalen eingetroffen sein.

Indiaman.

19. Februar. **Der Verschwörungsprozeß von Benares.**

Benares, 14. Februar.

In dem Verschwörungsprozeß von Benares wurde heute das Urteil verkündet.

Es waren dem Gericht fünfzehn Personen vorgeführt worden, die des Vergehens gegen die Sektionen 121, 121 A, 122 und 131 des Indischen Strafgesetzbuches angeklagt waren. Zwei der Angeklagten (die früheren Soldaten Dharam Singh und Jadu Nath Singh) waren ferner des Vergehens gegen Sektion 123 des Strafgesetzbuches beschuldigt.

Ursprünglich war die Verfolgung von vierundzwanzig Personen angeordnet worden, von denen sich jedoch neun der Verhaftung entzogen. Das Verfahren gegen einen der Angeklagten, Rao Gopal Singh aus Kharwa, wurde schließlich eingestellt, doch konnte inzwischen einer der Flüchtigen ergriffen und vor Gericht gebracht werden, so daß die Zahl der Angeklagten, gegen die das Sondergericht zu verhandeln hatte, fünfzehn blieb.

Das Urteil der Sonderkommissare ist recht umfangreich und zerfällt in drei Teile, von denen der erste wiederum in zwei Teile gegliedert ist. Der erste Teil beschränkt sich auf allgemeine Bemerkungen, der zweite gibt einen Umriß des vorhandenen Beweismaterials nebst einer kurzen Rechtsbegründung, und der dritte und letzte Teil behandelt die einzelnen Anklagefälle. Zu den abschließenden Teilen des Urteils bemerkten die Richter: „Die Tatsache, daß wir in jeder einzelnen Frage des Beweismaterials und des Gesetzes, die sich während der Verhandlungen erhob, übereinstimmten, ermöglicht es uns, die beiden Schlußteile des Urteils beträchtlich abzukürzen, um so mehr, als wir im Verlaufe der Untersuchung den Wert und die Wirkung jedes einzelnen wichtigen Teiles des beiderseitigen Beweismaterials eingehend analysiert haben."

Nachstehend geben wir die Namen der Angeklagten:

Annanda Charan Bhattacharji,
Bankim Chandra Mitra,
Damodar Sarup,
Dharam Singh (früherer Soldat),
Ghaneshi Lal Khasta,
Jadu Nath Singh (früherer Soldat),
Jitindra Nath Sanyal,
Kalipado Mukharji,
Lachmi Narain,
Nalini Mohan Mukarji,
Nagendra Nath Datta (alias Girja Babu),
Partab Singh,
Rabindra Nath Sanyal,

Sachindra Nath Sanyal,
Surendra Nath Muherji.

Flüchtig sind:
Ashutosh Rai (alias Gopesh),
Ganes Dhan Chandar Rai,
Manmatha Nath,
Nagendra Nath Banerji,
Pashupati Nath,
Premath Bhattercharji,
Vinayak Rao Kaple,
Rash Behari Bose.

Vier der Angeklagten wurden freigesprochen:
Dharam Singh und Jadu Nath Singh (die beiden Ex-Soldaten),
Surendra Nath Mukherji,
Rabindra Nath Sanyal.

Der Anführer Sachindra Nath Sanyal, von den Richtern als „Stellvertreter" des Rash Behari Bose zu Benares bezeichnet, wurde zu lebenslänglicher Verbannung verurteilt; die gegen die übrigen verhängten Strafen bewegen sich zwischen zwei und sieben Jahren Zuchthaus.

Die Einleitungsbemerkungen beginnen mit der Erklärung, daß das Gericht es nicht als notwendig erachtet habe, eine Anklage nach Sektion 124 zu formulieren, „weil der Zweck der Verschwörung weit über das bloße Erregen von Haß und Auflehnung hinausging. Die Angeklagten beabsichtigten nichts geringeres als den Umsturz der Regierung durch bewaffnete Gewalt; die von ihnen verbreitete Literatur („Swadhin Bharat" und „Blätter der Freiheit") war ihrem Charakter nach ausgesprochen revolutionär und forderte offen zu Mord und Empörung auf."

Die Art der Verschwörung.

Es heißt dann weiter: Der gegenwärtige Prozeß unterscheidet sich trotz seiner Ausdehnung — wir haben ungefähr 200 Zeugen vernommen und die gedruckten Berichte über das gewonnene Beweismaterial sind über 390 Seiten stark — von den früheren Verschwörungsprozessen zu Delhi und Lahor, mit denen er zusammenhängt, darin, daß keine gewalttätigen Handlungen, sei es Mord, Dakoity oder Bombenwerfen, vorliegen. Die Tätigkeit der Verschwörergruppe zu Benares beschränkte sich auf

1. Verbreitung aufrührerischer Literatur,
2. Versuche, die Treue des Heeres zu untergraben,
3. Ansammlung von Bomben und Munition aus Bengalen und anderen Gegenden zur Weitergabe nach Mirat, Delhi und dem Pandschab.

Die Verschwörung von Lahor, Delhi und Benares waren sämtlich Teile einer großen Gemeinschaft, aber der Mittelpunkt dieser Gemeinschaft befand sich im Pandschab, wo man es mit ganz anderem Material zu tun hatte als den jungen Bürschchen, aus denen die Mehrzahl der uns vorgeführten Angeklagten besteht. Die Auffindung von zehn gefüllten Bomben zu Mirat, die zweifellos aus Benares stammten, zeigt zur Genüge, zu welch' mörderischen Ergebnissen die Bewegung selbst hier hätte führen können. Da jedoch bis zur Zeit der Verhaftung der Angeklagten noch keine gewalttätige Handlung von ihnen begangen worden war, hat das Gericht keinen wegen Vergehens gegen Sektion 121, auf das Todesstrafe steht, verurteilt. Deshalb wenden wir uns den Angeklagten zu, deren Schuld wir nach Sektion 121 A bewiesen finden, wo nötig unter Heranziehung der §§ 122 und 131, und fassen die übrigen Anklagepunkte unter § 240 zusammen. Wo also bei den einzelnen Fällen keine besondere Anklage aufgestellt ist, wird angenommen, daß hier § 240 angewendet worden ist.

Die Vorgeschichte der Verschwörung.

Die Gesellschaft wurde im Jahre 1908 von dem Angeklagten Sachindra Nath unter dem Titel „Anushilan Samiti" gegründet. Späterhin, als gegen die Anushilan Samiti zu Dakka, von der der Name entlehnt war, ein Strafverfahren eingeleitet wurde, verwandelte sich der Name der Gesellschaft in „Verein junger Männer". Die Vereinigung hatte es sich vorgeblich zur Aufgabe gemacht, den physischen, sittlichen und geistigen Zustand ihrer Mitglieder zu heben. Hinter diesem vorgeblichen Zweck verbargen sich Ziele politischer Art, da Sachindra zweifellos beabsichtigte, durch die Vereinigung Aufruhr unter dem Volke zu verbreiten. Wie Deb Narayan Mukerji, ein früheres Mitglied, aussagte, pflegten die Mitglieder sich heftig gegen die Maßnahmen der Regierung zu äußern. Von Bibhuti wissen wir, daß in der Gesellschaft ein Geheimbund bestand, zu dem diejenigen gehörten, die mit den wahren Zielen vertraut waren. Die Lehren des Aufruhrs wurden hauptsächlich in einer sogenannten „Moralstunde" gepredigt, in der die Bagadvad Gita so ausgelegt wurde, daß sie selbst Meuchelmord rechtfertigte. Bei der Feier des Kali Puja wurde das Opfer eines weißen Kürbisses — ein üblicher Teil der Zeremonie, der an sich keine geheimnisvolle Bedeutung besitzt — zum Symbol dafür genommen, daß für Vertreibung der Weißen ein besonderes Opfer gebracht werden müsse.

Gegen Ende des Jahres 1912 oder gleich zu Beginn des Jahres 1913 ereigneten sich nacheinander zwei Spaltungen in der Vereinigung. Das erstemal sonderten sich jene Männer ab, die der von einem gewissen Khoka gelehrten Doktrin anhingen, nach der Fortschritte dadurch erreicht würden, daß man seine Mitmenschen liebe. Sie widersetzten sich der politischen Tätigkeit der Gesellschaft und dem regierungsfeindlichen Ton. Die zweite Spaltung war genau gegenteiliger Art. Die sich Absondernden bestanden aus den radikalsten Mitgliedern, die mit der Vereinigung unzufrieden waren, weil sie nach ihrer Meinung nur redete und nicht handelte. Nach der Spaltung gründete Sachindra eine neue Partei, die das Ziel verfolgte, mit den Anarchisten Bengalens in Verbindung zu treten und sich in ähnlicher Weise wie diese in den Vereinigten Provinzen zu betätigen. Es sollten u. a. Waffen und Munition beschafft, Bomben hergestellt, Hetzliteratur verbreitet und die Treue der Truppen untergraben werden. Von diesem Zeitpunkte ab wurde die Tätigkeit Sachindras und seiner Freunde ausgesprochen verbrecherisch. Nach der Aussage Bibhutis trat Sachindra auch tatsächlich mit den bengalischen Anarchisten in Verbindung, und zwar durch Vermittlung eines gewissen Makhan, der ihn mit Sasanka Mohan Hajra bekannt machte. Von Zeit zu Zeit pflegte er nach Bengalen zu reisen und dort Geld und Bomben zu beschaffen. Im Herbst 1913 wurde in einer Anzahl Schulen und Hochschulen zu Benares Hetzliteratur verteilt, andere Mitglieder klebten aufrührerische Flugblätter an die Mauern oder verbreiteten sie durch die Post.

Das Auftreten Rash Behari Boses.

Ungefähr zu Anfang des Jahres 1914 erschien der berüchtigte Rash Behari Bose in Benares, und die Führerschaft der Bewegung, die bis dahin von Sachindra ausgeübt worden war, fiel natürlich unverzüglich in seine Hände. Es ist eine bemerkenswerte Tatsache, daß es Behari Bose, trotzdem auf seine Ergreifung eine Belohnung ausgeschrieben und sein Bild überall verbreitet war, gelingen konnte, fast das ganze Jahr 1914 hindurch sich in Benares aufzuhalten, ohne daß die Polizei von seiner Anwesenheit Kenntnis erhielt. Es wurde für ihn ein hinter der Jageshwar-Druckerei liegendes Haus gemietet, wo er von Februar bis November 1914 gewohnt haben soll. Er wurde häufig von verschiedenen Mitgliedern der Verschwörung besucht und soll bei einer Gelegenheit die Handhabung von Bomben und Revolvern erklärt haben. Unter den nicht aus Benares stammenden Angeklagten gehörten zu seinen Besuchern Bankim Chandra, Damodar, Pratab Singh und Lachmi Narain.

In seinem Hause in Misri Pokhra ereignete sich am Abend des 18. Novembers 1914 (nach Angabe Bibhutis um 7 Uhr) ein Vorfall, der für diesen Prozeß von erheblicher Wichtigkeit ist. Zwei Bombenkapseln, die Behari untersuchte, explodierten und verletzten ihn schwer und Sachindra Nath leicht. Unmittelbar nach der Explosion verließen alle mit Ausnahme Manmatha Naths das Haus, und Behari Bose wurde in Kedar Ghat im Hause eines gewissen Ganesh Chandra Bapuli untergebracht. Am nächsten Tage kaufte Bibhuti verschiedene Drogen, wie Jod, Permanganat, Borwatte und Wasserstoffsuperoxyd für die Behandlung der Verletzungen Behaci Boses.

Bald nach diesem Ereignis mußte Bibhuti wegen Krankheit und Tod seines Vaters Benares für einige Zeit verlassen. Als er nach seiner Rückkehr Rash Behari im Hause zu Kedar Ghat besuchte, traf er dort den berüchtigten Anarchisten Vishnu Ganesh Pingley, der inzwischen im Verschwörungsprozesse von Lahor abgeurteilt und dann hingerichtet wurde. Als Bibhuti im Januar 1915 vom Begräbnis seines Vaters zurückkam, fand er Rash Bihari in einem dritten Hause in der Nähe von Harishandra Ghat. Dort wurde eine wichtige Versammlung abgehalten, der Sachin, Damodar, Pingley, Narendra Nath, Vinayak Rao, Jamna Das und Bibhuti beiwohnten und in der Rash Bihari verkündete, daß im ganzen Lande Empörung ausbrechen würde und daß die Zeit gekommen sei, sich zum Tode für das Vaterland bereit zu halten. Damodar wurde zum Führer für Allahabad bestimmt; Rash Bihari selbst ging mit Sachin und Pingley nach Lahor. Zwei Männer wurden bestimmt, Bomben und Waffen aus Bengalen zu holen, zwei andere, von denen einer Vinayak Rao war, sollten sie nach dem Pandschab schaffen. Bibhuti und Preonath sollten die Truppen in Benares bearbeiten, während Naini zum gleichen Zwecke nach Jubbulpor reisen sollte. Bibhuti hatte daraufhin auch verschiedene Unterredungen mit den Soldaten der siebenten Radschputs zu Benares und machte zusammen mit Preonath einen erfolglosen Versuch, sich den Truppen des Maharadschas zu nähern. Auch abgesehen von der Aussage Bibhutis ergibt das Beweismaterial ganz zweifellos, daß ein Versuch gemacht wurde, die Siebenten Radschputs aufzuwiegeln. Der Reservist Dilla Singh, der mit anderen den Reden der beiden zuhörte, wurde als Zeuge vernommen. Es kann kein Zweifel bestehen, daß Dilla Singh selbst in dieser Sache verwickelt war, obgleich seine Aussage zur Verurteilung der beiden angeklagten Exsoldaten Dharam Singh und Jadu Nath Singh nicht genügten. Zwei der Verschwörer von Lahor, Sucha Singh und Kartar Singh, kamen zur Feststellung der Aufwiegler nach Benares und Sucha Singh identifizierte Dilla Singh bei einer Parade von 700 Mann des Regiments.

Von nun an kam alles in lebhaftere Bewegung. Rash Bihari und Sachin verließen Benares und der interessierende Mittelpunkt verschob sich von dort nach Delhi und Lahor.

Die Urteile.

Nachdem der Fall jedes Angeklagten einzeln eingehend durchgenommen ist, sagt das Gericht dann weiter: Wir haben uns mit Sachindra Sanyal deshalb besonders ausführlich befaßt, weil er ohne Zweifel der gefährlichste der Angeklagten ist. Er war der Stellvertreter Rash Biharis in Benares, und seine Tätigkeit war von weitergreifender und schädlicherer Art als die der anderen Angeklagten. Wir finden ihn einmal in Kalkutta, dann zu Lahor oder Amritzar. In seinem Charakter sind Elmente vorhanden, die ihn zu einem nützlichen und sogar hervorragenden Mitgliede der menschlichen Gesellschaft hätten machen können, wie z. B. sein Beitritt zu den Freiwilligen Mitarbeitern des Unterstützungskomitees bei der Überschwemmung des Damodars. Seine Verurteilung erfolgte wegen Verschwörung gegen den König und wegen des Versuches, ihn der Souveränität über Britisch-Indien zu berauben, sowie die Soldaten der Siebenten Radschputs aufzuwiegeln. Für sämtliche Vergehen wird der Angeklagte zu lebenslänglicher Verbannung verurteilt. Zu gleicher Strafe wird er verurteilt wegen Beschaffung von Waffen und Munition zum Zwecke der Kriegführung gegen den König. Der Angeklagte hat den Besitz seines gesamten Eigentums, das beschlagnahmt werden soll, verwirkt.

Das Vergehen des sechzehnjährigen Knaben Surendra Nath Mukerji ist schwer zu beurteilen und nur mit Zögern kann das Gericht ihn freisprechen.

Girja Babu wird zu fünf Jahren Zuchthaus und einer Geldstrafe von 500 Rupies, die von seinem Eigentum gedeckt werden soll, verurteilt. Für den Fall, daß die Erhebung der Geldstrafe nicht möglich ist, wird er zu weiteren neun Monaten Zuchthaus verurteilt.

Das Gericht verurteilte ferner Annada Charan Bhattacharji, Bankim Chandra Mitra und Kalipado zu je drei Jahren Zuchthaus.

Dem Angeklagten Damodar Sarup, alias Masterji, wurde eine Gefängnisstrafe von sieben Jahren auferlegt, da das Gericht annimmt, daß er versucht habe, von Rao Gopal Singh aus Kharwa Waffen zu beschaffen.

Das Urteil gegen Lal Khesto lautet auf sieben Jahre, das gegen Lachmi Narayan auf fünf Jahre Gefängnis. Hinsichtlich des letzteren bemerkte das Gericht, daß er durchaus kein unreifer Jüngling sei und daß die Aufmerksamkeit, die die Polizei ihm im Jahre 1914 hatte zuteil werden lassen, ihn nicht klüger gemacht habe.

Nalini Mihan Mukerji wurde zu fünf Jahren verurteilt, weil das Gericht es als erwiesen erachtete, daß er nach Jubbulpor gegangen war, um dort die Truppen aufzuwiegeln.

Von Partap Singh sagte das Gericht, daß die Verschwörer sich seine Dienste nutzbar machten, um mit der aufsässigen Bevölkerung Zentralindiens in Berührung zu kommen; er habe sich mit allen Kräften bemüht, die Ziele der Verschwörer zu fördern. Das Urteil gegen ihn lautete auf fünf Jahre Gefängnis.

Von Rabindranath Sanyal heißt es, es sei möglich, daß der Angeklagte auf Verlangen seines älteren Bruders Sachin Botschaften überbracht und andere an der Oberfläche harmlos aussehende Dinge verrichtet hätte, ohne von der Verschwörung Kenntnis gehabt zu haben; er wurde daraufhin freigesprochen.

Jitendra Nath Sanyal wurde unter Berücksichtigung seiner großen Jugend und der Tatsache, daß er wahrscheinlich sehr unter dem Einfluß seines älteren Bruders Sachindra gestanden habe, zu zwei Jahren Gefängnis verurteilt.

Die gegen die beiden Exsoldaten vorliegenden Anschuldigungen wurden nicht als voll erwiesen betrachtet; gegen beide erfolgte Freispruch.

Hinsichtlich der zu drei Jahren verurteilten Angeklagten bemerkte das Gericht, daß sich deren Tätigkeit nicht über die Verbreitung von Hetzliteratur hinaus erstreckt hätte.

Pioneer Mail.

19. Februar. **Prozeß wegen Verstoßes gegen das Waffengesetz.**

Kalkutta, 12. Februar.

Vor dem Präsidentschaftsgericht begann heute die Verhandlung gegen Nishi Kanta Lahim, der unter der Anklage des Vergehens gegen das Waffengesetz steht.

Pioneer Mail.

19. Februar. **Internierung eines Nationalisten.**

Kalkutta, 15. Februar.

Abinash Cunder Chakravarti, Rechtsanwalt am Obersten Gerichtshofe, der wegen Vergehens gegen das indische Verteidigungsgesetz verhaftet worden war, wurde gestern aus dem Präsidentschaftsgefängnis entlassen, doch wurde ihm ein Gerichtsbefehl zugestellt, nach dem er in seinem Heimatsorte Bharanja im Pabna-Bezirke interniert wird.

Pioneer Mail.

19. Februar. **Internierung nationalistischer Studenten.**

Kalkutta, 16. Februar.

Drei junge Bengalis, die vergangenen Monat nach Auffindung einer Mauserpistole nebst Munition verhaftet worden waren, haben einen Internierungsbefehl erhalten.

Pioneer Mail.

19. Februar. **Der Dakoity-Prozeß von Sibpur.**

Kalkutta, 16. Februar.

Im Dakoity-Prozeß von Sibpur wurde heute vom Sondergerichte das Urteil gefällt. Es handelt sich um zwölf Angeklagte, von denen neun für schuldig und drei für nicht schuldig befunden wurden. Satyanarain, Sachindra, Bupendra Ghose, Nikhil Ranjan Guha Roy, Gotindra Nath Nandi, Surendra Nath Biswas, Anukul Chatterji und Narendra Ghose Chowdry wurden nach Sektion 396 des Indischen Strafgesetzes zu lebenslänglicher Verbannung, Harendra Bhattacharjee zu zehn Jahren Verbannung verurteilt. Bijoy Ranjan,

Satyendra Nath Sen Gupta und Radhika Ganguly wurden freigesprochen und entlassen. Das Gericht schenkte hinsichtlich der drei letzteren den polizeilichen Angaben keinen Glauben.

Pioneer Mail.

25. Februar. **Ausgesetzte Belohnung.**

Eine Belohnung von 500 Rupies ist ausgesetzt worden für Angaben, die zur Verhaftung der Mörder Srish Chunder Roys führen, der, wie vergangene Woche im „Indiaman" berichtet, zu Noakhali erschossen wurde.

Indiaman.

25. Februar. **Eine weitere Verhaftung.**

Brahmo Baran Mukerji, ein Geschäftsmann aus Kalkutta, wurde zu Sambalpur auf Grund des Verteidigungsgesetzes verhaftet.

Indiaman.

25. Februar. **Ein neues Dakoity in Ostbengalen.**

Von einem Dakoity, bei dem ein Mord verübt wurde, wird aus Sultanpur bei Meimensingh berichtet. Am 15. Januar drang eine Bande junger, mit Revolvern bewaffneter Bengalis in das Haus eines wohlhabenden Bewohners ein. Man widersetzte sich den Dakoits, und einer der Dorfbewohner wurde erschossen. Verhaftungen wurden nicht gemacht.

Indiaman.

25. Februar. **Ungemilderte Tätigkeit der Revolutionisten.**

Wie uns berichtet wird, hat die Tätigkeit der Aufwiegler in Benares noch nicht aufgehört. Im Januar wurden „Swadhin Bharat"- (Unabhängiges Indien) Blätter in den Bengalenvierteln an die Mauern geklebt, andere wurden durch die Post verschickt.

Indiaman.

25. Februar. **Bemerkung zum Verschwörungsprozeß von Benares.**

Das Ergebnis des Verschwörungsprozesses von Benares, über das wir in der vergangenen Woche berichteten, kann als befriedigend betrachtet werden. Das Bestehen einer ernstlichen, gegen die Regierung gerichteten Verschwörung ist endgültig festgestellt worden, und elf von den fünfzehn Angeklagten wurden für schuldig befunden.

Indiaman.

26. Februar. **Wiederverhaftung freigesprochener Nationalisten.**

Kalkutta, 23. Februar.

Rabindra Nath Sanyal und Surendra Nath Mukerji, die vom Sondergericht im Verschwörungsprozeß von Benares freigesprochenen Angeklagten, wurden sofort nach ihrer Freilassung wieder verhaftet und befinden sich jetzt im Bezirksgefängnis von Benares.

Pioneer Mail.

26. Februar. **Internierung eines nationalistischen Lehrers.**

Einer aus Barisal eingegangenen Nachricht zufolge soll der frühere Lehrer in Kalkutta, Aswini Kumar Ganuly aus Nathullybad, zu Saipur; Mahispur Khurd, Rajshahi, bis zum Eintreffen weiterer Bestimmungen interniert werden.

Indiaman.

3. März. **Verhaftung eines Studenten.**

Am 30. Januar verhafteten Beamte der Kriminal-Untersuchungsstelle einen jungen Bengali-Studenten, der ihnen verdächtig schien. Der junge Mann, der den Detektiven gefolgt war, wehrte sich verzweifelt gegen seine Verhaftung, und als er durchsucht wurde, fand man in seiner Kleidung einen geladenen Fünfkammer-Revolver.

Indiaman.

3. März. **Gerichtsverhandlung wegen politischen Mordes.**

Am 31. Januar fand vor dem Spezialkommissar die Verhandlung gegen Ganda Singh statt, welcher der Beihilfe zum Morde von Ferozschah angeklagt ist. Der Regierungsanwalt sagte, der Angeklagte sei einer von den Männern, die nach Indien gekommen seien, um eine Revolution in die Wege zu leiten. Sie hätten beschlossen, staatliche Gelder zu rauben und seien auf dem Wege gewesen, die Moga-Kasse zu überfallen, als sie dem Unterinspektor Bashar Ali begegneten, vor dem sie sich als Rekrutenwerber ausgaben. Als der Unterinspektor Mißtrauen zeigte, schoß der Angeklagte auf ihn und er fiel sofort tot nieder. Die Männer flüchteten, noch immer Schüsse abgebend, wobei auch Zeildar Jawala Singh getötet wurde. Schließlich konnten sieben Verhaftungen vorgenommen werden; zwei der Attentäter wurden im Schilf gefunden, in das sie sich geflüchtet hatten, einer von ihnen war tot, der andere sterbend. Von den vier, die auf den Unterinspektor geschossen hatten, wurden zwei nach erfolgter Berufung beim Hauptgericht gehängt; die zwei übrigen bestanden aus Ganda Singh und einem anderen, der noch nicht gefaßt war. Es wurde Anklage wegen Mordes erhoben und eine bestimmte Zeit zur Beschaffung von Zeugen für die Verteidigung festgesetzt.

Indiaman.

10. März. **Polizeiliche Durchsuchung von Privathäusern.**

Vereinigte Trupps der Kriminal-Untersuchungsstelle von Bengalen und der französischen Polizei durchsuchten drei Häuser in Chandarnagor, um den

Aufenthalt eines politisch Verdächtigen zu ermitteln, gegen den ein Steckbrief erlassen worden war.

Indiaman.

11. März. **Peitschung eines Redakteurs.**

In Nagpur ist jetzt der Prozeß gegen Ramcharan Lall, Redakteur des „Swaradsch", im Gange. Die Ärzte Dr. Paranjape und Dr. Cholker, die ihn im Gefängnis besuchten, gaben ein dahingehendes Gutachten ab, daß es ihm nach einer an ihm vollzogenen Prügelstrafe vier Tage lang unmöglich gewesen sei zu arbeiten.

Times of India.

11. März. **Prozeßverhandlung in Mandalay.**

Am Montag begann vor dem Sondergericht von Mandalay der Prozeß, in dem sich siebzehn Pandschabies in Birma und an anderen Orten durch Verschwörung gegen den König, gegen das Verteidigungsgesetz schuldig gemacht hatten.

Times of India.

11. März. **Die Haussuchungen in Kalkutta.**

Wie berichtet wird, erstreckten sich die am vorigen Sonntag vorgenommenen Haussuchungen über Kalkutta hinaus, und verschiedene Verhaftungen wurden in Provinzstädten vorgenommen. In Kalkutta wurde einer der Studenten, der an dem Überfall auf Professor Oaten beteiligt gewesen sein soll, verhaftet, und man hält seine Internierung für wahrscheinlich. Ein indischer Anwalt wurde am Sonnabend in seinem Heimatsorte verhaftet, nachdem seine Wohnung in Kalkutta durchsucht worden war. Zwei Studenten der University Law College wurden im College Casino in der Sambhunath Chatterji Straße gleichfalls verhaftet; einem Studenten der Hochschule zu Kalkutta wurde der Internierungsbefehl zugestellt, und ein Student der Veterinärschule in Gewahrsam genommen. Wie es heißt, sollen ungefähr zwanzig Verhaftete den Internierungsbefehl erhalten haben. In Barnagor wurden fünf Häuser durchsucht, und vier Verhaftunoen gemacht. Ein Angestellter eines Rechtsanwaltsbureaus, der vor einiger Zeit wegen Verdachtes der Teilnahme am Waffendiebstahl von Rodda verhaftet und wieder freigelassen worden war, soll interniert worden sein. Sechs zu Howrah verhaftete junge Leute wurden nach Kalkutta gebracht; zwei von ihnen soll der Internierungsbefehl zugestellt worden sein. Vierzehn am Sonnabend in Kalkutta und Umgegend festgenommene Personen wurden am Montag dem Polizeikommissär in Lall Bazar vorgeführt. Die unter der Anklage des Mordes und der Dakoity Verhafteten wurden in Gewahrsam behalten.

Times of India.

Neue Verurteilung wegen Verstoßes gegen das Waffengesetz.

Im vergangenen November wurde die Saksa-Druckerei zu Dakka polizeilich durchsucht, und zwei automatische Revolver nebst 400 Patronen gefunden. Die der Druckerei nahestehenden Männner, Abani Kanta De und Aswini Kumar Das, die verhaftet worden waren, wurden gestern zu je drei Monaten Zuchthaus verurteilt.

Pioneer Mail.

Verhaftung von Nationalisten.

Kalkutta, 6. März.

Am Sonnabend wurden in Kalkutta wegen der anarchistischen Treibereien in Bengalen mehr als vierzig Häuser polizeilich durchsucht. Ungefähr dreihundert Polizisten waren dazu aufgeboten. Die Haussuchungen fanden alle gleichzeitig statt, begannen am frühen Morgen und hatten die Verhaftung von dreißig Bengalis zu Folge. Anderen wurde der Internierungsbefehl zugestellt, und nicht in Bengalen ansässige Personen wurden nach ihren Heimatsprovinzen ausgewiesen, wo ihre Festnahme erfolgen wird.

Den Zeitungen von Kalkutta zufolge sind diese Haussuchungen auf Enthüllungen zurückzuführen, die man durch Schriftstücke bald nach dem Tumulte von Balasor, in dem Jotindra Mukherji, einer der Führer der Bengali-Anarchisten erschossen wurde, erlangt hatte. Die Sache entwickelte sich weiter, als bald darauf ein berüchtigter Anarchist in Goa Selbstmord beging, nachdem er dort mit Erlaubnis der portugiesischen Behörden verhaftet worden war. Wie später in Erfahrung gebracht wurde, war sein Name Bhola Nath Chatterji; er hatte Bihar und Orissa durchreist und war die rechte Hand Jotin Mokherjis gewesen.

Die am Sonnabend wegen anarchistischer Verbrechen in Kalkutta festgenommenen dreißig politisch Verdächtigen, wurden interniert und unverzüglich aus Kalkutta enfernt.

Pioneer Mail.

Verhaftung eines Rechtsanwalts.

Kalkutta, 8. März.

Unter den kürzlich verhafteten politisch Verdächtigen befindet sich der Anwalt vom Obersten Gerichtshofe Satyindra Mittre. Er wurde auf Grund eines telegraphischen Befehls aus Kalkutta in Noakhali festgenommen.

Pioneer Mail.

17. März.

Urteil im Dakoityprozeß.

Das Sondergericht fällte am 16. Februar das Urteil im Dakoityprozeß von Silpur. Von den zwölf Angeklagten wurden drei freigesprochen. Von den übrigen wurden sieben zu lebenslänglicher und einer zu zehnjähriger Verbannung verurteilt.

Indiaman.

Hinrichtung eines Revolutionärs.

Sohan Lal, der kürzlich wegen versuchter Aufreizung zur Rebellion, der zu Maymyo stationierten Gebirgsbatterie, verurteilt worden war, wurde am 12. März zu Mandalay gehängt. Bei seiner Verhaftung hatte man zwei geladene automatische Pistolen und eine Anzahl Patronen gefunden, außerdem einige in arabischer und türkischer Sprache gedruckte Blätter, die aus Konstantinopel stammten.

Indiaman.

18. März. **Politisch Verdächtige in Bengalen.**

Kalkutta, 14. März.

Zweiundzwanzig politisch Verdächtige, die kürzlich in Kalkutta und Umgegend verhaftet worden waren, wurden gestern dem Polizeikommissar vorgeführt und wieder entlassen. Bald nach ihrer Freilassung wurden sie jedoch auf Grund des Reichsverteidigungsgesetzes von neuem verhaftet. Unter ihnen befindet sich Dr. S. M. Sen Gupta, der Sohn eines früheren Kreisschulinspektors.

Pioneer Mail.

25. März. **Dem Gericht überwiesen.**

Der junge Bengali Nagendra Nath Chuckerbutty, der des Besitzes von Sprengmitteln beschuldigt worden war, wurde dem Obersten Gerichtshofe zur Untersuchung überwiesen.

Pioneer Mail.

1. April. **Der zweite Verschwörungsprozeß von Lahor.**

Lahor, 30. März.

Heute nachmittag wurde im zweiten Verschwörungsprozeß das Urteil verkündet. Es waren ursprünglich 102 Angeklagte vorhanden, von denen zwei in anderen Prozessen abgeurteilt wurden, neun noch flüchtig sind und gegen sechs die Anklage zurückgezogen wurde; einem wurde unter der Bedingung Angaben zu machen Begnadigung angeboten, wonach noch insgesamt vierundsiebzig Angeklagte verblieben. Einer, der im ersten Prozeß aus der Haft entlassenen Angeklagten, wurde auch jetzt wieder freigelassen, während ein anderer freigesprochen wurde. Von den übrigen Angeklagten wurden sechs zum Tode, fünfundvierzig zu lebenslänglicher Verbannung, acht zu Gefängnisstrafen verschiedener Dauer, die von sechs Monaten bis zu vier Jahren variieren, verurteilt, während fünfzehn freigesprochen wurden. Vierundzwanzig der zu lebenslänglicher Verbannung Verurteilten wurden der Begnadigung empfohlen, während bei allen zum Tode oder Verbannung Verurteilten die Einziehung des Eigentums angeordnet wurde.

Das Urteil füllt über 120 gedruckte Folioseiten und gliedert sich in der Anordnung wie das im ersten Prozeß ergangene.

Nachstehend geben wir einige Auszüge: In dem im ersten Prozeß gefällten Urteil wurde das damals vorliegende Beweismaterial über die Verbindung der Revolutionäre mit Deutschland erörtert, und wir kamen zu dem Schluß, daß Anzeichen der Möglichkeit einer bestimmten Verständigung zwischen Deutschland und Hardayal vorhanden seien und ebenso solche der Bereitschaft Deutschlands, die Revolutionäre, wo immer es möglich sei, zu unterstützen. Wasawa Singh sagte aus, daß Balwant Singh, der sich für das dreiundzwanzigste Kavallerieregiment zu dem Zwecke anwerben ließ, seine Kameraden aufzuwiegeln, ihm gesagt habe, hinter Hardayal stände die deutsche Regierung, und daß viele der von Rückwanderern mitgebrachten Waffen von Deutschland geliefert worden seien. Nand Singh gab an, daß ihm in Penang von Passagieren des Dampfers Tosha Maru gesagt worden sei, Deutschland würde Waffen und Munition liefern und auch in anderer Weise den Revolutionären beistehen.

Auch von Arjani Singh wissen wir, daß in Penang Kesar Singh sich ausführlich über die Möglichkeiten verbreitete, die der Krieg mit Deutschland für die Revolutionäre zur Stürzung der britischen Herrschaft biete. Ebenso sagte uns Chanan Singh, daß der Angeklagte Nr. 69 ihn aufforderte, die Revolution zu propagandieren, solange der deutsche Krieg dazu Gelegenheit biete. Khushal Singh gab an, der Angeklagte Nr. 69 habe zu Mauza Sur Singh vom Kommen der Deutschen nach Indien gepredigt. Karm Singh sprach von ähnlichen Vorträgen des Angeklagten Nr. 81. Labh Singh berichtete, Angeklagter Nr. 28 habe in Bankok von dem Kriege mit Deutschland gesagt, er schaffe für die Revolution günstige Gelegenheit. Dem Sucha Singh wurde von anderen Revolutionären gesagt, in Bengalen befänden sich siebenhundert Gewehre, die ihnen von Deutschland geliefert worden seien; dies ist zweifellos eine Übertreibung, immerhin jedoch bezeichnend für die Erwartungen der Revolutionäre.

Dieses neue Material beweist natürlich nicht rechtskräftig, daß eine klar umrissene Vereinbarung zwischen den Revolutionären und Deutschland bestand. Aber das Material genügt, um unsere früher niedergelegte Ansicht zu bekräften, daß eine Möglichkeit einer solchen Verbindung besteht, und es ist erwiesen, daß der Ausbruch des Krieges mit Deutschland als der psychologische Moment für eine Revolution in Indien betrachtet wurde, an der, wie man erwartete, Deutschland sich beteiligen sollte.

Ebenso wie das erste Urteil zerfällt auch das jetzige in vier Teile. Teil I, der die Einleitung bildet, besagt, daß der Prozeß am 29. Oktober 1915 begann und am 16. März 1916 beendet wurde. Es wurden 365 Belastungszeugen vernommen; für die Verteidigung erschienen insgesamt 1042 Zeugen. Die jetzigen Angeklagten stellten bis auf wenige Ausnahmen ein von den Angeklagten des ersten Prozesses durchaus verschiedenes Material dar. Letztere bestanden aus Organisatoren und Führern, Männer, die die Regierung durch Mord, Massaker und Plünderung stürzen wollten. Eine große Anzahl der jetzt vor Gericht stehenden Männer waren Werkzeuge bei gelegentlichen Tumulten und lösten sich bald wieder von der revolutionären Bewegung los. Teil II beschäftigt sich mit allgemeinen Punkten, sowohl rechtlichen wie auch anderen. Teil III enthält die Vorgeschichte der Verschwörung, und Teil IV behandelt die einzelnen Anklagefälle.

Die Begründung.

Es wird gesagt: Wir haben der im ersten Prozesse dargelegten Begründung wenig hinzuzufügen, aber, da jetzt neues Material vorliegt, mag das im ersten Falle Ausgeführte nunmehr etwas erweitert werden. Es ist nachgewiesen, daß im Mai 1913 Hardyal die erregbaren Inder in Amerika zu Feindschaft gegen die britische Regierung aufzureizen begann und zusammen mit anderen, zu denen auch einige der Angeklagten gehörten, daran ging, einen Aufstand in Indien vorzubereiten, der in noch zu bestimmender Zeit losbrechen und die englische Regierung stürzen sollte. Zu diesem Zwecke wurden Zusammenkünfte in verschiedenen Orten Amerikas abgehalten und Inder zu Mitgliedern der revolutionären Vereinigungen geworben. In San Franzisko erschien eine revolutionäre Zeitung, und durch Freunde, Agenten und eifrige Verteilung von aufreizender Literatur wurde ein regulärer Feldzugsplan entworfen. Im fernen Osten, besonders in Shanghai, Hongkong, Manila, Penang, Singapur, Siam und Indien selbst fanden sich viele Anhänger. Im Juli und August 1914 brach dann in Shanghai und Amerika die Erregung aus; Die Gründe dafür waren anscheinend die Komagata Maru-Affäre und der Ausbruch des Krieges mit Deutschland. Diesen betrachtete man als die gegebene Gelegenheit für den Beginn des Aufstandes gegen die englische Regierung, wie er in dem Organ der Revolutionäre, dem „Ghadr" propagandiert worden war.

Die ersten kriegerischen Handlungen wurden fast gleichzeitig im Juli in Shanghai und Amerika unternommen, und ein Trupp bewaffneter Männer aus Shanghai traf im Oktober in Indien ein. Im August ging ein noch stärkerer Trupp, der in Oregon und anderswo geworben worden war, von San Franzisko ab und traf im November in Indien ein. Zum gleichen Zwecke verließen noch viele andere Inder Amerika und warben auf dem Heimwege weitere Anhänger. Mit verschiedenen Schiffen und aus verschiedenen Richtungen trafen immer neue Ankömmlinge ein. Es bildeten sich Körperschaften, die die Truppen aufzuwiegeln und Waffen und weitere Mannschaften zu beschaffen suchten. Bald nach ihrer Ankunft in Indien begaben sich die Revolutionäre nach dem Pandschab und gingen daran, dem Heer und der Zivilbevölkerung revolutionäre Ideen einzuimpfen und sie aufzufordern, sich an der Fortsetzung des Kampfes zu beteiligen. Es war vereinbart worden, daß sich am 29. November zu Jhar Sahib Militär, dem sich dann die Meuterer der 23. Kavallerie anschließen würden, versammeln sollte; mit vereinten Kräften sollte dann nach Sarabali Patti und Tarn Taran marschiert werden. Die Meuterer in Lahor nahmen ihre Waffen und bereiteten sich zum Ausritt vor, blieben aber schließlich zum größten Teil zurück. Ein aus Militär bestehender bewaffneter Trupp versammelte sich zu Jhar Sahib und Khairon, marschierte auf Sarhali zu und zerstreute sich dann. Andere Revolutionäre veranstalteten am 27. November in den Kasernen von Lahor eine bewaffnete Demonstration und begaben sich nach Ferozpur in der Absicht, dort das Arsenal zu überfallen. Ein Teil der gleichen Bande bewaffnete sich, um am 30. November die Regierungskasse von Moga zu überfallen. Am 27. November fanden Zusammenstöße zwischen den Aufständischen und der Polizei statt, und im Kampfe gegen die staatliche Gewalt, die sie an ihrem Vorhaben hindern wollte, töteten sie zwei Männer und setzten ihre Maßnahmen fort, bis sie gefangen oder zerstreut wurden.

Andere Revolutionäre verfolgten und forderten gleiche Ziele, indem sie Truppen, Dorfbwohner und Studenten aufwiegelten, Bomben und Munition anfertigten, Waffen beschafften und Dakoities und Morde verübten. Angriffe auf Eisenbahnen, von denen jeder einzelne an und für sich eine Kriegshandlung bildete, wurden im Dezember 1914 und Januar 1915 geplant und ausgeführt.

Als letzte kriegerische Handlung, deren Ziel der Sturz der englischen Regierung war, wurde ein gleichzeitiger Aufstand der Truppen und Revolutionäre geplant, der am 19. Februar in Lahor, Ferozpur, Umballa, Mirat und anderen Orten stattfinden sollte.

Die Truppen standen bereit, in Lahor einzumarschieren, doch wurde das Unternehmen vereitelt, da die Polizei Kenntnis davon erhalten hatte. Auch zum Einmarsch in Ferozpur standen meuternde Truppen im Verein mit dort versammelten Revolutionären bereit. Eine Bande Aufständischer kam am 19. Februar aus den Dörfern des Ludhiana-Bezirks nach Ferozpur und versammelte sich in der Umgegend, um sich mit den meuternden Truppen zu vereinigen. Die Truppen konnten sich jedoch nicht in Bewegung setzen, weil ihr Anführer am Morgen aus dem Heere entfernt und die Bande aufgelöst worden war. Ein Teil davon begab sich mit Bomben und Revolvern bewaffnet nach Doraha, um dort am 22. Februar den Posten der Eisenbahnbrücke zu überfallen; der Anschlag blieb indessen erfolglos.

Obgleich die Führer allmählich verhaftet worden waren, fuhren die noch in Freiheit Befindlichen in der Verfolgung ihrer Kriegsziele fort durch Aufreizung der Truppen, Herstellung von Bomben, Beschaffung von Waffen, Planen von Dakoities und, um die Landbewohner an der Unterstützung der Regierung zu hindern, Ermordung solcher, die entweder bei der Verhaftung von Revolutionären mitgewirkt oder Informationen gegeben hatten, die zu ihrer Ergreifung führten. Ferner versammelte sich am 5. Juni eine bewaffnete Bande zum Angriff auf das Magazin zu Kapurthala zwecks Waffenbeschaffung und zum Überfall auf die Gefängnisse von Lahor und Montgomery. Der Überfall wurde dann jedoch auf den 12. verschoben, da man glaubte, noch nicht stark genug zu sein. Ein Teil wurde zum Angriff auf die Wallabrücke abgesandt. Der Angriff wurde dann am 11. Juli unternommen und hatte Erfolg, zwei Soldaten wurden getötet. Dies war die letzte mit Waffenmacht ausgeführte Ausschreitung, von der wir bisher Kenntnis erhalten haben und nach jenem Tage konnte allmählich noch eine weitere Anzahl Führer ergriffen werden. Die bis zum Juli und August 1914 begangenen Handlungen gelten als revolutionäre Verschwörung, die späteren, also die nach Beginn des Krieges, gelten als kriegerische Handlungen oder als solche, die zur Förderung und Vorschubleistung des Krieges begangen wurden.

Pioneer Mail.

7. April. **Verurteilung wegen politischen Mordes.**

Am 7. v. M. fällte das Sondergericht über zwölf Männer, die wegen Ermordung Kapur Singh Sahakars, eines Belastungszeugen im Verschwörungsprozeß von Lahor, angeklagt waren ein einstimmiges Urteil. Es lautete gegen Prem Singh, Sen Singh und Indar Singh auf Todesstrafe; fünf wurden zu Transportation verurteilt, einer wurde seiner Jugend wegen der Begnadigung empfohlen und die übrigen freigesprochen.

Indiaman.

7. April. **Unter der Anklage der Verschwörung.**

Siebzehn Männer aus dem Pandschab stehen jetzt zu Mandalay vor Gericht unter der Anklage des Verstoßes gegen das Reichsverteidigungsgesetz, durch Verschwörung.

Indiaman.

7. April. **Polizeiliches Vorgehen gegen Anarchisten.**

Die Polizei von Bengalen war in Kalkutta und verschiedenen Teilen der Provinz eifrig tätig; zahlreiche Häuser wurden durchsucht, Verhaftungen gemacht und überraschende Internierungsbefehle zugestellt. Nach der lokalen Presse ist dieses Vorgehen die Folge der „Belagerung" von Balasor und der zu Goa erfolgten Verhaftung des Anarchisten Bholanath Chatterjee (der während der Untersuchungshaft Selbstmord verübte). Chatterjee hatte es als seine Aufgabe betrachtet, verfolgten Anarchisten sichere Zuflucht zu verschaffen, konnte für sich selbst kein Asyl finden und wurde von den portugiesischen Behörden in Gewahrsam genommen.

Indiaman.

8. April.

Rede des Gouverneurs von Bengalen im Gesetzgebenden Rat.

Unruhen in Bengalen.

Kalkutta, 3. April.

„Eine Sache gibt es, von der ich zu meinem Bedauern schon wiederholt vor Ihnen gesprochen habe und von der ich auch heute wieder reden muß. Es handelt sich um Verbrechen, die als „politisch" bezeichnet werden — und, obgleich nicht einzig auf Bengalen beschränkt, hier doch häufiger vorkommen als irgendwo. Am 7. April vorigen Jahres erinnerte ich Sie an das Indische Verteidigungsgesetz, das damals gerade erlassen worden war, zum Teil in der eingestandenen Absicht, der Lage in Bengalen Herr zu werden. Ich erinnerte Sie daran, was seitens der Regierung Indiens gesagt worden war und teilte Ihnen mit, daß meinen Kollegen und mir die Ehre Bengalens am Herzen läge, und daß um Bengalens willen wir nicht davor zurückscheuen würden, das Gesetz in Anwendung zu bringen, wo immer es uns geraten erscheine. Meine Herren, was hat sich seither ereignet? Es sind 26 neue Dakoities verübt worden, vier davon mit Mord verbunden. Nicht weniger als achtzehn Personen wurden ermordet, darunter fünf Beamte, die in Ausübung ihrer Pflicht getötet wurden, und drei andere Inder, die der Regierung Beistand geleistet hatten.

Bengalen und Deutschland.

Und das ist nicht einmal alles. Es ist zur Kenntnis der Regierung gebracht worden, in einer Weise, die jeden Zweifel ausschließt, daß einige Personen in Bengalen mit den Feinden unseres Königs und unseres Landes in Verbindung getreten sind und von ihnen Geld angenommen haben. Ich meine, damit die äußeren Feinde, mit denen wir jetzt im Kriege sind. Es ist ferner zu ihrer Kenntnis gelangt, daß von anderen Personen versucht worden ist, die indischen Truppen des Kaisers und Königs, auf deren Treue und Tapferkeit Inder sowohl wie Engländer mit berechtigtem Stolz blicken können, aufzuwiegeln, und daß noch andere Verbrechen geplant worden sind, die dem Volkswohle jederzeit, jetzt aber doppelt schädlich gewesen wären.

Bisher waren wir, so sehr ich es auch wünschte, leider nicht in der Lage, ausreichendes Beweismaterial zu erlangen, um über jede Zweifelsmöglichkeit hinaus die Schuldigen der begangenen Verbrechen zu überführen. Aber wir besitzen Material, das uns ein gutes Stück vorwärts bringt. Wir haben Schuldige verschiedenen Grades. Einige sind bloße Werkzeuge, mitunter vielleicht unbewußte Werkzeuge, in den Händen listiger Verbrecher, die geschickt genug sind, sich im Verborgenen zu halten und feige genug, andere zu benützen zur Begehung öffentlicher Handlungen, die, wenn es gelingt, die Täter zu fassen, schwere Strafen nach sich ziehen, während die Anstifter selbst jede sichtbare Tat vermeiden und sich darauf beschränken, in einer Weise zu planen und zu arbeiten, der jederzeit geschickt eine andere Deutung untergeschoben werden kann. Ich bedauere diese Werkzeuge, aber sie sind eine Quelle der Gefahr, wenn auch nicht so großer Gefahr als diejenigen es sind, von denen sie benützt werden. Es ist die Pflicht der Regierung, die Macht, die sie besitzt, gegen jede im Staate vorhandene Gefahr anzuwenden. Das, meine Herren, ist meine und meiner Kollegen Pflicht, eine Pflicht, die wir nach bestem Können zu erfüllen suchen. Ebenso ist es unsere Pflicht, darauf zu halten, daß die Freiheit derjenigen, für deren Regierung wir verantwortlich sind, nicht ungerechterweise beeinträchtigt wird, und auch für Erledigung dieser Pflicht haben wir nach bestem Vermögen gesorgt.

Über zweihundert Personen angeklagt.

Insgesamt ist bis jetzt auf Grund des Indischen Verteidigungsgesetzes gegen 218 Personen verhandelt worden, darunter befinden sich zehn Oraons, Angehörige einer nicht sehr fortgeschrittenen Rasse, deren Verbrechen mir mehr auf Unwissenheit und primitiver Denkweise als auf irgend etwas anderem zu beruhen scheinen, und gegen die wir, wie ich hoffe, dank der Anwendungsmöglichkeit dieses Gesetzes, mit Milde werden verfahren und Maßregeln treffen können, die das Übel verhüten, daß sie wenn nicht verhindert, durch ihre Handlungen über sich und ihre Nebenmenschen bringen würden. Von den übrigen 208 haben 21 Personen den Internierungsbefehl erhalten. Vier wurden aus Bengalen ausgewiesen und 132 wurden zu Zwangsaufenthalt an bestimmten Orten innerhalb der Präsidentschaft verurteilt. Bei der Verurteilung zu Zwangsaufenthalt sind wir gegen die Betroffenen mit so großer Rücksicht vorgegangen, als es sich mit unserem Ziel, der Erhaltung des Staatswohles, nur immer vereinbaren ließ. Die übrigen einundfünfzig Festgenommenen befinden sich gegenwärtig noch in Haft. Sie wurden sämtlich innerhalb der letzten vier Wochen verhaftet und werden so bald als möglich abgeurteilt werden.

Besorgniserregende Lage.

Wir erkennen heute noch klarer als vor einem Jahr, wie sehr leicht Schaden angerichtet werden kann, wenn den sogenannten politischen Verbrechen nicht sorgfältig und schnell entgegengetreten wird. Wir halten die Lage für sehr ernst, hoffen aber, daß sie sich bald bessern wird, denn wir halten sie nicht nur für ernst, sondern auch für einen Ausnahmezustand. Wir erkennen an, wie sehr wir auf die Tüchtigkeit unserer indischen Polizeibeamten angewiesen sind; wir erkennen auch den Mut an, den unsere indischen Polizeibeamten angesichts der Gefahr bewiesen haben und werden alles uns mögliche tun, um ihnen zu helfen. Sehr erfolgreich sind wir nicht, und es wäre zwecklos, dies zu leugnen. Wir sind nicht so erfolgreich, wie wir es in der Ergreifung von Verbrechern gern sein möchten. Nehmen wir z. B. die sechsundzwanzig sogenannten politischen Dakoities, die sich in den letzten zwölf Monaten ereignet haben. In zweiundzwanzig Fällen gingen sie ohne Mord vonstatten, und nur in zwei dieser Fälle waren wir imstande, jemanden zur Verantwortung zu ziehen. Es wurden sechs Angeklagte vor Gericht gebracht, von denen fünf verurteilt wurden. Unter den vier mit Mord verbundenen Dakoities befand sich nur ein einziger, in dem wir Angeklagte vor Gericht stellen konnten. Es handelte sich damals um vierzehn Angeklagte, elf von ihnen wurden verurteilt. Das von zwanzig beschuldigten Personen sechzehn verurteilt werden, berechtigt meines Erachtens nicht zu der Behauptung, daß das Belastungsmaterial der Polizei schlecht sei, aber daß bei sechsundzwanzig Dakoities unsere Untersuchungsbeamten nur imstande waren, soviel Material zusammenzubringen, daß in drei Fällen ein Verfahren eröffnet werden konnte, beweist die Tatsache, daß, — sei es nun weil die Verbrecher zu geschickt oder unsere Kriminalbeamten nicht geschickt genug sind, oder daß das Publikum im allgemeinen nicht imstande ist, uns Hilfe zu leisten oder welcher Grund immer vorliege, — wir nicht so erfolgreich sind wie wir es sein möchten oder wie ich hoffe, wir noch sein werden."

Pioneer Mail.

14. April. **Gehorsamsverweigerung in einem indischen Regiment.**

Ein Teil der 15. Lancers (Curetons Multanis) weigerte sich, dem Befehl zur Ausübung militärischer Pflichten nachzukommen. Sie wurden vor ein Kriegsgericht gestellt und zu Verbannung von verschiedener Dauer bzw. zu Gefängnisstrafen verurteilt.

Indiaman.

14 April. **Verschwörungsprozeß von Mandalay.**

Mandalay nimmt jetzt als Schauplatz eines Verschwörungsprozesses die Stelle Lahors ein. Der Prozeß, wie er vom Anwalt der Krone skizziert wurde, enthüllt einen Teil des revolutionären Treibens in Vancouver und Seattle, das sih über einen beträchtlichen Teil der ganzen Welt erstreckt. Die ausgesandten Mitglieder der Revolutionspartei machten zunächst in Siam Halt, um di Sikhs in Bangkok zu organisieren; dann ging es weiter nach Singapur und Birma, wo sie zuerst in Rangun und später in Mandalay und anderen Orten tätig waren; einige wandten sich nach Yunan, um dort mit deutschen Offizieren zusammenzutreffen und sich dem Plane von Shanghai anzugliedern. Als durch die ersten Verhaftungen die Führer veranlaßt wurden, sich zu zerstreuen, konnten zwei von ihnen in Papua verhaftet werden.

Indiaman.

14. April. **Revolutionäre Warnungen.**

Wie verlautet, sind auf Anordnung des „Generaldirektors der Anarchisten Bengalens" erlassene und in der „Anarchisten-Presse" gedruckte Warnungen gefunden worden, die an die zur Gerichtsbibliothek des Alipurgerichtshofes führende Tür und an anderen Plätzen in Kalkutta angeschlagen waren. Die Mitglieder der Revolutionspartei werden darin gewarnt, Gegenstände wie Revolver und Bomben mit sechs jungen Männern auszutauschen, deren Namen darin erwähnt werden mit der Begründung, daß sie zu Verrätern geworden seien.

Indiaman.

14. April. **Vernehmung eines Revolutionärs.**

Abinas Mohun Roy Chowdhary, der unter dem Verdacht der Teilnahme an einem der letzten Dakoities verhaftet worden war, steht jetzt zu Comilla vor Gericht, unter der Anklage, sechs Meilen von Comilla entfernt, Telegraphendrähte zerschnitten zu haben.

Indiaman.

15. April. **Polizeiliche Nachforschungen außerhalb Kalkuttas.**

Vor ungefähr einem Monat revidierte die Polizei das Dorf Areadah bei Baranagor und nahm einige junge Leute fest. Am 7. d. M. stattete sie dem Dorf einen neuen Besuch ab und fand bei der Durchsuchung eines hinter einem Hause liegenden Brachlandes zwei im Boden verborgene Zinnkisten, die 491 Patronen enthielten. Daraufhin wurde auch das Haus durchsucht, und ein Angestellter einer kaufmännischen Firma verhaftet. Am Sonnabend wurde ein weiterer Mann in Gewahrsam genommen, während eine dritte Verhaftung in dem angrenzenden Dorfe Dakhineswar stattfand.

Times of India.

15. April. **Verhaftung junger Burschen wegen Anschlagen verbotener Flugblätter.**

Kalkutta, 12. April.

In Pubna wurden gestern zwei junge Bengalis verurteilt, die wegen Anschlagens des verbotenen Flugblattes „Das unabhängige Indien" verhaftet worden waren. Die Strafe lautete auf je zwei Jahre Zuchthaus.

Pioneer Mail.

15. April. **Unerlaubter Waffenbesitz und verschwundene Munition.**

Kalkutta, 11. April.

Wie berichtet wird, hielt die Polizei bei einem jungen Bengali im Dorfe Karara, Bezirk Jessor, Haussuchung. Der Mann wurde verhaftet. Er befand sich im Besitz eines Revolvers, dessen Eintragungsnummer fortgeschliffen war.

Weiter stellt die Polizei jetzt Nachforschungen in einer geheimnisvollen Sache an. Es handelt sich um das Verschwinden von neunzehn Dynamitpatronen, vierundsechzig Detonatoren und einer großen Anzahl Zündern aus dem Kohlenbergwerk Bonjjemari, Salanpur, im Bezirke Burdwan, Unterdistrikt Asansol.

Pioneer Mail.

22. April. **Unruhen bei den Oraons.**

Kalkutta, 13. April.

Wegen der kürzlich durch die Oraons zu Chota Nagpur verursachten Unruhen haben die Behörden sieben der angeblichen Anführer verhaftet.

Pioneer Mail.

22. April. **Verurteilung der Oraonanführer.**

Jalpaiguri, 18. April.

Heute wurde von einem Sondergericht das Urteil gegen die sieben Anführer der aufrührerischen Oraons gefällt. Es lautete gegen einen auf Freispruch und gegen die sechs übrigen auf je drei Jahre Zuchthaus.

Pioneer Mail.

28. April. **Neues Dakoity.**

Ein mit Waffengewalt ausgeführtes Dakoity wurde, wie berichtet wird, im Hause eines Jutehändlers verübt. Die Dakoits, angeblich junge Bengalis, und ungefähr zwanzig Mann stark, sollen bei Fackellicht das Haus durchsucht und den Besitzer zur Aushändigung der Schlüssel seines Geldschranks gezwungen haben, den sie dann ausplünderten und eine Beute von 11 000 Rupies in Silber und 1000 Rupies in Noten mit sich nahmen.

Indiaman.

28. April. **Verhaftung von Revolutionären.**

Gegen Ende März wurden in Bengalen weitere Verhaftungen verdächtiger Anarchisten vorgenommen. Verschiedene davon wurden interniert, andere nach ihren Heimatsprovinzen abgeschoben, wo sie von neuem verhaftet wurden.

Indiaman.

5. Mai. **Verbot revolutionärer Schriften.**

Die folgenden Schriften sind von der Regierung der Vereinigten Provinzen auf Grund des § 12 des Indischen Pressegesetzes von 1910 verboten worden: 1. Flugblatt in englischer Sprache, betitelt „Aus dem Bureau des Generaldirektors der Indischen Revolution, Wachtabteilung, Zweigstelle Bengalen, an das allgemeine Publikum und die Mitglieder unserer Partei", 2. Flugblatt in Urdu „Hindustanische Soldaten".

Indiaman.

6. Mai. **Anklagen gegen einen Drucker.**

Bankipur, 26. April.

Beim Obersten Gerichtshofe reichte heute S. Sinha auf Grund des Pressegesetzes ein Gesuch ein für einen gewissen Ganesh Lal, Besitzer der Bihar Angel-Presse zu Bhagalpur. Wie daraus hervorgeht, ist der Bittsteller am 25. Januar d. J. verwarnt worden, weil in seiner Druckerei nicht einwandfreie Bücher hergestellt wurden; am 2. Februar erfolgte eine neue Verwarnung wegen des Druckes zweier Bücher „Swabalamban" (Selbständigkeit) und „Jivan Tagha" (Lebensopfer), die unter Sektion 4 des Pressegesetzes fielen. Auf Grund der Sektion 3 des gleichen Gesetzes wurde ihm am 16. März die Zahlung einer Sicherheitssumme von 2000 Rupies auferlegt; gleichzeitig wurde ihm mitgeteilt, daß bei Hinterlegungsunfähigkeit gegen ihn auf Grund der Sektion 23 des Gesetzes das Verfahren eingeleitet werden würde.

Pioneer Mail.

13. Mai. **Verwerfung eingelegter Berufungen.**

Lahor, 7. Mai.

Von der Regierung des Pandschab ist jetzt über die Berufung der vom Sondergericht im Nachtragsverschwörungsprozeß zum Tode verurteilten sechs Männer entschieden worden.

Das über Hira Singh aus Charar, Bezirk Lahor, (Angeklagter Nr. 28) gefällte Todesurteil wurde vom Statthalter in lebenslängliche Verbannung umgewandelt; das Urteil auf Beschlagnahme seines Vermögens blieb bestehen. Die Berufung der übrigen fünf wurde verworfen.

Pioneer Mail.

13. Mai. **Verurteilung wegen Besitzes von Sprengstoffen.**

Kalkutta, 9. Mai.

Heute wurde im Obersten Gerichtshofe von Richter Greaves ein junger Mann namens Nagendra Nath Chakrabutty verurteilt, der wegen der Bombenexplosion in Dixon-Lane verhaftet und von der Jury gestern einstimmig für schuldig erklärt worden war. Die auf Sektion 5 des Sprengstoffgesetzes gegründete Anklage war wegen zu ungesetzlichen Zwecken bestimmten Besitzes von Sprengstoffen erhoben worden. Mit Rücksicht darauf, daß der Angeklagte erst achtzehn Jahre alt ist und durch die Explosion verletzt wurde, lautete die Strafe auf vier Jahre Zuchthaus.

Pioneer Mail.

13. Mai. **Verhaftungen in Kalkutta.**

Kalkutta, 6. Mai.

Das Haus eines Radschputs zu Bhowanipur (Kalkutta), der das Gewand eines Sadhu (Heiligen) genommen hatte, stand schon seit längerer Zeit unter polizeilicher Beobachtung. Der Sadhu stand unter dem Verdacht, Anarchisten und Automobildakoits beherbergt zu haben. Das Haus wurde von vielen anständig gekleideten Bengalis besucht, die sich als „Chelas“ (Jünger) eintrugen. Vor vier Tagen wurde das Gebäude durchsucht und einige Juwelen, darunter ein goldenes Halsband im Werte von 5000 Rupies, sowie Bargeld gefunden. . . . . . Gestern durchsuchte ein starkes Polizeiaufgebot zusammen mit Beamten der Kriminaluntersuchungsstelle das Haus nach verdächtigen „Chelas“.

Pioneer Mail.

19. Mai. **Wiederum revolutionäre Schriften angeschlagen.**

In verschiedenen Teilen Nukhalis sind wiederum Freiheitsflugblätter angeschlagen worden.

Indiaman.

19. Mai. **Gerichtliche Verfolgung eines Revolutionärs.**

Gegen Abindra Nath Roy Chowdry, der wegen Durchschneidens von Telegraphendrähten zu zwei Jahren Zuchthaus verurteilt worden war, ist vor dem Bezirksgericht von Comilla ein neuer Prozeß begonnen worden. Der Angeklagte ist jetzt beschuldigt, drei Mauserpistolen nebst Patronen besessen zu haben.

Indiaman.

2. Juni. **Freilassung eines Nationalisten.**

Naranyan Sadashiv Marathe, der vor länger als einem Jahr aus Deutschland nach Puba zurückgekehrt und seit Juni vorigen Jahres interniert gewesen ist, wurde in Freiheit gesetzt.

Indiaman.

2. Juni. **Verschwörungsprozeß von Birma.**

Die Aussagen der meisten im Verschwörungsprozeß bisher vernommenen Zeugen bezogen sich auf die Verhaftung des Sergeanten Kirparam, des Lehrers des Militär-Polizeireserve-Bataillons zu Phaplewe, namens Pertab Singh, und Kala Singh. Unter den Zeugen befanden sich der Generalinspektor der Polizei von Birma, der Bataillonskommandant und indische Offiziere. Als man die Militärpolizei der Teilnahme verdächtigte, ließ der Generalinspektor die Sachen der Männer durchsuchen und fand in Kirparams Kiste ein Notizbuch, das Ziffernschrift enthielt. Kirparam traf am nächsten Morgen aus Rangun ein und wurde in das Quartier des Kommandanten gebracht, wo der Generalinspektor ihn zunächst zur Rede stellte und ihm dann befahl, nach Hause zu gehen und mittags zurückzukehren. Letzteres tat Kirparam jedoch nicht und als nach ihm geschickt wurde, war er bereits geflohen. Es wurde ihm sofort nachgestellt und zwei Bauern ergriffen ihn und brachten ihn zurück; er war mit zwei geladenen automatischen Pistolen nebst Munition bewaffnet und wurde darauf zur Wache gebracht. Um Mitternacht wurde dem Generalinspektor berichtet, daß im Gefängnis jemand schreie und tobe; er begab sich zur Wache und fand den Angeklagten in schwer hysterischem Zustande. Er machte lange, weitschweifige und unzusammenhängende Angaben. Am nächsten Tage wurde im Gebüsch hinter seinem Hause, das außerhalb der Militärquartiere liegt, nachgesucht und Dynamitzünder, Munition und zerrissene Papiere (einschließlich Bombenrezepte) wurden dabei zutage gefördert.

Indiaman.

9. Juni. **Neues Verbot revolutionärer Schriften.**

Der Statthalter der Vereinigten Provinzen gibt in der „Gazette" bekannt, daß nach erhaltenen zuverlässigen Informationen eine Flugschrift in englischer Sprache, betitelt „Freiheit", beginnend mit den Worten „Freiheit! Dein Geburtsrecht stammt nicht aus Menschenhand" und endend: „Denn Freiheit und Menschlichkeit sind Gaben des Himmels", erschienen ist, und Worte enthält, die eine dahingehende Tendenz haben, die in Indien gesetzlich errichtete Regierung verächtlich zu machen. Er erklärt deshalb alle Abdrucke dieser Flugschrift, wo immer sie gefunden werden, als dem Gesetze verfallen. Das gleiche Flugblatt wurde auch von dem Regierungspräsidenten der Provinz Delhi verboten.

Indiaman.

30. Juni. **Weitere Verhaftungen in Kalkutta.**

In Kalkutta werden immer weitere Verhaftungen auf Grund des Verteidigungsgesetzes gemacht. Nishi Kanta Lahiri, der seinerzeit im Zusammenhange mit der Auffindung von Patronen für Mauserpistolen unter Anklage stand und vom Obersten Gerichtshofe entlassen wurde, ist von neuem verhaftet worden. Auch ein Landmann wurde in Gewahrsam genommen, der im Verdachte steht, an dem in der Corporation-Straße zu Kalkutta verübten Automobilüberfall beteiligt gewesen zu sein.

Indiaman.

1. Juli. **Verwegenes Dakoity in Kalkutta.**

Ein Überfall, der alle Merkmale eines Film-Melodramas aufweist, wurde, wie der „Statesman" berichtet, Montag nacht in Kalkutta verübt, und wieder scheinen die Räuber glatt entkommen zu sein. Zehn mit Revolvern und Dolchen bewaffnete Bengalis überfielen das Haus eines Semindars in der Gopi Mohun Roy's Lane; sie richteten ihre Revolver auf die Bewohner und zwangen sie zur Auslieferung ihrer Schlüssel, raubten drei eiserne Geldschränke aus und verließen das Haus mit einer Beute von 11 375 Rupies.

Die Dakoits gehörten offensichtlich den Studentenkreisen an und standen anscheinend im Alter von achtzehn bis zwanzig Jahren; sie führten ihre ruchlose Tat mit äußerster Kaltblütigkeit aus, trotz der Tatsache, daß das überfallene Haus nur 250 Yards von der Kumartoli-Wache des Shawfookur Polizeiamts entfernt liegt.

Indiaman.

1. Juli. **Zwei Polizisten erschossen.**

Zwei Wachtmeister, Surendra Nath Mukerji und Rohinikumar Mukerji, wurden in der Nacht des 21. Juni in Dakka erschossen.

Spätere am Sonnabend in Kalkutta eingegangene Berichte bringen nur wenig Neues darüber und ergeben nichts Genaues über den Vorfall. Es scheint jedoch, daß die Polizisten während ihrer Nachtwache in den Straßen der Stadt erschossen wurden. Die Leiche des einen wies neun, die des anderen fünf Wunden auf. Es sind Mauserpistolen benützt worden, die vielleicht aus der Sendung Rodda & Co. stammen, die im Jahre 1914 gestohlen wurde. — Verhaftungen sind bisher nicht erfolgt.

Times of India.

1. Juli. **Der Mordprozeß von Malda.**
Ein angeblich politisches Verbrechen.

Vor dem Schwurgerichtsrichter J. Cornes zu Malda, Bengalen, ist ein neuer Prozeß begonnen worden, der die Ermordung Nabinchunder Boses, Rektors der Bezirks-Schule zu Malda, behandelt. Der Angeklagte ist ein Student der Schule. Als Vertreter der Krone erschien Panchanan Mazumder. Wie aus den angestellten Erhebungen hervorging, machte der Rektor zusammen mit Babu Hari Charan Chakravarti, seinem Assistenten, kurz vor sechs Uhr abends einen Spaziergang. Sie gingen miteinander bis zum Ufer des Flusses und trennten sich einige Schritte südlich vom Hause des Polizeiinspektors. Dies war bereits nach Sonnenuntergang. Babu Nabinchander schlug den Rückweg ein, um nach Haus zurückzukehren; man sah ihn lebend nicht wieder. Seine Leiche wurde zwischen ½7 und 7 Uhr abends neben einer Pforte aufgefunden, auf der der Guru-Training-Schule gegenüberliegenden Seite der Straße. Die beiden Polizisten Ganada Guha und Lala Jagrup Sahai gingen zu jener Zeit auf der Straße nach Baluchar. Als sie zwei- oder dreimal Schreie vernahmen, faßten sie Verdacht und wandten sich den Männern zu, die aus jener Richtung davonliefen, riefen sie an und jagten dann hinterdrein. Einer der Verfolgten stolperte im Laufen, fiel nieder und wurde ergriffen. Es war der jetzige Angeklagte. Er gab auf die Fragen Ganadas keine Antwort, stand zitternd da und wurde festgenommen. Seine Kleider und Schuhe wiesen Blutflecken auf. Die Ursache des Mordes war, wie der Anwalt der Krone sagte, ungewöhnlich. Babu Nabinschander, der aus Ostbengalen stammte, besaß seine Ernennung zum Rektor der von der Regierung subventionierten Schule seit den unruhigen Zeiten von 1910—11. Durch die Unterstützung, die er der Regierung in der Unterdrückung der Anarchie und der Durchkreuzung der Pläne der Revolutionäre leistete, machte er sich zum Gegenstand des Hasses; am 1. Juli 1910 fand er an einem Bambuspfosten seiner Veranda einen Totenkopf befestigt, der einen Drohbrief barg. Im weiteren Verlaufe des Jahres 1910 lieferte er Material im Verschwörungsprozeß von Dakka, und 1911 trat er als Belastungszeuge in dem Prozesse zu Jamalpur auf, der den bösen Lebenswandel gewisser junger Leute behandelte, zu denen auch ein früherer Student seiner Anstalt gehörte.

Times of India.

8. Juli. **Erschießung eines Polizeibeamten.**

Kalkutta, 15. Juli.

Gestern abend wurde in Kalkutta ein Polizeibeamter erschossen. Die genauen Einzelheiten des Herganges sind: Als Basant Kumar Chatterji, Superintendent der Nachrichtenabteilung der Kriminal-Untersuchungsstelle, um ungefähr ½6 Uhr nachmittags, gefolgt von einer bewaffneten Ordonnanz, auf seinem Rade heimwärts fuhr, wurde er von fünf jungen Bengalis angehalten, die von der Samhunath Pandit Straße her auf ihn zustürzten. Drei von ihnen griffen Chatterji, zwei seine Ordonnanz an. Ersterer wurde tötlich getroffen, bevor er von seiner Waffe Gebrauch machen konnte. Die Ordonnanz ergriff einen der Burschen am Halse, wurde jedoch, bevor er nach seiner Waffe greifen konnte, zweimal ins Bein getroffen und stürzte vom Rade herab. Wie sich herausstellte, hat auch er tötliche Wunden am Kopf und Körper erhalten. Man fand am Tatorte Patronen der bekannten Mauserart.

Der Polizei-Superintendent ist heute abend um 7.45 Uhr im Allgemeinen Präsidentschafts-Krankenhause verschieden. Die Mörder sind entkommen.

Pioneer Mail.

8. Juli.

Der Gouverneur von Bengalen und die politischen Verbrechen.

Am Dienstag fand zu Kalkutta eine Sitzung des Gesetzgebenden Rats statt. Lord Carmichael, der den Vorsitz führte, hielt eine Rede über aktuelle Themen; von besonderer Wichtigkeit sind seine Ausführungen über anarchistische Verbrechen, die hier wiedergegeben sein mögen:

Er habe, sagte er, sich jetzt nur noch einer Sache zuzuwenden. Er könne seine Rede nicht beenden, ohne den Mord zu erwähnen, der am Freitag in Kalkutta begangen wurde. Die Tat erinnere an das Vorhandensein einer Organisation, von dem viele Leute des Landes — was durchaus natürlich und lobenswert ist — sich nicht überzeugen lassen wollen. Es handele sich um eine Organisation, die vor keinem Verbrechen gegen die Regierung zurückschrecke. Am 4. April habe er von den Schritten gesprochen, welche die Regierung infolge der ihr durch außerordentliche und zeitweilige Gesetze verliehenen Macht zu unternehmen gedenke. Damals habe er von einundfünfzig schwebenden Anklagen berichtet. Hiervon wurden in zwei Fällen die Angeklagten freigesprochen, während den neunundvierzig anderen Zwangsaufenthalt zugewiesen wurde. Angesichts aller vorliegenden Tatsachen halte er es für seine Pflicht gegen das Volk, gewisse Männer nicht in Freiheit zu belassen. Bis zur Gegenwart befänden sich einhundertneunzig tatsächlich an den ihnen zugewiesenen Plätzen, zwölf seien flüchtig und gegen dreißig andere sei der Internierungsbefehl jetzt erlassen. Außerdem sei auf Grund der Bestimmung III von 1818 bisher gegen einundzwanzig weitere Leute vorgegangen worden. Am 4. April habe er dem Rate mitgeteilt, daß vier Personen aus der Provinz ausgewiesen worden seien; mittlerweile hat sich ihre Zahl noch um drei weitere erhöht. Er könne die Versicherung geben, daß sich die Regierung zu ihrem Vorgehen für durchaus berechtigt halte. Noch eine weitere Versicherung möchte er abgeben, und das sei, daß durchaus nicht alle gemaßregelten Männer mit Deutschen in Verbindung gestanden hätten. Auflehnung, die zu Verbrechen geführt hätte, sei schon lange vor Ausbruch des Krieges vorhanden gewesen, und es sei durchaus möglich, daß nach dem Kriege die Zustände die gleichen sein würden. Pflicht der Regierung sei es, alles Erforderliche zur Beseitigung der Auflehnung zu tun.

Pioneer Mail.

14. Juli.

„Indian Emigrant" stellt sein Erscheinen ein.

Dem Redakteur des „Indian Emigrant" ist die Hinterlegung einer Sicherheitssumme in Höhe von zweitausend Rupies auferlegt worden; die Monatsschrift hat daraufhin das Erscheinen eingestellt.

Indiaman.

14. Juli.

Verhaftung wegen unrechtmäßigen Besitzes von Waffen.

Kali Charan Dey wurde am 14. Juni vom Präsidentschaftsgericht zu Kalkutta auf Grund des Waffenverbotsgesetzes zu zwei Jahren Zuchthaus verurteilt. Die gegen ihn erhobene Anklage hatte auf ungesetzlichen Besitz einer Mauserpistole nebst Patronen gelautet und war erfolgt, nachdem bei der Durchsuchung des Hauses Serpentine Lane Nr. 77 zu Kalkutta im November 1915 Dey im Besitz der Waffe gefunden und verhaftet worden war. Die Pistole stammte aus der der Firma Rodda & Co. vor zwei Jahren gestohlenen Waffensendung. Nach seiner Verurteilung beklagte sich Dey über die ihm im Gefängnis zuteil gewordene Mißhandlung, wobei ein europäischer Wärter ihn geschlagen hätte. Der Richter ordnete eine Untersuchung der Beschwerde an.

Indiaman.

14. Juli.

Hinrichtung von fünf Nationalisten.

Von den im Nachtragsverschwörungsprozeß von Lahor zum Tode verurteilten sechs Angeklagten sind gestern im Zentralgefängnis von Lahor fünf gehängt worden, nachdem ihre Berufung von der Provinzial- und der Reichs-Regierung verworfen worden war. Das Todesurteil gegen Hira Singh, den sechsten Angeklagten, ist aufgehoben worden.

Indiaman.

15. Juli.

Neues zum Waffendiebstahl.

Kalkutta, den 12. Juli.

In der Sache des geheimnisvollen Verschwindens von vierzig Revolvern auf den Kidderpur Doks scheint sich jetzt herauszustellen, daß der Diebstahl begangen wurde, während der Dampfer „Castlemor" am Hafendamm oder im Dock lag. Bei dem Diebstahl handelte es sich um zwei für die Firma Manton & Co. eingetroffene Kisten, von denen jede vierzig Revolver enthielt, die in Einzelkartons verpackt waren. Vierzig solcher leerer Einzelkartons wurden später im Packraum des Schiffes aufgefunden, und eine leere und eine gefüllte Kiste nahmen den Weg nach dem Zollhause, wo dann der Diebstahl entdeckt wurde.

Pioneer Mail.

15. Juli.

Der Verschwörungsprozeß von Barisal.

Urteil des Obersten Gerichtshofes von Kalkutta.

Kalkutta, 10. Juli.

Von dem Obersten Gerichthofe zu Kalkutta wurde heute das Urteil in der Berufungssache aus dem Nachtragsprozeß von Barisal gefällt. Es handelte sich um die Entscheidung einer Berufung, die von den im Verschwörungsprozesse angeklagten Madan Mohan Bhowmik, Troylukho Nath Chakravarti, Khagendra Nath Chauhuri, Protal Chander Ganguli und Romesh Chunder Dutt Chowdhuri eingelegt worden war. In jenem Prozeß war Troylukho zu fünfzehnjähriger, die übrigen zu je zehnjähriger Verbannung verurteilt worden. Im ersten Prozeß war gegen zwölf Angeklagte verhandelt worden; die jetzigen Appellanten wurden in einem Nachtragsverfahren abgeurteilt. Beide Gruppen hatten das Vorhandensein einer Verschwörung zugegeben, und die hauptsächlichste Frage für die Entscheidung des Gerichts bestand hinsichtlich der Mittäterschaft der Appellanten, die sämtlich Mitglieder der Samiti (Vereinigung) von Barisal, einer Zweiggruppe der Samiti von Dakka, sind.

Nachdem die bereits bekannten und von Zeit zu Zeit veröffentlichten Tatsachen dargelegt worden sind, wird im Urteil gesagt, daß die Samiti von Barisal eine Ortsgruppe der Samiti von Dakka wäre, was im Verschwörungsprozeß von Dakka festgestellt worden sei. Ihr Ziel sei revolutionär gewesen, nämlich die Vertreibung der Engländer aus dem Lande und Errichtung einer Art nationaler Regierung. Hierüber seien schwer belastende Dokumente aufgefunden worden, von denen die wichtigsten die Bezirksorganisation und die Mitglieder-Statuten sind. Die Organisation scheint systematisch und lückenlos gewesen zu sein, und die „Idee" sollte eifrigst unter Studenten und Schülern verbreitet werden. Die Vereinigung zerfiel in verschiedene Abteilungen.

Nach Aufzählung der von Mitgliedern der Vereinigung verübten Dakoities und Morden geht das Urteil zur Behandlung der einzelnen Berufungssachen über. Die Grundlage der gegen die fünf Appellanten erhobenen Anklage bilde das von den beiden Angebern Pronath Acharya und Girendra Mohun Das gelieferte Material. In der Hauptsache stimmten die Berufungsrichter mit der Entscheidung des Vorrichters überein. Es sei behauptet worden, die Aussagen seien den Angebern in den Mund gelegt worden, aber diese Behauptung gründe sich auf eine bloße Vermutung, nicht auf Tatsachen und das Gericht müsse es ablehnen, hierauf einzugehen. Es werden dann die mannigfachen Vorfälle erwähnt, bei denen der Rechtsbeistand der Appellanten das Gericht aufgefordert habe, der Behauptung Gewicht beizulegen, doch sei das Gericht ebenso wie der Vorrichter der Ansicht gewesen, die Behauptung von der Beeinflussung der Angeber sei unbegründet.

Das Urteil fährt dann fort: „Wenden wir uns der Frage zu, wie Preonath dazu kam, die Angaben zu machen, so finden wir, daß er zuerst dem Polizei-Superintendenten Trichinopoli davon sprach. Die einzige von ihm damals gestellte Bedingung war, daß sein Name nicht genannt und sein Vetter Romesh nicht in der Sache verwickelt werden dürfe. Später jedoch erwartete er anscheinend Erlaß seiner Strafe und hoffte auf einen Posten bei einem kaufmännischen Unternehmen. Obgleich ihm keine bestimmten Versprechungen gemacht worden waren, erwartete er zweifellos eine Belohnung und machte in dieser Erwartung seine Aussage. Seine Hoffnung wurde erfüllt, denn wie wir von dem Anwalt der Krone erfahren, ist Preonath am 10. Januar 1916 aus dem Gefängnis entlassen und an einen entfernten Ort gebracht worden, wo ihm seine früheren Kameraden nicht gefährlich werden können. Auch Girendra soll, wie uns berichtet wurde, zu Anfang dieses Jahres unter Erlaß des Restes seiner Strafe freigelassen und von seinem Vater nach England geschickt worden sein.

Es muß hier bemerkt werden, daß die Freilassung und Gestattung der Entfernung der Angeber aus dem Geltungsbereich dieses Gerichts durch die Lokalbehörden ernstlich in den Gang dieses Prozesses hätte eingreifen können. Nach § 428 des Kriminalprozeß-Gesetzes hat das Berufungsgericht das Recht, weiteres Material zu beschaffen oder beschaffen zu lassen. Die Ausübung dieses Rechts wird oft für nötig befunden. Es mag dies im Interesse der Krone, in dem der Angeklagten oder im Interesse beider erforderlich sein. Die Notwendigkeit für die weitere Vernehmung der beiden Belastungszeugen ist nicht eingetreten. Es ist aber offensichtlich, daß das Gericht durch die Abwesenheit der beiden in ernste Verlegenheit hätte kommen können. Abgesehen hiervon bietet die Freilassung der Zeugen so bald nach Verurteilung der beiden Angeklagten und vor der Entscheidung der Berufungssache Anlaß zu falscher Auslegung."

Dann wendet das Gericht sich den Appellanten im einzelnen zu. Der erste von ihnen sei Madan Mohun Bhowmik. Das Gericht sei der Meinung, daß seine Teilnahme an der Verschwörung durch die Zeugenaussagen und Dokumente klar bewiesen sei, und das Urteil aufrecht erhalten werden müsse.

Bezüglich des zweiten Appellanten Trolokhya Nath Chuckerbutty ist eingewendet worden, daß seine Identität nicht festgestellt sei. Die Richter hielten die Feststellung der Identität jedoch für erfolgt und erkannten auf Verwerfung der Berufung.

Gegen Khogendro Nath Chowdhury könne, wie die Richter bemerkten, die Zifferliste nicht als Beweis gelten; jedoch seien die Aussagen der Angeber zu seiner Verurteilung völlig ausreichend gewesen. Seine Berufung wurde gleichfalls verworfen.

Hinsichtlich Protul Chunder Gangooly genügen nach Ansicht der Richter zur Verurteilung die Aussagen der Angeber, wenn man sie ohne weitere Bestätigung gelten lassen wolle. Es sei jedoch nicht ratsam, die durch nichts erhärteten Aussagen gelten zu lassen, Protul müsse die Vergünstigung des Zweifels zuerkannt werden. Seiner Berufung wurde also stattgegeben, das Urteil aufgehoben und seine Freilassung angeordnet.

Das Material gegen Romesh Chunder Dutt Chowdhury bestehe nur in der Aussage der Angeber, die ohne weitere Bestätigung zur Verurteilung nicht genüge. Die Richter gaben also der Berufung statt, hoben das Urteil der Vorinstanz auf und ordneten die Freilassung Chowdhurys an.

Danach wenden sich die Richter den Strafbemessungen zu, die den drei ersten Appellanten zuerkannt worden waren. Die Berufungsrichter stimmten mit dem Vorrichter darin, daß Troilukhya der Haupttäter sei und seine Strafe deshalb schwerer als die der andern sein müsse, nicht überein. Die über Madan verhängte Strafe ist nach Ansicht der Richter, wenn auch schwer, so doch nicht zu schwer und bleibt daher bestehen. Dagegen wurde die auf fünfzehn Jahre Verbannung lautende Strafe Troilukhyas auf zehn Jahre ermäßigt.

Im Falle Khogendras berücksichtigte das Gericht, daß K. am 15. Juni 1914 wegen Vergehens gegen das Waffenverbotsgesetz vom Gericht zu Barnagor zu drei Jahren Zuchthaus verurteilt wurde. Infolgedessen wurde bestimmt, daß die auferlegte Strafe von sieben Jahren Verbannung in Kraft treten sollte, sobald die Zuchthausstrafe verbüßt sei.

21. Juli. **Gemilderte Urteile.**

Die Ergebnisse der Verordnungen des Stellvertretenden Gouverneurs hinsichtlich der im Verschwörungsprozeß von Lahor nicht zum Tode Verurteilten sind folgende: Das Tribunal hatte fünfundvierzig Angeklagte zu lebenslänglicher Verbannung und Einziehung des Vermögens verurteilt — das ist das Mindestmaß der in Sektion 121 des Indischen Strafgesetzes vorgesehenen Strafe — jedoch fünfundzwanzig von ihnen der Begnadigung empfohlen. Die Beschlagnahme des Vermögens wurde nur in acht Fällen aufrecht erhalten, in den übrigen siebenunddreißig jedoch aufgehoben. In achtzehn Fällen wurde das auf lebenslängliche Verbannung lautende Urteil bestätigt, während es in siebenundzwanzig Fällen auf vierzehn bis herab zu zwei Jahren Verbannung bzw. Gefängnis gemildert wurde. Acht Angeklagte, die sich geringerer Verbrechen schuldig gemacht hatten, waren vom Tribunal zu Zuchthausstrafen von vier Jahren bis herab zu sechs Monaten verurteilt worden. Der Unterstatthalter hat bei diesen das Eingreifen abgelehnt.

Indiaman.

22. Juli. **Verhaftung eines nationalistischen Journalisten.**

Kalkutta, 14. Juli.

Die Polizei von Kalkutta stattete heute dem Hause Shamsunder Chakravartis, des zweiten Redakteurs der Zeitung „Bengalee", einen Besuch ab. Die Zeitung wurde beschlagnahmt und Shamsunder verhaftet.

Pioneer Mail.

5. August. **Verhaftung von Revolutionären.**

Durch die lebhafte Tätigkeit der Revolutionäre in Bengalen sind seit dem 1. Juli in Kalkutta und Umgegend dreiundsiebzig Verhaftungen gemacht worden. Gegen dreißig der Verhafteten wird auf Grund des Verteidigungsgesetzes vorgegangen werden.

Indiaman.

5. August. **Das Urteil im Mordprozeß von Malda.**

Kalkutta, 29. Juli.

Heute wurde das Urteil über Mahendra Nath Das gefällt, der unter der Anklage stand, am 28. Januar den Tod des früheren Rektors der Zillaschule zu Malda verschuldet zu haben.

Das Gericht stimmte mit den Beisitzern nicht überein, fand den Angeklagten nach §§ 302—34 und 303—19 des Indischen Strafgesetzbuches für schuldig und verurteilte ihn zu lebenslänglicher Verbannung. Von der Anklage des Mordes wurde er freigesprochen.

Pioneer Mail.

5. August. **Verurteilung wegen politischer Verbrechen.**

Kalkutta, 29. Juli.

Von dem Sondergericht zu Alipur wurde heute das Urteil in Sachen des in der Corporationsstraße verübten Dakoity gefällt. Unter Anklage standen zwei Männer, namens Hardayal und Surja Prasad. Hardayal wurde wegen Vergehens gegen das Sprengstoffgesetz zu fünf Jahren Zuchthaus und wegen Hehlerei zu drei Jahren Zuchthaus verurteilt. Das zweite Urteil soll in Kraft treten, sobald die erste Strafe verbüßt ist. Surja Prasad wurde wegen Verschwörung zu zwei Jahren Zuchthaus verurteilt.

Pioneer Mail.

18. August. **Sicherheitsleistung für Wohlverhalten.**

Wie wir einer telegraphischen Notiz entnehmen, ist B. G. Tilak als Sicherheit für Wohlverhalten während eines Jahres die Hinterlegung einer Summe von 40000 Rupies auferlegt worden.

Indiaman.

25. August. **Einkerkerung eines Nationalisten.**

Vor kurzem hat ein Prozeß sein Ende gefunden, in dem Sanjib Chandra Roy aus Kishoreganj, Meimensingh, unter der Anklage des unerlaubten Waffenbesitzes gestanden hatte. Die Sache hatte sich so zugetragen, daß dem Angeklagten auf Grund des Indischen Verteidigungsgesetzes ein Internierungsbefehl zugestellt werden sollte. Ein Polizist wurde nach seinem Wohnorte abgesandt, um ihm den Befehl auszuhändigen. Roy war jedoch geflohen und wurde später von einem Unterinspektor in der Nähe von Kisherganj festgenommen. In der Tasche seines Fahrrades befand sich ein Revolver nebst einer Anzahl Patronen. Das Urteil lautete auf zwei Jahre Zuchthaus.

Indiaman.

25. August. **Fruchtloses Suchen nach Verbrechern.**

Bis zum Abgange der letzten Post sind die Bemühungen der Polizei, die Mörder des zu Bhowanpur erschossenen Polizei-Superintendenten Basant Kumar Chatterji zu ermitteln, erfolglos gewesen. In einem hiesigen Berichte heißt es, daß „ungefähr zehn junge Leute, unter denen sich Promotho Nath Nandy, Hem Chunder Mahalnobis, M. Chuckerbutty, C. C. Deb Roy und A. Den Roy befanden, unter Mordverdacht verhaftet, freigegeben und innerhalb drei Tagen von neuem festgenommen wurden. Innerhalb des Geltungsbereichs des Burtolla Polizeireviers wurden zwei Streifzüge unternommen, deren Ergebnis eine Verhaftung war. Jotindra Nath Sett, ein Bruder Nripendra Nath Setts, der sich noch in Freiheit befindet, wurde festgenommen. S. N. Banerji, der zu Rangon in Gewahrsam genommen und nach Kalkutta zurückgebracht worden war, wurde auf Grund des Verteidigungsgesetzes verhaftet."

Indiaman.

26. August. **Verbrechen in Bengalen.**

Eine Resolution der Regierung Bengalens über den Verwaltungsbericht der Präsidentschaftspolizei besagt, daß der Bericht über die Verbrechen des Jahres sehr ungünstig wäre. Schwere Verbrechen aller Art mit Ausnahme von Tumulten zeigten eine bedeutende Steigerung, die sich am meisten in Vergehen gegen das Eigentum bemerkbar machte. Dakoitiefälle sind von 289 im Jahre 1914 auf 653 im Jahre 1915 gestiegen, Einbrüche haben sich von 30 294 auf 39 812 und Diebstähle von 17 730 auf 21 552 vermehrt. Die Zunahme der Diebstähle und Einbrüche kann hauptsächlich den ungünstigen wirtschaftlichen Bedingungen, die durch teilweise Mißernten in vielen Bezirken der Provinz und durch das starke Fallen der Jutepreise hervorgerufen wurden, zugeschrieben werden. Hinsichtlich der Dakoities jedoch scheint aller Grund vorzuliegen, die Steigerung fast ausnahmslos auf die durch den Krieg verursachten Unruhen zurückzuführen. Über die in Bengalen begangenen revolutionären Verbrechen heißt es in der Resolution: Nach dem Auftreten revolutionärer Verbrechen zu Anfang des Jahres folgte eine Ruhepause, als im April das Indische Verteidigungsgesetz eingeführt wurde. Der letzte Teil des Jahres zeichnete sich jedoch durch erneute Tätigkeit der revolutionären Partei aus, und die Gesamtzahl der Verbrechen, die man der Partei zuschreiben möchte, betrug 36 gegenüber 12 Fällen im vorigen Jahre. Hierunter befinden sich 24 Dakoities, 2 Dakoityversuche, 9 Morde und ein mißglücktes Bombenattentat. Mit bezug auf die Verbreitung von Hetzliteratur besagt der Bericht des Generalinspektors der Polizei von Bengalen: Gesteigerte Tätigkeit in der Verbreitung von Aufruhrschriften machte sich im Juni bemerkbar und hielt während des ganzen Jahres an. Nach dem gegenwärtig bestehenden Gesetz ist der bloße Besitz von

Aufruhrliteratur kein Verbrechen, und es gibt infolgedessen kein Mittel, die Quelle der Verbreitung eines schweren Übels zu verstopfen. Erst nachdem aufrührerische und aufreizende Schriften in Verkehr gebracht und Schäden angerichtet worden sind, darf das Gesetz eingreifen. Es ist überzeugendes Material dafür vorhanden, daß die Revolutionäre in Bengalen in großem Maße der Werbung von Anhängern auf Aufruhrschriften angewiesen sind, und verschiedene junge Leute haben gestanden, daß sie durch das Lesen von Schriften, welche die Revolutionäre herausgaben, in die Bewegung hineingezogen worden seien. Bestrafung wegen Besitzes von Aufruhrliteratur mag nicht die völlige Heilung des Übels bedeuten, aber sie wird wesentlich zu seiner Unterdrückung beitragen.

Times of India.

1. September.

Das Urteil im Verschwörungsprozeß von Birma.

Der Verschwörungsprozeß von Birma hat mit der Verurteilung sämtlicher dreizehn Angeklagten geendet. Zwölf von ihnen wurden des schwersten Verbrechens für schuldig befunden, und von diesen sieben zum Tode verurteilt, während die Strafe der Übrigen auf lebenslängliche Verbannung lautete.

Indiaman.

1. September.

Unterdrückung eines Pamphlets.

Die Schrift „Lakshmi Bai im Aufstande von 1857" ist auf Grund des See-Einfuhr-Gesetzes verboten worden.

1. September.

Das Urteil im Verschwörungsprozeß von Mandalay.

Im Verschwörungsprozeß von Mandalay wurde am 27. Juli vom Vorsitzenden des Sondergerichtshofes das Urteil über die noch verbliebenen dreizehn Angeklagten verlesen, deren Prozeß am 6. März begonnen hatte. Zwölf der Angeklagten, Harnam Singh, Chatram, Jewan Singh, Challiram, Baswan Singh, Kapur Singh, Hardilh Singh, Nerayan Singh, Narinjan Singh, Palla Singh, Kirparam und Budha Singh wurden sowohl der Verschwörung als auch der Anstiftung zur Verschwörung schuldig befunden. Hiervon wurden sieben, Harnam Singh, Challiaram, Basawan Singh, Narayan Singh, Narinjan Singh, Palla Singh und Kirpa Ram zum Torde verurteilt, Challiaram jedoch der Begnadigung empfohlen. Die Strafe der übrigen lautet auf lebenslängliche Verbannung. Der dreizehnte Angeklagte, Gran Chand, wurde nur der Verschwörung schuldig befunden, zu siebenjähriger Verbannung verurteilt und der Begnadigung empfohlen. Bei den ersten zwölf wurde auch auf Beschlagnahme des Vermögens erkannt.

Indiaman.

2. September. **Gerichtsverhandlung zu Howrah.**

Kalkutta, 25. August.

In Howrah begann vor einem Sondergericht, das sich aus den Herren H. P. Duval, Bezirksrichter von Alipur, Dewan Bahadur Hari Nath Raw, ehem. Richter am Obersten Gerichtshof zu Kalkutta und Babu Surendra Nath Mullick, zusammensetzte, der Prozeß gegen einen jungen Bengali, namens Kissore Dutt, der in der Nacht zum 5. August gelegentlich der Durchsuchung eines Hauses zu Howrah, bei der die Polizisten von einigen Anarchisten beschossen wurden, verhaftet worden war.

Wie der Regierungsanwalt bei Eröffnung der Verhandlung sagte, sei der Angeklagte wegen Mordversuches und Besitzes von Staatseigentum, ferner wegen Vergehens gegen das Waffenverbotsgesetz vor Gericht gebracht worden. Am 5. August hatte die Polizei unter Leitung der Herren Tegart, Lowman und Mclure die Durchsuchung eines Hauses vorgenommen, das, wie ihr berichtet worden war, von Anarchisten gemietet gewesen sein sollte. Es wurden einige Schüsse gewechselt und in einem benachbarten Teich eine Person ergriffen, während die andern entkamen. Wachtmeister Azam Khan und noch ein anderer Polizist, hörten auf ihrem Rundgange Pistolenschüsse und sahen den Angeklagten laufen. Als die Polizisten ihn anriefen, schoß er nach ihnen, fehlte jedoch; sie versetzten ihm darauf einen Schlag mit dem Polizeiknüppel und ergriffen ihn, worauf er sofort die Pistole von sich warf. Der Angeklagte wurde dann vor Gericht gebracht und gab zu, daß er eine Pistole bei sich gehabt hätte und aus dem durchsuchten Hause gekommen sei, leugnete jedoch, auf den Wachtmeister geschossen zu haben.

Es wurden drei Zeugen vernommen, und die Anklage formuliert; die Beschuldigung wegen Besitzes gestohlenen Gutes wurde fallen gelassen. Der Angeklagte plädierte nicht schuldig. Er sagte, er sei von einigen Engländern in einem Hause, in das man ihn geschafft hatte, geschlagen worden; auch auf dem Polizeirevier hätte man ihn geschlagen und ihn gezwungen, allerlei auszusagen. Er trüge an seinem Körper Spuren der Mißhandlung. Zum Schluß sagte er noch, er hätte inzwischen feststellen können, daß die Namen seiner Peiniger Tegart und Lowman lauten. Auf eine Frage Duvals erklärte der Angeklagte, er sei nach der Mißhandlung zu einem Arzt gebracht worden. Drei oder vier Tage lang hätte er in dem Hause bleiben müssen, in dem die Vernehmung stattfand, und die Polizisten hätten ihn mißhandelt, um ihn zu einem Geständnis zu bringen. Was er noch weiter zu sagen hätte, würde er in einer schriftlichen Erklärung niederlegen.

26. August.

Heute vernahm das Sondergericht von Howrah in dem Prozeß gegen Jugal Kishore Dutt den Polizeibeamten F. J. Lowman. Dieser sagte aus, daß er am 5. August zusammen mit Tegrat ein Haus zu Dompara besucht habe. Während er sich dort befand, merkte er, daß einige Männer die Flucht ergriffen. Er hörte, daß von Leuten in dem Hause, das er und Tegrat betraten, Schüsse abgegeben wurden. Ein Mann wurde im Teich ergriffen. Während der Durchsuchung des Hauses wurde ihm von einem Beamten der Ortspolizei die Nachricht von der Ergreifung eines weiteren Mannes gebracht. Inzwischen sei auch ein Wachtmeister mit dem Verhafteten und einer gefundenen Pistole erschienen. Tegrat habe ihm die Pistole abgenommen und ihn, Lowman, gebeten, sie zu öffnen. Er habe im Magazin sechs Patronen gefunden, während eine sich in der Kammer befand; die Sicherung war geschlossen. An der Waffe war Pulvergeruch wahrzunehmen. Jugol Kishore wurde von Macleod und ihm, dem Zeugen, nach Jorabagan gebracht.

Im Kreuzverhör sagte der Zeuge dann aus, daß, als die Umzingelung des Hauses geschlossen wurde, er gehört habe, wie einige Leute davonliefen. Er habe acht oder neun Schüsse fallen hören; die Zeitdauer zwischen dem ersten und dem letzten Schuß habe drei bis vier Minuten betragen.

Zeuge Tegrat bestätigte die Aussage Lowmans und fügte hinzu, Wachtmeister Azam Khan habe ihm zwei Patronen gegeben, die er im Gebüsch aufgelesen habe. Die Schußweite der Mauserpistole habe tausend Yards betragen. Im Kreuzverhör gab er an, Gewalt sei nicht angewendet worden außer der, die zur Verhaftung des Angeklagten notwendig war.

Der Bezirksrichter von Howrah, W. S. Hopkins, sagte aus, die Sache sei bei ihm anhängig gewesen, ehe die Regierung das Verfahren vor dem Sondergerichtshof eingeleitet habe. Der Angeklagte hätte sich über nichts beschwert.

Bei seiner Vernehmung durch den Vorsitzenden Duval leugnete Jugal Kishor Dutt, geschossen zu haben und plädierte nicht schuldig.

Darauf sprach der öffentliche Ankläger. Der Prozeß wurde auf nächsten Montag vertagt.

28. August.

Heute wurde von dem Sondergerichtshof der Prozeß gegen Jugal Kishore Dutt, der sich wegen Vergehens gegen Sektion 407 des Indischen Strafgesetzes und § 19 (e) und (f) des Waffenverbotsgesetzes zu verantworten hatte, abgeschlossen und das Urteil verlesen. Der Angeklagte wurde für schuldig erklärt und zu fünf Jahren Zuchthaus verurteilt. Die Richter hielten die Behauptungen über erlittene Mißhandlungen für unwahr. Pioneer Mail.

2. September. **Internierung eines Hilfsredakteurs.**

Kalkutta, 28. August.

Syamsunder Chakravarti, Hilfsredakteur des „Bengalee", der auf Grund des Indischen Verteidigungsgesetzes vor nahezu einem Monat verhaftet worden war, wurde heute aus dem Präsidentschaftsgefängnis von Alipur freigelassen und erhielt einen Internierungsbefehl, nach welchem er sich sofort nach Kalimpong bei Darjeeling zu begeben und bei dem Superintendenten des Polizeibezirks von Darjeeling zu melden hat. Syamsunder reist heute abend von Kalkutta nach Kalimpong ab.

Pioneer Mail.

2. September. **Aufruhrprozeß zu Patana.**

Banikpur, 24. August.

Die Ortsbehörde hat beschlossen, daß das Verhör gegen Raghubar Prasad Singh aus Gaya, der zu Allahabad verhaftet worden war, auf Grund des Indischen Verteidigungsgesetzes erfolgen soll. Der Antrag, den Verhafteten gegen Sicherheitsleistung freizulassen, wurde abgelehnt.

Pioneer Mail.

2. September. **Tilaks Berufung.**

Bombay, 31. August.

Bei der Berufungskammer des Obersten Gerichtshofes von Bombay reichte heute Sr. R. Bakle den Richtern Beaman und Heaton für seinen Mandaten Bal Gangadhar Tilak gegen die Anordnung des Bezirksrichters von Puna, durch die ihm eine Sicherheitsleistung von 40 000 Rupies für Wohlverhalten während eines Jahres auferlegt wurde Berufung ein. Diese wurde zugelassen, da sie sich auf eine Anzahl von Rechtsirrtümern des Vorrichters gründete.

Pioneer Mail.

9. September. **Erste Rede des Vizekönigs im Gesetzgebenden Rat.**

Simla, 5. September.

Das bemerkenswerteste Ereignis bei der Sitzung des Neuen Kaiserlichen Gesetzgebenden Rats, die am Dienstag zu Simla stattfand, war der bedeutungsvolle Überblick, den der Vizekönig über die Lage in Indien und über die auswärtige Lage gab, soweit diese auf Indien einzuwirken geeignet ist. Über die Lage in Indien sagte er: „In Bengalen, wo politische Raubüberfälle und feige Mordanschläge auf indische Polizeibeamte sich fortgesetzt ereignen, gab und gibt die Lage uns allen Grund zu großer Besorgnis. Wir stehen mit der Regierung Bengalens in Gedankenaustausch, erwägen die Lage aufs sorgfältigste und bemühen uns im besondern um die Aufklärung der Ursachen dieser unheilvollen Erscheinungen in einer einst sehr friedlich gewesenen Provinz.“

9. September. **Der Aufruhrprozeß von Patna.**

Bankipur, 31. August.

Man erwartet hier, daß der auf Grund des Indischen Verteidigungsgesetzes angestrengte Prozeß am 11. September beginnen wird. Es sind dafür ernannt: Sessionsrichter Roß, Zivilrichter Rai Brijendra Narayan Roy Behadur und der ehem. Präsident der Rechtsanwaltsvereinigung Rai Narain Prasad. In den letzten Tagen legte der Angeklagte ein Geständnis ab, dem verschiedene Haussuchungen und Verhaftungen folgten. Das Verfahren wird im Schwurgerichtssaal des Obersten Gerichtshofes stattfinden.

Es ist wahrscheinlich, daß dieser Prozeß, der wie man annimmt, nicht von langer Dauer sein wird, von einem neuen Verschwörungsprozeß, der sich jetzt noch im Untersuchungsstadium befindet, gefolgt wird.

9. September. **Abhanden gekommene Munition.**

Anklagen gegen mohammedanische Grundbesitzer.

Karachi, 3. September.

Zwei der führenden mohammedanischen Grundbesitzer aus dem Larkana-Bezirk, von denen der eine Tausende von Anhängern zählt, wurden zusammen mit einem indischen Soldaten des 127. Baluch-Regiments unter der Anklage verhaftet, staatliche Patronen des neuesten Musters, von denen einige aus dem Arsenal von Ferozpur, andere aus dem Punas stammten und andere englischer Herkunft waren, zu besitzen. Es heißt, daß außer den aufgefundenen noch eine große Anzahl weiterer Patronen nebst einigen Gewehren fehlen. Die Sache ist von der Kriminal-Untersuchungsabteilung in die Hand genommen worden. Pioneer Mail.

15. September. **Verbot einer Aufruhrschrift.**

Die Regierung des Pandschabs hat eine in Urdu verfaßte Flugschrift, betitelt „Kharndsch-i-Dadschal", verboten. Pioneer Mail.

16. September. **Prozeß vor dem Sondergerichtshof.**

Nalini Kanto Ghose, dessen Name in Verbindung mit der Mordsache von Chittagong erwähnt und der auf dem Wege nach Cownpur in Allahabad verhaftet worden war, wurde vergangene Woche unter polizeilicher Überwachung nach Dakka gebracht und dann nach Narayangandsch zurücktransportiert. Wie es heißt, soll er auf Grund des § 2 des Verteidigungsgesetzes wegen Ungehorsams gegen den Internierungsbefehl vor einen Sondergerichtshof gestellt werden. Der Sondergerichtshof soll sich aus den Herren Smither, Babu Prankishoa Bose und Kumar Sures Chandra Singha zusammensetzen.

Times of India.

16. September. **Verschwörung in einem Gefängnis.**

Es wird von einem Aufsehen erregenden Prozeß berichtet, in dem ein Insasse des Zentralgefängnisses von Rawalpindi zusammen mit drei anderen beschuldigt wird, Vorbereitungen zur Herstellung von Bomben im Gefängnis betrieben zu haben. Im Dezember 1915 erhielt der Schließer des Gefängnisses eine geheime Nachricht und ließ daraufhin die Zelle eines Sträflings aus dem Verschwörungsprozeß von Lahor, namens Jowala Singh, durchsuchen. Es wurden dabei Sprengstoffe aufgefunden, von denen einige in einer Ecke der Zelle, andere in einem andern Versteck verborgen gewesen waren. Wie behauptet wird, sind an der Einschmuggelung der Materialien drei Wärter sehr beteiligt. Wie aus den im Laufe der polizeilichen Vernehmungen gemachten Angaben eines anderen Sträflings aus dem Lahor-Prozeß hervorgeht, kam im Gefängnis mit Hilfe der beiden ersten Wärter eine Verschwörung zustande, nach der Bomben angefertigt und am Paradetage aus Rache für angeblich schlechte Behandlung nach dem Aufseher und Schließer des Gefängnisses geworfen werden sollten.

Sämtliche Beschuldigten wurden auf Grund des Sprengstoffgesetzes angeklagt. Jowala Singh und zwei Wärter wurden zu je fünf Jahren Gefängnis verurteilt, während der dritte Wärter freigesprochen wurde, weil nicht bewiesen werden konnte, daß er die Sprengstoffe wissentlich zugelassen hatte. Die eingelegten Berufungen sind vom Sessionsrichter von Rawalpindi verworfen worden.

Times of India.

16. September. **Im Laden verborgene Waffen.**

Einer Nachricht aus Commilla zufolge wurden in einem unter dem Namen „Minerva" bekannten Kurzwarengeschäft bei einer Durchsuchung neunzehn Mauserpistolen-Patronen und achtundzwanzig Gewehrpatronen gefunden. Eine Anzahl Briefe, sowie die Geschäftsbücher wurden beschlagnahmt und einer der Besitzer, Nagendra Mohan Deb, nebst seinen Angestellten verhaftet und in Gewahrsam behalten. Das Haus Babu Mathuramohan Debs, der Rechtsanwalt und ein Onkel Nagendras ist, wurde späterhin ebenfalls durchsucht, doch wurde nichts Belastendes gefunden. Bei der Durchsuchung eines Hauses, in dem ein Angestellter des Minervageschäftes wohnt, wurden einige Briefe beschlagnahmt.

Times of India.

23. September. **Tod eines Wachtmeisters.**

Kalkutta, 16. September.

Wie erinnerlich, fuhr der Polizeisuperintendent Basanta Kumar Chatterji, als er auf einer Radfahrt durch Bhowanipur von Anarchisten erschossen wurde, mit einem als Leibwache fungierenden Wachtmeister. Letzterer, Bilas Chandra Ghosh mit Namen, erhielt im Kampfe mit den Attentätern zwei Schüsse durch die rechte Hüfte, wurde sofort nach dem Shambhu Nath Pandit Krankenhause gebracht und erhielt dort sorgfältige medizinische Pflege. In der ersten Zeit zeigten sich Anzeichen der Besserung, vor einjgen Tagen jedoch entdeckte man, daß Brand eingetreten war. Am Donnerstag wurde mit seiner Einwilligung das rechte Bein abgenommen, trotz besten ärztlichen Beistandes verstarb der Unglückliche jedoch am Freitag Morgen.

Pioneer Mail.

23. September. **Dakoity in Comilla.**

Kalkutta, 21. September.

Es liegt ein Bericht über einen unter Anwendung von Waffen ausgeführten Raubüberfall in Comilla vor. Wie daraus hervorgeht, überfiel ungefähr ein halbes Dutzend Bengalis der „Bhadralog" (besseren) Klasse das Haus eines Geldverleihers im Dorfe Lalitashar, vier Meilen von der Stadt Comilla entfernt. Während das Haus von den mit Mauserpistolen und Revolvern bewaffneten Dakoits geplündert wurde, hatte sich ringsherum eine große Zahl von Dorfbewohnern angesammelt. Die Dakoits zogen sich mit einer Beute von tausend Rupies in bar, sowie Schmucksachen hastig zurück und kamen mit den Umstehenden in einen Kampf, in dem sie ein Dutzend Personen verwundeten. Vier von diesen — einschließlich eines kleinen Knaben — sind im Krankenhause zu Comilla gestorben. Einer der Dakoits wurde von den Dorfbewohnern tötlich verletzt. Ein von den Dakoits fortgeworfener Revolver nebst einigen Patronen wurde beim Dorfbazar aufgefunden.

Späterer Bericht.

Der Wert des Fingerabdruck-Systems wurde vor einigen Tagen gelegentlich des Überfalles in Lalitashar, Tipperah, schlagend bewiesen. Wie bereits berichtet, haben die Dakoits fünf Personen getötet und fünf verwundet. Einer von ihnen wurde von den Dorfbewohnern ergriffen und erlag den im Kampfe davongetragenen Verletzungen. Nach seinem Tode wurde ein Abdruck seiner Fingerspitzen gemacht und hierdurch war es möglich, ihn als Probodh Bhattacharjee zu identifizieren, der im Juli aus Tanur, Rajshahi, wo er auf Grund des Verteidigungsgesetzes interniert war, entflohen war.

Times of India.

7. Oktober. **Neue Bestimmungen des Indischen Verteidigungsgesetzes.**

Simla, 29. September.

Die Regierung Indiens hat unter dem Indischen Verteidigungsgesetz eine Bekanntmachung erlassen, die den Besitz von Schriftstücken verbietet, in denen

Worte, Zeichen oder sichtbare Darstellungen enthalten sind, die aufreizen oder aufreizen könnten, — sei es unmittelbar oder mittelbar —, a) zur Anwendung verbrecherischer Gewalt gegen Seine Majestät oder die gesetzlich errichtete Regierung Britisch-Indiens, gegen Regierungsbeamte im allgemeinen sowohl wie gegen bestimmte Klassen; b) zur Vermittlung oder Anstiftung irgendwelcher Dinge, die gegen §§ 121, 121a, 122, 131, 435 und 436 des Indischen Strafgesetzes verstoßen oder Vergehen bilden im Sinne von Raub und Dakoity oder ähnlichen Handlungen, die nach dem Indischen Waffenverbotsgesetz von 1878, dem Sprengstoffgesetz von 1908 oder § 27 der Indischen Armee-Verordnung von 1911 als Verbrechen angesehen werden. Niemand soll wissentlich in seinem Besitz oder zu seiner Verfügung irgendwelche verbotene Schriftstücke haben unter Umständen, die zu der Annahme führen können, daß er die Veröffentlichung oder Verbreitung derartiger Schriftstücke beabsichtige. Wer gegen die Bestimmungen dieses Gesetzes verstößt, wird, falls er nicht nachweisen kann, daß er solche verbotenen Schriftstücke zu gesetzlichen Zwecken besaß oder zur Verfügung hatte, mit Gefängnis bis zu drei Jahren und unter Umständen auch mit Geldbuße bestraft.

Kein Gericht soll von Übertretungen dieses Gesetzes Kenntnis nehmen, wenn die Klage nicht auf Befehl oder unter Ermächtigung seitens des Generalgouverneurs, der Ortsbehörde oder einem vom Generalgouverneur hierzu ermächtigten Beamten erhoben wird.

Nachstehende Bekanntmachung wird von der Handelsabteilung der Indischen Regierung herausgegeben:

Zu Sektion 2 des Indischen Verteidigungsgesetzes (Amendement des Kriminalgesetzes) hat es dem Gouverneur gefallen, folgende Verordnung zu treffen: 1. Diese Bestimmungen können Indische Verteidigungs-Bestimmungen (Petroleum-Werke) abgekürzte Bezeichnung und Umfang von 1916 benannt werden. 2. Sie sollen im Bezirke Magwe in Burma Anwendung finden. In diesen Bestimmungen bezeichnet „Collector" (Verwaltungsbeamter eines Bezirks, ursprünglich lediglich Zoll- und Steuereinzieher) jeden von der örtlichen Behörde zur Ausübung der Funktionen eines Collectors nach diesem Gesetz ernannten Beamten, dessen Ernennung in der zuständigen Amtszeitung bekannt gegeben wurde. 3. Wenn im Bezirke Magwe der Collector die Überzeugung gewonnen hat, daß die Anwesenheit irgendeiner Person der Sicherheit der Ölquellen oder den damit zusammenhängenden Einrichtungen und Werken gefährlich ist, so kann er aus Gründen, die schriftlich niederzulegen sind, befehlen, daß diese Person sich aus dem Bezirke entferne und ihn innerhalb der im Befehl festgesetzten Frist nicht wieder betrete. 4. Ein entsprechend der Bestimmung 3 ausgefertigter Befehl ist in der im Kriminalgesetz festgelegten Art der betreffenden Person zuzustellen, die nach der Zustellung als ordnungsgemäß benachrichtigt gilt. 5. Wenn eine so benachrichtigte Person dem Befehl wissentlich in irgendeiner Beziehung zuwiderhandelt, so kann sie mit Gefängnis bis zu sechs Monaten oder mit einer Geldbuße bis zu 1000 Rupies oder auch mit beiden bestraft werden.

Pioneer Mail.

7. Oktober. **Neue Verhaftungen in Kalkutta.**

Kalkutta, 29. September.

Im Zusammenhang mit der Verhaftung des jungen Bengali Amulya hat die Polizei ein Kasino in der Cornwallis Straße durchsucht und drei Personen dabei verhaftet. Es wird berichtet, daß die Polizei eine Kiste fand, in der sechs Revolver und eine Anzahl Patronen waren. Wie es ferner heißt, sind die jungen Leute als politisch Verdächtige erkannt und verhaftet worden.

Pioneer Mail.

7. Oktober. **Neues Dakoity in Bengalen.**

Kalkutta, 29. September.

Sonnabend Nacht wurde im Dorfe Ramdia im Bezirke Manikganj, Dakka, ein Dakoity verübt. Die ganze Bande ist festgenommen worden. Sämtliche Verbrecher gehören der besseren Klasse an, einige sollen Studenten sein. Fast der ganze Raub, einschließlich Bargeld und Geschmeide im Werte von sechshundert Rupies, ist ihnen wieder abgenommen worden.

Pioneer Mail.

7. Oktober. **Die Polizei des Pandschab.**

Die Übersicht des Statthalters über den Polizeilichen Verwaltungsbericht des Pandschab ist erschienen. Die vorherrschenden Ereignisse in der Kriminalabteilung werden als Verbrechen der „Ghadr"-Revolutionäre, als Dakoities in den Bezirken Jhang, Muzaffergarh und Multan und als weniger gewalttätige, jedoch numerisch wichtige Handlungen der eingewanderten und ansässigen Verbrecherstämme zusammengefaßt. Nachdem von dem Programm gesprochen worden ist, das sich die Revolutionäre zur Verfolgung ihres Planes gesetzt hatten, um innerhalb und außerhalb der Provinz Empörung zu entfachen, heißt es in der Übersicht, daß gegen Ende Januar und Anfang Februar die Polizei sich einer wahren Flut von Raubüberfällen und Morden gegenübergestellt sah, die an friedlichen Dorfbewohnern in den Bezirken Ludhiana und Amritzar und im Staate Maler Kotla verübt wurden, und das Vorspiel zu dem von den Revolutionären beabsichtigten Hauptplane, unter den Truppen der Garnison Lahor, Ferozpur usw. Meutereien anzuzetteln, bildeten. Durch die Geschicklichkeit der Polizei, die in engstem Zusammenwirken mit den Militärbehörden vorging und von einem großen Teil der Bevölkerung unterstützt wurde, wurden die Pläne der Revolutionäre vollständig vereitelt, und die Verschwörung brach sehr schnell zusammen. Infolge des tatkräftigen Vorgehens konnten fast alle hauptsächlichen Organisatoren und die eifrigsten Agenten der Bewegung vor Gericht gebracht werden, und nur einige wenige Desperados befinden sich noch in Freiheit.

Times of India.

7. Oktober. **Ein Polizei-Unterinspektor verwundet.**

Lahor, 29. September.

Ein Berichterstatter aus Campbellpur meldet, daß auf Unterinspektor Barkat Ali von der Hasro Polizeistation Attock, geschossen wurde. Der Täter ist ein flüchtiger, aus dem Dorfe Haidarshah im gleichen Polizeibezirk stammender Soldat.

Anscheinend hat er den Schuß abgegeben, als der Unterinspektor ihn wegen Fahnenflucht festnehmen wollte. Der Unterinspektor befindet sich auf dem Wege der Besserung.

Pioneer Mail.

14. Oktober. **Anarchie in Bengalen.**

Verhaftung bewaffneter Personen.

Kalkutta, 9. Oktober.

Von der Sonderabteilung der Kriminal-Untersuchungsstelle zu Kalkutta wurden am Sonntag in der Pathuriaghata Straße drei junge Bengalis verhaftet, die sich im Besitz geladener Revolver befanden. Wie berichtet, versuchte einer von ihnen, auf einen indischen Polizisten zu schießen, wurde jedoch von ihm überwältigt.

Die Kriminalabteilung hatte kürzlich Nachricht erhalten, daß sich in einem jüngst gemieteten zweistöckigen Hause in der Pathuariaghata Straße Anarchisten verborgen hielten. Das Haus wurde am Sonntag früh durchsucht, jedoch nur ein Mann darin vorgefunden und verhaftet. Man fand bei ihm einen geladenen Revolver. Bald nach Tagesanbruch nahm man wahr, daß ein verdächtig aussehender junger Bengali sich dem Hause näherte; er wurde festgenommen, sobald er eintrat, und auch bei ihm wurde ein Revolver vorgefunden. Im Laufe des Nachmittags traf noch ein weiterer junger Bengali ein. Sobald er der Polizeibeamten ansichtig wurde, zog er einen Revolver hervor und gab auf den Polizisten Ram Sebak Tewari einen Schuß ab, der jedoch fehlging. Darauf erfolgte die Verhaftung des jungen Mannes.

Das Haus befindet sich dicht bei dem, das seiner Zeit von Jatindra Nath Mukerjee gemietet worden war.

Wie erinnerlich, schoß Mukerjee in der Annahme, daß es sich um einen Polizeispion handle, auf einen Kaufmann, der nach einen in der gleichen Straße wohnenden Kunden fragen wollte. Er entfloh darauf mit seinen Genossen auf Fahrrädern, wurde jedoch im Balsor-Bezirke aufgespürt und im Kampf mit der Polizei getötet.

Pioneer Mail.

14. Oktober. **Verhaftung von Studenten.**

Im Zusammenhange mit einem am vergangenen Sonnabend zu Ramda, einem Dorfe im Bezirke Manikganj, begangenen Dakoity wurden, wie eine Zeitung aus Kalkutta berichtet, sieben junge Männer verhaftet. Die Namen der betreffenden lauten: Anil Chandra Ghose, Arabindra Bose, Lalit Mohan Ghose, Bhuban Mohan Das Gupta, Naliniranjan Gupta, Prafullaranjan Raha und Debendra Kumar Biswas. Fast das ganze geraubte Gut, einschließlich Bargeld und Juwelen im Werte von 600 Rupies, wurde wieder aufgefunden.

Indiaman.

20. Oktober. **Wiederaufleben der polizeilichen Streifzüge.**

Blätter aus Kalkutta melden, daß die Tätigkeit der Polizei von Bengalen wieder aufgelebt ist. In einer einzigen Nummer des „Bengali" werden zahlreiche Haussuchungen und Verhaftungen zu Dakka, Chittaganj, Naraingani, Comilla und anderen Orten der Provinz, sowohl wie auch in verschiedenen Teilen Kalkuttas verzeichnet. Wie üblich, nehmen Unterrichtsstätten eine vorherrschende Rolle in den Berichten ein; so findet man u. a., daß das Studenkasino der Oxford-Mission von der Polizeibehörde heimgesucht worden ist.

Indiaman.

27. Oktober. **Verbot von Aufruhrschriften.**

Nach Sektion 12 des Indischen Pressegesetzes sind die folgenden Schriften behördlich verboten worden: 1. Ein Buch in Hindi, betitelt „Coolie Pratha" (Kuli-Natur), 2. ein Flugblatt in Bengali „Swadhin Bharat" „Auf! Erwachet und haltet nicht ein, ehe das Ziel erreicht ist!"

Indiaman.

28. Oktober. **Zusammenhang zwischen politischen Unruhen und Dakoities.**

„Daß zwischen Dakoities und politischen Unruhen oftmals ein enger Zusammenhang besteht, wissen alle, die Gelegenheit hatten, die Verzweigungen der anarchistischen Bewegung in Nordindien und Bengalen zu studieren. Dieser Zusammenhang wurde durch den Prozeß, betreffend den Tempelmord von Arrah, und auch durch das Dakoity von Chabba klar erwiesen; das übliche Motiv für die Verbrechen bildet die Beschaffung von Geldern für die Förderung der revolutionären Propaganda. Selbst da, wo dieser besondere Beweggrund nicht vorhanden ist, besteht in der Regel doch fast immer ein Zusammenhang zwischen Dakoities und Politik."

Pioneer Mail, Leitartikel, S. 3.

28. Oktober. **Politischer Raubüberfall.**

Kalkutta, 24. Oktober.

Ein verwegenes Dakoity wird aus dem Bezirke Meimensingh berichtet. Eine Anzahl bewaffneter Dakoits überfiel das Haus eines Grundbesitzers und machte von mitgeführten Feuerwaffen Gebrauch. Ein Mann wurde getötet, verschiedene andere verletzt. Wie es heißt, gelang es der Bande, mit ihrem Raube an Geld und Wertsachen im Betrage von 90 000 Rupies zu entkommen.

Pioneer Mail.

28. Oktober. **Anwendung des Pressegesetzes in Bihar.**

Bankipur, 24. Oktober.

Einem lokalen Blatte, dem „Expreß", ist die Aufforderung zugestellt worden, sich darüber auszuweisen, weshalb ihm auf Grund des Pressegesetzes die Leistung einer Sicherheitssumme nicht auferlegt werden solle.

Pioneer Mail.

28. Oktober. **Erpresserische Drohungen der Revolutionäre.**

Kalkutta, 25. Oktober.

Beim Obersten Gerichtshofe zu Kalkutta reichte heute Herr Norton für seinen Mandaten Tarapada Bhattacharji einen Berufungsantrag ein. Bhattacharji war vom Sessionsrichter zu Komilla erpresserischer Drohungen schuldig befunden und zu sieben Jahren Zuchthaus verurteilt worden. Der Verurteilte war Student der Hochschule der Schottischen Kirchen und Sohn eines Richters.

Der Anklage hatte folgender Vorgang zugrunde gelegen: Der Polizei-Superintendent von Comilla erhielt Nachricht, daß sich am Abend des 29. Mai zwei Männer auf Fahrrädern in die Nähe eines bestimmten Gasthauses begeben würden, um dort von zwei anderen Männern eine bedeutende Summe Geldes in Empfang zu nehmen, die jene für anarchistische Zwecke herzugeben gezwungen worden waren. Der Superintendent stellte bewaffnete Polizeiposten aus und begab sich in geschlossenem Wagen nach dem betreffenden Gasthause. Nach kurzem Warten erschienen die beiden Radfahrer und der Hilfssuperintendent nahm ihre Verfolgung auf. Einer von ihnen fiel in eine Pfütze, der andere sprang vom Rade und gab einige Revolverschüsse ab, die von den Polizisten erwidert wurden. Die Polizei nahm darauf Bhattacharji und drei andere fest, auch ein Revolver wurde gefunden. Im Kampfe waren verschiedene der Beteiligten durch Schüsse leicht verletzt worden. Bei dem jetzigen Appellanten fand man einen von Haronath Sarkar geschriebenen Brief. Sarkar ist ein reicher Geldverleiher und erhielt Anfang Mai einen eingeschriebenen Brief, in dem ihm mitgeteilt wurde, er sei in dem Kampfe zur Errichtung eines neuen Königreiches in Indien zum Kommissariatsbeamten ernannt worden und hätte zum Fond 700 Rupies beizutragen; die Forderung war von Drohungen begleitet. Das Geld wurde daraufhin von Sarkar durch zwei Männer übersandt; die zur Empfangnahme Erschienenen wurden verhaftet. In dem Berufungsantrage wird gesagt, daß der Appelant nicht zu den Radfahrern gehört habe.

Pioneer Mail.

28. Oktober. **Eine neue Art politischen Dakoity.**

Kalkutta, 26. Oktober.

Einer neuen Art politischen Dakoity kam man gestern in Kalkutta auf die Spur. Ein Kuli-Geldverleiher berichtete der Polizei, daß am vorhergehenden Abend, als er sein Geld zählte, zwei, wie Europäer aussehende, in Khaki gekleidete Männer in sein Zimmer getreten seien, Revolver auf ihn gerichtet und ihm gesagt hätten, er müsse sich ergeben und sein Geld aushändigen, da sie ihn beim Spiele angetroffen hätten. Da er sie für Polizeibeamten hielt, übergab er ihnen das Geld, das 163 Rupies betrug. Dann „verhafteten" die Männer ihn, nahmen ihn in eine dunkle Seitenstraße und verschwanden. Man nimmt an, berichtet der „Englishman", daß es sich um hellfarbige Bengalis handelt, die europäische Kleidung angelegt hatten!

Pioneer Mail.

10. November. **Ein neues Dakoity.**

Sieben junge Bengalis der Mittelklasse wurden wegen eines Überfalls verhaftet, der zu Ramada, einem Dorfe im Bezirke Manikgandsch, verübt wurde.

Indiaman.

11. November. **Beschränkte Bewegungsfreiheit eines Redakteurs.**

Der Regierung Bihars und Orissas ist die Nachricht zugegangen, Maulana Abdul Kalam Azad, früherer Schriftleiter der Zeitung „Al Hilal", jetzt zu Ranchi wohnhaft, stände in verräterischer Verbindung mit den Feinden Seiner Majestät des Kaisers und Königs. Auf Grund des Indischen Verteidigungsgesetzes, Bestimmung 3, ist ihm ein behördlicher Befehl zugegangen, der seine Bewegungen und seinen Briefwechsel Beschränkungen unterwirft.

Indiaman.

11. November. **Weitere politische Raubüberfälle.**

Meimensingh, 7. November.

Heute früh wurde am Hause eines wohlhabenden Pflanzers von Parail ein Überfall verübt. Vierzig oder fünfzig bewaffnete Männer, anscheinend den „besseren" Klassen angehörend, drangen in das Haus ein. Die Dorfbewohner hörten Schüsse und liefen mit dem Wächter nach dem überfallenem Hause aus dem zwanzig bis fünfundzwanzig Männer herauskamen. Man stellte sich ihnen entgegen, worauf sie schossen; der Wächter wurde getroffen. In der nun einsetzenden Verfolgung gaben die Dakoits aufs Geratewohl eine Anzahl Schüsse ab und verwundeten einen der Dorfbewohner. Daraufhin wurde die Verfolgung eingestellt. Der Sohn des Überfallenen wurde im Hause erschossen aufgefunden, der Geldschrank war erbrochen. Pioneer Mail.

11. November. **Die zweite Nachtragsverhandlung zum Verschwörungsprozeß von Lahor.**

Lahor, 8. November.

Heute hat vor einem Sondergerichtshofe im Zentralgefängnis die zweite Nachtragsverhandlung zum Verschwörungsprozeß von Lahor begonnen. C. Bevan Petmann, Regierungsadvokat, assistiert von Rechtsanwalt Dewan Ram Lal, erschien für die Krone, während die Rechtsanwälte Devraj Sawney und Ableß für die Angeklagten auftraten, die insgesamt aus sechszehn Personen bestehen. Unter diesen befindet sich Balvant Singh, der zu Bangkok verhaftet wurde, ferner einige flüchtige Angeklagte aus dem letzten Verschwörungsprozeß und einige interniert gewesene Rückwanderer. Die Anklagen gründeten sich auf die §§ 121, 121a, 122, 122—109, 123, 124, 124a, 1119, 131, 232, 302, 302—109 und 395, 395—109, 396 und 402 des Indischen Kriminalgesetzes. Die Anklageschrift besteht aus sechsunddreißig Paragraphen. Verschiedene Raubüberfälle sind darin erwähnt, darunter einige, bei denen Personen getötet oder verletzt wurden, begangen zu 1. Sahnewal, 2. Mansuran, 3. Chabba, 4 Rabhon und 5. Jhaner.

Der Regierungsanwalt sagte, daß Balwant Singh als Mitglied einer Deputation nach Indien gekommen war, welche die Beschwerden der kanadischen Inder der Indischen Regierung unterbreiten sollte. Während seiner Reise und in Lahor habe er äußerst verhetzende Reden gehalten. In einem „Hindustanee" genannten und zu Vancouver herausgegebenem Blatte war eine Rede Balwant Singhs erschienen, durch die das Anklagematerial bestätigt wurde. Die kanadische Regierung forderte im Jahre 1910 die in Kanada befindlichen Inder auf, sich nach Britisch-Honduras zu begeben, Balwant Singh aber sagte ihnen, daß es sich lediglich um eine List handle. Er verursachte Schwierigkeiten hinsichtlich des kanadischen Einwanderergesetzes von 1911.

Mewa Singh und Balwant Singh haben, wie der Anwalt sagte, in Kanada wegen Ermordung eines Herrn Hopkins vor Gericht gestanden. Mewa Singh wurde gehängt, Balwant Singh jedoch entlassen. Der Prozeß in Kanada war der Grund, weshalb Balwant Singh zurückgehalten wurde und nicht früher hier vor Gericht gebracht werden konnte.

Der Verteidiger erhob gegen die Erwähnung der Ermordung Hopkin's Widerspruch.

Der Vorsitzende, Ellis, bemerkte, daß die Richter nicht berechtigt seien, jene Angelegenheit hier heranzuziehen.

Der Regierungsanwalt erwiderte, er habe sich nur auf die Verhaftung Mewa Singhs bezogen. In seiner Rede fortfahrend, sagte er, Balwant Singh sei Mitglied des Hafenkomitees gewesen, das die „Komagata Maru" in Kanada empfangen sollte.

Der erste Zeuge, Kriminalsuperintendent Wilkins, sagte über die Identifizierung des Angeklagten aus.

Der Polizeibeamte Rai aus Lahor, berichtete über eine Rede, die Balwant Singh am 18. August 1913 in Bradlaugh Hall, Lahor, über die Klagen der Inder in Kanada gehalten habe; die Versammlung hätte Baghel Singh geleitet.

Jogendra Singh, Lahor, sagte aus, er habe Balwant bei dessen Rückkehr aus Kanada kennen gelernt. Er habe gesagt, der Zweck seiner Rückkehr sei die Verbreitung von Unruhen in Indien, da man ihr Verbleiben in Kanada nicht gestattet habe. Er, Zeuge, habe dies einem Superintendenten der Kriminalabteilung mitgeteilt. — Die Zeugenvernehmungen werden am Freitag fortgesetzt werden.

Pioneer Mail.

11. November. **Die Berufung Tilaks.**

Aufhebung der Entscheidung der Vorinstanz.

Bombay, 9. November.

In der Berufungsabteilung des Obersten Gerichtshofes von Bombay fällten heute Sir Stanley Batchelor und Richter Shah die Entscheidung über die Berufung Tilaks gegen den Beschluß des Bezirksrichters von Puna, der ihm die Hinterlegung einer Sicherheit in Höhe von 40 000 Rupies für Wohlverhalten während eines Jahres auferlegte.

Für den Appellanten traten die Herren Jinnah und Baptista auf, während für die Krone die von dem Regierungsanwalt instruierten Herren D. B. Binning, T. J. Strangman und Patwardhan erschienen.

Das Gericht hob die Entscheidung der Vorinstanz auf und widerief den Befehl auf Hinterlegung einer Sicherheit.

Wie Sir Stanley Batchelor in seinem Urteil sagte, sei der Grund für die Forderung der Sicherheitsleiung die Tatsache gewesen, daß sich Tilak in drei

Reden, die er im Mai und Juni dieses Jahres zu Belgaum und Ahmednager in Marathi gehalten habe, einer aufrührerischen Sprache bedient habe.

Die Übersetzung wurde sowohl von der Verteidigung, als auch vom Ankläger im wesentlichen als richtig anerkannt. Die zu entscheidende Frage war die, ob Tilak in seinen drei Reden aufrührerisches Material verbreitet oder zu verbreiten versucht habe. Der Bezirksrichter sei im Unrecht gewesen, sich die Auslegung, die Richter Strachey dem Worte „Auflehnung" gab, zu eigen zu machen.

Seine Lordschaft legte dar, daß die beiden von Jinnah ins Feld geführten hauptsächlichsten Argumente wesenlos seien, denn Angriffe auf die Zivilverwaltung en bloc seien dasselbe wie Angriffe auf die Regierung, die sich doch der Zivilverwaltung als ihres akkreditierten Werkzeuges zu bedienen habe. Der Nachweis, daß Tilak Anhänglichkeit an den König und Kaiser bekannt habe, sei keine Rechtfertigung von der Anklage, Auflehnung gegen die gesetzlich errichtete Regierung erregt zu haben. Seine Lordschaft bemerkte, daß Tilak die ihm zur Last gelegten Vergehen hätte vermeiden können, wenn er sich einer angemesseneren Sprache bedient und sich Mäßigung auferlegt hätte. Seine Reden müßten als Ganzes gelesen werden, nicht stückweise. Dem nicht voreingenommenen Leser zeige sich, daß die in verschiedenen Teilen der Rede enthaltenen Ableugnungen der Unloyalität durchaus nicht gezwungen oder erkünstelt waren. Gewisse Bemerkungen, wenngleich beleidigend in persönlichem Sinne, bewiesen lediglich schlechten Geschmack und heftiges Temperament, jedoch nichts, was die Rede unter § 124a bringen könne. Sie enthielte gewisse anstößige Wendungen, z. B. die, welche von der Regierung sagt, sie sei ein fremdes, auf Erwerb eingestelltes Unternehmen und halte das Volk in der Sklaverei. Derartige Wendungen seien zweifellos gehässig, doch müsse man in Betracht ziehen, daß ihre Wirkung durch den ganzen Ton der Rede gemildert würde. Der Vorrichter sei nicht berechtigt gewesen, sein Urteil auf Grund einzelner, aus ihrem Zusammenhange gerissenen Teile der Rede zu fällen. Unter diesen Umständen sah sich Seine Lordschaft veranlaßt, das Urteil der Vorinstanz aufzuheben.

Pioneer Mail.

25. November. **Der Verschwörungsprozeß von Lahor.**

Lahor, 23. November.

In der zweiten Nachtragsverhandlung zum Verschwörungsprozeß von Lahor, die von Tag zu Tag fortgesetzt wurde, sind bisher für die Anklage einundneunzig Zeugen vernommen worden. Ihre Aussagen bezogen sich auf die revolutionäre Tätigkeit der „Ghadr"-Partei in Vancouver, Indien und auf der See.

Der wichtigste Zeuge war Paramanand Sharma, ein Angestellter des britischen Konsulardienstes zu Manila auf den Philippinen, der gestern vernommen wurde. Er gab an, daß sich in Manila eine Ortsgruppe der „Ghadr"-Gesellschaft befunden habe, die aus dort ansässigen Pandschabies bestand und ihren Hauptsitz in San Franzisko hatte. Die Ortsgruppe habe die übliche revolutionäre Propaganda betrieben; Verteilung der „Ghadr"-Schriften besorgt, aufrührerische Vorträge gehalten und zur Begehung von Gewalttätigkeiten, Mord und Einschüchterungsversuchen aufgefordert. Hafis Abdulla, einer der Angeklagten, habe zu den Rädelsführern gehört. Drei der wegen der Mordtat von Ferozpur Gehängten kamen von Manila. Sie hatten zusammen mit anderen Rückwanderern die Regierungskasse zu Moga plündern wollen und dabei einen Steuerbeamten und einen Unterinspektor getötet. Die Ghadr-Partei von Manila wollte Bangkok zur Basis ihrer revolutionären Tätigkeit gegen Indien machen und schickte Boten nach Birma, von denen einige im Verschwörungsprozeß von Birma vor Gericht gestanden haben. Pioneer Mail.

1. Dezember. **Verhaftung eines jungen Mannes.**

Ein junger Mann, namens Surendra Nath Ghose aus Audul, Howrah, wurde im Bereiche der Howraher Polizei wegen der zu Bhownipur stattgefundenen Ermordung eines Polizeibeamten festgenommen, vor das Bezirksgericht von Howrah gebracht und in Gewahrsam behalten.

Indiaman.

8. Dezember. **Verhaftung eine Hilfsredakteurs.**

Kürzlich wurde von der Polizei dem Büro der in Urdu erscheinenden Zeitung „Kisan" zu Lahor ein Besuch abgestattet und der Hilfsredakteur, Maulvi Abdul Hai verhaftet, der, wie es heißt, früher Hilfsredakteur des Blattes „Jkdam" zu Kalkutta war. Indiaman.

15. Dezember. **Massenverhaftung.**

Die Polizei von Meimensingh stellt jetzt Nachforschungen wegen eines dort kürzlich begangenen Dakoity an. Am 14. November wurden fünfzehn Häuser durchsucht und vierzehn Personen verhaftet, unter denen sich ein Anwalt, ein Lehrer und einige Studenten befinden. Indiaman.

15. Dezember. **Wiederverhaftung eines Freigesprochenen.**

Der Sondergerichtshof zu Dakka hat jetzt in dem Prozeß das Urteil gefällt, in dem Nalim Kanta Ghose als Angeklagter erschien. Er war im Mordprozeß von Chittagong mit angeklagt, hielt sich jedoch verborgen und wurde am 5. August zu Allahabad festgenommen. Er trug damals das Gewand eines Yogi. Das Gericht sprach ihn frei. Nach seiner Entlassung wurde er auf Grund eines Internierungsbefehls von neuem verhaftet. Indiaman.

22. Dezember. **Verhaftung eines flüchtigen Revolutionärs.**

Rur Singh aus Sangwal, Bezirk Jullunder, einer der flüchtigen Angeklagten aus dem ersten Verschwörungsprozeß, wurde am 11. d. M. im Bezirke Amritzar verhaftet und wird in dem jetzt vor dem Sondergerichtshof von Lahor zur Verhandlung anstehenden Prozeß vernommen werden.

Indiaman.

23. Dezember. **Verhaftung eines Verdächtigen.**

Ein gewisser Adjodhya Prasad, Student an dem Robertson Regierungs-College zu Jubbulpur, wurde gestern unter dem Verdachte verhaftet, an dem Verschwörungsprozeß von Benares beteiligt zu sein. Unter seinen beschlagnahmten Papieren fand man das Manuskript eines Gedichts, das aufrührerischer Art sein soll. Times of India.

29. Dezember. **Polizeiliche Durchsuchung eines Studentenheims des Hindu-College.**

Wie verlautet, ist am 19. v. M. das Studentenheim des Hindu-College, Benares, polizeilich durchsucht und ein gewisser Tarinibhusan Ghome verhaftet worden. Ein anderer Student aus derselben Klasse und demselben Heim, namens Nalini Kanto Bose, wurde ebenfalls polizeilich gesucht, soll aber entflohen sein. Eine weitere Verhaftung wurde in der Nähe des Sonarpura-Viertels vorgenommen. Sämtliche Verhaftungen sollen politische Gründe haben.

Times of India.

30. Dezember. **Verurteilung auf Grund des Sprengstoffgesetzes.**

In der vergangenen Woche verhandelte der Sondergerichtshof von Alipur den Prozeß eines jungen Studenten, namens Ajit Kumar Sen, der wegen Verstoßes gegen § 5 des Sprengstoffgesetzes angeklagt war. Die Polizei hatte auf eine ihr zugegangene Nachricht sein in Garifa gelegenes Haus durchsucht und dabei einen Koffer aufgefunden, dessen Schlüssel der Angeklagte auslieferte. Der Koffer enthielt Karbolsäure, Stücke Phosphor, Salpetersäure, sechs Flaschen Pikrinsäure und etwas pikrinsaures Ammonia. Diese Chemikalien werden zur Herstellung von Sprengstoffen verwendet. Das Gericht stellte fest, daß sich der Koffer im Besitz und Gewahrsam des Angeklagten befunden habe. Er wurde infolgedessen für schuldig erklärt und zu drei Jahren Zuchthaus verurteilt.

Times of India.

Verzeichnis

der vom Europäischen Zentralkomitee der Indischen Nationalisten bisher veröffentlichten Schriften.

Indien unter der britischen Faust. Dritte Auflage. Verlag Karl Curtius, Berlin.

Die englische Herrschaft in Indien. Von W. J. Bryan (früh. Staatssekretär der Vereinigten Staaten von Amerika). 15. bis 19. Tausend. Verlag Karl Curtius, Berlin.

Betrachtungen über die politische Lage in Indien. Von Lala Lajpat Rai. Zweite Auflage. Verlag von Otto Wigand, Leipzig.

Amerikanische Urteile über Indien. Zweite Auflage. Verlag von Ferd. Wyß, Bern.

Roger Casement und Indien. Dahlbergs Förlags A. B., Stockholm.

Kein Weltfriede ohne indische Freiheit (Selbstregierung für Indien). Aktiebolaget Chelius & Co., Stockholm.

Äußerungen führender englischer Sozialisten über die englische Herrschaft in Indien.

Internationale Sozialistenkongresse über Indien.

Wie England Indien erwarb. Verlag Der Neue Orient, Berlin.

Indiens Elend. Das wahre Urteil Indiens. Verlag Ferd. Wyß, Bern.

Kolibri 360 GmbH
Ferdinand-Jühlke-Straße 7
99095 Erfurt, Deutschland
produktsicherheit@kolibri360.de